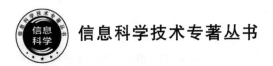

信息科学技术专著丛书

微纳光子器件基础及前沿

张 天　徐 坤　编著

U0282445

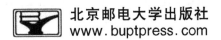

北京邮电大学出版社
www.buptpress.com

内 容 简 介

本书主要内容包括微纳光子器件的基础知识及前沿应用。本书共 10 章,第 1 章介绍微纳光子器件的发展背景及本书构成;第 2～4 章介绍微纳光子器件的基础物理知识、时域有限差分方法、智能算法基础;第 5～7 章介绍目前应用较为广泛且具有代表性的三类微纳光子器件的历史、原理和应用,具体包括表面等离激元器件及其应用、石墨烯超材料器件及其应用、光学微腔克尔光频梳技术;第 8～10 章介绍近些年的前沿微纳光子系统及相关应用,具体包括微纳光子计算成像技术、微纳光子神经网络技术、微纳光子生物计算技术。

本书可作为光学、电子与通信类专业本科生及研究生的教材,也可作为从事相关领域研究的科研人员的参考用书。

图书在版编目(CIP)数据

微纳光子器件基础及前沿 / 张天,徐坤编著 . -- 北京:北京邮电大学出版社,2021.8(2023.9重印)
ISBN 978-7-5635-6488-0

Ⅰ. ①微… Ⅱ. ①张… ②徐… Ⅲ. ①光电器件—研究 Ⅳ. ①TN15

中国版本图书馆 CIP 数据核字(2021)第 170847 号

策划编辑:马晓仟 责任编辑:刘春棠 封面设计:七星博纳

出版发行:北京邮电大学出版社
社 址:北京市海淀区西土城路 10 号
邮政编码:100876
发 行 部:电话:010-62282185 传真:010-62283578
E-mail:publish@bupt.edu.cn
经 销:各地新华书店
印 刷:北京虎彩文化传播有限公司
开 本:787 mm×1 092 mm 1/16
印 张:19.25
字 数:502 千字
版 次:2021 年 8 月第 1 版
印 次:2023 年 9 月第 2 次印刷

ISBN 978-7-5635-6488-0 定价:68.00 元

前　言

微纳光子器件是指微纳尺寸的光子器件,其具有可与光波长比拟甚至更小的结构。研究微纳光子器件中光与物质的相互作用规律,可以利用它对光进行产生、传输、控制、放大和探测等。微纳光子学近几十年得到飞速发展,在很多领域都有广泛的应用,如信息处理、成像、加工、生命科学、医疗服务、安全和安保等。

本书旨在对当前微纳光子器件与前沿应用的各方面进行全面的描述。第 1 章介绍微纳光子器件的发展背景及本书构成,第 2～4 章分别介绍微纳光子器件的物理基础、典型电磁仿真方法——时域有限差分方法、在微纳光子器件中广泛应用的智能算法。这些基本内容将为读者进行后面章节的学习奠定基础。

光刻技术的发展及其在光子器件领域的应用,赋予了微纳光子器件独特的尺寸特征。一方面,由传统均匀材料构成的器件在微纳尺度会出现不同于光学透镜等大尺寸器件的光学效应和光输运特性,如突破衍射极限、局域场增强、定向辐射等。另一方面,利用光刻技术可以构造单元尺寸远小于工作波长的材料,即超材料,由于超材料可以同时具有负值的介电常数和磁导率,所以超材料会出现不同于传统均匀材料的光学效应,如逆斯涅耳折射、逆切连科夫、逆多普勒等效应。针对这两类材料,近几十年研究较为典型且前沿的器件包括表面等离激元器件和基于石墨烯的超材料器件。为此,本书在第 5、6 章分别介绍这两种器件的发展背景、基本原理和前沿应用。除了材料特性会影响光学特性外,器件结构的影响也不容忽视,具体包括色散、非线性等,本书在第 7 章介绍光学微腔的基本原理及其在光频梳中的应用。

单个器件的研究是微纳光子学的起点,而由器件组成的系统及其应用才是目的和关键。现如今,大数据、物联网、自动驾驶、人工智能等新兴领域飞速发展,面对日益膨胀的数据分析与信息处理需求,进行高速、高效、智能的信息处理和计算至关重要。为此,本书在第 8～10 章分别介绍微纳光子器件在超快成像、超快计算和智能计算三个领域的应用,具体包括微纳光子计算成像技术、微纳光子神经网络技术、微纳光子生物计算技术三种前沿技术。

本书凝聚了作者所在研究团队多年来的科研成果,感谢戴键副教授、于振明副教授、桂丽丽研究员分别对本书第 7、8、10 章的撰写提供的建议和帮助,感谢刘京亮博士对本书附录 B

的贡献,特别感谢博士生于帅、来一航、杨志伟、刘辉、孟子艺、淡一航、邓寅在本书撰写过程中给予的帮助,并感谢博士生樊泽洋、刘安妮、韩微微、吴钟涵、王传硕以及硕士生舒赢、卢晓宇、郑一臻、赵婉玉、李鑫敏、刘迪一、赵霖珂在本书撰写过程中帮助收集和整理相关资料。本书的撰写出版得到了国家杰出青年基金(编号:61625104)的支持,在此对国家自然科学基金委员会表示衷心的感谢。

由于书中涉及大量研究工作的调研,并且科技一直在发展,内容难免存在总结不充分的问题,加之编著者水平有限,书中不妥之处在所难免,恳请广大读者批评指正。

目　　录

第1章 绪 论

1.1 微纳光子器件的发展背景

"光子学"一词最早由法国科学家 Pierre Aigrain 于 1967 年提出,他对其给出定义:"光子学是一门利用光的学科,具体研究内容包括:光的产生,光的探测,通过传导、控制和放大对光进行管理,最重要的一点是利用光造福人类。"简言之,光子学就是一门研究光子产生、控制和探测的学科。因此,微/纳米光子学研究的就是光在微/纳米尺度的独特行为。微纳光子学近几十年得到飞速发展,相关技术已经影响甚至取代了现存的很多技术手段并被广泛应用于很多领域,如信息处理、成像、加工、生命科学和医疗服务、安全和安保等。微纳光子技术的出现得益于半导体制造工艺的到来与发展。

在 20 世纪 60 年代以前,光学器件基本上只需三个传统步骤便可制作得到,即切割、研磨和抛光,而这些技术早在古代就已经被发明出来(如图 1.1.1(a)所示)。"取 60 份沙子、180 份海洋植物的灰烬和 5 份石灰,就可以制作得到玻璃。"[1]玻璃作为目前仍然占据光学领域主导地位的材料,其制作过程仅需研磨和抛光两步,最终得到的玻璃形状和光学表面平整度与理想情况的误差在百纳米级别。现如今,这些工艺仍然在使用,让我们可以在宏观尺度上制作光学元件,如具有优良表面质量的透镜和棱镜。更为重要的是,半导体制造工艺开始步入人们的视野。1971 年,Hoff [2,3]等人利用半导体制造工艺制造出世界上第一台微处理器(如图 1.1.1(b)所示),他们将一个简单计算机的中央处理器(CPU)集成到一个芯片上,芯片尺寸仅为 3 mm×4 mm,包含2 300个金属-氧化物半导体场效应晶体管(MOSFET),这是半导体工业上的一个重大突破。

(a) 约公元前1450年: 在埃及国王图特摩斯三世墓中发现的玻璃器皿

(b) 1971年: 第一台微处理器Intel 4004

图 1.1.1 光学器件传统制作工艺与半导体制造工艺的代表[1,3]

半导体制造工艺的到来与发展为人类制造水平的发展带来了重大而深远的影响:一方面,为了进行大规模生产,光刻技术被发明出来,并且首先被用于电子器件的制作,使计算机的能力得到巨大提升。另一方面,计算机的进步为后来光学设计、建模和模拟提供了强大的支撑。所以,光刻技术很快被应用到光学装置的制作中,首次应用是微米尺度器件的制作,随后又被运用到纳米尺度器件的制作中。随着光学元件和系统小型化、集成度的提高,元件和系统性能大幅度提升的同时,其制作成本也降低了。

1.2　微纳光子器件的发展趋势与应用

微纳光子器件的发展受到了光刻技术的极大推动,所以本节首先介绍光刻技术对于微纳光子器件的影响,然后介绍微纳光子器件与应用的发展研究。

1.2.1　光刻技术的发展

"微纳光子"指光学元件的典型特征尺寸在微米或者纳米量级。20 世纪 60 年代,光刻的最小特征尺寸在十几微米的数量级。通常,光学元件的制作通过绘图仪进行,它会在纸或胶片上产生大尺寸的图案,并在随后采取光还原操作。这些光学元件被称为"计算机生成全息图"(图 1.2.1(a)),在模拟光信号处理等领域广泛应用[4]。

20 世纪 80 年代,微米光子学得到了巨大的发展。当时,标准的光刻可以提供大概 $1\ \mu m$ 的特征尺寸。此时,干法刻蚀工艺已经被用于微米光子器件的制作,如玻璃或者硅中的衍射光学元件(图 1.2.1(b))。同时,借助于新兴发展的迭代设计技术,很多新型的光学元件得以产生,如 $1 \times N$ 的分束器和透镜阵列等[5]。此时,微米光子学已是一门成熟的技术。微米光学元件有很广泛的应用,如照相机和显示器中的透镜阵列、激光器系统中的分束器和匀化器、分析中的微分光计等。

2000 年左右,技术开始广泛地进入纳米尺度:芯片的处理器和存储器电子回路通常使用的最小尺寸为 65 nm 或者更小,将电子回路制作的光刻工艺引入光子器件制造中,可以得到尺寸在相当量级的光子器件。如图 1.2.1(c)[6]所示,利用电子束刻蚀所制作的光子晶体晶格常数可达到 450 nm,由孔洞构成的基本单元半径可达到 135 nm。可以看出,纳米加工极大地促进了光学和光子学的发展研究。

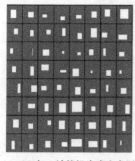

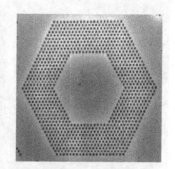

(a) 1960年:计算机生成全息图　　　(b) 1980年:衍射元件　　　(c) 2000年: 电子束刻蚀
制作得到的光子晶体

图 1.2.1　微/纳米尺度光子器件举例

1.2.2 微纳光子器件及其应用的研究

在亚波长尺度(正好与很多纳米尺度的光学应用重合),纳米材料和结构会产生新颖、奇特的物理现象。目前,微纳光子器件已经被应用到很多领域,如光电集成[7]、光成像[8]、纳米操控[9]、量子计算[10]等,如图 1.2.2 所示。显然,微纳光子学内容涵盖广泛,为方便读者由浅入深的学习,本书主要从三个方面对微纳光子器件及其前沿应用进行介绍:光辐射的微纳级限制、材料的微纳级限制、光信息调控的微纳级限制。

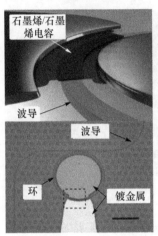
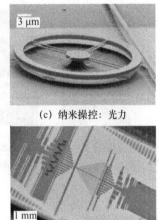

(a) 可集成信号处理:电光调制器　　(b) 光成像:远场光学双曲透镜　　(c) 纳米操控:光力　　(d) 量子计算

图 1.2.2　微纳光子器件的应用举例

1. 光辐射的微纳级限制

利用传统均匀材料,可以在微纳尺度上对光的辐射进行限制,此时会出现不同于光学透镜等大尺寸器件的光学效应和光输运特性,如突破衍射极限、局域场增强、量子效应、定向辐射等。

实现微纳尺度光场限制的基本结构为波导,典型波导包括集成光波导、光纤、表面等离激元波导等。如图 1.2.3(a)所示,集成光波导由电介质组成,通过对其结构尺寸的设计,它可以将光辐射进一步限制到纳米量级,是光子集成器件或系统的核心组成部分,受到广泛的关注;1902 年,Wood 教授首次在金属光栅 TM 波的反射谱中观察到难以解释的异常突变,这一特殊现象最终于 1968 年被 Ritchie 利用表面等离子体共振模式进行了完美解释,由于基于表面等离激元(SPP)的器件可以突破衍射极限,将光辐射限制在亚波长尺度(如图 1.2.3(b)[11] 所示),所以 SPP 在随后得到了广泛的研究与应用;此外,由纤芯和包层构成的光纤于 1966 年首次被华裔科学家高锟(Charles Kuen Kao)博士提出[12],并于 1970 年由康宁公司成功制备,如图 1.2.3(c)所示,它实现了对微米级光辐射的限制和光信号的传播,并引发了通信传输等行业的革命。本书第 5 章重点介绍基于 SPP 的器件及其前沿应用,第 7～10 章介绍光纤和介质波导在前沿领域中的应用。

2. 材料的微纳级限制

利用光刻技术可以构造单元尺寸远小于工作波长的材料,其被称为超材料,图 1.2.4(a)所示为 2004 年 Smith 教授制作的一款超材料[13]。由于超材料可以同时具有负值的介电常数和磁导率,所以超材料会出现不同于传统均匀材料的光学效应,如逆斯涅耳折射、逆切连科夫、

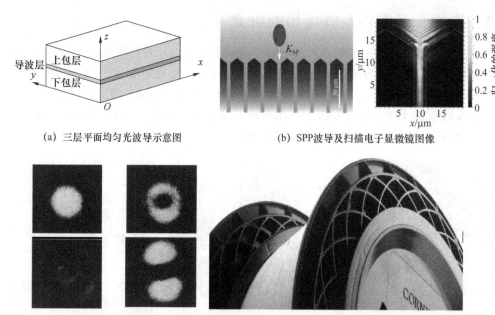

(a) 三层平面均匀光波导示意图 (b) SPP波导及扫描电子显微镜图像

(c) 高锟博士实验中观察到的单模和多模场分布以及康宁公司制备得到的光纤

图 1.2.3　几种波导结构

逆多普勒等效应。而将三维超材料中一维的厚度减小至亚波长量级，可实现对光波振幅、相位、偏振、传播模式等特性的灵活调控，该种超材料被称为超表面，它被广泛应用于超成像、超透镜、隐身、幻象等功能的实现。而石墨烯作为一种具有独特色散特性、宽频带电光响应能力及工作波长可调等优点的二维材料，如图 1.2.4(b)所示[14]，应用在超材料中具有独特的优势，所以本书第 6 章将介绍基于石墨烯的超材料及其应用。

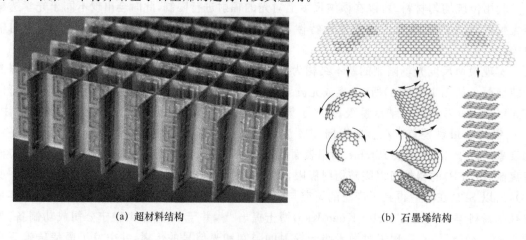

(a) 超材料结构　　　　　　　　　　　　　(b) 石墨烯结构

图 1.2.4　两种微纳尺寸的材料

3. 光信息调控的微纳级限制

微纳尺度的器件可以极大增强光与物质的相互作用，改变光信息的传输特性，包括色散、非线性等，从而实现对光信息的高效调控。

微腔是一种同时具备微纳尺寸的超小模式体积和超强场增强效应的新型器件，受到学术界的广泛关注。而 20 世纪 70 年代产生的光学频率梳"彻底改变了光学频率计量技术，突破了时间与频率计量能力的极限",对于激光技术以及计量科学领域具有重要意义,图1.2.5(a)为一种光频梳的产生方式[15],所以本书第7章将重点介绍光学微腔及其在光频梳产生上的应用。

单个器件的研究是微纳光子学的起点,而由器件组成的系统及其应用才是目的和关键。现如今,大数据、物联网、自动驾驶、人工智能等新兴领域飞速发展,面对日益膨胀的数据分析与信息处理需求,进行高速、高效、智能的信息处理和计算至关重要。为此,本书第8~10章将分别介绍微纳光子器件在超快成像、超快计算和智能计算三个领域的应用,具体包括微纳光子计算成像技术、微纳光子神经网络技术、微纳光子生物计算技术三种前沿技术,图1.2.5(b)~(d)展示了几种典型系统[16-18]。

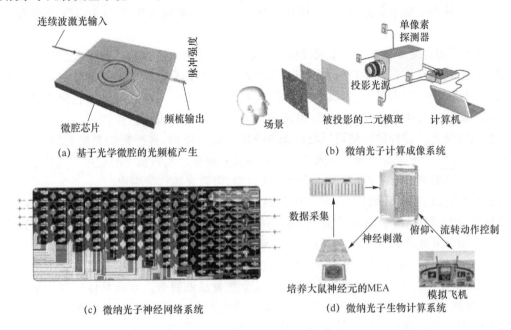

(a) 基于光学微腔的光频梳产生   (b) 微纳光子计算成像系统

(c) 微纳光子神经网络系统   (d) 微纳光子生物计算系统

图1.2.5 四种微纳尺度的光信息调控

1.3 本书构成

为了理解近些年国内外广泛关注的众多微纳光子器件的工作原理及相关应用技术,读者需要首先了解并掌握相关的基础知识。本书第1章介绍微纳光子器件的物理基础,这一部分是设计器件、理解器件以及应用器件的关键知识。在第2章中,2.1节和2.2节介绍两种平面波导结构的分析方法及其相关特性,这是组成微纳光子器件的基础;2.3节介绍耦合模式理论,该理论可以描述两种或者多种波导近距离放置时波导中传输电磁波发生耦合的物理过程;前面几节所介绍的知识更关注器件的线性响应,2.4节介绍几种典型的对于光子器件响应特性亦非常重要的非线性效应;微纳光子器件除了具有传输电磁波的功能外,调控光场也是它的一个重要功能,故2.5节介绍目前四类研究广泛的光场调控器件。

对微纳光子器件的物理特性有了基本认识之后,读者能够对微纳光子器件开展基本的分析研究,但是实际设计的光子器件往往结构复杂,仅利用物理手段难以得到其电磁响应特性,还需要借助数值仿真方法来进行分析。第3章介绍一种目前在电磁仿真领域应用广泛的数值方法——时域有限差分方法(FDTD),具体包括 FDTD 的发展与应用、FDTD 的基本原理、激励源设置、边界条件以及仿真实例。

除了 FDTD 这类电磁仿真算法以外,智能算法也被广泛地应用在微纳光子学中。其可以被用于辅助光子器件的设计,也可以利用光子器件替代电子芯片实现光计算,利用智能算法的拓扑结构指导光计算架构设计,联合生物进行计算等。除此之外,该算法还被应用于人工智能和成像领域,如图像分类、语音识别、计算成像等。作为这类研究的基础,本书第 4 章重点介绍三类智能算法,包括梯度类优化算法、非梯度类优化算法、机器学习。

在介绍了微纳光子器件的基础知识后,本书将重点介绍典型的微纳光子器件与前沿应用。第 5 章介绍一种利用传统材料来突破衍射极限的器件——SPP 器件。除了介绍其研究背景和发展现状外,还会介绍它的激发方式、局域 SPP 的应用、非局域 SPP 的应用以及 SPP 器件的智能化设计与应用。

微纳光子器件除了能在微纳级尺度限制光辐射外,还可以通过构造微纳级的材料来实现对光的操控,超材料便是其中较为典型且应用广泛的一种,为此,本书第 6 章介绍基于石墨烯的超材料(GMM)器件及其应用,具体包括石墨烯超材料简介、GMM 器件对色散的调控与应用、GMM 器件对光偏振态的调控与应用、GMM 器件的智能化设计。

此外,微纳光子器件的构建可以增强光与物质的相互作用,从而影响光信息的传输特性。本书第 7 章介绍一种典型结构——光学微腔——及其在克尔光频梳中的应用。具体包括光频梳简介、光学微腔简介、微腔光频梳的产生与动力学、微腔光频梳的应用。

通过对前面内容的介绍,读者对于单个器件的设计和应用有了认识和理解,在后面章节中,将重点介绍微纳光子器件在目前三个前沿领域的应用。第 8 章介绍微纳光子计算成像技术,具体包括计算光学成像简介、编码计算成像、散射介质计算成像、超表面计算成像。

第 9 章介绍一种超快计算技术——微纳光子神经网络技术,该技术有望突破目前基于电子计算机等电子架构的速度和功耗瓶颈,实现几个数量级的提升。本章具体内容包括光子神经网络技术简介、人工神经网络的光子实现、光子神经网络、光子神经网络展望。

第 10 章介绍一种智能计算技术——微纳光子生物计算技术,该技术旨在构建一种高能效、强智能、自进化的计算模式,可推动电子信息技术发展从基本的"制造"模式走向"智造"和"自造"模式,具有十分可观的前景。本章具体内容包括生物计算简介、光子技术助力生物计算、微纳光子技术用于生物计算、生物计算展望。

本章参考文献

[1] Bunde A, Funke K, Ingram M D. Ionic glasses: history and challenges[J]. Solid State Ion, 1998, 105(1): 1-13.

[2] 施敏,梅凯瑞. 半导体制造工艺基础[M]. 陈军宁,柯导明,孟坚,译. 合肥:安徽大学出版社,2007.

[3] Intel[EB/OL]. www. intel. com.

[4] Brown B R, Lohmann A W. Complex spatial filtering with binary masks[J]. Applied Optics, 1966, 5(6): 967-969.

[5] Veldkamp W B, Mchugh T J. Binary optics[J]. Scientific American, 1992, 266(5): 92-97.

[6] Hwang J K, Ryu H Y, Song D S, et al. Continuous room-temperature operation of optically pumped two-dimensional photonic crystal lasers at 1.6 μm[J]. IEEE Photonics Technology Letters, 2000, 12(10): 1295-1297.

[7] Phare C T, Lee Y H D, Cardenas J, et al. Graphene electro-optic modulator with 30 GHz bandwidth[J]. Nature Photonics, 2015, 9(8): 511-514.

[8] Liu Z, Lee H, Xiong Y, et al. Far-field optical hyperlens magnifying sub-diffraction-limited objects[J]. Science, 2007, 315(5819): 1686-1686.

[9] Wiederhecker G S, Chen L, Gondarenko A, et al. Controlling photonic structures using optical forces[J]. Nature, 2009, 462(7273): 633-636.

[10] Wang J, Paesani S, Ding Y, et al. Multidimensional quantum entanglement with large-scale integrated optics[J]. Science, 2018, 360(6386): 285-291.

[11] Barnes W L, Dereux A, Ebbesen T W. Surface plasmon subwavelength optics[J]. Nature, 2003, 424(6950): 824-830.

[12] Kao K C, Hockham G A. Dielectric-fibre surface waveguides for optical frequencies[C]// Proceedings of the Institution of Electrical Engineers. IET, 1966: 1151-1158.

[13] Smith D R, Pendry J B, Wiltshire M C K. Metamaterials and negative refractive index[J]. Science, 2004, 305(5685): 788-792.

[14] Geim A K, Novoselov K S. The rise of graphene[J]. Nature Materials, 2007, 6(3): 183-191.

[15] Diddams S A, Vahala K J, Udem T. Optical frequency combs: coherently uniting the electromagnetic spectrum[J]. Science, 2020, 369(6501): 3676.

[16] Wagadarikar A, John R, Willett R, et al. Single disperser design for coded aperture snapshot spectral imaging[J]. Applied Optics, 2008, 47(10): B44-B51.

[17] Shen Y, Harris N C, Skirlo S, et al. Deep learning with coherent nanophotonic circuits[J]. Nature Photonics, 2017, 11(7): 441-446.

[18] Demarse T B, Dockendorf K P. Adaptive flight control with living neuronal networks on microelectrode arrays[C]//Biomedical Engineering. Florida: University of Florida. 2005: 1548-1551.

第 2 章　微纳光子器件物理基础

为了让读者更深刻地理解微纳光子器件的工作原理和应用技术,本章介绍微纳光子器件的物理基础。

光纤和波导是组成微纳光子器件的核心基础结构,由于两者的物理分析方式有类似之处,所以 2.1 节和 2.2 节重点介绍单波导的分析方法和特点,具体包括电介质光波导和表面等离激元波导。2.3 节对多波导中光场相互作用的重要理论——耦合模式理论进行介绍。除了结构会影响光场的特性外,非线性效应也是一个非常重要的影响因素,所以 2.4 节介绍影响光场特性的几种典型的非线性光学效应。2.5 节介绍四种目前前沿的微纳光场调控手段。这些都是研究微纳光子器件的重要物理基础。

2.1　电介质光波导

电介质光波导是最常见的波导结构之一,一般由光透明的电介质材料构成。许多光器件的基础结构就是电介质光波导,对它的光学特性分析是微纳光子学研究的基础。平面电介质是其中应用最为广泛的基本结构,它由介电常数不同的电介质材料组成,其中导行的光波遵循基础的电磁场规律,即几何光学和麦克斯韦方程。从这两个方面入手可以得到分析平面电介质波导的基础方法——射线分析法和电磁场分析法,下面将分别使用这两种方法分析平面电介质波导的传输特性。

2.1.1　平面电介质光波导的射线分析法

本节主要针对射线分析法,就均匀平面电介质光波导分别进行理论分析和公式推导。而在此之前,为了更好地理解射线分析方法的意义和应用方法,需要对射线分析法所需的全反射相关知识有一个基本的了解和认识。

1. 菲涅尔(Fresnel)公式与全反射

光入射到两介质分界面上时发生反射和折射,如图 2.1.1 所示,入射角为 θ_i,折射角为 θ_t,反射角为 θ_r,它们的路径关系可以由反射定律和折射定律直接得到,这三者的振幅和相位的关系则需要用菲涅尔公式进行表征。

用 r 来表示反射振幅和入射振幅的比值,那么对 TE 偏振入射波,由斯涅尔公式(Snell's Law): $n_1 \sin \theta_i = n_2 \sin \theta_t$ 可以得到

$$r_{TE} = \frac{n_1 \cos \theta_i - n_2 \cos \theta_t}{n_1 \cos \theta_i + n_2 \cos \theta_t} = \frac{\sin(\theta_t - \theta_i)}{\sin(\theta_t + \theta_i)} \tag{2.1.1}$$

对 TM 偏振入射波,有

$$r_{TM} = \frac{n_2 \cos \theta_i - n_1 \cos \theta_t}{n_2 \cos \theta_i + n_1 \cos \theta_t} = \frac{\tan(\theta_i - \theta_t)}{\tan(\theta_i + \theta_t)} \tag{2.1.2}$$

需要说明的是,本书仅涉及射线分析法相关的基础知识,对于菲涅尔公式的详细内容感兴趣的读者可参考其他书目。

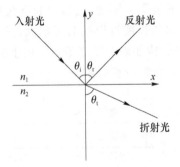

图 2.1.1 光在两种不同介质分界面上发生的反射和折射

当光线由折射率较高的介质射向折射率较低的介质时,入射角 θ_i 缓慢增大,达到临界角 θ_c 时,折射光线会消失,所有的光线都发生了反射,进入了折射率高的介质中,而不发生折射,该现象叫作全反射现象。当确定了两种介质的折射率后,由斯涅尔公式,可以计算出发生全反射现象的临界角,即

$$\theta_c = \arcsin\left(\frac{n_2}{n_1}\right) \tag{2.1.3}$$

全反射发生时,有 $n_1 \sin \theta_i > n_2$,则反射系数 r 不再为实数,说明反射光相位相对于入射光相位将有跃变,接下来求其相位的变化。发生全反射时,由式(2.1.1)可知,对于 TE 偏振波,有

$$r_{TE} = \frac{n_1 \cos \theta_i - n_2 \cos \theta_t}{n_1 \cos \theta_i + n_2 \cos \theta_t} = \frac{n_1 \cos \theta_i - \sqrt{n_2^2 - n_1^2 \sin^2 \theta_i}}{n_1 \cos \theta_i + \sqrt{n_2^2 - n_1^2 \sin^2 \theta_i}}$$

$$= \frac{n_1 \cos \theta_i - i \sqrt{n_1^2 \sin^2 \theta_i - n_2^2}}{n_1 \cos \theta_i + i \sqrt{n_1^2 \sin^2 \theta_i - n_2^2}} = e^{-i2\phi_{TE}} \tag{2.1.4}$$

其中相位为

$$\phi_{TE} = \arctan\left(\frac{\sqrt{n_1^2 \sin^2 \theta_i - n_2^2}}{n_1 \cos \theta_i}\right) \tag{2.1.5}$$

同理,由式(2.1.2)可知,对于 TM 偏振波,有

$$r_{TM} = e^{-i2\phi_{TM}} \tag{2.1.6}$$

其中

$$\phi_{TM} = \arctan\left(\frac{n_1 \sqrt{n_1^2 \sin^2 \theta_i - n_2^2}}{n_2^2 \cos \theta_i}\right) \tag{2.1.7}$$

由式(2.1.4)与式(2.1.6)可知,r_{TE} 和 r_{TM} 的模是 1,相位差分别是 $-2\phi_{TE}$ 和 $-2\phi_{TM}$,也就是说在发生全反射时,不论是 TE 偏振还是 TM 偏振,反射光与入射光的强度是相等的。而相位相对于入射光则产生了一个 $-2\phi_{TE}$ 或 $-2\phi_{TM}$ 的相移。

2. 三层均匀平面波导的射线分析方法

在认识了射线光学基础知识后,下面将以最基础的平面光波导结构,即三层均匀平面光波导为例,利用射线分析法来进行理论分析。

三层均匀平面光波导由三个部分组成,中间折射率为 n_2 的部分是导波层(也称芯区),其厚度 d 一般为几微米,与部分红外光(波长在 760 nm ~1 mm 之间)波长相当,导波层的两侧

则是折射率为 n_1、n_3 的上包层和下包层,它们满足 $n_2 > n_3 \geqslant n_1$ 的关系。特别地,当 $n_1 = n_3$ 时,三层均匀平面波导也被称为对称平面波导。在下面的分析过程中,由于导波层的厚度(即 y 方向上的长度)远小于上包层与下包层的厚度,上包层和下包层在 z 方向(z 方向为垂直于纸面向外的方向)的宽度和在 x 方向的长度可以视为无限大,只需要考虑在 y 方向上波导对光的约束即可。三层均匀平面波导结构如图 2.1.2 所示。由上文可知,波导的折射率只与 y 方向上的位置有关,与 x、z 方向上的位置没有关系。

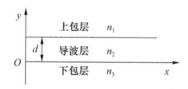

图 2.1.2　三层均匀平面波导示意图

当光线在导波层中传播时,光线将在上包层—导波层与下包层—导波层的分界面上发生反射和折射。如果将光线的入射角逐渐增大,达到了全反射的临界角 θ_c,那么就会出现全反射现象,射线将会被约束在微米尺度的导波层之中。根据射线光学基础中全反射部分提到的相位变化,此时上分界面和下分界面都发生了全发射,即都会产生一个相位的跃变,所以这个被约束在导波层的射线不能再被视为理想的等幅平面波,而应该看作斜向上和斜向下两个平面波的叠加。

然而当导波层成功地约束住了射线之后,并不是一定能形成在波导里传播的光波。即使光波被成功地约束在导波层中,若到达同一定点的两个平面波相位不同甚至相反,那么两波叠加之后,射线的强度会大大减弱甚至是相互抵消,光波的约束也就失去了意义。为了达到最好的传播效果,在约束住射线光波的同时,需要使两射线在达到同一点时相位保持一致,这样才能使被约束在导波层的射线持续传播。

光在三层均匀平面波导内的传播情况如图 2.1.3 所示。带箭头的实线表示射线光波,箭头方向为光线行进方向。将传播过程中一束光线在一个周期内任意相同相位的点构成的一个面定义为等相面。取其中的两个等相面 AB 面和 EC 面,光线 AC 代表斜向上行进的平面波,它是经历了 A 点、C 点的两次全反射到达等相面 EC 的;光线 BD 则是代表斜向下的平面波,从第一个等相面 B 点到达第二个等相面上的 D 点的。所以要想满足上文所述的条件,图中 GBF 线和 GAC 线通过两个等相面的相位差必须相等或者差值为 2π 的整数倍。

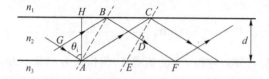

图 2.1.3　三层均匀平面波导内光的传播情况示意图

先求 GBF 光线从 B 点到 D 点的光程,为

$$n_2 \overline{BD} = n_2 \overline{BC}\sin\angle BCD = n_2 \overline{BC}\sin\theta_i$$

$$= n_2(\overline{HC} - \overline{BH})\sin\theta_i = n_2\left(d\tan\theta_i - \frac{d}{\tan\theta_i}\right)\sin\theta_i \tag{2.1.8}$$

因此,此过程的相移是

$$\Delta\varphi_{BD}=k_0 n_2\left(d\tan\theta_i-\frac{d}{\tan\theta_i}\right)\sin\theta_i \tag{2.1.9}$$

其中，k_0 为真空中的波数，$k_0=\frac{2\pi}{\lambda}$。而 AC 光线的光程和相移则分别为

$$n_2\,\overline{AC}=n_2\,\frac{d}{\cos\theta_i}$$

$$\Delta\varphi_{AC}=k_0 n_2\,\frac{d}{\cos\theta_i} \tag{2.1.10}$$

且 AC 光线沿 GA 方向射入再反射到 C 点，经历了两次全反射，所以总的相移为 $k_0 n_2\dfrac{d}{\cos\theta_i}-2\phi_{21}-2\phi_{23}$，其中 $-2\phi_{21}$ 和 $-2\phi_{23}$ 分别是入射光在介质 1、2 和介质 2、3 分界面上发生全反射所产生的相移。因此可以得到如下关系：

$$k_0 n_2\,\frac{d}{\cos\theta_i}-2\phi_{21}-2\phi_{23}-k_0 n_2\left(d\tan\theta_i-\frac{d}{\tan\theta_i}\right)\sin\theta_i=2m\pi \tag{2.1.11}$$

整理后可得

$$\kappa d=\phi_{12}+\phi_{23}+m\pi \tag{2.1.12}$$

其中，κ 为

$$\kappa=n_2 k_0\cos\theta_i=\frac{2\pi n_2\cos\theta_i}{\lambda}=\sqrt{n_2^2 k_0^2-\beta^2} \tag{2.1.13}$$

其中，β 是传播常数，定义为 $\beta=n_2 k_0\sin\theta_i$，可理解为波矢量在 x 方向上的分量。

根据式(2.1.12)和式(2.1.13)，通过给出固定的波导结构以及入射光线的相关信息，不同的模序数 m 值，可以解出不同的 θ_i 或 β 值。由此可见，θ_i 和 β 的值与导波的参数是有一个对应关系的，所以该方程称为模式的本征方程。又由式(2.1.5)可知，对 TE 模，式(2.1.12)可化为

$$\kappa d=m\pi+\arctan\left(\frac{p_1}{\kappa}\right)+\arctan\left(\frac{p_3}{\kappa}\right) \tag{2.1.14}$$

同理，对 TM 模，式(2.1.12)可化为

$$\kappa d=m\pi+\arctan\left(\frac{n_2^2}{n_1^2}\frac{p_1}{\kappa}\right)+\arctan\left(\frac{n_2^2}{n_3^2}\frac{p_3}{\kappa}\right) \tag{2.1.15}$$

其中

$$p_m=\sqrt{\beta^2-k_0^2 n_m^2}\quad(m=1,3) \tag{2.1.16}$$

对于上述公式，我们可以做出如下理解：光线在导波层中行走一个周期时，其在 x 方向产生的横向相移与全反射过程的相位相加之后等于 0 或者 2π 的整数倍。因此，在确定了波导结构，材料折射率 n_1、n_2、n_3 及导波层厚度 d 后，某一波长的光波只有可计算出的有限个入射角可供选择，并不是大于全反射临界角即可。

2.1.2 平面电介质光波导的电磁场分析法

在求解波导中的电磁场分布时，一般需要先依据波导模式的亥姆霍兹方程，结合具体波导的边界条件，得到波导模式的相关参数以及本征值方程。单色光可以表示为场随时间变化的部分与场随空间变化的部分之积，即

$$E(r,t)=E(r)\mathrm{e}^{-i\omega t} \tag{2.1.17}$$

$$H(r,t)=H(r)\mathrm{e}^{-i\omega t} \tag{2.1.18}$$

其中，复矢量 $E(r)$、$H(r)$ 是场随空间的变化，ω 为光波的频率。物质中的麦克斯韦方程组形式

如下:

$$\begin{cases} \nabla \times \boldsymbol{E} = -\dfrac{\partial \boldsymbol{B}}{\partial t} \\[2mm] \nabla \times \boldsymbol{H} = \boldsymbol{J} + \dfrac{\partial \boldsymbol{D}}{\partial t} \\[2mm] \nabla \cdot \boldsymbol{D} = \rho \\[2mm] \nabla \cdot \boldsymbol{B} = 0 \end{cases} \tag{2.1.19}$$

其中,$\boldsymbol{J}$ 是传导电流密度,ρ 是自由电荷体密度。一般光波导中不存在自由电荷,同时也是无磁性的,故 $\boldsymbol{J}=0$,$\rho=0$,且绝对磁导率 $\mu=\mu_0$。通过物质的本构关系式可以得到磁感应强度 $\boldsymbol{B}$、电位移 $\boldsymbol{D}$ 与电磁场强度的关系:$\boldsymbol{B}=\mu_0\boldsymbol{H}$,$\boldsymbol{D}=\varepsilon\boldsymbol{E}$,再结合式(2.1.17)和式(2.1.18)得到单频电磁场的麦克斯韦方程组:

$$\nabla \times \boldsymbol{E} = \mathrm{i}\omega\mu_0\boldsymbol{H} \tag{2.1.20}$$

$$\nabla \times \boldsymbol{H} = -\mathrm{i}\omega\varepsilon\boldsymbol{E} \tag{2.1.21}$$

$$\nabla \cdot \boldsymbol{E} = 0 \tag{2.1.22}$$

$$\nabla \cdot \boldsymbol{H} = 0 \tag{2.1.23}$$

对式(2.1.20)取旋度,并利用 $\nabla \times \nabla \times \boldsymbol{E} = \nabla(\nabla \cdot \boldsymbol{E}) - \nabla^2\boldsymbol{E}$ 和介质中波数 $k = \omega\sqrt{\varepsilon\mu_0}$,分别代入式(2.1.21)和式(2.1.22),可以得到关于电场的亥姆霍兹方程,即

$$\nabla^2\boldsymbol{E} + k^2\boldsymbol{E} = 0 \tag{2.1.24}$$

同理,可以得到关于磁场的亥姆霍兹方程,即

$$\nabla^2\boldsymbol{H} + k^2\boldsymbol{H} = 0 \tag{2.1.25}$$

式(2.1.24)和式(2.1.25)两个亥姆霍兹方程反映了电磁场 $\boldsymbol{E}$、$\boldsymbol{H}$ 在空间中变化的关系。

三层均匀平面波导由上包层、导波层、下包层三个部分组成,如图 2.1.2 所示,波导中的场可以表示为

$$\boldsymbol{E}(x,y,z) = \boldsymbol{E}(y,z)\mathrm{e}^{\mathrm{i}\beta x} \tag{2.1.26}$$

$$\boldsymbol{H}(x,y,z) = \boldsymbol{H}(y,z)\mathrm{e}^{\mathrm{i}\beta x} \tag{2.1.27}$$

接下来对电磁场进行横纵场分解,y-z 平面内的分量称为横向分量,用 t 表示,x 方向上的分量称为纵向分量,即

$$\boldsymbol{E}(y,z) = \boldsymbol{E}_{\mathrm{t}}(y,z) + \boldsymbol{E}_x(y,z) \tag{2.1.28}$$

$$\boldsymbol{H}(y,z) = \boldsymbol{H}_{\mathrm{t}}(y,z) + \boldsymbol{H}_x(y,z) \tag{2.1.29}$$

将矢量微分算子也分解为横向分量与纵向分量,即 $\nabla = \nabla_{\mathrm{t}} + \hat{x}\dfrac{\partial}{\partial x}$。代入式(2.1.20)和式(2.1.21)中,由于等式两边横向分量和纵向分量分别相等,故可以得到电磁场横向分量与纵向分量的关系。对于一般的平面波导,可以认为在 z 方向上波导的折射率和几何结构不发生变化,所以在波导中传播的电磁场的模式场是仅与 y 相关的函数,因此可以进一步化简,即 $\boldsymbol{E}(y,z) = \boldsymbol{E}(y)$,$\boldsymbol{H}(y,z) = \boldsymbol{H}(y)$,最终可以得到模式场的横向分量与纵向分量仅关于 y 的关系式如下:

$$\hat{y} \times \frac{\partial \boldsymbol{E}_{\mathrm{t}}(y)}{\partial y} = \mathrm{i}\omega\mu_0\boldsymbol{H}_x(y) \tag{2.1.30}$$

$$\hat{y} \times \frac{\partial \boldsymbol{H}_{\mathrm{t}}(y)}{\partial y} = -\mathrm{i}\omega\varepsilon\boldsymbol{E}_x(y) \tag{2.1.31}$$

$$\hat{y} \times \frac{\partial \boldsymbol{E}_x(y)}{\partial y} + \mathrm{i}\beta\hat{x} \times \boldsymbol{E}_{\mathrm{t}}(y) = \mathrm{i}\omega\mu_0\boldsymbol{H}_{\mathrm{t}}(y) \tag{2.1.32}$$

$$\hat{y}\times\frac{\partial \boldsymbol{H}_x(y)}{\partial y}+\mathrm{i}\beta\hat{x}\times\boldsymbol{H}_\mathrm{t}(y)=-\mathrm{i}\omega\varepsilon\boldsymbol{E}_\mathrm{t}(y) \tag{2.1.33}$$

将横向分量分解为 y 方向与 z 方向，针对三个方向可以得到两组相互独立的方程组，第一组如下：

$$\frac{\mathrm{d}E_z}{\mathrm{d}y}=\mathrm{i}\omega\mu_0 H_x \tag{2.1.34}$$

$$\mathrm{i}\beta E_z=-\mathrm{i}\omega\mu_0 H_y \tag{2.1.35}$$

$$-\frac{\mathrm{d}H_x}{\mathrm{d}y}+\mathrm{i}\beta H_y=-\mathrm{i}\omega\varepsilon E_z \tag{2.1.36}$$

可以看出，这三个式子的电场分量仅有横向分量 E_z，即这组方程组对应模式为 TE 模。求解得到

$$H_y=-\frac{\beta E_z}{\omega\mu_0} \tag{2.1.37}$$

$$H_x=-\frac{\mathrm{i}}{\omega\mu_0}\frac{\mathrm{d}E_z}{\mathrm{d}y} \tag{2.1.38}$$

对于第二组

$$\frac{\mathrm{d}H_z}{\mathrm{d}y}=-\mathrm{i}\omega\varepsilon E_x \tag{2.1.39}$$

$$\mathrm{i}\beta H_z=\mathrm{i}\omega\varepsilon E_y \tag{2.1.40}$$

$$-\frac{\mathrm{d}E_x}{\mathrm{d}y}+\mathrm{i}\beta E_y=\mathrm{i}\omega\mu_0 H_z \tag{2.1.41}$$

这一组的三个式子的磁场分量仅有横向分量 H_z，即这组对应模式为 TM 模。求解得到

$$E_y=\frac{\beta}{\omega\varepsilon}H_z \tag{2.1.42}$$

$$E_x=\frac{\mathrm{i}}{\omega\varepsilon}\frac{\mathrm{d}H_z}{\mathrm{d}y} \tag{2.1.43}$$

使用电磁场相关理论分析 TE 模的场分布和本征值方程，对于均匀平面波导的 TE 模，电场仅有 E_z 分量，其亥姆霍兹方程可以写成

$$\frac{\partial^2 E_z}{\partial y^2}+(k_0^2 n^2-\beta^2)E_z=0 \tag{2.1.44}$$

对于图 2.1.2 所示的三层均匀平面波导结构，将三层平面波导三个区域的不同折射率代入，得到针对不同区域仅含 E_z 的亥姆霍兹方程，即

- 上包层：
$$\frac{\partial^2 E_z}{\partial y^2}+(k_0^2 n_1^2-\beta^2)E_z=0 \tag{2.1.45}$$

- 导波层：
$$\frac{\partial^2 E_z}{\partial y^2}+(k_0^2 n_2^2-\beta^2)E_z=0 \tag{2.1.46}$$

- 下包层：
$$\frac{\partial^2 E_z}{\partial y^2}+(k_0^2 n_3^2-\beta^2)E_z=0 \tag{2.1.47}$$

光波传输时被限制在导波层，在导波层两侧的上包层和下包层逐渐衰减至最远处为零。经计算得到三个不同区域的亥姆霍兹方程通解为

- 上包层：$\qquad\qquad\qquad E_z=A\mathrm{e}^{-p_1(y-d)} \tag{2.1.48}$

- 导波层：$\qquad\qquad\qquad E_z=B\cos(\kappa y+\varphi) \tag{2.1.49}$

- 下包层：$\qquad\qquad\qquad E_z=C\mathrm{e}^{p_3 y} \tag{2.1.50}$

其中

$$
\begin{cases}
p_1 = \sqrt{\beta^2 - k_0^2 n_1^2} \\
\kappa = \sqrt{k_0^2 n_2^2 - \beta^2} \\
p_3 = \sqrt{\beta^2 - k_0^2 n_3^2}
\end{cases}
\tag{2.1.51}
$$

在得到亥姆霍兹方程的基础上,结合边界条件 $y=0$,$y=d$ 处 E_z 分量连续,可以得到 A、B 和 C 的关系:

$$
\begin{cases}
B\cos\varphi = C \\
A = B\cos(\kappa d + \varphi)
\end{cases}
\tag{2.1.52}
$$

进一步可以得到以 B 表示的三个不同区域的 E_z 表达式,即

- 上包层: $\qquad\qquad E_z = B\cos(\kappa d + \varphi)\mathrm{e}^{-p_1(y-d)}$ (2.1.53)
- 导波层: $\qquad\qquad E_z = B\cos(\kappa y + \varphi)$ (2.1.54)
- 下包层: $\qquad\qquad E_z = B\cos\varphi\, \mathrm{e}^{p_3 y}$ (2.1.55)

同时由于边界上磁场分量 H_x 连续,通过式(2.1.38)得到 $\mathrm{d}E_z/\mathrm{d}y$ 连续。因此,在边界 $y=0$ 上对导波层 E_z 求导等于对下包层 E_z 求导;在边界 $y=d$ 上对导波层 E_z 求导等于对上包层 E_z 求导,即

$$
p_3\cos\varphi = -\kappa\sin\varphi
\tag{2.1.56}
$$

$$
-p_1\cos(\kappa d + \varphi) = -\kappa\sin(\kappa d + \varphi)
\tag{2.1.57}
$$

由式(2.1.56)和式(2.1.57)得

$$
\tan\varphi = -\frac{p_3}{\kappa}
\tag{2.1.58}
$$

$$
\tan(\kappa d + \varphi) = \frac{p_1}{\kappa}
\tag{2.1.59}
$$

根据式(2.1.58)和式(2.1.59),可以得到本征值方程

$$
\kappa d = m\pi + \arctan\left(\frac{p_1}{\kappa}\right) + \arctan\left(\frac{p_3}{\kappa}\right) \quad (m=0,1,2,\cdots)
\tag{2.1.60}
$$

通过该方程可以在给定模阶数 m 情况下结合光波以及波导的具体参数求解相应的传播常数,进一步求得模场分布情况。

TE 模与 TM 模的本征方程可以写成一个统一的公式,该公式可以有两种表示形式。第一种描述了给定波导参数情况下,传播常数 β 与真空中波束 k_0 的关系:

$$
\sqrt{n_2^2 k_0^2 - \beta^2}\, d = m\pi + \arctan\left(g_{12}\sqrt{\frac{\beta^2 - n_1^2 k_0^2}{n_2^2 k_0^2 - \beta^2}}\right) + \arctan\left(g_{23}\sqrt{\frac{\beta^2 - n_3^2 k_0^2}{n_2^2 k_0^2 - \beta^2}}\right)
\tag{2.1.61}
$$

另一种表示形式描述了给定入射光频率和波导参数的情况下,有效折射率 $N=\beta/k_0$ 与导波层厚度 d 的关系:

$$
\sqrt{n_2^2 - N^2}\, k_0 d = m\pi + \arctan\left(g_{12}\sqrt{\frac{N^2 - n_1^2}{n_2^2 - N^2}}\right) + \arctan\left(g_{23}\sqrt{\frac{N^2 - n_3^2}{n_2^2 - N^2}}\right)
\tag{2.1.62}
$$

对于式(2.1.61)和式(2.1.62),表示 TE 模时,$g_{12} = g_{23} = 1$;表示 TM 模时,$g_{12} = \left(\dfrac{n_2}{n_1}\right)^2$,$g_{23} = \left(\dfrac{n_2}{n_3}\right)^2$。当有效折射率 $N = n_3$ 时,可以根据式(2.1.62)得到截止厚度 d_c 的表达式:

$$
d_c = \frac{1}{k_0}\frac{1}{\sqrt{n_2^2 - n_3^2}}\left[m\pi + \arctan\left(\frac{n_2^2}{n_1^2}\sqrt{\frac{n_3^2 - n_1^2}{n_2^2 - n_3^2}}\right)\right]
\tag{2.1.63}
$$

当导波层厚度 d 小于 d_c 时,此模式无法在波导中传播。通过式(2.1.62)可以得到有效折射率 N 与导波层厚度 d 的关系曲线,如图2.1.4所示。

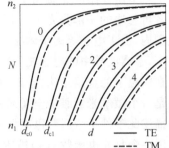

在有效折射率 N 与导波层厚度 d 的色散曲线关系图中,可以明显看出阶数越高的传输模式的截止厚度越大,TE模的截止厚度略小于同阶数TM模的截止厚度。TE$_0$模的截止厚度在所有模式中最低,是最不容易截止的传输模式。同时通过式(2.1.63)可以发现,当上包层与下包层折射率相等时,TE$_0$模的截止厚度为0,此时该模式不会截止。仅有TE$_0$模传输的模式叫作单模传输。

图 2.1.4 平面电介质波导的色散曲线

将 $k_0 = \omega/c$ 代入式(2.1.63),可以得到截止频率的表达式

$$\omega_c = \frac{c}{d\ \sqrt{n_2^2 - n_3^2}} \left[m\pi + \arctan\left(\frac{n_2^2}{n_1^2}\sqrt{\frac{n_3^2 - n_1^2}{n_2^2 - n_3^2}}\right) \right] \tag{2.1.64}$$

在传播常数 β 与入射光频率 ω 的关系图中,能够看出阶数越低的传输模式的截止频率越小,且传播模式的传播常数介于 $k_0 n_1$ 与 $k_0 n_2$ 之间,其他区域传输模式为辐射模,无法在导波层中传播。

在波导参数和入射光波长给定的情况下,可以根据式(2.1.65)和式(2.1.66)估算波导能够传输的模式数量:

$$M_{\text{TE}} = \text{floor}\left[\frac{2d}{\lambda}\sqrt{n_2^2 - n_3^2} - \frac{1}{\pi}\arctan\left(\sqrt{\frac{n_3^2 - n_1^2}{n_2^2 - n_3^2}}\right) + 1\right] \tag{2.1.65}$$

$$M_{\text{TM}} = \text{floor}\left[\frac{2d}{\lambda}\sqrt{n_2^2 - n_3^2} - \frac{1}{\pi}\arctan\left(\frac{n_2^2}{n_1^2}\sqrt{\frac{n_3^2 - n_1^2}{n_2^2 - n_3^2}}\right) + 1\right] \tag{2.1.66}$$

其中,floor 表示向下取整,λ 表示入射光波长。

2.2 表面等离激元波导

最近几年,基于表面等离激元(Surface Plasmon Polariton,SPP)的波导结构与器件引起了相关领域研究者的广泛关注。不同于电介质波导中光的传播方式,SPP是一种存在于导体和电介质分界面上的电荷在外加电磁场作用下的集体振荡模式。依据具体的传播形式,SPP可以进一步划分为在金属表面以局域化电子振荡形式存在的局域SPP,以及沿着导体表面以电子密度波形式传播的非局域SPP。SPP的独特物理性质使得它可以在许多实际应用领域发挥优势,如纳米尺度的光操控、超薄光探测器件、小尺度光学成像、非线性光学响应等。

SPP波导的获得方式有许多种,本节着重讨论其中应用较为广泛、理论较为成熟的基于金属材料和石墨烯材料的两种SPP波导。其中,石墨烯材料不同于其他金属或半导体材料,它不仅可以在长波长段支持表面等离模式的传输,还可以通过外加电压或者掺杂的方式对其进行光电特性的调控。

2.2.1 金属的光频特性

最为广泛被用于构建SPP波导的材料是金属,本小节将首先基于物质中的麦克斯韦方程介绍金属独特的复介电常数,然后基于初等电子理论尝试解释这一独特性质的来源。

1. 金属中的电磁波传播与复介电常数

上一节所介绍的介质光波导,其材料可以被看作理想的无损介质。在低频条件下,只有很少或者可忽略的一部分光进入金属内部,金属可以被看作理想的导体。但在红外和可见光频段范围内,由于电子等离子体振荡的响应,金属直接被近似为理想的导体便不再合适。在这种情况下,金属波导中的电磁波将以倏逝场的形式存在。

在室温下的金属结构,金属中的自由载流子集中在一个较小的能级范围内,因而即使研究对象是一个微纳米量级的金属结构,量子理论并没有必要被引入,经典的麦克斯韦方程组完全可以描述此条件下金属与电磁场的相互作用。金属在不同频率下的特性表现差异较大,我们将使用一个复介电函数 $\varepsilon(\omega)$ 描述不同频率下金属的介电系数,该函数是本节讨论的金属光频特性核心,本节将首先从描述物质中的电磁特性的麦克斯韦方程组开始,式(2.1.19)中的四个物理量又可以通过以下关系式进一步相关:

$$D = \varepsilon_0 E + P \tag{2.2.1}$$

$$H = \frac{1}{\mu_0} B - M \tag{2.2.2}$$

其中,P 是电极化强度,M 是磁化强度。本节讨论的是均匀、各向同性的非磁介质,故可以得到如下关系式:

$$\begin{cases} D = \varepsilon_0 \varepsilon_r E \\ H = \frac{1}{\mu_0} B \end{cases} \tag{2.2.3}$$

其中,ε_r 是相对介电常数。除此之外,金属的电流密度 J 与电场强度 E 之间存在线性关系:

$$J = \sigma E \tag{2.2.4}$$

其中,比例系数 σ 是金属电导率。

基于以上关系可以将式(2.1.19)中的第二个等式转换为如下形式:

$$\nabla \times H = \sigma E + \frac{\partial D}{\partial t} \tag{2.2.5}$$

两侧同时取散度,可得

$$\nabla \cdot (\nabla \times H) = \nabla \cdot \left(\sigma E + \frac{\partial D}{\partial t} \right) \tag{2.2.6}$$

因一个矢量旋度的散度为零,可得

$$\nabla \cdot \left(\sigma E + \frac{\partial D}{\partial t} \right) = 0 \tag{2.2.7}$$

对于均匀介质,电导率在各处一致,故

$$\sigma \nabla \cdot E + \frac{\partial \nabla \cdot D}{\partial t} = 0 \tag{2.2.8}$$

代入式(2.1.19)中的第三个公式和式(2.2.3)中的第一个公式,可得

$$\frac{\sigma \rho}{\varepsilon_0 \varepsilon_r} + \frac{\partial \rho}{\partial t} = 0 \tag{2.2.9}$$

求解式(2.2.9)可以得到电荷密度为

$$\rho = \rho_0 e^{-\frac{t}{\tau}} \tag{2.2.10}$$

其中,τ 为弛豫时间,可以表示为

$$\tau = \frac{\varepsilon_0 \varepsilon_r}{\sigma} \tag{2.2.11}$$

金属的电导率很大,对应的弛豫时间就非常小,因此式(2.2.11)中的金属电荷量一般被假定为零。接下来对式(2.1.19)中的第一个公式左右同时取旋度,可得

$$\nabla \times (\nabla \times \boldsymbol{E}) = \nabla \times \left(-\mu_0 \frac{\partial \boldsymbol{H}}{\partial t} \right)$$

$$\Rightarrow -\nabla^2 \boldsymbol{E} = -\mu_0 \frac{\partial (\nabla \times \boldsymbol{H})}{\partial t} \tag{2.2.12}$$

代入式(2.2.5),可得电场 $\boldsymbol{E}$ 的波动方程:

$$-\nabla^2 \boldsymbol{E} = -\mu_0 \frac{\partial \left(\sigma \boldsymbol{E} + \varepsilon_0 \varepsilon_r \frac{\partial \boldsymbol{E}}{\partial t} \right)}{\partial t}$$

$$\Rightarrow \nabla^2 \boldsymbol{E} - \mu_0 \sigma \frac{\partial \boldsymbol{E}}{\partial t} - \mu_0 \varepsilon_0 \varepsilon_r \frac{\partial^2 \boldsymbol{E}}{\partial t^2} = 0 \tag{2.2.13}$$

设电场为频率为 ω 的时谐波: $\boldsymbol{E} = \boldsymbol{E}_0 \mathrm{e}^{-\mathrm{i}\omega t}$,式(2.2.13)可改写为

$$\nabla^2 \boldsymbol{E} + \mathrm{i}\mu_0 \sigma \omega \boldsymbol{E} + \mu_0 \varepsilon_0 \varepsilon_r \omega^2 \boldsymbol{E} = 0$$

$$\nabla^2 \boldsymbol{E} + \boldsymbol{E} (\mathrm{i}\mu_0 \sigma \omega + \mu_0 \varepsilon_0 \varepsilon_r \omega^2) = 0 \tag{2.2.14}$$

已知光速 $c = \dfrac{1}{\sqrt{\varepsilon_0 \mu_0}}$,式(2.2.14)可变为

$$\nabla^2 \boldsymbol{E} + \boldsymbol{E} \frac{\omega^2}{c^2} \left(\mathrm{i} \frac{\sigma}{\varepsilon_0 \omega} + \varepsilon_r \right) = 0 \tag{2.2.15}$$

令 $\tilde{k}^2 = \dfrac{\omega^2}{c^2} \left(\mathrm{i} \dfrac{\sigma}{\varepsilon_0 \omega} + \varepsilon_r \right)$, $\tilde{\varepsilon}_r = \varepsilon_r + \mathrm{i} \dfrac{\sigma}{\varepsilon_0 \omega}$,则式(2.1.24)的形式与电介质中的亥姆霍兹方程一致,不同点在于金属的介电常数是一个复数,一般被称作金属的复介电常数。

理论和实验都表明,在光频范围内,金属材料的介电常数实部为负数,且其绝对值要远大于虚部。为了进一步说明金属的这一性质,我们将在下面介绍基于初等电子理论模型构建的金属复介电常数与电场频率的关系。

2. 基于初等电子理论的金属光频特性

金属是由晶体点阵中的正离子、少部分束缚在晶格中的束缚电子和更多的自由电子组成的电中性系统。自由电子理论认为诸如金属一类的导体,对电磁场的响应主要来自所有金属晶格所共有的自由电子。它们将在金属正离子和其余束缚电子的作用下不断简谐振荡并与形成的势场交换能量。这种作用模式被称为等离子体振荡,可以使用简谐振荡的固有角频率 ω_p 代表等离子体振荡频率。

将等离子振荡中受到势场作用的整体效果等效为一个阻尼系数为 γ 的阻尼力,在外加电场 $\boldsymbol{E}$ 的作用下,等离子体中单个电子服从运动方程:

$$m\ddot{x} + m\gamma \dot{x} = -e\boldsymbol{E} \tag{2.2.16}$$

其中, m 为单个电子的质量, e 为电子电荷量, x 是电子运动的距离。假定外加电场的表达式为 $\boldsymbol{E} = \boldsymbol{E}_0 \mathrm{e}^{-\mathrm{i}\omega t}$,则式(2.2.16)的微分方程的一个特殊解为

$$x = \frac{e}{m(\omega^2 + \mathrm{i}\gamma\omega)} \boldsymbol{E} \tag{2.2.17}$$

电子的运动会在金属中产生电流,假定金属中单位体积自由电子数为 N ,则位移电子产生的电极化量为

$$\boldsymbol{P} = -Nex = -\frac{Ne^2}{m(\omega^2 + \mathrm{i}\gamma\omega)} \boldsymbol{E} \tag{2.2.18}$$

由式(2.2.1)及式(2.2.18)可得

$$D = \varepsilon_0 \left(1 - \frac{\omega_p^2}{\omega^2 + i\gamma\omega}\right) E \qquad (2.2.19)$$

其中，$\omega_p^2 = \dfrac{Ne^2}{m\varepsilon_0}$ 是等离子体振荡频率。

由式(2.2.3)和式(2.2.19)可推得金属的相对介电函数为

$$\tilde{\varepsilon}_r = 1 - \frac{\omega_p^2}{\omega^2 + i\gamma\omega} \qquad (2.2.20)$$

这一表达式也被称作金属材料光学响应的德鲁德模型(Drude Model)，它的实部和虚部分别可以被表示为

$$\begin{cases} \mathrm{Re}(\tilde{\varepsilon}_r) = 1 - \dfrac{\omega_p^2}{\omega^2 + \gamma^2} \\[3mm] \mathrm{Im}(\tilde{\varepsilon}_r) = \dfrac{\omega_p^2 \gamma}{(\omega^2 + \gamma^2)\omega} \end{cases} \qquad (2.2.21)$$

对于一般的金属材料，在光频范围内，式(2.2.21)中的实部绝对值将远大于虚部。当 $\omega < \omega_p$ 时，由于 $\gamma \ll \omega_p$，实部为负数，反之，则为正数。换句话说，随着频率的升高，金属中自由电子的影响越来越小，而束缚电子则起着越来越大的作用，金属的光学性质便越接近电介质。

2.2.2　石墨烯的光频特性

石墨烯是一种由碳原子以 sp^2 杂化轨道组成的以六角晶格排列的二维材料。它最早是一种假设性结构，只存在于科学家的构想中，直至 2004 年，由曼彻斯特大学的物理学家安德烈·海姆和康斯坦丁·诺沃肖洛夫成功地在实验中从石墨中分离得到[1]。他们也因此获得了 2010 年的诺贝尔物理学奖。石墨烯区别于传统材料的一个显著特点是它的载流子有效质量趋近于零，这种特性赋予石墨烯独特的物理性质，如常温下的量子霍尔效应、高电子迁移率。在光学方面，单层石墨烯可以实现在可见光至太赫兹波段约 2.29% 的入射光吸收。又因其独特的锥形能带结构，石墨烯具有优秀的非线性光学响应特性，这会在本节第二部分介绍。

1. 石墨烯的线性光学响应

石墨烯具有特别有趣和独特的特性，它在远红外和太赫兹波段具有低损耗的表面电抗，这让人们可以随意地改变所引入的表面电流。石墨烯单层可以被描述为一个无带隙的半导体，它的电子-空穴色散是无质量且线性的，费米速度为 $v_F = 10^8$ cm/s[1]。

得益于石墨烯特别的锥形电子能带结构，本征单层石墨烯的动力学光电导与入射光的频率无关，它的动力学光电导 G 等于普适光电导 G_0，可以由式(2.2.22)描述：

$$G(\omega) = G_0 \equiv \frac{e^2}{4 \hbar} \qquad (2.2.22)$$

其中，ω 是入射光频率，$\hbar$ 是约化普朗克常数。令 $\alpha = e^2/(\hbar c)$，此值即为石墨烯的精细化结构参数。由此，可以得到本征单层石墨烯的光透过率：

$$T = \left(1 + \frac{2\pi G}{c}\right)^{-2} \approx 1 - \pi\alpha \approx 0.977 \qquad (2.2.23)$$

换句话说，单层石墨烯在宽光谱范围内的透过率约为 0.977，吸收率为 $\pi\alpha \approx 0.0229$。此外，垂直照射下，石墨烯的反射率为 $0.25\pi^2\alpha^2 T \approx 0.0001$。显然，石墨烯的反射率远小于透过率，所以可以近似认为多层石墨烯的吸收率与石墨烯的层数成正比。

石墨烯的另一特点在于它的电导率可以通过一些方式进行调控：控制掺杂特性（掺杂密度、载流子类型）、化学表面调制（如羟化作用、硫醇化作用）、外加静电场、外加静磁场。在一定能量范围内，石墨烯的电子能量与动量之间呈线性关系，即此时的石墨烯电子可以被看作费米-狄拉克粒子。可以用一个复数描述石墨烯的表面电导率 σ_g，根据 Kubo 公式可以得到[2]

$$\sigma_g(\omega,\mu_c,\tau,T) = -\frac{ie^2(\omega+i\tau^{-1})}{\pi\hbar^2}\left[\int_{-\infty}^{+\infty}\frac{|\varepsilon|}{(\omega+i\tau^{-1})^2}\frac{\partial f_d(\varepsilon)}{\partial\varepsilon}d\varepsilon-\right.$$

$$\left.\int_0^{+\infty}\frac{|\partial f_d(-\varepsilon)-\partial f_d(\varepsilon)|}{(\omega+i\tau^{-1})^2-4(\varepsilon/\hbar)^2}d\varepsilon\right] \tag{2.2.24}$$

其中，$f_d=1/(1+\exp[(\varepsilon-\mu_c)/k_BT])$ 是费米-狄拉克分布，ε 是能量，μ_c 是化学势，T 是温度，τ 是由于载流子带内散射出现的动量弛豫时间（即电子-光子散射率的倒数）。式(2.2.24)中的第一项对应带内的电子-光子散射过程，即带内电导率可以表示为

$$\sigma_{intra}=i\frac{e^2k_BT}{\pi\hbar^2(\omega+i\tau^{-1})}\left[\frac{\mu_c}{k_BT}+2\ln\left(\exp\left(-\frac{\mu_c}{k_BT}\right)+1\right)\right] \tag{2.2.25}$$

第二项对应直接带间电子跃迁，即带间电导率。考虑到石墨烯的化学势 $\mu_c\gg k_BT$，它可以被近似为

$$\sigma_{inter}=i\frac{e^2}{4\pi\hbar}\ln\left[\frac{2|\mu_c|-\hbar(\omega+i\tau^{-1})}{2|\mu_c|+\hbar(\omega+i\tau^{-1})}\right] \tag{2.2.26}$$

由式(2.2.26)可以发现，石墨烯的带内、带间电导率均依赖于石墨烯的化学势和激励光频率。稍加计算可以发现，在太赫兹频段，石墨烯的带内光导率占主导，而对于近红外和可见光波段，石墨烯的电导率会更多地受带间电导率变化的影响。就传播 SPP 而言，在中红外波段，沿着石墨烯传输的 TM 模式的 SPP 波的波数 β 远大于自由空间的波数，考虑模斑横向大小（近似正比于 $1/\text{Re}(\beta)$）这一 SPP 特征，显然这可以将表面波更好地限制在石墨烯层的表面。

2. 石墨烯的非线性光学响应

石墨烯的非线性光学响应来源于石墨烯中碳原子外层电子与入射光电场发生共振时，相对于原子核发生偏移，从而产生的极化。当外加光强度较低时，电子极化强度 P 近似与外加电场呈线性关系：

$$\boldsymbol{P}=\varepsilon_0\boldsymbol{\chi}^{(1)}\boldsymbol{E} \tag{2.2.27}$$

其中，ε_0 和 $\boldsymbol{\chi}^{(1)}$ 分别是真空介电常数与石墨烯的一阶极化率。

当外加电场较强时，线性关系无法准确描述，电子极化强度 P 将与极化率和外加电场呈非线性关系，可由式(2.2.28)描述：

$$\boldsymbol{P}=\varepsilon_0\boldsymbol{\chi}^{(1)}\boldsymbol{E}+\varepsilon_0\boldsymbol{\chi}^{(2)}\boldsymbol{E}^2+\varepsilon_0\boldsymbol{\chi}^{(3)}\boldsymbol{E}^3+\cdots+\varepsilon_0\boldsymbol{\chi}^{(n)}\boldsymbol{E}^n+\cdots \tag{2.2.28}$$

其中，$\boldsymbol{\chi}^{(n)}$ 是石墨烯的 n 阶极化率。一阶极化率 $\boldsymbol{\chi}^{(1)}$ 的实部即石墨烯折射率的实部，虚部代表石墨烯的光学损耗。对于二阶极化率 $\boldsymbol{\chi}^{(2)}$，由于石墨烯结构的中心对称性，通常可以被近似为 0。当然对于结构对称性遭到破坏的特性石墨烯结构，二阶极化率就不可忽略。石墨烯的光学非线性特性被研究最多的是三阶极化率 $\boldsymbol{\chi}^{(3)}$。下面来详细讨论石墨烯在不同频率入射光下的 $\boldsymbol{\chi}^{(3)}$。

当两束频率分别为 ω_1（泵浦光）和 ω_2（信号光）的外加光束入射到石墨烯上时，在谐振频率 $2\omega_1-\omega_2$ 处层电流的振幅可以描述为

$$j_e=-\frac{3}{32}\frac{e^2}{\hbar}a_2\left(\frac{ev_Fa_1}{\hbar\,\omega_1\omega_2}\right)^2\frac{2\omega_1^2+2\omega_1\omega_2-\omega_2^2}{\omega_1(2\omega_1-\omega_2)} \tag{2.2.29}$$

其中，a_1 和 a_2 分别是入射光在频率 ω_1 和 ω_2 处的电场振幅，$v_F = 9.5 \times 10^5$ m/s 是费米速度。在 ω_1 和 ω_2 都趋近于 ω 的情况下，层电导率可以近似为

$$\sigma_3(\omega) = \frac{j_e}{a_1^2 a_2} = -\frac{9}{32} \frac{e^2}{\hbar} \left(\frac{e v_F}{\hbar \, \omega^2} \right)^2 \tag{2.2.30}$$

在中红外以及太赫兹波段，石墨烯的非线性电导率为

$$\sigma_{3,\mathrm{IR}}(\omega) = \mathrm{i} \frac{3}{32\pi} \frac{e^2}{\hbar^2} \frac{(e v_F)^2}{\mu_c \omega^3} \tag{2.2.31}$$

由于绝大部分的层电流都在石墨烯中产生，因此整个石墨烯薄膜的等效非线性系数可以表示为

$$\chi_3(\omega) = \frac{\sigma_3(\omega)}{\omega d} \tag{2.2.32}$$

其中，d 是石墨烯层的厚度。在可见光波段石墨烯单层的三阶极化率可以达到 10^{-7} esu 的数量级，显然，石墨烯具有优异的非线性光学响应特性。

2.2.3 表面等离子体波

本节要讨论的是表面等离子体波（Surface Plasma Wave，SPW）的传播模式。SPW 需要在两个介质之间的分界面上传播，如图 2.2.1 所示，两种介质在各自象限无限延伸，各向同性的非铁磁介质构成了 SPW 的基本传播界面。设 SPW 的传播方向为 x 轴，两介质分界面法线方向为 y 轴，坐标系零点位于分界面上。$y > 0$ 一侧的介质相对介电常数为 $\varepsilon_1(\omega)$，$y < 0$ 一侧的介质相对介电常数为 $\varepsilon_2(\omega)$。

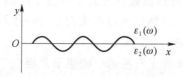

图 2.2.1 SPW 在介质分界面上传播的示意图

由于两侧介质均为非磁材料，即材料的相对磁导率 $\mu_1 = \mu_2 = 1$，自由电荷和自由电流均为 0，所以针对此结构，物质中的麦克斯韦方程组（2.1.19）中的第二、三式可以简化为

$$\begin{cases} \nabla \times \boldsymbol{H} = \dfrac{\partial \boldsymbol{D}}{\partial t} \\ \nabla \cdot \boldsymbol{D} = 0 \end{cases} \tag{2.2.33}$$

式（2.1.19）中的法拉第电磁感应定律两侧同时取旋度，可得

$$\nabla \times \nabla \times \boldsymbol{E} = -\frac{\partial (\nabla \times \boldsymbol{B})}{\partial t} \tag{2.2.34}$$

代入式（2.2.33）中的第一个公式，并由关系式（2.2.3）可以得到

$$\nabla \times \nabla \times \boldsymbol{E} + \mu_0 \varepsilon \frac{\partial^2 \boldsymbol{E}}{\partial t^2} = 0 \tag{2.2.35}$$

其中，$\varepsilon = \varepsilon_0 \varepsilon_r$，SPW 在介质中呈倏逝波的形式，根据距离呈指数衰减的趋势，微分方程（2.2.35）的解的形式为

$$\begin{cases} \boldsymbol{E}_1 = \boldsymbol{E}_1^0 \mathrm{e}^{-\alpha_1 y} \mathrm{e}^{-\mathrm{i}\omega t + \mathrm{i}\beta z} & (y > 0) \\ \boldsymbol{E}_2 = \boldsymbol{E}_2^0 \mathrm{e}^{\alpha_2 y} \mathrm{e}^{-\mathrm{i}\omega t + \mathrm{i}\beta z} & (y < 0) \end{cases} \tag{2.2.36}$$

又由式(2.2.33)中的第二式,即 $\nabla \cdot \boldsymbol{E} = 0$,可以得到电场分量的如下关系式:

$$\begin{cases} \boldsymbol{E}_{1y} = \dfrac{i\beta}{\alpha_1} \boldsymbol{E}_{1x} \\[2mm] \boldsymbol{E}_{2y} = -\dfrac{i\beta}{\alpha_2} \boldsymbol{E}_{2x} \end{cases} \tag{2.2.37}$$

其中,衰减系数 α_1 和 α_2 可以表示为

$$\begin{cases} \alpha_1^2 = \beta^2 - k_0^2 \varepsilon_1 \\ \alpha_2^2 = \beta^2 - k_0^2 \varepsilon_2 \end{cases} \tag{2.1.38}$$

同理,可以得到上述介质中的磁场表达式:

$$\begin{cases} \boldsymbol{H}_1 = -\dfrac{1}{i\omega\mu_0} \left(\alpha_1 \boldsymbol{E}_{1z}^0, i\beta \boldsymbol{E}_{1z}^0, \dfrac{k_0^2 \varepsilon_1}{\alpha_1} \boldsymbol{E}_{1x}^0 \right) e^{-\alpha_1 y} e^{-i\omega t + i\beta z} & (y > 0) \\[3mm] \boldsymbol{H}_2 = -\dfrac{1}{i\omega\mu_0} \left(\alpha_2 \boldsymbol{E}_{2z}^0, i\beta \boldsymbol{E}_{2z}^0, -\dfrac{k_0^2 \varepsilon_2}{\alpha_2} \boldsymbol{E}_{2x}^0 \right) e^{\alpha_2 y} e^{-i\omega t + i\beta z} & (y < 0) \end{cases} \tag{2.2.39}$$

式(2.2.36)应满足 $\boldsymbol{E}_x$、$\boldsymbol{E}_z$、$\boldsymbol{H}_x$、$\boldsymbol{H}_z$ 连续的边界条件,可以得到

$$\begin{cases} \boldsymbol{E}_{1x}^0 = \boldsymbol{E}_{2x}^0 \\ \boldsymbol{E}_{1z}^0 = \boldsymbol{E}_{2z}^0 \\ \alpha_1 \boldsymbol{E}_{1z}^0 = -\alpha_1 \boldsymbol{E}_{1z}^0 \\ \dfrac{k_0^2 \varepsilon_1}{\alpha_1} \boldsymbol{E}_{1x}^0 = -\dfrac{k_0^2 \varepsilon_2}{\alpha_2} \boldsymbol{E}_{2x}^0 \end{cases} \tag{2.2.40}$$

由于 α_1 和 α_2 均为正实数,由式(2.2.40)中的第二、三两式可知

$$\boldsymbol{E}_{1z}^0 = \boldsymbol{E}_{2z}^0 = 0 \tag{2.2.41}$$

即 SPW 只能以 TM 波的形式在介质表面传播。

又由式(2.2.40)的第一、四两式可得

$$\frac{\varepsilon_1}{\alpha_1} = -\frac{\varepsilon_2}{\alpha_2} \tag{2.2.42}$$

由于 α_1 和 α_2 均为正实数,所以两种介质的介电常数的符号相反,比较常用的负介电常数的材料是金属。所以一般使用金属和电介质材料来实现 SPP 波的传播。将式(2.2.38)代入式(2.2.42),可得

$$\frac{\varepsilon_2^2}{\varepsilon_1^2} = \frac{\beta^2 - k_0^2 \varepsilon_2}{\beta^2 - k_0^2 \varepsilon_1}$$

$$\beta = k_0 \sqrt{\frac{\varepsilon_1 \varepsilon_2}{\varepsilon_1 + \varepsilon_2}} \tag{2.2.43}$$

式(2.2.43)即为 SPW 的色散关系式。如上文所述,SPW 一般在金属和电介质分界面上传播,假定图 2.2.1 中 $y < 0$ 的一侧材质为金属,那么 $\mathrm{Re}(\varepsilon_2) < 0$,也就是 SPW 的传播常数 $\beta > k_0 \sqrt{\varepsilon_1}$,换句话说,SPW 的波速小于相同情况下相同电介质波导中的电磁波波速,因此 SPW 具有"慢光"的特性。

SPW 在金属-介质结构的界面上传播时,能量会在传播过程中出现明显的衰减,传播距离有限。一种可以有效增加传播距离的方式是采用一个介质-金属-介质的多层结构。当中间的金属层厚度足够小的时候,金属中的欧姆损耗会被大大降低,从而延长表面波的传播距离。

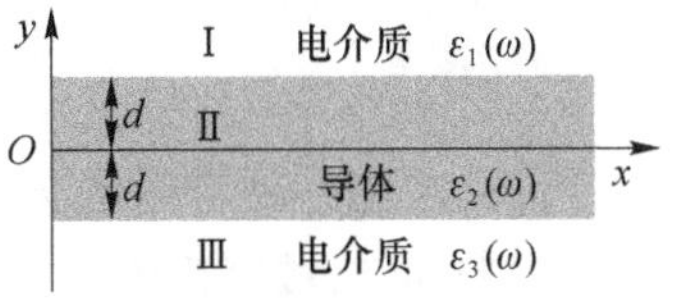

图 2.2.2　SPW 在介质分界面上
传播的示意图

如图 2.2.2 所示，Ⅰ、Ⅲ 两个区域是电介质材料，Ⅱ 区为厚度为 $2d$ 的金属材料，它们的相对介电常数分别为 ε_1、ε_2、ε_3。需要说明的是，在下文的分析中，我们将先略去金属介电常数 ε_2 中代表损耗的虚数部分。对于沿着 x 轴传播的表面等离子体 TM 波，电场的 $\boldsymbol{E}_x$ 分量可以由亥姆霍兹方程描述如下：

$$\frac{\mathrm{d}^2 \boldsymbol{E}_x}{\mathrm{d}x^2} + (k_0^2 \varepsilon - \beta^2) \boldsymbol{E}_x = 0 \tag{2.2.44}$$

三种不同介质中的波数 k_i 为

$$k_i^2 = \beta^2 - k_0^2 \varepsilon_i \quad (i=1,2,3) \tag{2.2.45}$$

则在 $y > d$ 的区域，电磁场的各个分量形式为

$$\begin{cases} E_x = -A \dfrac{\beta}{\omega \varepsilon_0 \varepsilon_1} \mathrm{e}^{\mathrm{i}\beta y - k_1 x} \\[2mm] E_y = A \dfrac{k_1}{-\mathrm{i}\omega \varepsilon_0 \varepsilon_1} \mathrm{e}^{\mathrm{i}\beta y - k_1 x} \\[2mm] H_z = A \mathrm{e}^{\mathrm{i}\beta y - k_1 x} \end{cases} \tag{2.2.46}$$

在 $d > y > -d$ 的区域，电磁场的各个分量形式为

$$\begin{cases} E_x = B \dfrac{\beta}{\omega \varepsilon_0 \varepsilon_2} \mathrm{e}^{\mathrm{i}\beta y + k_2 x} + C \dfrac{\beta}{\omega \varepsilon_0 \varepsilon_2} \mathrm{e}^{\mathrm{i}\beta y - k_2 x} \\[2mm] E_y = B \dfrac{k_2}{\mathrm{i}\omega \varepsilon_0 \varepsilon_2} \mathrm{e}^{\mathrm{i}\beta y + k_2 x} - C \dfrac{k_2}{\mathrm{i}\omega \varepsilon_0 \varepsilon_2} \mathrm{e}^{\mathrm{i}\beta y - k_2 x} \\[2mm] H_z = B \mathrm{e}^{\mathrm{i}\beta y + k_2 x} + C \mathrm{e}^{\mathrm{i}\beta y - k_2 x} \end{cases} \tag{2.2.47}$$

在 $y < -d$ 的区域，电磁场的各个分量形式为

$$\begin{cases} E_x = -D \dfrac{\beta}{\omega \varepsilon_0 \varepsilon_3} \mathrm{e}^{\mathrm{i}\beta y + k_3 x} \\[2mm] E_y = D \dfrac{k_3}{\mathrm{i}\omega \varepsilon_0 \varepsilon_3} \mathrm{e}^{\mathrm{i}\beta y + k_3 x} \\[2mm] H_z = D \mathrm{e}^{\mathrm{i}\beta y + k_3 x} \end{cases} \tag{2.2.48}$$

由界面处的电场、磁场连续性条件，可以得到如下关系式：

• 在 $y = d$ 处，

$$\begin{cases} A \mathrm{e}^{-k_1 d} = B \mathrm{e}^{k_2 d} + C \mathrm{e}^{-k_2 d} \\[2mm] \dfrac{A k_1}{\varepsilon_1} \mathrm{e}^{-k_1 d} = -\dfrac{B k_2}{\varepsilon_2} \mathrm{e}^{k_2 d} + \dfrac{C k_2}{\varepsilon_2} \mathrm{e}^{-k_2 d} \end{cases} \tag{2.2.49}$$

• 在 $y = -d$ 处，

$$\begin{cases} D \mathrm{e}^{-k_3 d} = B \mathrm{e}^{-k_2 d} + C \mathrm{e}^{k_2 d} \\[2mm] -\dfrac{D k_1}{\varepsilon_3} \mathrm{e}^{-k_3 d} = -\dfrac{B k_2}{\varepsilon_2} \mathrm{e}^{-k_2 d} + \dfrac{C k_2}{\varepsilon_2} \mathrm{e}^{k_2 d} \end{cases} \tag{2.2.50}$$

联立上述方程可以得到 SPW 的色散关系式如下：

$$\frac{k_2/\varepsilon_2 + k_1/\varepsilon_1}{k_2/\varepsilon_2 - k_1/\varepsilon_1} \cdot \frac{k_2/\varepsilon_2 + k_3/\varepsilon_3}{k_2/\varepsilon_2 - k_3/\varepsilon_3} = \mathrm{e}^{-4k_2 d} \tag{2.2.51}$$

下面来考虑一种特殊情况，Ⅰ 区和 Ⅲ 区使用相同的电介质材料，此时 $\varepsilon_3 = \varepsilon_1$，即 $k_3 = k_1$，式（2.2.51）可以被简化为

$$\left(\frac{k_2/\varepsilon_2 + k_1/\varepsilon_1}{k_2/\varepsilon_2 - k_1/\varepsilon_1} \right)^2 = \mathrm{e}^{-4k_2 d} \tag{2.2.52}$$

联立式(2.2.52)与式(2.2.45)就可以得到 SPW 的传播常数基于材料介电常数与金属层厚度 $2d$ 的表达式,即此式可以描述此波在介质-金属-介质波导传输时的色散关系,如图 2.2.3 所示。

当 $d \rightarrow \infty$ 时,求解式(2.2.52)得到

$$\beta_{\mathrm{m}} = k_0 \sqrt{\frac{\varepsilon_1 \varepsilon_2}{\varepsilon_1 + \varepsilon_2}} \tag{2.2.53}$$

此时金属层的厚度趋近于无穷,即此时的表面波可以看作两个独立的 SPW 的传输。当 d 逐渐减小后,每个 d 值将对应两个不同的解 β_1、β_2,即两个不同的模式,前者是对称模,后者是反对称模。对于对称模式,能量多集中于金属层中,故传输距离较短。对于非对称模式,能量多集中在电介质中,传输损耗更小。在对称模的解中,存在最小的 β_0,即

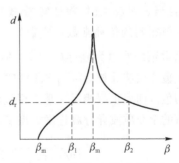

图 2.2.3　介质-金属-介质结构等离子体波色散关系的示意图

$$\beta_0 = k_0 \sqrt{\varepsilon_1} \tag{2.2.54}$$

当 $\beta = \beta_0$ 时,求解 $d=0$ 时的色散方程,当然此时不存在表面波。

2.2.4　金属包覆介质波导

金属包覆介质波导可以依据金属与电介质层的分布情况被分为单面金属包覆介质波导(或非对称金属包覆介质波导)和对称金属包覆介质波导。与电介质平板波导相比,由于金属的介电常数更为特殊,波导结构的不同会带来更多色散特性上的差异,波导所支持的模式更是会因此出现分化。因为金属 SPP 的影响,波导模式将会表现出导模和表面模的差异。本节将分别对这两种典型金属包覆介质波导的色散关系进行分析。

1. 单面金属包覆介质波导

单面金属包覆介质波导又称非对称金属包覆介质波导,其结构如图 2.2.4 所示。最上层是导体(金属),下方两层是介电常数不同的两种电介质材料。

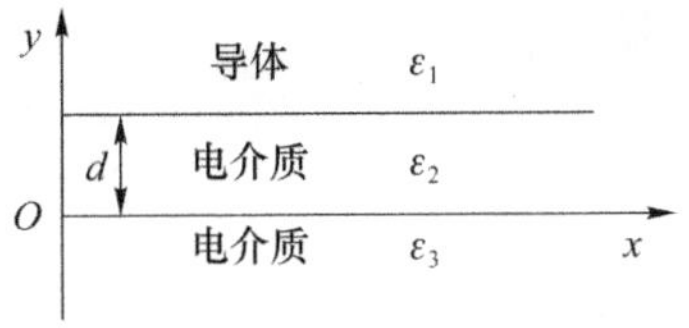

图 2.2.4　单面金属包覆介质波导示意图

就结构而言,单面金属包覆介质波导与 2.1 节中介绍的三层平面波导并无不同,故可以直接采用三层平面波导的模式本征方程的形式描述这一结构,即此结构的模式本征方程可以写为

$$\kappa d = m\pi + \arctan\left(g_{21}\frac{p_1}{\kappa}\right) + \arctan\left(g_{23}\frac{p_3}{\kappa}\right) \tag{2.2.55}$$

其中

$$\begin{cases} \kappa = \sqrt{k_0^2 \varepsilon_2 - \beta^2} \\ p_1 = \sqrt{\beta^2 - k_0^2 \varepsilon_1} \\ p_3 = \sqrt{\beta^2 - k_0^2 \varepsilon_3} \\ g_{21} = g_{23} = 1 \quad (\text{TE 模}) \\ g_{21} = \varepsilon_2/\varepsilon_1, g_{23} = \varepsilon_2/\varepsilon_3 \quad (\text{TM 模}) \end{cases} \tag{2.2.56}$$

求解本征方程(2.2.55)可以得到传播常数 β,令 $\mathrm{Re}(\varepsilon_1) < 0$,$|\mathrm{Re}(\varepsilon_1)| > \varepsilon_2 > \varepsilon_3$,求解方程可以

得到典型的单面金属包覆介质波导的色散曲线,如图 2.2.5 所示。

由于金属的加入,此时的 β 是一个复数,它的虚部代表波导中传播过程的能量损耗。从图 2.2.5(b)中可以发现,当导波层厚度 d 增大时,不同模式的损耗都会出现先增大后减小的趋势,且当 d 足够大时,除 TM_0 模式外,其余模式的损耗将随着模式阶数的增大而增大。下面讨论求解得到的传播常数在实数域的变化规律。首先,波导中可传输的模式,除了 TM_0 模之外,传播常数的取值为 $\beta_3 = k_0 \sqrt{\varepsilon_3} < Re(\beta) < \beta_2 = k_0 \sqrt{\varepsilon_2}$。除此之外,由图 2.2.5(a)可知,单面金属包覆介质波导相同阶的 β,TM 模要大于 TE 模。这是因为 $\varepsilon_1 < 0$,这一特点与三层平面介质波导的色散曲线正好相反。基于相似的理由,同一阶数的 TM 模和 TE 模的色散曲线要比相同情况下的全介质波导分离程度大得多,这为更多的基于模式选择的器件设计提供了有力的支持。

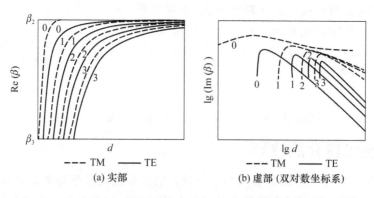

图 2.2.5 单面金属包覆介质波导的色散曲线

单面金属包覆介质波导的 TM_0 模较为特殊,下面单独讨论一下对它的特性。根据式(2.2.55)和式(2.2.56)可知,此模式的色散方程为

$$\kappa d = \arctan\left(\frac{\varepsilon_2 p_1}{\varepsilon_1 \kappa}\right) + \arctan\left(\frac{\varepsilon_2 p_3}{\varepsilon_3 \kappa}\right) \tag{2.2.57}$$

其色散曲线如图 2.2.6 所示。由于 $\varepsilon_1 < 0$,此模式并不存在截止厚度,当中间层厚度 $d = 0$ 时,结构变为 2.2.3 节中介绍的金属-介质波导,此时的传播常数为

$$\beta_0 = k_0 \sqrt{\frac{\varepsilon_1 \varepsilon_3}{\varepsilon_1 + \varepsilon_3}} \tag{2.2.58}$$

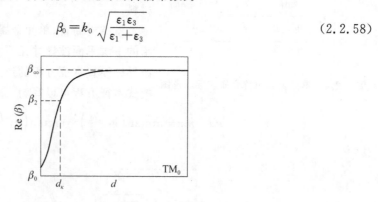

图 2.2.6 单面金属包覆介质波导 TM_0 模色散曲线

当中间层厚度 $d \to \infty$ 时,三层波导结构同样可以被等效为金属-介质波导,只是介质层的相对介电常数为 ε_2,此时的波导传播常数为

$$\beta_\infty = k_0 \sqrt{\frac{\varepsilon_1 \varepsilon_2}{\varepsilon_1 + \varepsilon_2}} > k_0 \sqrt{\varepsilon_2} \tag{2.2.59}$$

当 $\beta = k_0 \sqrt{\varepsilon_2}$ 时，$\kappa = 0$，此时式(2.2.57)不成立，根据洛必达法则，可以从式(2.2.57)解得此时的中间层厚度为

$$d_\kappa = -\frac{1}{k_0 \varepsilon_2}\left(\frac{\varepsilon_1}{\sqrt{\varepsilon_2 - \varepsilon_1}} + \frac{\varepsilon_3}{\sqrt{\varepsilon_2 - \varepsilon_3}}\right) \tag{2.2.60}$$

当 $d > d_\kappa$ 时，式(2.2.55)中的参数 κ 为虚数，此时的 TM_0 模表现为表面模，这也是 TM_0 模有别于其余模的特点。

2. 对称金属包覆介质波导

对称金属包覆介质波导的结构如图2.2.7所示。它的上下两层包覆着无限厚度的导体(金属)层，中间层材料是电介质，它的本征方程可以从式(2.2.55)简化得到，即

$$\kappa d = m\pi + 2\arctan\left(g\,\frac{p}{\kappa}\right) \tag{2.2.61}$$

其中

$$\begin{cases} \kappa = \sqrt{k_0^2 \varepsilon_2 - \beta^2} \\ p = \sqrt{\beta^2 - k_0^2 \varepsilon_1} \\ g = 1(\text{TE 模}),\ \varepsilon_2/\varepsilon_1(\text{TM 模}) \end{cases} \tag{2.2.62}$$

图2.2.7　对称金属包覆介质波导示意图

与上面类似，由于金属的介电常数是复数，传播常数同样存在虚部，代表模式传播损耗。可以从色散方程求解的结果，即从图2.2.8(b)中发现，当导波层厚度 d 逐渐增大时，不同模式的损耗都呈现下降趋势，且存在一个突变点，损耗会发生突降。对于传播常数的实部，对称金属包覆波导的0阶和1阶 TM 模的色散曲线比较特殊，其余各模式的传播常数取值范围为 $0 < \beta < \beta_2 = k_0 \sqrt{\varepsilon_2}$。此结构各模式的色散曲线如图2.2.8(a)所示。可见在同一 $\mathrm{Re}(\beta)$ 下，同一阶次模式的中间层厚度：$d_{\mathrm{TE}} > d_{\mathrm{TM}}$，这一特点与单面金属包覆介质波导相同，与全介质三层平板波导正好相反。在 $\beta = 0$ 时，TM 模式和 TE 模式的截止厚度分别为

$$\begin{cases} d_{\mathrm{sTE}}^m = \left(m\pi + 2\arctan\left(\sqrt{-\dfrac{\varepsilon_1}{\varepsilon_2}}\right)\right)\bigg/ k_0 \sqrt{\varepsilon_2} \\[2mm] d_{\mathrm{sTM}}^m = \left(m\pi - 2\arctan\left(\sqrt{-\dfrac{\varepsilon_2}{\varepsilon_1}}\right)\right)\bigg/ k_0 \sqrt{\varepsilon_2} \end{cases} \tag{2.2.63}$$

因为 $\arctan\left(\sqrt{-\dfrac{\varepsilon_1}{\varepsilon_2}}\right) + \arctan\left(\sqrt{-\dfrac{\varepsilon_2}{\varepsilon_1}}\right) = \dfrac{\pi}{2}$，易得 $d_{\mathrm{sTE}}^m = d_{\mathrm{sTM}}^{m+1}$，即 m 阶的 TE 模和 $m+1$ 阶的 TM 模的截止厚度是简并的。此现象可以在图2.2.8(a)中观察到。与单面金属包覆介质波导稍有不同的是，对称金属包覆介质波导的色散模式中 TM_0 模和 TM_1 模都需要特别考虑。

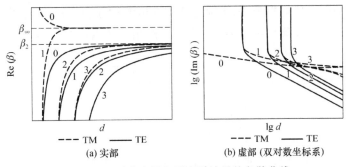

图2.2.8　对称金属包覆介质波导的色散曲线

根据式(2.2.61)和式(2.2.62)可以得到 TM_0 模式的色散方程为

$$\kappa d = 2\arctan\left(\frac{\varepsilon_2 p}{\varepsilon_1 \kappa}\right) \qquad (2.2.64)$$

由于 $\varepsilon_1 < 0$,所以方程(2.2.64)有解的传播常数需满足条件 $\beta > k_0 \sqrt{\varepsilon_2}$,根据公式 $\arctan(\mathrm{i}x) = \mathrm{i}\tanh^{-1}x$,式(2.2.64)可以改写为

$$\sqrt{\beta^2 - k_0^2 \varepsilon_2}\, d = 2\tanh^{-1}\left(-\frac{\varepsilon_2}{\varepsilon_1}\sqrt{\frac{\beta^2 - k_0^2 \varepsilon_1}{\beta^2 - k_0^2 \varepsilon_2}}\right) \qquad (2.2.65)$$

当 $d \to \infty$ 时,$-\dfrac{\varepsilon_2}{\varepsilon_1}\sqrt{\dfrac{\beta^2 - k_0^2 \varepsilon_1}{\beta^2 - k_0^2 \varepsilon_2}} = 1$,可得

$$\beta_\infty = k_0 \sqrt{\frac{\varepsilon_1 \varepsilon_2}{\varepsilon_1 + \varepsilon_2}} \qquad (2.2.66)$$

由此可以得到 TM_0 模式的有效折射率范围为 $\dfrac{\beta}{k_0} > \sqrt{\dfrac{\varepsilon_1 \varepsilon_2}{\varepsilon_1 + \varepsilon_2}}$,显然位于导模有效折射率范围之外,可以判断 TM_0 模式是以表面模的形式存在的。

根据式(2.2.61)和式(2.2.62)可以得到 TM_1 模式的色散方程为

$$\kappa d = 2\arctan\left(-\frac{\varepsilon_2 p}{\varepsilon_1 \kappa}\right) \qquad (2.2.67)$$

当 $0 < \beta < k_0 \sqrt{\varepsilon_2}$ 时,TM_1 模式是导模。当 $\beta > k_0 \sqrt{\varepsilon_2}$ 时,TM_1 模将变为表面模,此时,同样可以使用式(2.2.65)的形式改写式(2.2.67),即

$$\sqrt{\beta^2 - k_0^2 \varepsilon_2}\, d = 2\tanh^{-1}\left(-\frac{\varepsilon_2}{\varepsilon_1}\sqrt{\frac{\beta^2 - k_0^2 \varepsilon_1}{\beta^2 - k_0^2 \varepsilon_2}}\right) \qquad (2.2.68)$$

当 $d \to \infty$ 时,$-\dfrac{\varepsilon_2}{\varepsilon_1}\sqrt{\dfrac{\beta^2 - k_0^2 \varepsilon_1}{\beta^2 - k_0^2 \varepsilon_2}} = 1$,可得 $\beta_\infty = k_0 \sqrt{\dfrac{\varepsilon_1 \varepsilon_2}{\varepsilon_1 + \varepsilon_2}}$。即 TM_1 模可以在 $k_0 \sqrt{\varepsilon_2} < \beta < k_0 \sqrt{\dfrac{\varepsilon_1 \varepsilon_2}{\varepsilon_1 + \varepsilon_2}}$ 的传播常数范围内以表面模的形式存在。

由上文的结论可知,当 $d \to \infty$ 时,TM_0 模和 TM_1 模是简并的。从结构上看,当中间层厚度趋近于无穷时,上下两个分界面将单独存在两个 SPW,互相不产生影响。

2.2.5 石墨烯包覆介质波导

除金属外,石墨烯也可以支持 SPP 的传输。石墨烯具有极薄的厚度和可动态调控的化学势,这使得单一几何特征的波导结构具有更丰富的 SPW 传输特性。

如图 2.2.9 所示,在三层介质平板模型中加入一个石墨烯层,二维石墨烯平板上表面被相对介电常数为 ε_1 的电介质材料覆盖,下面是相对介电常数分别为 ε_3 和 ε_4 的电介质材料,其中相对介电常数为 ε_3 的电介质层厚度为 d。石墨烯的相对介电常数为 ε_2,厚度为 δ。

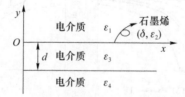

图 2.2.9　电介质-石墨烯-电介质-电介质波导示意图

石墨烯表面支持 TM 模式的 SPW 传播，电磁场只有三个分量，分别是 E_x、E_y、H_z。设石墨烯的下表面位于 $y=0$ 平面内，则此结构中电磁场分量 H_z 可以写作

$$H_z = \begin{cases} Ae^{i\beta x - k_1 y} & (y > \delta) \\ Be^{i\beta x - k_2 y} + Ce^{i\beta x + k_2 y} & (\delta > y > 0) \\ De^{i\beta x - k_3 y} + Ee^{i\beta x + k_3 y} & (0 > y > -d) \\ Fe^{i\beta x + k_4 y} & (y < -d) \end{cases} \qquad (2.2.69)$$

利用式(2.1.19)中的前两个公式，可得到另两个电场分量的表达式为

$$E_y = \begin{cases} -\dfrac{A\beta}{\omega\varepsilon_0\varepsilon_1}e^{i\beta x - k_1 y} & (y > \delta) \\ -\dfrac{B\beta}{\omega\varepsilon_0\varepsilon_2}e^{i\beta x - k_2 y} - \dfrac{C\beta}{\omega\varepsilon_0\varepsilon_2}e^{i\beta x + k_2 y} & (\delta > y > 0) \\ -\dfrac{D\beta}{\omega\varepsilon_0\varepsilon_3}e^{i\beta x - k_3 y} - \dfrac{E\beta}{\omega\varepsilon_0\varepsilon_3}e^{i\beta x + k_3 y} & (0 > y > -d) \\ -\dfrac{F\beta}{\omega\varepsilon_0\varepsilon_4}e^{i\beta x + k_4 y} & (y < -d) \end{cases} \qquad (2.2.70)$$

$$E_x = \begin{cases} \dfrac{iAk_1}{\omega\varepsilon_0\varepsilon_1}e^{i\beta x - k_1 y} & (y > \delta) \\ \dfrac{iBk_2}{\omega\varepsilon_0\varepsilon_2}e^{i\beta x - k_2 y} - \dfrac{iCk_2}{\omega\varepsilon_0\varepsilon_2}e^{i\beta x + k_2 y} & (\delta > y > 0) \\ \dfrac{iDk_3}{\omega\varepsilon_0\varepsilon_3}e^{i\beta x - k_3 y} - \dfrac{iEk_3}{\omega\varepsilon_0\varepsilon_3}e^{i\beta x + k_3 y} & (0 > y > -d) \\ -\dfrac{iFk_4}{\omega\varepsilon_0\varepsilon_4}e^{i\beta x + k_4 y} & (y < -d) \end{cases} \qquad (2.2.71)$$

其中，$k_n = \sqrt{\beta^2 - \varepsilon_n k_0^2}$。由电磁场分量 E_x、H_z 在分界面处连续的边界条件可以得到上述待定系数的关系式，具体形式如下：

- 在 $y = \delta$ 处，

$$\begin{cases} Ae^{-k_1\delta} = Be^{-k_2\delta} + Ce^{k_2\delta} \\ \dfrac{Ak_1}{\varepsilon_1}e^{-k_1\delta} = \dfrac{Bk_2}{\varepsilon_2}e^{-k_2\delta} - \dfrac{Ck_2}{\varepsilon_2}e^{-k_2\delta} \end{cases} \qquad (2.2.72)$$

- 在 $y = 0$ 处，

$$\begin{cases} B + C = D + E \\ \dfrac{Bk_2}{\varepsilon_2} - \dfrac{Ck_2}{\varepsilon_2} = \dfrac{Dk_3}{\varepsilon_3} - \dfrac{Ek_3}{\varepsilon_3} \end{cases} \qquad (2.2.73)$$

- 在 $y = -d$ 处，

$$\begin{cases} De^{k_3 d} + Ee^{-k_3 d} = Fe^{-k_4 d} \\ \dfrac{Dk_3}{\varepsilon_3}e^{k_3 d} - \dfrac{Ek_3}{\varepsilon_3}e^{-k_3 d} = -\dfrac{Fk_4}{\varepsilon_4}e^{-k_4 d} \end{cases} \qquad (2.2.74)$$

联立式(2.2.72)、式(2.2.73)和式(2.2.74)，可以得到四层色散波导的色散关系如下：

$$e^{2k_2\delta} = \frac{(k_2\varepsilon_1 - k_1\varepsilon_2)\left[(k_2\varepsilon_3 + k_3\varepsilon_2)(k_3\varepsilon_4 - k_4\varepsilon_3) + (k_2\varepsilon_3 - k_3\varepsilon_2)(k_3\varepsilon_4 + k_4\varepsilon_3)e^{2k_3 d}\right]}{(k_1\varepsilon_2 + k_2\varepsilon_1)\left[(k_2\varepsilon_3 - k_3\varepsilon_2)(k_3\varepsilon_4 - k_4\varepsilon_3) + (k_2\varepsilon_3 + k_3\varepsilon_2)(k_3\varepsilon_4 + k_4\varepsilon_3)e^{2k_3 d}\right]}$$

$$(2.2.75)$$

当式(2.2.75)中石墨烯的厚度 δ 近似为 0 时，可以得到化简后的色散关系：

$$e^{2k_3d} = \frac{(k_3\varepsilon_4 - k_4\varepsilon_3)\left[(k_2\varepsilon_1 - k_1\varepsilon_2)(k_2\varepsilon_3 + k_3\varepsilon_2) - (k_1\varepsilon_2 + k_2\varepsilon_1)(k_2\varepsilon_3 - k_3\varepsilon_2)\right]}{(k_3\varepsilon_4 + k_4\varepsilon_3)\left[(k_1\varepsilon_2 + k_2\varepsilon_1)(k_2\varepsilon_3 + k_3\varepsilon_2) - (k_2\varepsilon_1 - k_1\varepsilon_2)(k_2\varepsilon_3 - k_3\varepsilon_2)\right]} \quad (2.2.76)$$

当 $d \to \infty$ 时,结构可以等效看作由电介质 1、3 和石墨烯组成的三层结构,当 $d \to 0$ 时,此结构可以等效为由电介质 1、4 和石墨烯组成的三层结构。通过 Kubo 公式给出的石墨烯电导率表达式(2.2.24),可以得到不同石墨烯化学势和频率下的介质-石墨烯-介质波导有效折射率的变化。图 2.2.10 展示了此时结构的色散特性。从图 2.2.10 中可以发现随着频率的增大,SPW 的传播常数实部和虚部均呈现增大的趋势,这说明更高工作频率的 SPW 局域效果更好,同时传播损耗相对更大。而随着石墨烯化学势的增加,其支持的 SPW 模式的传播常数会变小。

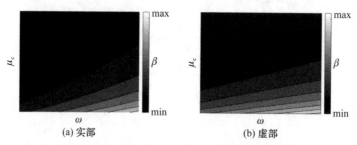

图 2.2.10 不同频率、石墨烯化学势下,电介质-石墨烯-电介质-电介质波导支持的 TM 偏振的 SPW 传播常数实部和虚部的变化

2.3 耦合模式理论

理想情况下光波导中的各个模式之间满足正交关系,彼此独立,不会发生能量交换。但实际上,波导材料的不均匀、结构的不完整都会使得波导内部的模式之间或者不同波导之间的模式出现能量交换,这一现象被称为模式的耦合。一般地,不同波导之间的模式耦合被称为横向耦合,同一波导内部的不同模式之间的能量交换则被称为纵向耦合。通过设计模式之间的耦合可以实现诸如光模式转换器、光波复用/解复用器、光耦合器等重要的光学器件。对模式之间耦合机理和现象的描述和分析就是耦合模式理论(Coupled Mode Theory,CMT)的核心。

2.3.1 基本原理

本节介绍的分析模式间耦合的方法形式上是一种对微分方程的微扰分析。这种分析手段可以用于类似体系的各种物理系统的研究。一个具有内部衰减损耗和耗散损耗的模式的动力学方程可以写为

$$\frac{\mathrm{d}x}{\mathrm{d}t} = \mathrm{i}\omega_0 x - \left(\frac{1}{\tau_0} + \frac{1}{\tau_e}\right)x \quad (2.3.1)$$

其中,x 是待研究模式的振幅,ω_0 是此模式的本征频率,τ_0 是内部损耗引入的衰减率,τ_e 是耗散引入的衰减率,此时模式的能量变化方程为

$$\frac{\mathrm{d}W}{\mathrm{d}t} = x\frac{\mathrm{d}x^*}{\mathrm{d}t} + x^*\frac{\mathrm{d}x}{\mathrm{d}t} = -2\left(\frac{1}{\tau_0} + \frac{1}{\tau_e}\right)W \quad (2.3.2)$$

加入一个额外振幅为 a_+ 的与此模式具有相互作用的模式,可以得到修改后的模式动力学方程:

$$\frac{\mathrm{d}x}{\mathrm{d}t} = \mathrm{i}\omega_0 x - \left(\frac{1}{\tau_0} + \frac{1}{\tau_e}\right)x + \kappa a_+ \quad (2.3.3)$$

其中,参数 κ 代表模式间的耦合效率。在频率 ω 下,x 具有时谐项 $e^{i\omega t}$,所以此时模式振幅 x 的表达式为

$$x=\frac{\kappa a_+}{\mathrm{i}(\omega-\omega_0)+\left(\dfrac{1}{\tau_0}+\dfrac{1}{\tau_e}\right)} \tag{2.3.4}$$

下面来讨论模式间的耦合系数。利用时间反演性,先忽略内部损耗,假定 $1/\tau_0=0$,定义 a_- 为耦合引入的模式损失的能量的波振幅:

$$|a_-|^2=-\frac{\mathrm{d}}{\mathrm{d}t}|x|^2=\frac{2}{\tau_e}|x|^2 \tag{2.3.5}$$

接下来考虑时间反演解,此时模式代表损失的波振幅 a_- 变成 a_+。由于处理对象需要为正频率振幅,在进行时间反演之前,需要先将 $x_+(t)$ 变为 $x_-(t)$。反演时间后,方程(2.3.3)仍然满足。使用 $\tilde{x}$ 表示时间反演解,则它满足

$$\frac{\mathrm{d}}{\mathrm{d}t}|\tilde{x}|^2=\frac{2}{\tau_e}|\tilde{x}|^2 \tag{2.3.6}$$

它的激励波 $\tilde{a}_+$ 的频率可以表示为

$$\omega=\omega_0-\frac{\mathrm{i}}{\tau_e} \tag{2.3.7}$$

代入式(2.3.4)可得

$$\tilde{x}=\frac{1}{2}\kappa\tau_e\tilde{a}_+ \tag{2.3.8}$$

又因为时间反演解在时间 $t=0$ 时与正解相同,故可得

$$|\tilde{a}_+|^2=\frac{2}{\tau_e}|\tilde{x}_+|^2 \tag{2.3.9}$$

联立式(2.3.8)与式(2.3.9)可得

$$\kappa=\sqrt{\frac{2}{\tau_e}} \tag{2.3.10}$$

故方程(2.3.3)可化为

$$\frac{\mathrm{d}x}{\mathrm{d}t}=\mathrm{i}\omega_0 x-\left(\frac{1}{\tau_0}+\frac{1}{\tau_e}\right)x+\sqrt{\frac{2}{\tau_e}}a_+ \tag{2.3.11}$$

这一方程描述了一个入射光激发的谐振模式。此方程包含三个要素:模式谐振频率 ω_0、内部损耗引起的振幅衰减率 $1/\tau_0$、能量耗散引起的振幅衰减率 $1/\tau_e$。

下面考虑一个任意模式的出射系数,由于本节的研究对象是线性系统,所以系统的出射振幅可以表示为模式振幅 x 和入射振幅 a_+ 的线性加和,即

$$a_-=g_1 a_++g_2 x \tag{2.3.12}$$

当 $a_+=0$ 时,由式(2.3.5)可知

$$g_2=\sqrt{\frac{2}{\tau_e}} \tag{2.3.13}$$

对于 x 的系数 g_2,显然一个模式的功率净变化率等于其能量的增加率加上耗散能量效率:

$$|a_+|^2-|a_-|^2=\frac{\mathrm{d}}{\mathrm{d}t}|x|^2+\frac{2}{\tau_0}|x|^2 \tag{2.3.14}$$

由式(2.3.11)可以得到

$$\frac{\mathrm{d}}{\mathrm{d}t}|x|^2=-2\left(\frac{1}{\tau_0}+\frac{1}{\tau_e}\right)|x|^2+\sqrt{\frac{1}{\tau_e}}(x^*a_++xa_+^*) \tag{2.3.15}$$

联立式(2.3.14)和式(2.3.15)可得

$$|a_+|^2-|a_-|^2=-2\frac{1}{\tau_{\mathrm{e}}}|x|^2+\sqrt{\frac{1}{\tau_{\mathrm{e}}}}(x^*a_++xa_+^*) \tag{2.3.16}$$

由式(2.3.12)及式(2.3.16)可得

$$g_1=-1 \tag{2.3.17}$$

所以出射振幅 a_- 与模式振幅 x 和入射振幅 a_+ 的关系为

$$a_-=-a_++\sqrt{\frac{2}{\tau_{\mathrm{e}}}}x \tag{2.3.18}$$

可以通过应用上述方程获得驱动频率 ω 下谐振模式的出射系数,由式(2.3.4)和式(2.3.18)可以得到

$$\Gamma=\frac{a_-}{a_+}=\frac{(1/\tau_{\mathrm{e}})-(1/\tau_0)-\mathrm{i}(\omega-\omega_0)}{(1/\tau_{\mathrm{e}})+(1/\tau_0)+\mathrm{i}(\omega-\omega_0)} \tag{2.3.19}$$

式(2.3.11)描述了模式受到另一个模式或入射激励的影响时描述谐振强度变化的微分方程,当影响源变为两个时,可以改写为

$$\frac{\mathrm{d}x}{\mathrm{d}t}=\mathrm{i}\omega_0x-\left(\frac{1}{\tau_0}+\frac{1}{\tau_{\mathrm{e1}}}+\frac{1}{\tau_{\mathrm{e2}}}\right)x+\sqrt{\frac{2}{\tau_{\mathrm{e2}}}}a_{+1}+\sqrt{\frac{2}{\tau_{\mathrm{e2}}}}a_{+2} \tag{2.3.20}$$

依此类推,可以得到多个模式之间相互影响的作用方程,从而解决多个模式耦合的问题。

2.3.2 应用举例

下面以一个三谐振腔波导透射谱来推导演示耦合模式理论的具体应用方法[3]。如图 2.3.1 所示,三个谐振腔与波导之间的耦合效率分别为 γ_1、γ_2、γ_3,各个谐振腔之间的入射波和出射波振幅分别设置为 a_+ 和 a_-。每个谐振腔之间距离足够大,不会在谐振腔腔体部分发生直接耦合。分别单独考虑每个谐振腔与总线波导之间的能量交换,可以得到如下方程:

$$\frac{\mathrm{d}x_m}{\mathrm{d}t}=(\mathrm{i}\omega_m-\gamma_m)x_m+\mathrm{i}\sqrt{\gamma_m}(a_{(m-1)+}+a_{m-}) \quad (m=1,2,3) \tag{2.3.21}$$

其中,x_m 是每个谐振腔的谐振波振幅,ω_m 是每个谐振腔的谐振频率。且假定上述谐振腔振幅的时谐函数为 $\mathrm{e}^{\mathrm{i}\omega_m t}$,由总线波导中每个谐振腔出射波和入射波的相对关系,易得

$$\begin{cases}a_{(m-1)-}=a_{m-}+\mathrm{i}\sqrt{\gamma_m}x_m\\a_{m+}=a_{(m-1)-}+\mathrm{i}\sqrt{\gamma_m}x_m\end{cases} \tag{2.3.22}$$

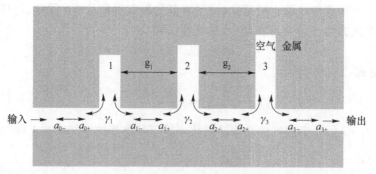

图 2.3.1 三谐振腔波导结构与内部模式耦合示意图

联立式(2.3.21)和式(2.3.22)可解得

$$
\begin{cases}
a_{(m-1)-} = -\dfrac{\gamma_m}{p_m-\gamma_m}a_{m-} + \dfrac{p_m-2\gamma_m}{p_m-\gamma_m}a_{m+} \\[3mm]
a_{(m-1)+} = -\dfrac{p_m}{p_m-\gamma_m}a_{m-} + \dfrac{\gamma_m}{p_m-\gamma_m}a_{m+}
\end{cases}
\tag{2.3.23}
$$

其中, $p_m=\mathrm{i}(\omega-\omega_m)+\gamma_m$。由式(2.3.23)可以构建谐振腔的传输矩阵:

$$
\begin{pmatrix} a_{(m-1)-} \\ a_{(m-1)+} \end{pmatrix} = \frac{1}{p_m-\gamma_m}\begin{pmatrix} p_m-2\gamma_m & -\gamma_m \\ \gamma_m & p_m \end{pmatrix}\begin{pmatrix} a_{m-} \\ a_{m+} \end{pmatrix}
\tag{2.3.24}
$$

令

$$
\boldsymbol{M}_m = \frac{1}{p_m-\gamma_m}\begin{pmatrix} p_m-2\gamma_m & -\gamma_m \\ \gamma_m & p_m \end{pmatrix}
\tag{2.3.25}
$$

则基于传输矩阵法的三谐振腔结构的输入输出关系表达式为

$$
\begin{pmatrix} a_{0-} \\ a_{0+} \end{pmatrix} = \boldsymbol{M}_1\begin{pmatrix} \mathrm{e}^{\mathrm{i}\varphi_1} & 0 \\ 0 & \mathrm{e}^{-\mathrm{i}\varphi_1} \end{pmatrix}\boldsymbol{M}_2\begin{pmatrix} \mathrm{e}^{\mathrm{i}\varphi_2} & 0 \\ 0 & \mathrm{e}^{-\mathrm{i}\varphi_2} \end{pmatrix}\boldsymbol{M}_3\begin{pmatrix} a_{3-} \\ a_{3+} \end{pmatrix}
\tag{2.3.26}
$$

整体结构的传输矩阵可以表示为

$$
\boldsymbol{M}_{\text{total}} = \boldsymbol{M}_1\begin{pmatrix} \mathrm{e}^{\mathrm{i}\varphi_1} & 0 \\ 0 & \mathrm{e}^{-\mathrm{i}\varphi_1} \end{pmatrix}\boldsymbol{M}_2\begin{pmatrix} \mathrm{e}^{\mathrm{i}\varphi_2} & 0 \\ 0 & \mathrm{e}^{-\mathrm{i}\varphi_2} \end{pmatrix}\boldsymbol{M}_3
\tag{2.3.27}
$$

其中, φ_m 代表两个相邻谐振腔之间的相移。考虑到输出端口没有输入光,即 $a_{3-}=0$,此结构的透过率可以表示为

$$
T = |\boldsymbol{M}_{\text{total.22}}|^2 = \left[\frac{(p_1-\gamma_1)(p_2-\gamma_2)(p_3-\gamma_3)}{\gamma_1\gamma_3(2\gamma_2-p_2)\mathrm{e}^{\mathrm{i}(\varphi_1+\varphi_2)} - p_1\gamma_2\gamma_3\mathrm{e}^{\mathrm{i}(\varphi_2-\varphi_1)} - \gamma_1\gamma_2 p_3\mathrm{e}^{\mathrm{i}(\varphi_1-\varphi_2)} + p_1 p_2 p_3\mathrm{e}^{-\mathrm{i}(\varphi_1+\varphi_2)}}\right]^2
\tag{2.2.28}
$$

依据式(2.3.28)可以得到理论上图 2.3.1 中的三谐振腔 SPP 波导的透射谱,如图 2.3.2 所示。具体而言,式(2.3.28)中的耦合模式参数被分别设置为:三个谐振腔谐振频率 $\omega_1=352.9$ THz、$\omega_2=314.1$ THz、$\omega_3=288.7$ THz;谐振腔与总线波导之间的耦合效率 $\gamma_1=38$ THz、$\gamma_2=109$ THz、$\gamma_3=80$ THz。从图 2.3.2 中可以发现此结构中三个谐振腔对应谐振模式之间的耦合作用,在透射谱中出现两个显著的透射峰以及它们两侧的快速透过率下降,在透射谱中形成了双重等离激元诱导透明现象。从原理上讲,是谐振腔之间的波导相位耦合导致了透射峰的形成,透射谷则与谐振腔内部的共振相关。

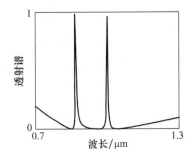

图 2.3.2　基于耦合模式理论计算得到的三谐振腔 SPP 波导的透射谱

2.4　典型的非线性效应

利用亚波长尺寸的微纳光子器件,非线性光子散射可以在很低的阈值激发。通过合适的材料选择和结构优化,可以使非线性效应被更有效地利用,从而提高器件的性能。微纳尺度光子-光子相互作用的调控使微纳光子器件成为研究非线性光学的新平台,也为集成化光子系统性能的提高带来了更多可能性。

在高强度电磁场中,任何介质对光的响应都会变成非线性的,电偶极子感应的总极化强度 P 和极化率、电场强度的关系满足式(2.2.28)。其中,总极化强度 P 的主要贡献来源于线性极化率 χ ,而基于二阶极化率 $\chi^{(2)}$ 、三阶极化率 $\chi^{(3)}$ 的非线性效应是许多新奇现象的来源,本节将分别介绍几种典型的二阶和三阶非线性效应。

2.4.1　二阶非线性效应

二阶光学非线性效应是由材料的二次非线性极化响应引起的,光与二阶非线性材料的相互作用可以使不同频率光波之间实现能量和动量传递,这种参量过程是产生新频率激光辐射的常用方法。取式(2.2.28)中的第二项,二阶极化响应表示为

$$\boldsymbol{P}^{(2)} = \varepsilon_0\, \boldsymbol{\chi}^{(2)}\, \boldsymbol{E}^2 \tag{2.4.1}$$

二阶极化率 $\boldsymbol{\chi}^{(2)}$ 引起的二阶非线性效应一般只存在于具有非反演对称分子结构的介质中,而二氧化硅、氮化硅等分子结构对称的介质通常不具有二阶非线性效应。二阶非线性效应主要包括光参量振荡(Optical Parametric Oscillation,OPO)、和频产生(Sum-Frequency Generation,SFG)以及二次谐波产生(Second Harmonic Generation,SHG)等,它们已经被用来产生各种各样的光源[4]。

1. 光参量振荡

基于二阶非线性效应的 OPO 是一种三波混合参量过程,它一般由一个光学谐振器和非线性光学介质组成,仅考虑三个光子,该过程可以简单理解为利用介质中的参量增益将一个泵浦光子转化为一个信号光子和一个闲频光子,如图 2.4.1 所示[5]。参量增益通过补偿谐振波在每个往返行程中经历的损耗,使谐振波能够在谐振器中持续振荡。虽然损耗与泵浦功率无关,但是增益取决于泵浦功率,因此在低泵浦功率下,增益不足以支持振荡。仅当泵浦功率达到特定阈值水平时,才会发生振荡。该过程满足能量和动量守恒定律,即满足

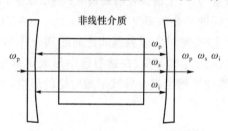

图 2.4.1　参量振荡原理示意图

$$h\omega_\mathrm{p} = h\omega_\mathrm{s} + h\omega_\mathrm{i} \tag{2.4.2}$$

$$k_\mathrm{p} = k_\mathrm{s} + k_\mathrm{i} \tag{2.4.3}$$

其中,h 为普朗克常数,下标 p、s 和 i 分别代表泵浦光、信号光和闲频光,k 为波矢。实现有效 OPO 的关键条件是相位匹配[6],如果非线性介质本身不能进行相位匹配,则可以使用准相位匹配(Quasi Phase Matching,QPM),即通过周期性极化等特殊方式改变晶体的非线性光学特性,平衡相位失配量,从而达到相位匹配的效果。

OPO 的一个重要特征是可以产生相干且具有宽光谱范围的激光。当泵浦功率显著高于

阈值时,两个输出波近似为相干状态,谐振波的线宽非常窄。OPO 是参数下转换的过程,可以产生波长较长的光子,因此 OPO 常用于产生中红外光。

2. 和频产生

SFG 是 OPO 的反向过程,即通过湮灭两个泵浦光子产生一个新的和频光子。类似于其他二阶非线性效应,和频产生只能发生于光与非对称物质相互作用中,如物质表面或者分界面处,而且要求泵浦光具有较高的强度(一般使用脉冲激光泵浦)。和频的产生是一个参量过程,即参与该过程的光子同样满足能量守恒,即

$$h\omega_3 = h\omega_1 + h\omega_2 \tag{2.4.4}$$

其中,ω_1、ω_2 代表入射光频率,ω_3 代表出射光频率。同样地,当符合相位匹配条件时,和频的产生将更有效率。另外,和频产生发生的跨幅越长,越能得到精准的相位匹配。

3. 二次谐波产生

SHG 实际上是一种特殊的和频产生,可以看作和频产生的简并情况。SHG 过程中只需要一个入射光束,即泵浦频率相同的两个光子被转换成二倍频率的一个光子,如图 2.4.2 所示。为了实现高效率的 SHG,与和频产生一样要满足相位匹配条件,即要求基波和二次谐波具有相同的折射率($n_1 = n_2$)。考虑到光在介质中传输时色散效应的存在,这一条件一般难以满足,因此还需要通过外部条件的补偿,如利用双折射效应、周期性极化、电光效应、热光效应等,使腔内二次谐波的折射率趋近于基波的折射率,实现准相位匹配,从而实现更高效的二次谐波产生。

图 2.4.2　二次谐波产生原理示意图

2.4.2　三阶非线性效应

在中心对称材料中,电子云在电磁波影响下的非线性运动不会导致偶阶非线性极化。取式(2.2.28)第三项,材料的三阶极化强度可以表示为

$$\boldsymbol{P}^{(3)} = \varepsilon_0 \boldsymbol{\chi}^{(3)} \boldsymbol{E}^3 \tag{2.4.5}$$

非线性极化率 $\boldsymbol{\chi}^{(3)}$ 的张量性质意味着电场的不同分量之间有三重的相互作用。与二阶非线性相比,这种额外的复杂性会导致三次谐波产生(Third Harmonic Generation,THG)、光克尔效应等三阶非线性效应。

1. 三次谐波产生

三阶和频产生及其简并形式三次谐波产生是由三阶极化率引起的非线性效应之一。它由三个光子在电介质材料中相互作用产生一个频率不同的单光子。类似非中心对称材料的二次谐波产生,满足能量守恒定律:

$$h\omega_t = h\omega_1 + h\omega_2 + h\omega_3 \tag{2.4.6}$$

其中,ω_t 是输出光子的频率,ω_1、ω_2、ω_3 是输入光子的频率。为了使频率转换更有效,泵浦光与产生的和频光同样应满足相位匹配,以保持总动量守恒。这就要求所有相互作用的光子以相同的速度传播,即等效折射率相等:

$$n_1^{\text{eff}} = n_2^{\text{eff}} = n_3^{\text{eff}} = n_t^{\text{eff}} \tag{2.4.7}$$

考虑到晶体中的激光损伤强度阈值较低,而且双折射等特性难以实现三次谐波所要求的相位匹配,直接实现三次谐波产生通常比较困难,有时还可以先通过二倍频再通过混频得到三倍频率的信号。

2. 光克尔效应

除了 THG,光克尔效应也是一种重要的三阶非线性效应。当光通过非线性介质时,其极化性质会根据其他光的作用而改变,同时光波自身电场亦改变了介质的折射率,称为光克尔效应。在光克尔效应存在时,材料的折射率可以写成

$$n(I) = n_0 + n_2 I \tag{2.4.8}$$

其中,n_0 为材料的线性折射率,n_2 为该材料的非线性系数(也称为光克尔系数),I 为光强。可以发现,折射率的变化 Δn 正比于光场强度 I 的变化。事实上,折射率随光强的改变会促成自相位调制(Self-Phase Modulation,SPM)、交叉相位调制(Cross-Phase Modulation,XPM)和四波混频(Four-Wave Mixing,FWM)等非线性光学效应的发生,这一系列的非线性效应带来的频率转换可以在合适的条件下形成参量振荡甚至产生宽带的频率梳。

(1)自相位调制

在非线性光学介质中,入射光强会导致介质的有效折射率改变,有效折射率改变后反作用于后续入射的光场,使光场产生非线性相位调制,称之为自相位调制。光功率 P 和有源区面积 A 以及传播距离 L 都将影响介质中光场传输的相位变化。产生的相移可以表示为

$$\Delta\varphi = -2\pi n_2 \frac{L}{\lambda_0 A} P \tag{2.4.9}$$

在波导中,当光场传输的距离长且传输面积较小时,会在自相位调制的作用下获得一个明显的相移。

(2)交叉相位调制

在非线性光学介质中,入射光强导致介质的有效折射率改变,而且有效折射率还会受到同时传输的其他光的影响,从而某一频率光波的相位也与其他频率光波光场强度有关,这种光波之间的相互作用称为交叉相位调制。由交叉相位调制引起的非线性极化强度表示为

$$P_{\text{NL}}(\omega_1) = \boldsymbol{X}^{(3)} \left[3 \left| E(\omega_1) \right|^2 + 6 \left| E(\omega_2) \right|^2 \right] E(\omega_1) \tag{2.4.10}$$

这一非线性极化强度造成 ω_1 处的折射率发生改变。由式(2.4.10)可以看出,改变量与两束光的光强均有关。交叉相位调制的最终结果是让整体能量重新分配[7],在一般情况下可以简单理解为调制不稳定性,即频域的中心频率两边产生两个对称的频率边带,使光谱得到展宽。与自相位调制相比,交叉相位调制对相移的贡献是自相位调制的两倍。

(3)四波混频

四波混频效应是三种或者两种不同频率的光波相互作用形成一种或两种新频率光波的现象。四波混频可以存在三种光波到第四种光波的转换,也可以存在两种光波到另外两种的转换,以后者为例,频率为 ω_1 和 ω_2 的两个光子湮灭,可以产生频率为 ω_3 和 ω_4 的两个新光子,称为非简并四波混频,如图 2.4.3(a)所示。频率转换关系满足:

$$\omega_3 + \omega_4 = \omega_1 + \omega_2 \tag{2.4.11}$$

此过程也需要四种波的波矢 k 相匹配以满足动量守恒,即

$$\Delta k = k_3 + k_4 - k_1 - k_2 = 0 \tag{2.4.12}$$

特别地,当 $\omega_1 = \omega_2$ 时,称为简并四波混频,如图 2.4.3(b)所示。此时只需要一束泵浦光,当入射功率达到一定阈值时,泵浦光的共振增强引起非线性效应,在简并 FWM 作用下,入射泵浦光 ω_1 产生关于频率 ω_1 对称的 ω_3 和 ω_4 两个新的频率边带。非简并 FWM 的存在进一步促使频率发生高效转换,使得光谱展宽。通过级联 FWM 过程,最终可以得到一个包含成百上千条横跨整个倍频程的宽带频率梳[8]。光学频率梳的具体产生过程将在第 7 章中详细介绍。

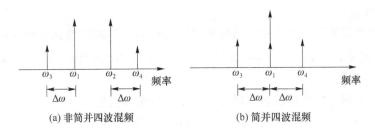

| (a) 非简并四波混频 | (b) 简并四波混频 |

图 2.4.3 四波混频原理示意图

2.5 微纳光场调控

微纳光子技术的快速发展使得在微纳尺寸上的光场调控成为可能,进一步也促进了可用于微纳尺寸光调控的结构的研究和应用。其中,超材料/超表面、数字微镜、空间光调制器、硅基阵列波导等新兴人工材料得益于它们本身突出的光学特性获得了研究者们的关注,本节将分别就这几种典型的用于微纳光场调控的光子结构和器件进行介绍。

2.5.1 超材料与超表面

1. 基本概念

超材料(Metamaterial)是一种近年来受到许多关注的新兴人工材料,它在微纳光子学领域的应用尤为广泛。不同于传统光学结构,超材料的结构单元尺寸和周期远小于工作波长 λ。因此通过调控其微纳结构,可以获得以往无法实现的、优异的、奇特的光学特性和现象。

以材料的介电常数 ε 和磁导率 μ 为坐标轴,材料可以被分入四个象限,如图 2.5.1 所示。大部分的自然材料都在第一象限,这类材料中传输电磁波的电场、磁场、波矢满足右手螺旋关系,所以这类材料也被称作右手材料。第二象限中的材料有一部分等离子体、金属和高掺杂的半导体材料,它们在低于等离子频率处可以实现电负性,只能传输倏逝波。第四象限内包含一些铁氧体,它们可以在铁磁共振附近出现磁负性,同样也只能传输倏逝波。

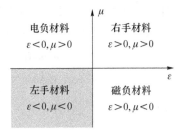

图 2.5.1 基于介电常数与磁导率的材料种类划分

第三象限的材料需要满足 ε、$\mu < 0$ 的条件,至今在自然界中也没有发现直接满足的材料,需要通过构建超材料的方式实现,其中电磁波的电场、磁场和波矢三者满足左手螺旋关系,这一象限的材料也就是本节介绍的核心。基于 ε、μ 两个材料特征,超材料的一大基础特征是它的折射率可以下探到负值。光学超材料因其特性也被称作负折射材料、双负材料、左手材料等。但实际上超材料的范围要更大,许多在实际中并不存在的一、二、四象限材料属性也可

以通过构建超材料结构的方式实现。设计超材料的各种材料特性以及光学变换的灵活性使它们成为控制电磁波的重要工具。

超表面(Metasurface)是由亚波长结构单元按照特定的排列方式组合构成的二维超材料。其在光处理和超薄光学应用方面具有独特优势,可以弥补三维超材料高损耗、强色散及三维纳米结构加工困难等劣势。

2. 典型特性

超材料和超表面独特的构造使它们具有自然材料不具备的独特光学特性,典型定律和特性包括逆 Snell 定律、广义 Snell 定律、逆 Doppler 效应、逆 Goos-Hänchen 位移。

(1) 逆 Snell 定律

下面我们分析超材料的负折射率特性带来的其他独特的光学性质。当光波在两种折射率相反的介质中传播时,会在分界面上发生负折射现象,折射光线会与入射光线位于法线同侧,如图 2.5.2 所示,这是一种异常的折射效果。其中右侧材料的折射率为负数,折射角的大小满足如下关系:

$$|n_1| \sin \theta_i = |n_2| \sin \theta_t \qquad (2.5.1)$$

区别于正常的 Snell 定律,一些人称其为逆 Snell 定律。

特别地,针对超表面,存在另一种特殊的 Snell 定律,即广义 Snell 定律。

(2) 广义 Snell 定律

超表面的引入使得在两种介质之间的界面处引起相位不连续的空间分布。当光线穿过超表面界面时,在界面处会产生相位突变,这种人为引入的相位突变为光场的波前调控提供了新的自由度,此时光的传播便不再遵循传统的经典 Snell 定律。经典 Snell 定律认为光的传播由界面两侧的介质来决定,而界面仅是区分两种物质的理想边界。2011 年,哈佛大学 Capasso 课题组发现界面也可以成为决定光传播的因素,精巧设计的界面能够干预光的传播。他们通过运用费马原理推导[9],对经典 Snell 定律进行了补充并率先提出了广义 Snell 定律。

通过适当地设计两种介质之间的界面,可以在光路中引入相位突变,如图 2.5.3 所示,光波沿着界面上两条不同的路径传播,它们之间这两条路径在穿过该界面时产生的相移相位突变分别为 Φ 和 $\Phi+\mathrm{d}\Phi$,两个交点之间的距离为 $\mathrm{d}x$,假设这两条传播路径无限靠近,根据费马原理,这两条路径的光程相同,对应的总相位也相同,即它们之间的相位差为零,即

$$(k_0 n_i \sin \theta_i \mathrm{d}x + \Phi + \mathrm{d}\Phi) - (k_0 n_t \sin \theta_i \mathrm{d}x + \Phi) = 0 \qquad (2.5.2)$$

其中,$k_0 = 2\pi/\lambda$ 表示自由空间波数,λ 为介质中的波长,将其带入式(2.5.2)中,可得广义 Snell 折射定律:

$$n_t \sin \theta_t - n_i \sin \theta_i = \frac{\lambda_0}{2\pi} \frac{\mathrm{d}\Phi}{\mathrm{d}x} \qquad (2.5.3)$$

其中,$\dfrac{\mathrm{d}\Phi}{\mathrm{d}x}$ 表示沿界面的相位梯度。如果不存在相位梯度$\left(\dfrac{\mathrm{d}\Phi}{\mathrm{d}x}=0\right)$,式(2.5.2)可简化为 $n_t \sin \theta_t = n_i \sin \theta_i$,即经典 Snell 折射定律。同理,可推导广义 Snell 反射定律为

$$\sin \theta_r - \sin \theta_i = \frac{\lambda_0}{2\pi n_i} \frac{\mathrm{d}\Phi}{\mathrm{d}x} \qquad (2.5.4)$$

其中,θ_r 表示反射角。

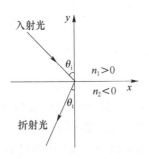

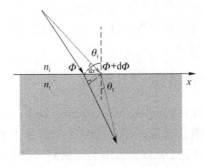

图 2.5.2 逆 Snell 定律　　　　图 2.5.3 广义 Snell 定律示意图

由广义 Snell 定律可知,通过改变界面的相位梯度,即人为设计的电磁辐射强度和相位分布,可以实现任意方向的折(反)射光束,这也是超表面光场调控的基本工作原理。根据超表面的相位调控机理,超表面可分为共振相位超表面[9, 10]、几何相位超表面[11]以及共振相位和几何相位结合的复合超表面[12]。共振相位超表面通过不同形状、尺寸天线的谐振响应来实现相位调控,入射光与沿表面传播的电磁波耦合,这些波与自由电子一样沿着金属表面振荡。由于谐振相位来源于局域 SPP 共振,因此对入射波的频率较为敏感,难以在宽带范围内工作。几何相位超表面是一种由具有不同旋转角度的同一结构所组成的超表面,通过简单地改变天线的旋转角度产生相位突变,从而实现对相位梯度的人工控制,极大地降低了设计和加工超表面的复杂性,这种调控具有宽带特性,弥补了共振超表面窄带宽的不足。共振相位和几何相位结合的复合超表面可同时调节超表面天线的方位角、形状、尺寸,可以获得对偏振和相位操控的更高自由度,突破了几何相位自旋依赖特性的限制。

（3）逆 Doppler 效应

负折射率效应同样会影响此介质中的 Doppler 效应,对于一般的自然材料,当波源与观测点相对距离发生变化时,会产生 Doppler 效应,即假定光源发出的光频率为 ω,观测点和光源以相对速度 v 接近,接收到的频率 ω' 的表达式为

$$\omega' = \omega\left(1 + n\frac{v}{c}\right) \tag{2.5.5}$$

那么观测点接收到的光频率会高于 ω,但在折射率 n 为负的材料中,这一现象会正好相反,接收到的频率 ω' 会低于 ω。这一现象被称作逆 Doppler 效应。

（4）逆 Goos-Hänchen 位移

在两种介质的分界面处,如果入射光发生全反射,那么实际上反射光束在界面上会发生相对于入射点像光波横向方向的一个很微小的横向位移,它被称为 Goos-Hänchen 位移[13]。在负折射率材料中,这一现象也会正好相反。如图 2.5.4 所示,当光束从正折射率材料射向负折射率材料,且发生全反射时,负折射率材料中的能流方向与波矢传播方向相反,导致 Goos-Hänchen 位移方向与入射光的横向传播方向相反。这一位移也被称为逆 Goos-Hänchen 位移。

图 2.5.4 逆 Goos-Hänchen 位移

37

由以上几种现象可以发现,负折射率材料的引入大大扩展了材料可实现的光学特性,可以带来许多新的应用和功能。目前,超表面已广泛应用于超透镜、光束偏转器、全息和涡旋光生成等热点研究领域。

2.5.2 数字微镜

数字微镜器件(Digital Micromirror Device,DMD)是一种光学微机电系统,它包含一组高反射铝制微镜。目前使用的 DMD 大多是由德州仪器公司(Texas Instruments,TI)生产的,TI 公司生产的 DMD 是由该公司的资深研究员 Hornbeck 在 1987 年创建的。

DMD 芯片的表面上有矩形阵列布置的数十万个微镜,这些微镜对应所要显示的图像中的像素。每个反射镜都可以旋转 $\pm 10°\sim\pm 12°$,对应于"开启"或"关闭"状态。以投影仪为例,在"开启"状态下,光源产生的光会反射到镜头中,从而使像素在屏幕上显得明亮。在关闭状态下,光线被导引到其他地方,使像素看起来很暗。为了产生灰度,必须快速打开和关闭反射镜,因为反射镜的开启时间与关闭时间之比决定了产生图像的阴影,目前的 DMD 芯片最多可以产生 1 024 种灰度(10 位)。

DMD 的基本工作原理可以用下面的理论模型来描述[14],简单起见,假设所有微镜均为"开启"状态。首先单个微镜的反射函数表示如下:

$$t_0(x',y') = f_1(x',y')f_2(x',y') \tag{2.5.6}$$

在这里,$t_0(x',y')$ 代表单个微镜的透过率,$f_1(x',y')$ 和 $f_2(x',y')$ 是两个矩形函数,它们具有以下的形式:

$$f_1(x',y') = \mathrm{rect}\left(\frac{x'}{b} - \frac{y'}{b\cos\varphi}\right) \tag{2.5.7}$$

$$f_2(x',y') = \mathrm{rect}\left(\frac{x'}{b} + \frac{y'}{b\cos\varphi}\right) \tag{2.5.8}$$

这里 $b=\sqrt{2}a$,a 指的是单个微镜的边长(如图 2.5.5 所示),φ 表示微镜的倾斜角度,考虑到沿 y' 方向存在相移,透过率函数可以写成:

$$t_0(x',y') \approx f_1(x',y')f_2(x',y') \times \exp\left[\frac{\mathrm{i}2\pi y'}{\lambda}\left(\frac{\sin\beta}{\cos\varphi} - \tan\varphi\right)\right] \tag{2.5.9}$$

这里,λ 代表入射光的波长,β 指入射角,即光线与开态的微镜表面法线之间的夹角。

DMD 的衍射函数可以用透射函数与梳状函数卷积而成,可以表示成以下形式:

$$t(x',y') \approx \left[\mathrm{rect}\left(\frac{x'}{b} - \frac{y'}{b\cos\varphi}, \frac{x'}{b} + \frac{y'}{b\cos\varphi}\right) \times \exp\left(\frac{\mathrm{i}2\pi y'\gamma}{\lambda}\right)\right] *$$
$$\left[\mathrm{comb}\left(\frac{x'-y'}{c}, \frac{x'+y'}{c}\right)\right] \times \mathrm{rect}\left(\frac{x'-y'}{W'}, \frac{x'+y'}{W'}\right) \tag{2.5.10}$$

其中,$\gamma = \sin\beta/\cos\varphi - \tan\varphi$,$c=\sqrt{2}d$,$d$ 是 DMD 的像素间距,W' 是沿着主对角线方向的整个区域的宽度。为了简化模型,将反射镜阵列视为正方形阵列。通过 $t(x',y')$ 傅里叶变换,得到 $T(\xi',\eta') = F[t(x',y')]$

$$\approx \sum_{n=-\infty}^{\infty}\sum_{m=-\infty}^{\infty} \mathrm{sinc}\left\{\frac{b}{2}\left[\frac{m+n}{c} - \left(\frac{m-n}{c} - \frac{\gamma}{\lambda}\right)\cos\varphi\right], \frac{b}{2}\left[\frac{m+n}{c} + \left(\frac{m-n}{c} - \frac{\gamma}{\lambda}\right)\cos\varphi\right]\right\} \times$$
$$\mathrm{sinc}\left[\frac{W}{2}\left(\xi' - \eta' - \frac{2n}{c}\right), \frac{W}{2}\left(\xi' + \eta' - \frac{2m}{c}\right)\right] \tag{2.5.11}$$

其中,ξ' 和 η' 是对应于空间坐标 (x',y') 的频域坐标,再对式(2.5.11)进行形式上的变换:

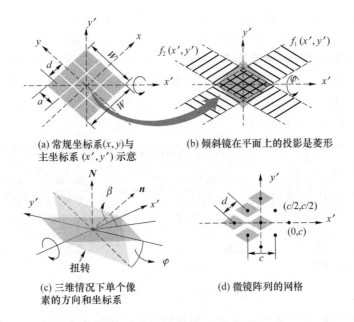

图 2.5.5　数字微镜的简化模型示意图

$$T(\xi',\eta') = \sum_{n=-\infty}^{\infty} \sum_{m=-\infty}^{\infty} \text{sinc}\left\{ p\left(\frac{n}{d}+\frac{\gamma}{\sqrt{2}\lambda}\right) - q\left(\frac{m}{d}-\frac{\gamma}{\sqrt{2}\lambda}\right), -q\left(\frac{n}{d}+\frac{\gamma}{\sqrt{2}\lambda}\right) + \right.$$

$$\left. p\left(\frac{m}{d}-\frac{\gamma}{\sqrt{2}\lambda}\right) \times \text{sinc}\left[W\left(\xi-\frac{n}{d}\right), W\left(\eta-\frac{m}{d}\right)\right] \right\} \tag{2.5.12}$$

其中，m 和 n 是经过空间滤波后的衍射级次，$p=a(1+\cos\varphi)/2$，$q=a(\cos\varphi-1)/2$，d 是设备的像素间距，(ξ,η) 是对应于空间坐标 (x,y) 的频率坐标，$W=W'/\sqrt{2}$ 是整个光栅在 x 和 y 方向上的宽度（如图 2.5.5 所示）。以上分析适用于所有微镜均处于开启状态的情况，因而该模型的应用范围狭窄。在大多数实际应用中，DMD 图案不是规则的，因此单纯地使用理论模型来预测光场分布将是一项非常困难的任务。在各种实际应用中，进行更加复杂的场调制和实时反馈可能会取代几何跟踪。

2.5.3　空间光调制器

本节所介绍的空间光调制器（Spatial Light Modulator，SLM）主要是指基于液晶的空间光调制器。在人为的主动控制下，空间光调制器可以通过液晶分子调制光场的某个参量，例如，可以调制光场的振幅、相位和偏振态等，从而将一定的信息写入光波中，达到光波调制的目的。

SLM 之所以能够准确地调控光场，是因为它里面含有一类非常特殊的材料——液晶。从物理学的角度来看，液晶同时兼具固体和液体的一些性质。可以将液晶分子看作一些椭球，它们具有单一的长轴，在任何横断面上关于这根长轴都是圆对称的。椭圆形的分子可以以不同的方式进行堆叠，不同的堆叠方式也就决定了不同的液晶大类。由于液晶中相邻的分子并不是刚性地互相联结，在机械力或电力的作用下，这些分子可能会发生转动或者滑动，因而会表现出一些液体的性质。虽然这些分子会发生转动或者滑动，但整个液晶分子集合的几何结构仍然会受到约束，这使得液晶具有一些固体才有的性质[15]。

在光学研究中比较感兴趣的液晶主要有三种：向列型、近晶型和胆甾型。如图 2.5.6 所示,向列型的液晶中所有分子都倾向于平行排列,而分子中心在整个体积中是随机分布的。对于近晶型的液晶,分子也倾向于平行排列,但是分子的中心位于互相平行的层内,在层内是随机分布的。胆甾型液晶是近晶型液晶的一种扭曲形式,在该种液晶中,分子在不同的排列方向会绕一个轴做螺旋旋转。目前使用的空间光调制器主要是基于向列型液晶和一类叫作铁电液晶的特殊的近晶型液晶。图 2.5.6(b)和图 2.5.6(c)各个层画成相互分隔的是为了看起来清楚一些,且图中只画了一小列分子。

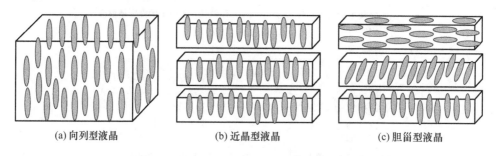

(a) 向列型液晶　　　　　(b) 近晶型液晶　　　　　(c) 胆甾型液晶

图 2.5.6　不同类型的液晶的分子排列

要定量理解基于液晶的 SLM 以及通过偏振效应工作的许多其他类型的 SLM 的行为,需要使用一种叫作琼斯算法的数学方法。单色波的偏振态可以用偏振矢量 U 表示,其 x 偏振分量和 y 偏振分量分别为 U_X、U_Y,即

$$U = \begin{pmatrix} U_X \\ U_Y \end{pmatrix} \tag{2.5.13}$$

光通过线性的偏振敏感器件的效应可以用一个 2×2 的琼斯矩阵 L 描述,通过此操作后的新偏振矢量 U' 和通过前的原偏振矢量 U 可以用式(2.5.14)表示:

$$U' = LU = \begin{pmatrix} l_{11} & l_{12} \\ l_{21} & l_{22} \end{pmatrix} U \tag{2.3.14}$$

其中,l_{11}、l_{12}、l_{21}、l_{22} 分别为 L 的四个元素,如果能够确定一种器件的琼斯矩阵,那么就能完全理解这一器件对入射波的偏振态的作用。

液晶的结构决定了它的光学性质是各向异性的,展现出双折射现象,即对不同方向上的偏振光有着不同的折射率。对于双折射晶体材料,在平行于长轴方向上晶体的折射率较大,在垂直于长轴方向上晶体有着较小的均匀的折射率。这是 SLM 能够调节光相位的根本原因。

对于未加电压的扭曲的向列型液晶,若沿着波传播方向每米有 α 弧度的右旋螺旋扭转,并且在非寻常偏振分量和寻常偏振分量之间引入一个 β 弧度的相位延迟,只要 $\beta \gg \alpha$,那么一个初始时在晶盒入射面沿分子长轴方向偏振的光波,随着光通过液晶盒将发生偏振方向的旋转,使偏振方向紧紧跟随晶体的长轴方向。可以证明,描述这个变换的琼斯矩阵是坐标旋转矩阵 $L_r(-\alpha d)$ 和波推迟矩阵 $L_d(-\beta d)$ 的乘积,即

$$L = L_r(-\alpha d) L_d(-\beta d) \tag{2.5.15}$$

其中,坐标旋转矩阵由式(2.5.16)给出:

$$L_r(-\alpha d) = \begin{pmatrix} \cos(\alpha d) & -\sin(\alpha d) \\ \sin(\alpha d) & \cos(\alpha d) \end{pmatrix} \tag{2.5.16}$$

波推迟矩阵是

$$L_d(-\beta d) = \begin{pmatrix} 1 & 0 \\ 0 & e^{-j\beta d} \end{pmatrix} \tag{2.5.17}$$

其中,β 由式(2.5.18)给出：

$$\beta = \frac{2\pi(n_e - n_o)}{\lambda_0} \qquad (2.5.18)$$

这里 λ_0 指的是光在真空中的波长,d 是液晶盒的厚度,n_e 和 n_o 分别是寻常折射率和非寻常折射率。依靠这个琼斯矩阵,可以求出不加电压的扭曲的向列型液晶盒对任何初始偏振态的影响效应。

若沿着波传播方向对向列型液晶施加电压,液晶分子会发生转动,直至其长轴方向与电场方向一致。这样就可以通过改变 SLM 中各个像素的电场来控制液晶分子的方向,不同方向的液晶分子对应着不同折射率,这样光在经过液晶后,其相位便产生了不同程度的改变。

由于空间光调制器能够方便地调控光场,所以其应用也非常广泛,目前可用于裸眼 3D 成像、全息光镊及超分辨光学成像等,在本书的 10.3.2 节中将详细介绍使用 SLM 进行模式光场应用。

2.5.4　硅基阵列波导

硅基光子集成是随着集成光学的提出应运而生的。集成光学试图仿照集成电路将光源、光处理、光探测等设备都集成在一个平台上,通过不同的组合实现不同功能的超紧凑光学系统。与传统光学相比,集成光学可以缩短光学路径,减小环境的影响,尺寸更小,损耗更小,系统性能更加稳定。铌酸锂、Ⅲ-Ⅴ族化合物和硅是常用的集成光电子器件制备材料,但是考虑和 CMOS 工艺兼容,硅基是最有可能实现大规模光子集成的材料。尤其是 SOI 材料,通过在顶层硅和背衬底之间引入一层氧化层,可以实现高折射率差,对光场限制能力强,在通信波段传输损耗极低,易于光电集成。另外,由于硅材料不具有线性电光效应,因此难以像铌酸锂等材料一样对光进行高速电光调制；较高的载流子效应也限制其制成光电探测器；作为间接带隙半导体,发光效率低,也不宜作为光源。但是硅的热光效应是一个值得关注的方向,其热光效应应用于相位调制不会产生附加损耗,相移臂长度可以很短($\sim 300 \ \mu m/\pi$)。同时,硅的非线性效应(如 Kerr 效应、Raman 效应)也是比较明显的,基于硅基波导的各种非线性现象也都可以实现不同功能的器件[16]。本节重点对利用硅基波导热光效应和干涉原理进行光场调控的马赫-曾德尔干涉仪(Mach-Zehnder Interferometer, MZI)进行介绍,利用这种 MZI 阵列波导可以实现可编程的光子集成芯片(Photonic Integrated Circuit, PIC)[17]、光路由器或可调谐的光学滤波器[18],可以应用于光子神经网络中的矩阵向量乘法加速和集成光子信息处理。

一种典型的 MZI 由两个 50∶50 的分束器和两个移相器组成,如图 2.5.7(a)所示。一个带有移相器的无损分束器可以将输入状态为 (k_1, k_2) 的模式转换为输出状态 (k_1', k_2') 的模式,转换关系如下：

$$\begin{pmatrix} k_1' \\ k_2' \end{pmatrix} = \begin{pmatrix} \exp(i\phi)\sin\omega & \exp(i\phi)\cos\omega \\ \cos\omega & -\sin\omega \end{pmatrix} \begin{pmatrix} k_1 \\ k_2 \end{pmatrix} \qquad (2.5.19)$$

其中,ω 描述分束器的反射率 $\sin\omega$ 和透过率 $\cos\omega$,ϕ 表示移相器所附加的相位。MZI 的传输矩阵可以用 $T_{2,1}(\theta, \phi)$ 表示,如图 2.5.7(b)所示。对于任意的 N 阶酉矩阵,可以通过上述 MZI 得到实现[19],即在完整的 N 维希尔伯特空间的二维子空间上执行连续的降维变换。这是一个迭代的过程,先将 N 维矩阵的结构降到 $N-1$ 维,然后重复此过程,最终将酉矩阵降到二维。因此,对于 N 维的酉矩阵,首先需要考虑构建一个 N 维的 MZI 待求解矩阵 $T_{m,n}$,m、n 为正整数,且 $1 \leqslant m < n \leqslant N$,其中 m、n 的值代表进入 MZI 的信号输入端口的编号。

$$
\boldsymbol{T}_{m,n} = \begin{pmatrix} 1 & 0 & \cdots & & & \cdots & & & \cdots & \cdots & 0 \\ 0 & 1 & & & & & & & & & \vdots \\ \vdots & & \ddots & & & & & & & & \vdots \\ & & & \exp(\mathrm{i}\phi_{m,n})\cos(\theta_{m,n}/2) & & & -\sin(\theta_{m,n}/2) & & & & \\ \vdots & & & & \ddots & & & & & & \vdots \\ & & & \exp(\mathrm{i}\phi_{m,n})\sin(\theta_{m,n}/2) & & & \cos(\theta_{m,n}/2) & & & & \\ \vdots & & & & & & & \ddots & & & \vdots \\ \vdots & & & & & & & & 1 & 0 \\ 0 & \cdots & \cdots & & & \cdots & & & \cdots & 0 & 1 \end{pmatrix}
$$

$$(2.5.20)$$

其中,所述待求解矩阵由一个单位矩阵变化而来,其第 m 行第 n 列的元素为 $-\sin(\theta/2)$,第 n 行第 n 列的元素为 $\cos(\theta/2)$,第 m 行第 m 列的元素为 $\mathrm{e}^{\mathrm{i}\phi}\cos(\theta/2)$,第 n 行第 m 列的元素为 $\mathrm{e}^{\mathrm{i}\phi}\sin(\theta/2)$,$\theta$ 和 ϕ 为所述待求解矩阵的相位参数。此外,其他元素仍为单位矩阵的元素。图 2.5.7 所示的 MZI 为两端口输入,两端口输出,因此矩阵维度为 2×2。但在 N 维酉矩阵的分解过程当中,考虑到酉矩阵维度为 N,因此 $\boldsymbol{T}$ 矩阵的维度也为 N。但是每次只有进入 MZI 两个端口的信号参与变化,其他路信号不参与此过程,也就是其他端口的信号不变。因此,在上述 $\boldsymbol{T}$ 矩阵当中不进入 MZI 端口的信号对应的 $\boldsymbol{T}$ 矩阵值为对角矩阵。通过获得每一个移相器的值可以获得相应的 $\boldsymbol{T}_{m,n}$。

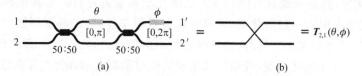

图 2.5.7　马赫-曾德尔干涉仪实现一个旋转矩阵

对于任意 N 维酉矩阵 $U(N)$,通过右乘 $\boldsymbol{T}_{N,N-1}\cdots\boldsymbol{T}_{N,1}$ 的方法可以将该矩阵的维度变为 $N-1$,即

$$U(N)\cdot\boldsymbol{T}_{N,N-1}\cdot\boldsymbol{T}_{N,N-2}\cdots\boldsymbol{T}_{N,1} = \begin{pmatrix} U(N-1) & 0 \\ 0 & \mathrm{e}^{\mathrm{i}\alpha} \end{pmatrix} \qquad (2.5.21)$$

此处设

$$\boldsymbol{R}(N) = \boldsymbol{T}_{N,N-1}\cdot\boldsymbol{T}_{N,N-2}\cdots\boldsymbol{T}_{N,1} \qquad (2.5.22)$$

经过变化的行或列上,除对角线外的元素全变为 0,则该行或列就不会再改变,也不会对其他元素产生影响。因此,可以视作将矩阵的维度减 1。该方法的实际意义为:将该矩阵在高维希尔伯特空间进行旋转,旋转合适的坐标轴使得除对角线上元素为 1 外,该行或列其他元素为 0。在经历过一次降维变化之后,N 维酉矩阵变成了一个 $N-1$ 维酉矩阵,因此 $\boldsymbol{R}(N)$ 也变成 $\boldsymbol{R}(N-1)$。在这个基础上反复迭代,直到将该酉矩阵变化为对角线上模为 1 的对角矩阵,通过附加适当的移相器,即与一个模 1 的对角矩阵 $\boldsymbol{D}$ 相乘,我们可以使得到的矩阵等于单位矩阵,即

$$U(N)\cdot\boldsymbol{R}(N)\cdot\boldsymbol{R}(N-1)\cdots\boldsymbol{R}(2)\cdot\boldsymbol{D} = \boldsymbol{I}(N) \qquad (2.5.23)$$

因此,对于任意 N 维酉矩阵,可以构建 $N(N-1)/2$ 个待求解矩阵与该酉矩阵进行相乘,就可得到一个单位矩阵。将式(2.5.22)带入式(2.5.23),可得 MZI 阵列级联可以实现酉矩阵 $U(N)$:

$$U(N) = (T_{N,N-1} \cdot T_{N,N-2} \cdots T_{2,1} \cdot D)^{-1} \tag{2.5.24}$$

此外,Clements 等对上述 Reck 等[19]提出的 MZI 排布方式进行了优化,在原来三角形构型的基础上提出了矩形分解方法[20],可以使 MZI 的排布更加紧凑,从而缩短光程、提高网络的稳健性,MZI 的排布方式如图 2.5.8 所示。MZI 阵列可以实现酉矩阵,结合奇异值分解原理,一个任意矩阵可以分解为酉矩阵和对角矩阵的乘积,因此在硅基平台上大规模集成 MZI 可以制成光学矩阵向量乘法的光子集成芯片,可应用于加速光子 AI 推理和计算。

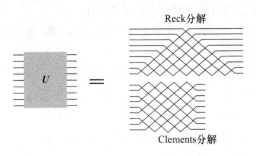

图 2.5.8 两种实现酉矩阵的 MZI 排布方式

本章参考文献

[1] Novoselov K S, Geim A K, Morozov S V, et al. Electric field effect in atomically thin carbon films[J]. Science, 2004, 306(5696): 666-669.

[2] Hanson G W. Dyadic Green's functions and guided surface waves for a surface conductivity model of graphene[J]. Journal of Applied Physics, 2008, 103(6): 064302.

[3] Zhang T, Wang J, Liu Q, et al. Efficient spectrum prediction and inverse design for plasmonic waveguide systems based on artificial neural networks [J]. Photonics Research, 2019, 7(3): 368-380.

[4] Lin G P, Coillet A, Chembo Y K. Nonlinear photonics with high-Q whispering-gallery-mode resonators[J]. Advances in Optics and Photonics, 2017, 9(4): 828-890.

[5] 王伟强. 基于微环谐振腔的克尔光频梳研究[D]. 北京: 中国科学院大学, 2018.

[6] Kippenberg T J, Spillane S M, Vahala K J. Kerr-nonlinearity optical parametric oscillation in an ultrahigh-Q toroid microcavity[J]. Physical Review Letters, 2004, 93(8): 083904.

[7] Yoo S J B. Wavelength conversion technologies for WDM network applications[J]. Journal of Lightwave Technology, 1996, 14(6): 955-966.

[8] Kippenberg T J, Holzwarth R, Diddams S A. Microresonator-based optical frequency combs[J]. Science, 2011, 332(6029): 555-559.

[9] Yu N F, Genevet P, Kats M A, et al. Light propagation with phase discontinuities: generalized laws of reflection and refraction[J]. Science, 2011, 334(6054): 333-337.

[10] Sun S L, He Q, Xiao S Y, et al. Gradient-index meta-surfaces as a bridge linking propagating waves and surface waves[J]. Nature materials, 2012, 11(5): 426-431.

[11] Huang L L, Chen X Z, Muhlenbernd H, et al. Dispersionless phase discontinuities for controlling light propagation[J]. Nano Letters, 2012, 12(11): 5750-5755.

[12] Mueller J P B, Rubin N A, Devlin R C, et al. Metasurface polarization optics: independent phase control of arbitrary orthogonal states of polarization[J]. Physical Review Letters, 2017, 118(11): 113901.

[13] Goos F, Hänchen H. Ein neuer und fundamentaler Versuch zur Totalreflexion[J]. Annalen der Physik, 1947, 436(7-8): 333-346.

[14] Ren Y X, Lu R D, Gong L. Tailoring light with a digital micromirror device[J]. Annalen der Physik, 2015, 527(7-8): 447-470.

[15] Goodman J W. 傅里叶光学导论[M]. 秦克诚, 刘培森, 陈家壁, 等, 译. 北京: 电子工业出版社, 2006.

[16] 周海峰. 新型硅基集成光子器件的研究[D]. 杭州: 浙江大学, 2009.

[17] Shen Y C, Harris N C, Skirlo S, et al. Deep learning with coherent nanophotonic circuits[J]. Nature Photonics, 2017, 11(7): 441-446.

[18] Zhou H L, Zhao Y H, Wang X, et al. Self-configuring and reconfigurable silicon photonic signal processor[J]. ACS Photonics, 2020, 7(3): 792-799.

[19] Reck M, Zeilinger A, Bernstein H J, et al. Experimental realization of any discrete unitary operator[J]. Physical Review Letters, 1994, 73(1): 58.

[20] Clements W R, Humphreys P C, Metcalf B J, et al. Optimal design for universal multiport interferometers[J]. Optica, 2016, 3(12): 1460-1465.

第3章 时域有限差分方法

第 2 章物理分析方法的核心是求解各种边值条件下的麦克斯韦方程组,进而得到特定结构下电磁波的辐射、散射、传播等性质。麦克斯韦方程组是宏观电动力学的基本方程,揭示了电场和磁场相互转化中优美的对称性,并以数学的形式充分地表达,同时它完整地描述了宏观电磁现象的基本运动规律,被认为是 19 世纪最伟大的物理学突破。然而,电磁波在实际环境中的传播十分复杂,如复杂结构的天线辐射、复杂目标的散射,以及复杂的城市环境和地形等,由方程组本身出发建立模型求其解析解十分困难,因此解析法固然有其指导性的意义,但其只能在极特殊的情况下解决少量问题。在具体的问题研究中,往往需要通过数值求解方法得到具体环境的电磁参数下的电磁波特性,并且随着计算机设备的快速发展,计算电磁学已经成为电磁理论研究与应用的重要分支。几十年来,研究人员提出了一系列有意义的计算方法,如有限元法(Finite Element Method,FEM)、矩量法(Method of Moment,MoM)、时域有限差分(Finite Difference Time Domain,FDTD)方法等。其中,由于 FDTD 方法同时考虑时间和频率对电磁波传输的影响,其在微纳光子器件的仿真中具有重要地位,所以本章重点介绍 FDTD方法。

3.1 FDTD 方法的发展与应用

FDTD 方法由 Yee 于 1966 年提出[1],Yee 采用一种正方体几何结构对电场 E 分量和磁场 H 分量在空间和时间上采取交替抽样的离散方式,将麦克斯韦旋度方程转化为有限差分方程而直接在时域求解。每一个 E 分量周围都有四个 H 分量环绕,每一个 H 分量周围都有四个 E 分量环绕,通过时间和空间离散的递进序列,在相互交织的网格空间中交替计算电场和磁场,从而逐步计算空间电磁场。FDTD 方法作为求解麦克斯韦方程组的直接时域方法,有着诸多显著的优点,例如:①FDTD 方法作为求解电磁场的冲击响应的方法,一次计算就可以得到指定频率下的性能;②FDTD 方法作为一种完全显式计算,若不考虑仿真时间问题,理论上对场的复杂度没有内在的上限;③FDTD 方法的误差源是十分清晰的,并且可以被限制以得到更加精确、稳定的结果;④FDTD 方法的直接时域求解方法对电磁系统的非线性问题亦是直接计算;⑤FDTD 方法的网格划分简单,且所需介质参数直接赋值给每一个元胞,因此其十分适合处理大型、复杂目标问题;⑥计算机内存的飞速发展对 FDTD 方法天生需要大规模随机存储单元的特性提供帮助,结合计算机可视化,可以更好地表达电磁场随时间变化的过程。

因为 FDTD 方法有诸多优点,其在计算电磁学领域具有重要地位,关于 FDTD 方法的研究与应用一直是国内外关注的热点之一,下面简要回顾 FDTD 方法的发展过程。

(1) FDTD 方法的提出:Yee(1966 年)首先提出麦克斯韦方程的有限差分离散方式,即提出 Yee 元胞,并给出处理电磁脉冲在理想导电圆柱上散射的例子。

(2) FDTD 方法推向应用:Taflove(1975 年)[2]首次用 FDTD 方法计算时变非均匀圆柱导

体在正弦波入射时的电磁散射问题,并正确地推导出数值稳定性条件;Holland(1977 年)[3] 和 Kunz(1978 年)[4]用 FDTD 方法设计程序计算 F111 飞机外壳这种复杂目标的电磁脉冲散射。

(3) FDTD 时域近-远场外推的发展:Yee 等(1991 年)[5] 和 Luebbers 等(1991 年)[6] 提出了三维 FDTD 时域近-远场外推等效原理,随后 Luebbers 等(1992 年)[7]发表二维 FDTD 时域近-远场外推方法。

(4) FDTD 模型吸收边界的研究:Mur(1981 年)[8]提出了具有二阶精度且满足数值稳定性的吸收边界条件并用于 Yee 差分网格;Berenger(1994 年)[9]利用场分裂的方法借助吸收媒质的概念,从数学形式导出一种对所有入射角和极化方式都匹配的吸收边界条件,在二维 Yee 网格上有很好的吸收效果,Katz 等(1994 年)[10]将该模型扩展至三维;Sacks 等(1995 年)[11]和 Gedney (1996 年)[12]基于麦克斯韦方程组提出以单轴各向异性介质作为匹配层,实现了完全匹配层吸收边界条件,该边界条件具有理想的吸收效果,获得了广泛的应用。

3.2　FDTD 方法的基本原理

本节介绍 FDTD 方法的基本原理。首先,从麦克斯韦方程组的微分形式出发,将其差分离散推导出三维的 FDTD 时间与空间迭代方程。其次,给出介质界面电磁参数的选择,使得介质分界面处的场分布计算有效。最后,对数值稳定性与数值色散进行讨论,得出时间步长与空间步长的有效合理设置。

3.2.1　Yee 元胞及三维差分形式

本节将从麦克斯韦旋度方程出发推导 FDTD 方法的三维差分形式。与第 2 章中式(2.1.19)不同,本节考虑带有磁流密度的麦克斯韦方程组,即

$$\nabla \times \boldsymbol{H} = \frac{\partial \boldsymbol{D}}{\partial t} + \boldsymbol{J} \tag{3.2.1}$$

$$\nabla \times \boldsymbol{E} = -\frac{\partial \boldsymbol{B}}{\partial t} - \boldsymbol{J}_{\mathrm{m}} \tag{3.2.2}$$

其中,$\boldsymbol{E}$ 为电场强度(V/m),$\boldsymbol{D}$ 为电位移矢量(C/m²),$\boldsymbol{H}$ 为磁场强度(A/m),$\boldsymbol{B}$ 为磁感应强度(Wb/m²),$\boldsymbol{J}$ 为电流密度(A/m²),$\boldsymbol{J}_{\mathrm{m}}$ 为磁流密度(V/m²)。

各向同性线性介质中的本构关系为

$$\begin{cases} \boldsymbol{D} = \varepsilon \boldsymbol{E} \\ \boldsymbol{B} = \mu \boldsymbol{H} \\ \boldsymbol{J} = \sigma \boldsymbol{E} \\ \boldsymbol{J}_{\mathrm{m}} = \sigma_{\mathrm{m}} \boldsymbol{H} \end{cases} \tag{3.2.3}$$

其中,ε 为介电常数(F/m),μ 为磁导率(H/m),σ 为电导率(S/m),σ_{m} 为磁阻率(Ω/m)。

将介质本构关系代入旋度方程(3.2.1)和旋度方程(3.2.2),有

$$\frac{\partial \boldsymbol{H}}{\partial t} = -\frac{1}{\mu} \nabla \times \boldsymbol{E} - \frac{\sigma_{\mathrm{m}}}{\mu} \boldsymbol{H} \tag{3.2.4}$$

$$\frac{\partial \boldsymbol{E}}{\partial t} = \frac{1}{\varepsilon} \nabla \times \boldsymbol{H} - \frac{\sigma}{\varepsilon} \boldsymbol{E} \tag{3.2.5}$$

将矢量方程(3.2.4)和矢量方程(3.2.5)展开为六个标量方程:

$$\frac{\partial H_x}{\partial t} = \frac{1}{\mu}\left(\frac{\partial E_y}{\partial z} - \frac{\partial E_z}{\partial y} - \sigma_{\mathrm{m}} H_x\right) \tag{3.2.6}$$

$$\frac{\partial H_y}{\partial t} = \frac{1}{\mu}\left(\frac{\partial E_z}{\partial x} - \frac{\partial E_x}{\partial z} - \sigma_{\mathrm{m}} H_y\right) \tag{3.2.7}$$

$$\frac{\partial H_z}{\partial t} = \frac{1}{\mu}\left(\frac{\partial E_x}{\partial y} - \frac{\partial E_y}{\partial x} - \sigma_{\mathrm{m}} H_z\right) \tag{3.2.8}$$

$$\frac{\partial E_x}{\partial t} = \frac{1}{\varepsilon}\left(\frac{\partial H_z}{\partial y} - \frac{\partial H_y}{\partial z} - \sigma E_x\right) \tag{3.2.9}$$

$$\frac{\partial E_y}{\partial t} = \frac{1}{\varepsilon}\left(\frac{\partial H_x}{\partial z} - \frac{\partial H_z}{\partial x} - \sigma E_y\right) \tag{3.2.10}$$

$$\frac{\partial E_z}{\partial t} = \frac{1}{\varepsilon}\left(\frac{\partial H_y}{\partial x} - \frac{\partial H_x}{\partial y} - \sigma E_z\right) \tag{3.2.11}$$

下面按照 Yee 网格对标量方程(3.2.6)~标量方程(3.2.11)进行离散差分。在直角坐标空间建立差分网格,空间坐标(i,j,k)可以离散为

$$(i,j,k) = (i\Delta x, j\Delta y, k\Delta z) \tag{3.2.12}$$

时间 t 可以离散为 $n\Delta t$。电场或者磁场的值用 F 表示,可以离散为

$$F(x,y,z,t) = F^n(i,j,k) = F(i\Delta x, j\Delta y, k\Delta z, n\Delta t) \tag{3.2.13}$$

其中,Δx、Δy、Δz 分别为矩形网格在 x、y、z 方向上的步长,Δt 为时间步长。

Yee 网格采用了具有二阶精度的中心差分来代替电场磁场对空间坐标及时间的微分:

$$\frac{\partial F^n(i,j,k)}{\partial x} = \frac{F^n\left(i+\frac{1}{2},j,k\right) - F^n\left(i-\frac{1}{2},j,k\right)}{\Delta x} + O((\Delta x)^2) \tag{3.2.14}$$

$$\frac{\partial F^n(i,j,k)}{\partial y} = \frac{F^n\left(i,j+\frac{1}{2},k\right) - F^n\left(i,j-\frac{1}{2},k\right)}{\Delta y} + O((\Delta y)^2) \tag{3.2.15}$$

$$\frac{\partial F^n(i,j,k)}{\partial z} = \frac{F^n\left(i,j,k+\frac{1}{2}\right) - F^n\left(i,j,k-\frac{1}{2}\right)}{\Delta z} + O((\Delta z)^2) \tag{3.2.16}$$

$$\frac{\partial F^n(i,j,k)}{\partial t} = \frac{F^{n+\frac{1}{2}}(i,j,k) - F^{n-\frac{1}{2}}(i,j,k)}{\Delta t} + O((\Delta t)^2) \tag{3.2.17}$$

Yee 元胞示意如图 3.2.1 所示(图中只标注出了元胞表面的场分量),可以看到,每一个磁场 H 分量都由四个电场 E 分量环绕,同样的,如果将示意图延续画出,每一个电场 E 分量也由四个磁场 H 分量环绕着。在空间上,电场分量和磁场分量相差半个空间步长交替抽样,且场分量方向符合法拉第电磁感应定律和安培定则,十分形象地描述了电磁场在空间中的传播特性。在时间上,电场分量和磁场分量亦相差半个时间步长交替求解,同时化旋度方程为差分方程使其在时域进行求解,理论

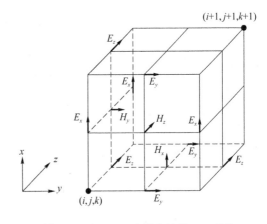

图 3.2.1 FDTD 离散方法的 Yee 元胞

上，只要给定初始条件及边界条件，利用 FDTD 方法可以推导出场强各个时刻的分布。在后面我们会讨论保证 FDTD 有效进行的稳定性条件与吸收边界条件。

下面推导三维空间中的 FDTD 公式。以图 3.2.1 下底面中心的场分量 H_x 为例，将中心差分公式（3.2.15）～公式（3.2.17）代入式（3.2.6）中关于 H_x 的标量方程中，得到

$$\frac{H_x^{n+\frac{1}{2}}\left(i,j+\frac{1}{2},k+\frac{1}{2}\right)-H_x^{n-\frac{1}{2}}\left(i,j+\frac{1}{2},k+\frac{1}{2}\right)}{\Delta t}$$

$$=\frac{1}{\mu\left(i,j+\frac{1}{2},k+\frac{1}{2}\right)}\times$$

$$\left[\frac{E_y^n\left(i,j+\frac{1}{2},k+1\right)-E_y^n\left(i,j+\frac{1}{2},k\right)}{\Delta z}-\frac{E_z^n\left(i,j+1,k+\frac{1}{2}\right)-E_z^n\left(i,j,k+\frac{1}{2}\right)}{\Delta y}-\right.$$

$$\left.\sigma_m\left(i,j+\frac{1}{2},k+\frac{1}{2}\right)\frac{H_x^{n+\frac{1}{2}}\left(i,j+\frac{1}{2},k+\frac{1}{2}\right)+H_x^{n-\frac{1}{2}}\left(i,j+\frac{1}{2},k+\frac{1}{2}\right)}{2}\right] \quad (3.2.18)$$

其中，差分公式忽略高阶无穷小项，并且对 $n\Delta t$ 时刻的磁场分量 H_x 取时间平均：

$$H_x^n\left(i,j+\frac{1}{2},k+\frac{1}{2}\right)=\frac{H_x^{n+\frac{1}{2}}\left(i,j+\frac{1}{2},k+\frac{1}{2}\right)+H_x^{n-\frac{1}{2}}\left(i,j+\frac{1}{2},k+\frac{1}{2}\right)}{2} \quad (3.2.19)$$

进一步整理方程（3.2.18）得到结果：

$$H_x^{n+\frac{1}{2}}\left(i,j+\frac{1}{2},k+\frac{1}{2}\right)=C_{h1}\left(i,j+\frac{1}{2},k+\frac{1}{2}\right)H_x^{n-\frac{1}{2}}\left(i,j+\frac{1}{2},k+\frac{1}{2}\right)+$$

$$C_{h2}\left(i,j+\frac{1}{2},k+\frac{1}{2}\right)\times\left[\frac{E_y^n\left(i,j+\frac{1}{2},k+1\right)-E_y^n\left(i,j+\frac{1}{2},k\right)}{\Delta z}-\right.$$

$$\left.\frac{E_z^n\left(i,j+1,k+\frac{1}{2}\right)-E_z^n\left(i,j,k+\frac{1}{2}\right)}{\Delta y}\right] \quad (3.2.20)$$

其中，系数为（m 代表坐标参数）

$$C_{h1}(m)=\frac{1-\frac{\Delta t\sigma_m(m)}{2\mu(m)}}{1+\frac{\Delta t\sigma_m(m)}{2\mu(m)}} \quad (3.2.21)$$

$$C_{h2}(m)=\frac{1}{\frac{\mu(m)}{\Delta t}+\frac{\sigma_m(m)}{2}} \quad (3.2.22)$$

同理，其余五个标量方程（3.2.7）～方程（3.2.11）离散后的结果为

$$H_y^{n+\frac{1}{2}}\left(i+\frac{1}{2},j,k+\frac{1}{2}\right)=C_{h1}\left(i+\frac{1}{2},j,k+\frac{1}{2}\right)H_y^{n-\frac{1}{2}}\left(i+\frac{1}{2},j,k+\frac{1}{2}\right)+$$

$$C_{h2}\left(i+\frac{1}{2},j,k+\frac{1}{2}\right)\times\left[\frac{E_z^n\left(i+1,j,k+\frac{1}{2}\right)-E_z^n\left(i,j,k+\frac{1}{2}\right)}{\Delta x}-\right.$$

$$\left.\frac{E_x^n\left(i+\frac{1}{2},j,k+1\right)-E_x^n\left(i+\frac{1}{2},j,k\right)}{\Delta z}\right] \quad (3.2.23)$$

$$H_z^{n+\frac{1}{2}}\left(i+\frac{1}{2},j+\frac{1}{2},k\right)=C_{h1}\left(i+\frac{1}{2},j+\frac{1}{2},k\right)H_z^{n-\frac{1}{2}}\left(i+\frac{1}{2},j+\frac{1}{2},k\right)+$$

$$C_{h2}\left(i+\frac{1}{2},j+\frac{1}{2},k\right)\times\left[\frac{E_x^n\left(i+\frac{1}{2},j+1,k+\frac{1}{2}\right)-E_x^n\left(i+\frac{1}{2},j,k+\frac{1}{2}\right)}{\Delta y}-\right.$$

$$\left.\frac{E_y^n\left(i+1,j+\frac{1}{2},k\right)-E_y^n\left(i,j+\frac{1}{2},k\right)}{\Delta x}\right] \quad (3.2.24)$$

$$E_x^{n+1}\left(i+\frac{1}{2},j,k\right)=C_{e1}\left(i+\frac{1}{2},j,k\right)E_x^n\left(i+\frac{1}{2},j,k\right)+$$

$$C_{e2}\left(i+\frac{1}{2},j,k\right)\times\left[\frac{H_z^{n+\frac{1}{2}}\left(i+\frac{1}{2},j+\frac{1}{2},k\right)-H_z^{n+\frac{1}{2}}\left(i+\frac{1}{2},j-\frac{1}{2},k\right)}{\Delta y}-\right.$$

$$\left.\frac{H_y^{n+\frac{1}{2}}\left(i+\frac{1}{2},j,k+\frac{1}{2}\right)-H_y^{n+\frac{1}{2}}\left(i+\frac{1}{2},j,k-\frac{1}{2}\right)}{\Delta z}\right] \quad (3.2.25)$$

$$E_y^{n+1}\left(i,j+\frac{1}{2},k\right)=C_{e1}\left(i,j+\frac{1}{2},k\right)E_y^n\left(i,j+\frac{1}{2},k\right)+$$

$$C_{e2}\left(i,j+\frac{1}{2},k\right)\times\left[\frac{H_x^{n+\frac{1}{2}}\left(i,j+\frac{1}{2},k+\frac{1}{2}\right)-H_x^{n+\frac{1}{2}}\left(i,j+\frac{1}{2},k-\frac{1}{2}\right)}{\Delta z}-\right.$$

$$\left.\frac{H_z^{n+\frac{1}{2}}\left(i+\frac{1}{2},j+\frac{1}{2},k\right)-H_z^{n+\frac{1}{2}}\left(i-\frac{1}{2},j+\frac{1}{2},k\right)}{\Delta x}\right] \quad (3.2.26)$$

$$E_z^{n+1}\left(i,j,k+\frac{1}{2}\right)=C_{e1}\left(i,j,k+\frac{1}{2}\right)E_z^n\left(i,j,k+\frac{1}{2}\right)+$$

$$C_{e2}\left(i,j,k+\frac{1}{2}\right)\times\left[\frac{H_y^{n+\frac{1}{2}}\left(i+\frac{1}{2},j,k+\frac{1}{2}\right)-H_y^{n+\frac{1}{2}}\left(i-\frac{1}{2},j,k+\frac{1}{2}\right)}{\Delta x}-\right.$$

$$\left.\frac{H_x^{n+\frac{1}{2}}\left(i,j+\frac{1}{2},k+\frac{1}{2}\right)-H_x^{n+\frac{1}{2}}\left(i,j-\frac{1}{2},k+\frac{1}{2}\right)}{\Delta y}\right] \quad (3.2.27)$$

其中,系数为(m 代表坐标参数)

$$C_{e1}(m)=\frac{1-\dfrac{\Delta t\sigma(m)}{2\varepsilon(m)}}{1+\dfrac{\Delta t\sigma(m)}{2\varepsilon(m)}} \quad (3.2.28)$$

$$C_{e2}(m)=\frac{1}{\dfrac{\varepsilon(m)}{\Delta t}+\dfrac{\sigma(m)}{2}} \quad (3.2.29)$$

式(3.2.20)~式(3.2.27)即是三维情况下 FDTD 方法计算电磁场分量的迭代公式,可以看出要求解某一时刻某点场分量的值,应已知该点场分量前一时间步长的数值及围绕该点其余场分量前半个时间步长的数值,得到的结果再用于后半个时间步长其他场分量的求解,如此往复便得到了整个仿真区域的电磁场数值。

3.2.2 介质界面的电磁参数选择

在 3.2.1 节中推导了 FDTD 方法的三维差分形式,得到了电磁场各分量的差分求解公式,通过观察这六个公式不难发现,在问题的求解时我们假设了各个位置的电磁参数都已知,例如,式(3.2.20)已知电磁参数 $\sigma_m(i,j+1/2,k+1/2)$ 和 $\mu(i,j+1/2,k+1/2)$ 从而计算出 $H_x(i,j+1/2,k+1/2)$。而在实际模型中往往具有多层介质,若所需电磁参数恰好在介质的分界面上,这时我们无法确定介质分界面上各点的电磁参数,或者说这些点没有意义。因此,我们需要探讨电磁场分量位于介质分界面时的麦克斯韦旋度方程参数选择。

已知在理想介质分界面上,电磁场有边界条件:

$$\begin{cases} e_n \times (H_1 - H_2) = 0 \\ e_n \times (E_1 - E_2) = 0 \\ e_n \cdot (D_1 - D_2) = 0 \\ e_n \cdot (B_1 - B_2) = 0 \end{cases} \tag{3.2.30}$$

即在理想介质分界面上,电场强度 E 和磁场强度 H 切向连续,电位移矢量 D 和磁感应强度 B 法向连续。

如图 3.2.2 所示,两个相邻 Yee 元胞分别在两种介质内,假设分界面左侧电磁参数为 ε_1、σ_1、μ_1、σ_{m1},分界面右侧电磁参数为 ε_2、σ_2、μ_2、σ_{m2}。在求解点 m 处的 $E_z(i,j,k+1/2)$ 时,所需的电磁参数 $\varepsilon(i,j,k+1/2)$ 及 $\sigma(i,j,k+1/2)$ 恰处于分界面上,需要考虑离散公式中介质参数应如何取值。选取分界面两侧参考点 a 和 b,其位置均为距实际求解点 m 的 $\Delta y/4$ 处,分别在介质 1 和介质 2 中求解 E_z,并将求解 E_z 时所需的场分量简化,如图 3.2.3 所示。

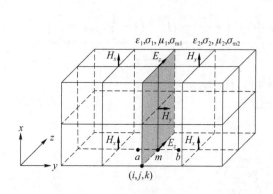

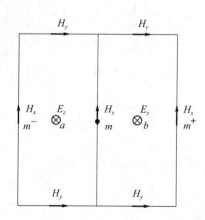

图 3.2.2　介质分界面处的相邻 Yee 元胞　　　　图 3.2.3　介质分界面两侧新观察点的电磁场分布

分别在参考点 a 和 b 列方程(3.2.11),得到

$$\begin{cases} \varepsilon_1 \dfrac{\partial E_z(a)}{\partial t} = \dfrac{\partial H_y(a)}{\partial x} - \dfrac{\partial H_x(a)}{\partial y} - \sigma_1 E_z(a) \\ \varepsilon_2 \dfrac{\partial E_z(b)}{\partial t} = \dfrac{\partial H_y(b)}{\partial x} - \dfrac{\partial H_x(b)}{\partial y} - \sigma_2 E_z(b) \end{cases} \tag{3.2.31}$$

将方程组(3.2.31)中两式相加,得到

$$\varepsilon_1 \frac{\partial E_z(a)}{\partial t} + \varepsilon_2 \frac{\partial E_z(b)}{\partial t} = \left(\frac{\partial H_y(a)}{\partial x} + \frac{\partial H_y(b)}{\partial x} \right) - $$

$$\left(\frac{\partial H_x(a)}{\partial y} + \frac{\partial H_x(b)}{\partial y} \right) - (\sigma_1 E_z(a) + \sigma_2 E_z(b)) \quad (3.2.32)$$

由方程组(3.2.30)的第二式可知分界面两侧 E_z 连续,取近似

$$E_z(a) \approx E_z(b) \approx E_z(m) \quad (3.2.33)$$

引入等效电磁参数:

$$\begin{cases} \varepsilon_{\text{eff}} = \dfrac{\varepsilon_1 + \varepsilon_2}{2} \\ \sigma_{\text{eff}} = \dfrac{\sigma_1 + \sigma_2}{2} \end{cases} \quad (3.2.34)$$

式(3.2.34)表示在介质突变面附近以线性变化代替突变,则在式(3.2.32)中,有

$$\varepsilon_1 \frac{\partial E_z(a)}{\partial t} + \varepsilon_2 \frac{\partial E_z(b)}{\partial t} \approx 2\varepsilon_{\text{eff}} \frac{\partial E_z(m)}{\partial t} \quad (3.2.35)$$

$$\sigma_1 E_z(a) + \sigma_2 E_z(b) \approx 2\sigma_{\text{eff}} E_z(m) \quad (3.2.36)$$

由方程组(3.2.30)的第一式可知分界面两侧 H_x 连续,于是

$$\frac{\partial H_x(a)}{\partial y} + \frac{\partial H_x(b)}{\partial y} \approx \frac{H_x(m) - H_x(m^-)}{\Delta y/2} + \frac{H_y(m^+) - H_y(m)}{\Delta y/2}$$

$$= 2 \frac{H_x(m^+) - H_x(m^-)}{\Delta y} \approx 2 \frac{\partial H_x(m)}{\partial y} \quad (3.2.37)$$

其中,m^- 和 m^+ 分别位于图 3.2.3 中点 m 左右 $\Delta y/2$ 处。

下面讨论式(3.2.32)中 H_y 在分界面两侧连续的情况,显然 H_y 在分界面上不连续,而由方程组(3.2.30)的第四式知法向磁感应强度 B_y 连续,取近似

$$B_y(a) \approx B_y(b) \approx B_y(m) \quad (3.2.38)$$

同式(3.2.34)一样,假设分界面上有等效参数:

$$\begin{cases} \mu_{\text{eff}} = \dfrac{\mu_1 + \mu_2}{2} \\ \sigma_{\text{meff}} = \dfrac{\sigma_{m1} + \sigma_{m2}}{2} \end{cases} \quad (3.2.39)$$

在一定数值范围内,近似得到

$$\frac{\partial H_y(a)}{\partial x} + \frac{\partial H_y(b)}{\partial x} \approx 2 \frac{\partial H_y(m)}{\partial x} \quad (3.2.40)$$

将式(3.2.35)~式(3.2.37)及式(3.2.40)代入式(3.2.32),得到

$$\frac{\partial E_z(m)}{\partial t} = \frac{1}{\varepsilon_{\text{eff}}} \left(\frac{\partial H_y(m)}{\partial x} - \frac{\partial H_x(m)}{\partial y} - \sigma_{\text{eff}} E_z(m) \right) \quad (3.2.41)$$

式(3.2.41)与式(3.2.11)形式相同,将上式离散即可得到电场 E_z 的 FDTD 迭代公式。在该式推导过程中使用了近似的思想,在求解分界面处电磁场问题时,虽然找不到有意义的电磁参数值,但是只要在分界面引入等效参数,仍可利用旋度方程进行 FDTD 求解电磁场分布。实际计算中,不管某个场分量是否位于介质分界面处,我们总是取这个场分量所有相邻网格的电磁参量的等效值,这意味着介质参数在每个 Yee 元胞中需要多个样本值。在实际操作中,为了使电磁参数值选取更有效,每个 Yee 元胞只取一个样值,即中心点处的电磁参数作为替代。下面从积分形式的麦克斯韦方程组出发来进行说明。

麦克斯韦旋度方程(3.2.4)和方程(3.2.5)的积分形式为

$$\oint_l \boldsymbol{H} \cdot \mathrm{d}\boldsymbol{l} = \sigma \iint_S \boldsymbol{E} \cdot \mathrm{d}\boldsymbol{S} + \varepsilon \iint_S \frac{\partial}{\partial t} \boldsymbol{E} \cdot \mathrm{d}\boldsymbol{S} \tag{3.2.42}$$

$$\oint_l \boldsymbol{E} \cdot \mathrm{d}\boldsymbol{l} = -\sigma_m \iint_S \boldsymbol{H} \cdot \mathrm{d}\boldsymbol{S} - \mu \iint_S \frac{\partial}{\partial t} \boldsymbol{H} \cdot \mathrm{d}\boldsymbol{S} \tag{3.2.43}$$

下面以场分量 E_x 与 H_x 为例,应用式(3.2.42)和式(3.2.43)导出 FDTD 公式,场分量及计算所需的环绕分量如图 3.2.4 所示。

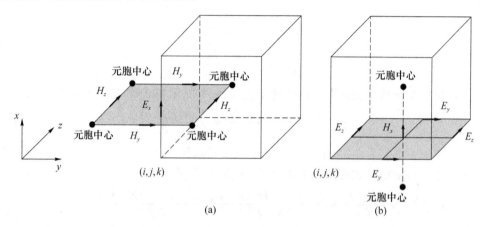

图 3.2.4　场分量 E_x 与 H_x 的积分回路

将式(3.2.42)应用于图 3.2.4(a)所示的积分回路,得

$$\left[H_z^{n+\frac{1}{2}}\left(i+\frac{1}{2}, j+\frac{1}{2}, k\right) - H_z^{n+\frac{1}{2}}\left(i+\frac{1}{2}, j-\frac{1}{2}, k\right) \right]\Delta z +$$

$$\left[H_y^{n+\frac{1}{2}}\left(i+\frac{1}{2}, j, k-\frac{1}{2}\right) - H_y^{n+\frac{1}{2}}\left(i+\frac{1}{2}, j, k+\frac{1}{2}\right) \right]\Delta y$$

$$= \left[\sigma\left(i+\frac{1}{2}, j, k\right)E_x^{n+\frac{1}{2}}\left(i+\frac{1}{2}, j, k\right) + \varepsilon\left(i+\frac{1}{2}, j, k\right)\frac{E_x^{n+1}\left(i+\frac{1}{2}, j, k\right) - E_x^n\left(i+\frac{1}{2}, j, k\right)}{\Delta t} \right]\Delta y \Delta z \tag{3.2.44}$$

将式(3.2.44)进行变形可得到与式(3.2.25)一样的结果,即通过麦克斯韦方程组积分形式也可以得到 E_x 的 FDTD 公式,这是 FDTD 的环路积分解释。式(3.2.44)不仅得到了 Yee 元胞的差分格式,更重要的是它指出了差分离散的另一种途径,这对于一些特殊情况(如分界面处、槽缝等结构)十分有益。其中,点 $(i+1/2, j, k)$ 处的电磁参数可以由包围该点的四个元胞的电磁参数的均值替代,即

$$\varepsilon\left(i+\frac{1}{2}, j, k\right) = \frac{1}{4}\left(\varepsilon\left(i+\frac{1}{2}, j+\frac{1}{2}, k+\frac{1}{2}\right) + \varepsilon\left(i+\frac{1}{2}, j+\frac{1}{2}, k-\frac{1}{2}\right) + \right.$$

$$\left. \varepsilon\left(i+\frac{1}{2}, j-\frac{1}{2}, k+\frac{1}{2}\right) + \varepsilon\left(i+\frac{1}{2}, j-\frac{1}{2}, k-\frac{1}{2}\right)\right) \tag{3.2.45}$$

$$\sigma\left(i+\frac{1}{2}, j, k\right) = \frac{1}{4}\left(\sigma\left(i+\frac{1}{2}, j+\frac{1}{2}, k+\frac{1}{2}\right) + \sigma\left(i+\frac{1}{2}, j+\frac{1}{2}, k-\frac{1}{2}\right) + \right.$$

$$\left. \sigma\left(\left(i+\frac{1}{2}, j-\frac{1}{2}, k+\frac{1}{2}\right) + \sigma\left(i+\frac{1}{2}, j-\frac{1}{2}, k-\frac{1}{2}\right)\right)\right) \tag{3.2.46}$$

同理,将式(3.2.43)应用于图 3.2.4(b)所示的积分回路,可以得到 H_x 的 FDTD 公式:

$$\left[E_z^n\left(i,j+1,k+\frac{1}{2}\right)-E_z^n\left(i,j,k+\frac{1}{2}\right)\right]\Delta z+\left[E_y^n\left(i,j+\frac{1}{2},k\right)-E_y^n\left(i,j+\frac{1}{2},k+1\right)\right]\Delta y$$

$$=\left[\sigma_{\mathrm{m}}\left(i,j+\frac{1}{2},k+\frac{1}{2}\right)H_x^n\left(i,j+\frac{1}{2},k+\frac{1}{2}\right)+\mu\left(i,j+\frac{1}{2},k+\frac{1}{2}\right)\right.$$

$$\left.\frac{H_x^{n+\frac{1}{2}}\left(i,j+\frac{1}{2},k+\frac{1}{2}\right)-H_x^{n-\frac{1}{2}}\left(i,j+\frac{1}{2},k+\frac{1}{2}\right)}{\Delta t}\right]\Delta y\Delta z \tag{3.2.47}$$

将式(3.2.47)进行变形可得到与式(3.2.20)一样的结果,其中,点$(i,j+1/2,k+1/2)$处的电磁参数可以由上下两个元胞中心电磁参数的均值替代,即

$$\mu\left(i,j+\frac{1}{2},k+\frac{1}{2}\right)=\frac{1}{2}\left[\mu\left(i+\frac{1}{2},j+\frac{1}{2},k+\frac{1}{2}\right)+\mu\left(i-\frac{1}{2},j+\frac{1}{2},k+\frac{1}{2}\right)\right] \tag{3.2.48}$$

$$\sigma_{\mathrm{m}}\left(i,j+\frac{1}{2},k+\frac{1}{2}\right)=\frac{1}{2}\left[\sigma_{\mathrm{m}}\left(i+\frac{1}{2},j+\frac{1}{2},k+\frac{1}{2}\right)+\sigma_{\mathrm{m}}\left(i-\frac{1}{2},j+\frac{1}{2},k+\frac{1}{2}\right)\right] \tag{3.2.49}$$

综上,在实际电磁场 FDTD 计算时,已知每个 Yee 元胞中心点电磁参数,在计算电场分量时,电场电磁参数 σ 和 ε 取其周围四个元胞中心的均值;在计算磁场分量时,磁场电磁参数 μ 和 σ_{m} 取其附近两个元胞的均值。这样处理使 FDTD 迭代公式在整个计算区域(除了连接边界和吸收边界)有了统一的形式,不需要对不同介质交界面的网格进行特别处理,从而简化了计算过程。

3.2.3 数值稳定性与数值色散

FDTD 方法是以差分方程的解来代替麦克斯韦方程组的解,只有离散后差分方程的解是收敛和稳定的,这种替代才有意义。收敛是指离散间隔趋于零时,差分方程的数值解趋于原方程的解;稳定是指时间步长 Δt 和空间步长 Δx、Δy 和 Δz 应满足一定的关系,使电磁波传播的因果关系不被破坏,否则随着计算步长的增加,被计算的场的数值将会无限制地增大。

在电磁波传播的过程中,如果电磁波传播的速度与频率有关,则称为色散效应。在对电磁场进行时域有限差分计算时,时间和空间的离散化使得原本非色散媒质中的电磁波的传播速度不再保持不变,这种由数值计算引起的色散效应称为数值色散。

1. 数值稳定性

任何波都可以展开为平面波的叠加,如果一种算法对平面波是不稳定的,则它对任何波都是不稳定的,因此可以用平面波在数值空间中的传播来讨论 FDTD 方法的数值稳定性。讨论的基本步骤是:把时域有限差分方程分解为时间和空间本征值问题,先由时间微分方程确定一个稳定本征值谱;然后假定平面波模在数值空间中传播,该平面波模的本征值谱可以由数值空间的微分过程确定。按要求,平面波模的本征值谱必须落在时间微分方程确定的稳定本征值谱内,以确保这种算法的所有可能的数字波模都是稳定的。

为了方便起见,考虑一个无损耗空间,即 σ、$\sigma_{\mathrm{m}}=0$,μ,ε 为常数,则以 H_x 和 E_x 为例,它们的 FDTD 方程式(3.2.20)和式(3.2.23)简化为

$$\frac{H_x^{n+\frac{1}{2}}\left(i,j+\frac{1}{2},k+\frac{1}{2}\right)-H_x^{n-\frac{1}{2}}\left(i,j+\frac{1}{2},k+\frac{1}{2}\right)}{\Delta t}$$

$$=\frac{1}{\mu}\left[\frac{E_y^n\left(i,j+\frac{1}{2},k+1\right)-E_y^n\left(i,j+\frac{1}{2},k\right)}{\Delta z}-\frac{E_z^n\left(i,j+1,k+\frac{1}{2}\right)-E_z^n\left(i,j,k+\frac{1}{2}\right)}{\Delta y}\right]$$

$$(3.2.50)$$

$$\frac{E_x^{n+1}\left(i+\frac{1}{2},j,k\right)-E_x^n\left(i+\frac{1}{2},j,k\right)}{\Delta t}$$

$$=\frac{1}{\varepsilon}\left[\frac{H_z^{n+\frac{1}{2}}\left(i+\frac{1}{2},j+\frac{1}{2},k\right)-H_z^{n+\frac{1}{2}}\left(i+\frac{1}{2},j-\frac{1}{2},k\right)}{\Delta y}-\right.$$

$$\left.\frac{H_y^{n+\frac{1}{2}}\left(i+\frac{1}{2},j,k+\frac{1}{2}\right)-H_y^{n+\frac{1}{2}}\left(i+\frac{1}{2},j,k-\frac{1}{2}\right)}{\Delta z}\right]$$

$$(3.2.51)$$

引入关于时间的本征值问题,其中 F 表示电场或磁场:

$$\frac{\partial}{\partial t}F=\lambda F \tag{3.2.52}$$

则简化后的方程可以表示为

$$\frac{F^{n+\frac{1}{2}}-F^{n-\frac{1}{2}}}{\Delta t}=\lambda F^n \tag{3.2.53}$$

定义增长因子 q:

$$q=\frac{F^{n+\frac{1}{2}}}{F^n} \tag{3.2.54}$$

式(3.2.53)可转化为一元二次方程:

$$q^2-\lambda\Delta t q-1=0 \tag{3.2.55}$$

解得

$$q=\frac{\lambda\Delta t}{2}\pm\sqrt{\left(\frac{\lambda\Delta t}{2}\right)^2+1} \tag{3.2.56}$$

对网格空间的所有模式,由数值计算的稳定性,要求 $|q|\leqslant 1$,故

$$-i\leqslant\frac{\Delta t}{2}\lambda\leqslant i \tag{2.2.57}$$

则必有

$$\mathrm{Re}(\lambda)=0,\quad |\mathrm{Im}(\lambda)|\leqslant\frac{2}{\Delta t} \tag{3.2.58}$$

式(3.2.58)表明,本征值是一个纯虚数,且虚部满足上述条件才能保证数值结果是稳定的。

假定平面波在数值空间中传播,引入平面波的本征模为

$$F(i,j,k)=F_0\exp\{-j[k_x(i\Delta x)+k_y(j\Delta y)+k_z(k\Delta z)]\} \tag{3.2.59}$$

其中,k_x、k_y 和 k_z 分别为波矢量沿 x、y、z 方向的分量。将式(3.2.59)代入式(3.2.14)~式(3.2.16)并省略高阶无穷小项,得到

$$\begin{cases} \dfrac{\partial}{\partial x}F(i,j,k)=\dfrac{-\mathrm{j}2\sin\left(\dfrac{k_x\Delta x}{2}\right)}{\Delta x}F(i,j,k) \\[4mm] \dfrac{\partial}{\partial y}F(i,j,k)=\dfrac{-\mathrm{j}2\sin\left(\dfrac{k_y\Delta y}{2}\right)}{\Delta y}F(i,j,k) \\[4mm] \dfrac{\partial}{\partial z}F(i,j,k)=\dfrac{-\mathrm{j}2\sin\left(\dfrac{k_z\Delta z}{2}\right)}{\Delta z}F(i,j,k) \end{cases} \tag{3.2.60}$$

将方程组(3.2.60)代入式(3.2.50)和式(3.2.51),得

$$\mathrm{j}\frac{2}{\mu}\left[\frac{E_z}{\Delta y}\sin\left(\frac{k_y\Delta y}{2}\right)-\frac{E_y}{\Delta z}\sin\left(\frac{k_z\Delta z}{2}\right)\right]=\lambda H_x \tag{3.2.61}$$

$$\mathrm{j}\frac{2}{\varepsilon}\left[\frac{H_y}{\Delta z}\sin\left(\frac{k_z\Delta z}{2}\right)-\frac{H_z}{\Delta y}\sin\left(\frac{k_y\Delta y}{2}\right)\right]=\lambda E_x \tag{3.2.62}$$

其中,式(3.2.61)中电场 E_y、E_z 和磁场 H_x 的空间坐标均为 $(i,j+1/2,k+1/2)$;式(3.2.62)中电场 E_x 和磁场 H_y、H_z 的坐标均为 $(i+1/2,j,k)$。

同理,另外四个分量的表示式为

$$\mathrm{j}\frac{2}{\mu}\left[\frac{E_x}{\Delta z}\sin\left(\frac{k_z\Delta z}{2}\right)-\frac{E_z}{\Delta x}\sin\left(\frac{k_x\Delta x}{2}\right)\right]=\lambda H_y \tag{3.2.63}$$

$$\mathrm{j}\frac{2}{\mu}\left[\frac{E_y}{\Delta x}\sin\left(\frac{k_x\Delta x}{2}\right)-\frac{E_x}{\Delta y}\sin\left(\frac{k_y\Delta y}{2}\right)\right]=\lambda H_z \tag{3.2.64}$$

$$\mathrm{j}\frac{2}{\varepsilon}\left[\frac{H_z}{\Delta x}\sin\left(\frac{k_x\Delta x}{2}\right)-\frac{H_x}{\Delta z}\sin\left(\frac{k_z\Delta z}{2}\right)\right]=\lambda E_y \tag{3.2.65}$$

$$\mathrm{j}\frac{2}{\varepsilon}\left[\frac{H_x}{\Delta y}\sin\left(\frac{k_y\Delta y}{2}\right)-\frac{H_y}{\Delta x}\sin\left(\frac{k_x\Delta x}{2}\right)\right]=\lambda E_z \tag{3.2.66}$$

将式(3.2.61)～式(3.2.66)表示为齐次线性方程组:

$$\boldsymbol{A}\begin{bmatrix} E_x \\ E_y \\ E_z \\ H_x \\ H_y \\ H_z \end{bmatrix}=0 \tag{3.2.67}$$

由该齐次方程组有非零解的条件:$|\boldsymbol{A}|=0$ 解得

$$\lambda^2=-\frac{4}{\mu\varepsilon}\left[\frac{\sin^2\left(\dfrac{k_x\Delta x}{2}\right)}{(\Delta x)^2}+\frac{\sin^2\left(\dfrac{k_y\Delta y}{2}\right)}{(\Delta y)^2}+\frac{\sin^2\left(\dfrac{k_z\Delta z}{2}\right)}{(\Delta z)^2}\right] \tag{3.2.68}$$

从式(3.2.68)可以看出 λ 为虚数。由于三角函数有最值,所以对于全部可能的 k_x、k_y 和 k_z 有

$$\mathrm{Re}(\lambda)=0,\ |\mathrm{Im}(\lambda)|\leqslant 2v\sqrt{\frac{1}{(\Delta x)^2}+\frac{1}{(\Delta y)^2}+\frac{1}{(\Delta z)^2}} \tag{3.2.69}$$

其中,$v=\dfrac{1}{\sqrt{\mu\varepsilon}}$ 为介质中的光速。为保证数值稳定性条件式(3.2.58),须满足

$$2v\sqrt{\frac{1}{(\Delta x)^2}+\frac{1}{(\Delta y)^2}+\frac{1}{(\Delta z)^2}}\leqslant\frac{2}{\Delta t} \tag{3.2.70}$$

解得

$$\Delta t \leqslant \frac{1}{v\sqrt{\dfrac{1}{(\Delta x)^2}+\dfrac{1}{(\Delta y)^2}+\dfrac{1}{(\Delta z)^2}}} \tag{3.2.71}$$

这便是 FDTD 的数值稳定性条件。通常 v 取工作模式的相速度最大值,也就是以最坏的条件选择时间步长。三维 FDTD 考虑以下情形:

(1) 当 $\Delta x=\Delta y=\Delta z=\delta$ 时,$v\Delta t\leqslant\dfrac{\delta}{\sqrt{3}}$,实际使用中常取 $\Delta t=\dfrac{\delta}{2v}$;

(2) 当 Δx、Δy 和 Δz 不等时,应取三者中的最小值;

(3) 当沿三个坐标轴的网格单元是可变时,即 Δx、Δy 和 Δz 是 i、j、k 的函数,则应取每个轴上的最小值,再取三者中最小值。

综上,一般情况下,选取

$$\Delta t=\frac{\min(\Delta x_{\min},\Delta y_{\min},\Delta z_{\min})}{2v} \tag{3.2.72}$$

2. 数值色散的误差分析

仍然在上述的无损介质中讨论,引入带时间步长项的单色平面波:

$$F(i,j,k)=F_0\exp\{-\mathrm{j}[k_x(i\Delta x)+k_y(j\Delta y)+k_z(k\Delta z)-\omega(n\Delta t)]\} \tag{3.2.73}$$

其中,k_x、k_y 和 k_z 分别为波矢量沿 x、y、z 方向的分量,ω 为角频率。将式(3.2.73)代入式(3.2.17)并省略高阶无穷小项,得到

$$\frac{\partial}{\partial t}F(i,j,k)=\frac{\mathrm{j}2\sin\left(\dfrac{\omega\Delta t}{2}\right)}{\Delta t}F(i,j,k) \tag{3.2.74}$$

将方程组(3.2.60)和式(3.2.74)代入式(3.2.50)和式(3.2.51)中,得到

$$H_x\sin\left(\frac{\omega\Delta t}{2}\right)=\frac{\Delta t}{\mu}\left[\frac{E_z}{\Delta y}\sin\left(\frac{k_y\Delta y}{2}\right)-\frac{E_y}{\Delta z}\sin\left(\frac{k_z\Delta z}{2}\right)\right] \tag{3.2.75}$$

$$E_x\sin\left(\frac{\omega\Delta t}{2}\right)=\frac{\Delta t}{\varepsilon}\left[\frac{H_y}{\Delta z}\sin\left(\frac{k_z\Delta z}{2}\right)-\frac{H_z}{\Delta y}\sin\left(\frac{k_y\Delta y}{2}\right)\right] \tag{3.2.76}$$

同理,其余四个方程亦可得到类似方程。它们可表示成齐次线性方程组:

$$\boldsymbol{B}\begin{vmatrix}E_x\\E_y\\E_z\\H_x\\H_y\\H_z\end{vmatrix}=0 \tag{3.2.77}$$

由方程组有非零解的条件:$|\boldsymbol{B}|=0$ 解得

$$\frac{\sin^2\left(\dfrac{\omega\Delta t}{2}\right)}{(v\Delta t)^2}=\frac{\sin^2\left(\dfrac{k_x\Delta x}{2}\right)}{(\Delta x)^2}+\frac{\sin^2\left(\dfrac{k_y\Delta y}{2}\right)}{(\Delta y)^2}+\frac{\sin^2\left(\dfrac{k_z\Delta z}{2}\right)}{(\Delta z)^2} \tag{3.2.78}$$

当式(3.2.78)中 Δx、Δy、Δz 和 Δt 趋于零时,可以得到

$$\left(\frac{\omega}{v}\right)^2=k_x^2+k_y^2+k_z^2=k^2 \tag{3.2.79}$$

(1) 由式(3.2.79)可以看出,当时间步长和空间步长足够小时,也即没有进行数值离散

时,传播常数 k 与角频率 ω 之间是线性关系,即相速 v 与频率无关,所以没有色散。

（2）由式(3.2.78)可以看出,因为选取了一定的时间和空间步长,传播常数 k 与角频率 ω 之间不再是线性关系,这种非线性关系必然导致相速度 v 与频率有关,因而出现数值色散。

由此可知,时间和空间的离散必然导致数值色散。为了定量地说明空间步长对数值色散的影响,取二维 TM 波传播模型($\Delta z \rightarrow 0$)为例进行计算,并假定 $\Delta x = \Delta y = \delta$,波的传播方向与 x 轴夹角为 φ,于是有 $k_x = k\cos\varphi$,$k_y = k\sin\varphi$,k 为波矢的模值。因此式(3.2.78)可以被简化为

$$\left(\frac{\delta}{v\Delta t}\right)^2 \sin^2\left(\frac{\omega\Delta t}{2}\right) = \sin^2\left(\frac{k\delta\cos\varphi}{2}\right) + \sin^2\left(\frac{k\delta\sin\varphi}{2}\right) \tag{3.2.80}$$

下面开始定量计算,为保证数值稳定性,取 $v\Delta t = \delta/2$,给定 $\varphi = 45°$,得到

$$2\sin^2\left(\frac{\pi\delta}{2\lambda}\right) = \sin^2\left(\frac{k\delta}{2\sqrt{2}}\right) \tag{3.2.81}$$

进一步,若取 $\delta = \lambda/10$,方程变为关于 $k\lambda$ 的超越方程,迭代法解出 $k\lambda$ 并代入式(3.2.82),求得 FDTD 数值相速与理想介质中相速的比值：

$$\frac{v_p}{v} = \frac{v_p}{\lambda f} = \frac{2\pi v_p}{\lambda\omega} = \frac{2\pi}{\lambda k} = 0.9958 \tag{3.2.82}$$

由上述分析,可以画出 v_p/v 与源的传播角度 φ、网格分辨率 δ 的关系,如图 3.2.5 和图 3.2.6 所示。由图 3.2.5 可以看出,数值相速度在源传播角为 45° 时最大且最接近理想情况,在传播角为 0° 和 90° 时最小；随着网格尺寸变小,相速度趋于理想情况。由图 3.2.6 可以看出,任意波源角度下,数值相速均随网格尺寸增加而下降,且存在门限值 δ_0,当 $\delta > \delta_0$ 时,波的传播被终止,这种现象称为 FDTD 的数值低通滤波特性。

对于较窄的脉冲波形,其频谱成分较宽,而高频分量较低频分量传播速度慢,导致脉冲时延展宽,甚至过高频率分量会因超过门限值而停止传播,这便是波形失真的原因。为了尽量避免这一现象,在实际应用中,通常主要频率分量的波长至少为网格尺寸的 10 倍以上,即 $\delta \leqslant \lambda/10$。若网格尺寸是非均匀的,这会使得数值相速度在不同网格分界面处存在差异,从而引入了数值波模非物理性的伪反射和伪折射现象,且界面处相速突变大小直接决定伪折射和伪反射的大小。这些不稳定因素在实际仿真中都需要注意。

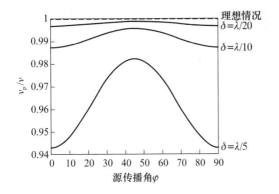

图 3.2.5　数值相速与传播角度关系图

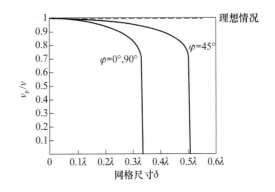

图 3.2.6　数值相速与网格尺寸关系图

3.3　激励源设置

实际的电磁场问题总是包含激励源。在求解各个场分量的值时,一般假定各场分量的初

始条件为 0，当 $t > 0$ 时，在某一网格点处，施加激励源，这种源将随时间步长的增加沿着网格空间传播，并作用在被研究的物体上，进而产生散射、吸收等物理现象。在激励源的引入过程中，应尽量减少计算机内存的占用，减少仿真的计算时间，提高整个程序的运行效率，这通常要求激励源的实现尽可能地紧凑，即在 FDTD 网格中只用很少的几个电（磁）场分量就可以实现对源的恰当模拟。因此，用 FDTD 方法分析电磁问题时需要选择合适的入射波形式以及用适当的方法将入射波加入迭代公式中。

3.3.1 常用的激励源

激励源可以按不同的形式和性质来分类。从空间分布来看，可以分为面源、线源、点源等。从源随时间的变化来看，也可以分为时谐源和脉冲源。按照用途可以分为用于计算电磁散射问题的平面波源、用于微波网络参数计算的导波源、用于天线仿真的电压源或电流源。其中，源的时变特性和频谱特性是相关的，两者由傅里叶变换相联系。时谐波源的频谱是一个单一频率，而时变脉冲源的频谱则占据一定的宽度。但源的时域频域特性与其空间分布状态是不相关的，任何一种空间分布均可采用不同时变特性的源，例如，某一点源的时间变化可以是时谐型的，也可以是脉冲型的。由于 FDTD 以时域的方式计算，因而在设置源时首先需要考虑选取何种时间信号形式的问题，下面介绍一些常见的信号源。

1. 正弦信号

正弦信号是通信系统中常用的信号源。在 FDTD 计算中选择正弦变化的激励源，可以实现点频计算。对于沿着 z 方向传播的 TE 波，电场只有 E_x、E_y 分量，磁场只有 H_z 分量，为了模拟频率为 f_0，在 $t=0$ 时开通的正弦波，可以使 FDTD 网格中某一点的磁场 H_z 直接按下列形式变化：

$$H_z(t) = \begin{cases} \sin(2\pi f_0 t) e^{-(t-t_0)^2/T^2} & (t \leqslant t_0) \\ \sin(2\pi f_0 t) & (t > t_0) \end{cases} \tag{3.3.1}$$

其中，$t \leqslant t_0$ 的缓冲操作是为了让正弦信号在 $t=0$ 时刻平稳变化。其时间变化曲线如图 3.3.1 所示。

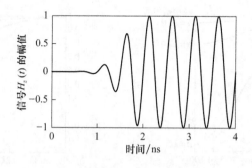

图 3.3.1　正弦信号的时间变化曲线

为了实现宽频带的计算，往往需要设置频率分量丰富的宽带信号源，其中高斯脉冲信号是常用的宽带信号之一。脉冲波源的频谱通常具有一定的带宽，了解脉冲波源的时域和频域特性，有助于我们为不同的仿真对象选择合适的激励源。下面介绍常用的脉冲源。

2. 高斯脉冲

高斯脉冲是最为常见的选择，其时域形式为

$$H_z(t) = H_0 \mathrm{e}^{-\left(\frac{t-t_0}{T}\right)^2} = H_0 \mathrm{e}^{-\frac{(n-n_0)^2(\Delta t)^2}{T^2}} \tag{3.3.2}$$

其中，$t = n\Delta t$，$t_0 = n_0 \Delta t$ 表示高斯函数的时域离散形式，H_0 表示磁场幅度，t_0 表示时间延迟，T 为常数，决定了高斯脉冲时域波形宽度。式(3.3.2)的傅里叶变换为

$$H_z(f) = H_0 \sqrt{\pi} T \mathrm{e}^{-\mathrm{j}2\pi f t_0} \mathrm{e}^{-\pi^2 T^2 f^2} \tag{3.3.3}$$

若 t_0 取值为 25 ns，T 取值为 4 ns，高斯脉冲时域波形如图 3.3.2(a)所示，其峰值在 $t = 25$ ns 处；其频域波形如图 3.3.2(b)所示，$|H(f)|$ 表示幅度的模值。

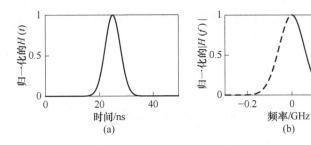

图 3.3.2　高斯脉冲的时域和频域波形

3. 升余弦脉冲

升余弦脉冲的时域形式为

$$H_z(t) = \begin{cases} 0.5[1-\cos(2\pi t/T)] & (0 \leqslant t \leqslant T) \\ 0 & (\text{其他}) \end{cases} \tag{3.3.4}$$

T 决定了脉冲底座的宽度。式(3.3.4)的傅里叶变换为

$$H_z(f) = \frac{T\mathrm{e}^{-\mathrm{j}\pi T f}}{1 - T^2 f^2} \frac{\sin(\pi T f)}{\pi T f} \tag{3.3.5}$$

若 t_0 取值为 25 ns，T 取值为 4 ns，升余弦脉冲时域波形和频谱如图 3.3.3 所示。这一函数与 sinc 函数有类似的形状，但是尾部下降更快，频谱的第一个零点在 $f = 2/T$ 位置。

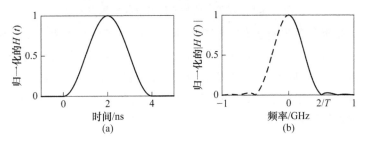

图 3.3.3　升余弦脉冲的时域和频域波形

4. 微分高斯脉冲

微分高斯脉冲函数是高斯脉冲函数的导数，其时域和频域形式为

$$H_z(t) = \frac{t-t_0}{T} \mathrm{e}^{-\left(\frac{t-t_0}{T}\right)^2} \tag{3.3.6}$$

$$H_z(f) = \mathrm{j} T^2 f \pi^{\frac{3}{2}} \mathrm{e}^{-\mathrm{j}2\pi f t_0} \mathrm{e}^{-\pi^2 T^2 f^2} \tag{3.3.7}$$

若 t_0 取值为 25 ns，T 取值为 4 ns，波形和频谱如图 3.3.4 所示，可以看到微分高斯脉冲的频谱没有零频分量。

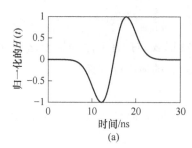 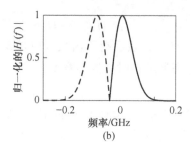

(a)   (b)

图 3.3.4　微分高斯脉冲的时域和频域波形

5. 调制高斯脉冲

调制高斯脉冲的时域形式为

$$H_z(t) = \cos(2\pi f_0 t)\, e^{-\left(\frac{t-t_0}{T}\right)^2} \tag{3.3.8}$$

其中,右边第一项为基波表达式,第二项为高斯函数。调制高斯脉冲的频谱为

$$H_z(f) = \frac{\sqrt{\pi}\,T}{2}\left[e^{-j2\pi(f+f_0)t_0}\, e^{-\pi^2 T^2 (f+f_0)^2} + e^{-j2\pi(f-f_0)t_0}\, e^{-\pi^2 T^2 (f-f_0)^2} \right] \tag{3.3.9}$$

式(3.3.9)表明调制高斯脉冲的频谱是高斯脉冲的频谱从零频位置向左右各平移 f_0。若取 $t_0 = 15\,\text{ns}$, $f_0 = 0.4\,\text{GHz}$,其时域波形和频谱如图 3.3.5 所示。

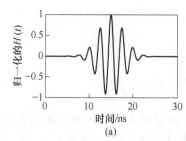 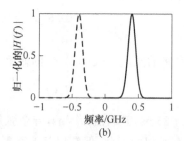

(a)   (b)

图 3.3.5　调制高斯脉冲的时域和频域波形

下面对上述脉冲激励源进行比较:高斯脉冲的时域和频域形式相同,脉冲起始值近似为零,平滑性好;升余弦脉冲的时域波形为有限宽度,起始值及起始时刻的一阶导数为零;微分高斯脉冲具有双极性,零频分量为零,即没有直流分量;调制高斯脉冲没有直流分量且调制频率可以按需设置。仿真时应用最多的是高斯脉冲和调制高斯脉冲,主要是因为前者平滑性好,后者可以对调制频率进行设置。

3.3.2　激励源的引入

在电磁问题的数值计算中,除了需要在足够的网格空间中模拟被研究的媒质外,激励源的引入也十分重要。实际信号源提供的信号往往不能直接用于计算,需要根据激励源的加载方式,建立一个能被所使用的数值方法处理的模型。这个模型与实际信号源等效,有时为了计算的需要,建立信号源模型时也做一些近似处理。在一些问题中,激励源可以直接加载到电场强度或者磁场强度分量上,这种方式称为强迫激励源法;如果空间中有电流源或磁流源分布,可以把电流源或磁流源引入麦克斯韦旋度方程中进行迭代运算,这种方式称为电流源/磁流源法。另外,在电磁散射问题中,通常是在总场散射场体系中引入激励源。

1. 强迫激励源法

强迫激励源是直接对网格中的源点强行赋予所需的时间变化形式。即在 FDTD 迭代计算中,对某一源点,在每一时间步长上,用激励源的电磁场值替代 Yee 网格所计算的电磁场值。激励源有"硬源"和"软源"两种设置方式,以 H_z 分量为例,在 $x = i_s \Delta x$ 处设置激励源,则"硬源"的设置方式为

$$H_z^n |_{(i_s,j,k)} = \text{source} \tag{3.3.10}$$

"软源"的设置方式为

$$H_z^n |_{(i_s,j,k)} = H_z^n |_{(i_s,j,k)} + \text{source} \tag{3.3.11}$$

虽然这种方法可以简便地建立强迫激励源,但是也存在一些问题,例如,"硬源"会造成虚假反射。激励源从点 (i_s,j,k) 向外辐射具有与源函数性质相同的数值波。数值波传播到仿真结构处时,一部分传输过去,一部分发生反射。当反射波到达 i_s 位置时,i_s 处的总场(入射场－反射场,减号表示方向相反)已经被人为设定成入射场,致使该点处在计算时用的值比该点的真实场值大(大的部分即为反射场的大小)。这相当于在波源处加了一个理想导电反射屏,它将来自仿真结构的反射波再反射回结构体,造成虚假反射。

克服虚假反射的一种方法是,在脉冲衰减为零且来自仿真结构的反射波到达网格点 i_s 之前,将激励源去掉,然后把该点的场值用标准 FDTD 公式更新。强迫激励源法不适合式(3.3.1)所示的正弦波源,因为该正弦波源是一直存在的,不能被去掉;也不适合脉冲宽度较宽的高斯脉冲,因为在反射波到达源点之前,要使高斯波源几乎衰减为零,必须增大激励源点到仿真结构之间的距离,这将增大仿真内存和计算时间,尤其在三维问题的仿真中较难实现。

2. 电流源/磁流源法

克服强迫激励源引起虚假反射的另一种方法是把激励源看作有源麦克斯韦方程组中的一项,将源叠加在 FDTD 迭代公式中。例如,要在 i_s 点施加一个磁场激励源,则相当于在麦克斯韦旋度方程中引入电流源 J,可以用下列形式表示:

$$\frac{\partial H}{\partial t} = -\frac{1}{\mu} \nabla \times E - \frac{1}{\mu} J_{源} \tag{3.3.12}$$

其中 H_z 方向的差分格式为

$$H_z^{n+1}(i_s) = H_z^n(i_s) - \frac{\Delta t}{\mu}(\nabla \times E)_z \Big|_{i_s}^{n+1/2} - \frac{\Delta t}{\mu} J_{z,源}^{n+1/2}(i_s) \tag{3.3.13}$$

若在反射波到达源点 i_s 处时,$J_{z,源} = 0$,则 FDTD 更新公式退化为标准的无源 FDTD 公式;若在反射波到达源点 i_s 处时,$J_{z,源} \neq 0$,则 FDTD 更新公式按总场计算,$H_z^{n+1}(i_s)$ 会把激励源和反射波都考虑在内。因此,这种激励源加入方式不会引入虚假反射,这种分析方式对于磁流源同样适用。

3. 总场散射场体系

用 FDTD 方法计算电磁散射问题时通常将计算区域分为总场和散射场。用角标 i 表示入射场,角标 s 表示散射场,角标 t 表示总场,则有

$$\begin{cases} E_t = E_i + E_s \\ H_t = H_i + H_s \end{cases} \tag{3.3.14}$$

总场散射场的区域划分如图 3.3.6 所示。

由于麦克斯韦方程组是线性的,因而总场、散射场和入射波均满足麦克斯韦方程,其差分

格式也可以用来计算总场、散射场和入射波。激励源和散射体位于总场区域,在这一区域,同

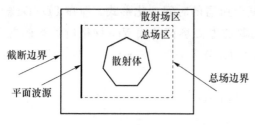

时存在入射波和反射波。总场外侧为散射场区,该区域只有散射波存在,没有入射波存在。正因为入射波只存在于总场区,所以入射波是在总场和散射场的连接边界加入,连接边界就像是入射波的源,由于入射波可独立计算,因此入射波的形状、入射方向和极化方向都可以单独设置。散射场区

图 3.3.6　总场散射场区域划分

的外边界就是网格空间的截断边界,故吸收边界条件只作用于散射场。下面以 TEM 波为例来介绍总场散射场中的 FDTD 差分格式。

在一维情况下,设 TEM 波在无耗媒质中沿 z 方向传播,介质参数和场量与 x、y 均无关,则麦克斯韦方程(3.2.1)和方程(3.2.2)可以简化为

$$-\frac{\partial H_y}{\partial z} = \varepsilon \frac{\partial E_x}{\partial t} \tag{3.3.15}$$

$$\frac{\partial E_x}{\partial z} = -\mu \frac{\partial H_y}{\partial t} \tag{3.3.16}$$

若 $\boldsymbol{E}$、$\boldsymbol{H}$ 分量空间节点取样如图 3.3.7 所示,k 点在区域 1 中,用总场差分格式,$k-1/2$ 点在区域 2 中,用散射场差分格式,则 TEM 波电场和磁场的差分格式可以表示为

$$E_{x,t}^{n+1}(k) = E_{x,t}^{n}(k) - \frac{\Delta t}{\varepsilon \Delta z}\left[H_{y,t}^{n+1/2}\left(k+\frac{1}{2}\right) - H_{y,t}^{n+1/2}\left(k-\frac{1}{2}\right)\right] \tag{3.3.17}$$

$$H_{y,s}^{n+1/2}\left(k-\frac{1}{2}\right) = H_{y,s}^{n-1/2}\left(k-\frac{1}{2}\right) - \frac{\Delta t}{\mu \Delta z}\left[E_{x,s}^{n}(k) - E_{x,s}^{n}(k-1)\right] \tag{3.3.18}$$

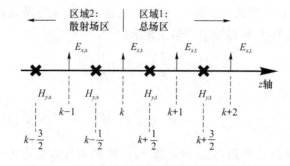

图 3.3.7　一维 TEM 波总场/散射场边界

由于区域 1 和区域 2 所使用的场是不同的,在散射场区没有总场,在总场区没有散射场,但是入射场是已知的,所以可以对式(3.3.17)和式(3.3.18)进行修正,根据总场散射场的关系,修正如下:

$$E_{x,t}^{n+1}(k) = E_{x,t}^{n}(k) - \frac{\Delta t}{\varepsilon \Delta z}\left[H_{y,t}^{n+1/2}\left(k+\frac{1}{2}\right) - H_{y,s}^{n+1/2}\left(k-\frac{1}{2}\right) - H_{y,i}^{n+1/2}\left(k-\frac{1}{2}\right)\right]$$

$$\tag{3.3.19}$$

$$H_{y,s}^{n+1/2}\left(k-\frac{1}{2}\right) = H_{y,s}^{n-1/2}\left(k-\frac{1}{2}\right) - \frac{\Delta t}{\mu \Delta z}\left[E_{x,t}^{n}(k) - E_{x,i}^{n}(k) - E_{x,s}^{n}(k-1)\right] \tag{3.3.20}$$

把计算网格划分为总场和散射场,为时域有限差分方法解决散射问题带来了方便。单独

划分散射场后,不仅使散射体的设置变得简单,也可以通过近区散射场计算出远区散射场的特性。此外,总场、散射场的概念和 FDTD 差分格式的修正情况可以依次推广到二维和三维空间。

3.4 边 界 条 件

实际的电磁问题都是在一定的物理空间内发生的,该空间可能是由多种不同媒质组成的,边界条件就是不同媒质的分界面两侧的电磁场物理量满足的关系。一般来说,分析电磁场应用问题就是求解满足一定边界条件的麦克斯韦方程组的问题。对于时域有限差分方法而言,电磁场边界条件可以分为三类:一类是实际问题构成的自然边界,如波导、谐振腔里的金属壁等;一类是为了获得有限的计算区域而设置的人工边界,如在计算电磁散射问题时将无限大空间通过吸收边界限制在有限区域内计算;还有一类是由于仿真对象结构的特殊性而产生的,利用边界条件替代所选部分受到周边媒质的影响,用所选部分的性质来推广得到全局的性质,如周期结构、对称结构。本章将介绍常用的边界条件,其中单轴各向异性介质完全匹配层(Uniaxial Perfectly Matched Layer,UPML)的物理概念清晰,吸收效果好,目前被广泛使用,所以 3.4.2 节重点介绍其原理及 FDTD 差分形式。

3.4.1 常用的边界条件

不同的边界在实际应用中对应不同的场景,根据上述分析,可以把边界分为反射边界、吸收边界、周期边界、对称边界。下面介绍这些边界对应的边界条件。

1. 反射边界条件

反射边界主要包括理想电导体(Perfect Electric Conductor,PEC)边界和理想磁导体(Perfect Magnetic Conductor,PMC)边界。PEC 边界能够完全反射入射到它上面的电磁波,也被称为电壁。PEC 边界上的电场切向分量为零,在对波导、谐振腔、微带电路和微带天线的金属结构等问题作近似处理时都会遇见这类边界。PMC 边界也被称为磁壁,PMC 边界上的磁场切向分量为零。

PEC 边界条件可以用在对称面上来处理镜像对称问题,以节省计算机内存和缩短计算时间。除此之外,它还可以用来截断平面波正入射时的对称周期结构。PMC 边界条件一般用于截断对称结构以减小计算区域,也可以用于二维对称周期结构问题中截断边界。PMC 与PEC 边界条件常常被结合在一起来模拟平面波正入射时的二维对称周期结构,例如,应用在超材料以及频率选择表面这类周期结构中。

2. 吸收边界条件

为了使电磁波在边界处也能像在无限大空间中一样无反射地向外传播,必须在边界处加入一定的边界条件,这些边界条件称为吸收边界条件。对于吸收边界条件,应满足:①能够模拟向外传播的波;②引入的反应足够小,对计算结果的影响可忽略;③保证算法稳定。吸收边界条件的实现方法可以分为两类:一类是利用微分算子在截断边界处得到无反射的单向波方程,由此建立边界处的迭代计算公式,如 Engquist-Majda 吸收边界条件[13]、Mur 吸收边界条件;另一类是在截断边界处加上若干层有耗的匹配材料,电磁波进入这些匹配层会快速衰减,从而实现有限区域内的无反射传播,这类边界条件被称为完全匹配层(Perfectly Matched

Layer，PML）边界条件。

（1）Engquist-Majda 吸收边界条件

1977 年，Engquist 和 Majda 采用算子分解的方法推导出了一种适合于直角坐标系下 FDTD 运算的单向波方程。单向波方程是指仅允许电磁波沿一个方向传播的偏微分方程。波动方程可以通过定义微分算子的形式分成两个单向波方程，即入射波方程和反射波方程。在截断边界处，令反射波对应的单向波方程为零，即可得到 Engquist-Majda 吸收边界条件，这一形式又称为解析形式的吸收边界条件。图 3.4.1 表示沿 $-x$ 方向传播的单向波，与 x 轴夹角为 θ，并在 $x=a$ 吸收边界处被截断，入射波算子和反射波算子分别用 f^{+} 和 f^{-} 表示。

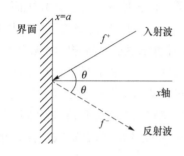

图 3.4.1　入射波和反射波示意图

理论上 Engquist-Majda 吸收边界条件可以完全地吸收以任意角度从 $x>a$ 区域入射到 $x=a$ 界面上的波。但是，由于该吸收边界条件中会引入微分算子，该微分算子中存在方根形式，无法直接对其进行差分，所以需要采取近似的方式来产生一系列正常的偏微分方程并进行数值实现，常用的是一阶或二阶泰勒近似。这些近似会使方程变得不精确，因此，当数值波通过截断边界时将产生一定的反射，不过这种反射在一定入射角范围内可以减少到足够少。

（2）Mur 吸收边界条件

1981 年，荷兰科学家 Mur 提出了 Mur 吸收边界条件，使得时域有限差分方法能够用来解决实际问题。Mur 吸收边界条件是对 Engquist-Majda 吸收边界条件的一种近似差分，即用时间和空间的中心差分来代替偏微分方程。例如，电场分量 H_z 在时间 $(n+1/2)\,\Delta t$ 处和空间位置 $(i+1/2,j)$ 处的一阶偏导可以近似为

$$\frac{\partial H_z\left(i+\frac{1}{2},j,n+\frac{1}{2}\right)}{\partial t}\approx\frac{H_z\left(i+\frac{1}{2},j,n+1\right)-H_z\left(i+\frac{1}{2},j,n\right)}{\Delta t} \tag{3.4.1}$$

$$\frac{\partial H_z\left(i+\frac{1}{2},j,n+\frac{1}{2}\right)}{\partial x}\approx\frac{H_z\left(i+1,j,n+\frac{1}{2}\right)-H_z\left(i,j,n+\frac{1}{2}\right)}{\Delta x} \tag{3.4.2}$$

Mur 进一步对式（3.4.1）和式（3.4.2）中的 H_z，在 $(n+1/2)$ 和 $(i+1/2)$ 半整数点处作时间和空间上的插值近似：

$$H_z\left(i,j,n+\frac{1}{2}\right)=\frac{H_z(i,j,n+1)+H_z(i,j,n)}{2} \tag{3.4.3}$$

$$H_z\left(i+\frac{1}{2},j,n\right)=\frac{H_z(i+1,j,n)+H_z(i,j,n)}{2} \tag{3.4.4}$$

将中心差分和线性插值公式分别代入一阶、二阶 Engquist-Majda 吸收边界条件中，即可对应得到一阶、二阶的 Mur 吸收边界条件。Mur 吸收边界条件因其内存占用少、实现简单而获得广泛使用，其总体虚假反射在 $1\%\sim5\%$。但是也存在着一定的局限性，例如，边界上任意点的插值都是在其邻域的三维空间上进行，不允许靠近边界的区域出现介质的不连续性。

（3）Mei-Fang 超吸收边界条件

1992 年，Fang 和 Mei[14] 提出了超吸收边界条件的概念。传统的吸收边界条件只是在边

界上对电场或磁场进行特殊处理,因为已知边界的电场或磁场后,可以确定内部区域的场。超吸收边界条件让磁场也参与计算并用它来减少计算电场时所产生的非物理因素引起的反射。其基本思路是将一种吸收边界条件(如 Mur 吸收边界条件)用于计算边界面上的电场和退后半个空间步长的磁场,由于边界面上的电场已知,因而还可以通过普通的 FDTD 差分网格形式计算退后半格处的磁场,将两次计算的磁场经过适当的运算可以消掉边界引入的误差,从而改善原始吸收的性能。数值实验表明,在 Mur 吸收边界条件的基础上,采用超吸收边界条件后,可以使由外边界反射引起的全局误差减小 60%左右。

(4) PML

1994 年,Berenger 采用场分裂的方式,提出了一种入射角度和极化方式都匹配的吸收边界的实现方法。在 FDTD 区域截断边界处设置一种特殊介质层,该介质层的波阻抗与相邻介质的波阻抗完全匹配,因而入射波将无反射地穿过分界面进入 PML。PML 为有耗介质,进入PML 的透射波将迅速衰减,即使 PML 为有限厚度,它对入射波仍然有很好的吸收效果。理想的 PML 边界不会产生反射,但是由于 PML 方程的离散化,总会有小的反射产生,PML 的反射系数是 Mur 吸收边界条件的 1/3 000。

由于场分裂的方法并不是严格地从麦克斯韦方程组推导得出的,它更像是借助吸收媒质的概念,从数学形式推导的边界条件,附加的吸收媒质是一种虚拟的媒质,在现实中不存在,也很难对这种方法做出清晰的物理解释,同时,将电场和磁场分裂增加了计算量和计算时间。1995 年,Sacks 和 Gedney 提出了一种基于单轴媒质的方法,采用单轴各向异性媒质作为匹配层,严格地从麦克斯韦方程组出发,实现了完全匹配层吸收边界条件。

3. 周期边界条件

在实际的仿真实验中,经常会有周期结构的仿真对象,为了节约仿真时间,通常是选取结构的一个周期进行仿真,这时需要采用周期边界条件(Periodic Boundary Condition,PBC)。周期边界条件可以替代所选部分受到周边媒质的影响,从而由仿真结构的一个周期推算出整整体的性质。这样可以大大减少计算内存和仿真时间。值得注意的是,只有当仿真结构和电磁场均是周期变化时,才可以采用周期边界条件,例如,平面波沿轴入射到周期结构时可以在结构的周期延拓方向选用周期边界条件。当平面光以一定角度照射周期性的仿真结构时,每个周期之间存在相位差,电磁场不再是周期的,则不能使用周期边界条件,必须采用布洛赫边界条件进行仿真。周期边界条件是布洛赫边界条件的特殊情况,布洛赫边界条件会对非沿轴入射时产生的非周期电磁场进行相位矫正。

图 3.4.2 表示一个在 x 方向具有周期结构的光栅在平面波照射情况下的边界条件设置情况,内虚线框表示实际的仿真区域,阴影部分表示边界条件。在平面波正入射的情况下,左右边界采用周期边界条件,上下边界采用吸收边界条件;在平面波斜入射的情况下,左右边界采用布洛赫边界条件,上下边界仍然用吸收边界条件。

4. 对称边界条件

对称边界条件包括对称和反对称两种情况。只要电磁场在整个模拟区域中具有对称平面,就可以使用对称边界条件。利用对称性,可以将整个仿真的时间减少至 1/2、1/4 甚至 1/8。一般在仿真对象和光源偏振均为对称结构时才会有对称的电磁场。当光源的偏振垂直于对称面时使用反对称边界条件,当光源的偏振平行于对称面时使用对称边界条件。

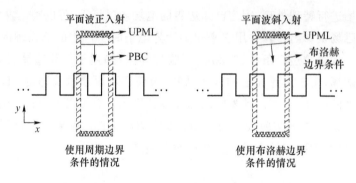

图 3.4.2　PBC 和布洛赫边界条件的使用

图 3.4.3 是光子晶体在含有偏振的高斯光源照射情况下的仿真示意图。小圆柱表示光子晶体材料,颜色深浅代表材料的种类不同,光子晶体结构在 xy 平面具有对称性。在图 3.4.3(a)中,偏振方向沿 x 方向,与对称平面垂直,所以在左右边界采用反对称边界条件,上下边界采用吸收边界条件;在图 3.4.3(b)中,偏振方向沿 z 方向,与对称平面平行,所以在左右边界采用对称边界条件,上下边界采用吸收边界条件。

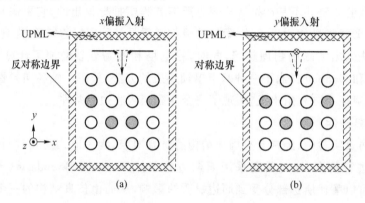

图 3.4.3　对称和反对称边界条件的使用

3.4.2　单轴各向异性介质完全匹配层

1. 基本原理

假设两种介质分界面为 $z=0$,其中 $z<0$ 区域为各向同性介质,电磁参数为 ε_1、μ_1,则 $z>0$ 区域单轴各向异性介质电磁参数可表示为 $\varepsilon_1\,\bar{\bar{\varepsilon}}$、$\mu_1\,\bar{\bar{\mu}}$,如图 3.4.4 所示,其中令

$$\bar{\bar{\varepsilon}}=\begin{pmatrix}a&&\\&a&\\&&b\end{pmatrix},\quad \bar{\bar{\mu}}=\begin{pmatrix}c&&\\&c&\\&&d\end{pmatrix} \tag{3.4.5}$$

可知该单轴介质晶轴平行于 z 轴,即垂直于 z 轴平面内的电磁参数相同。

下面以平面波在两介质中的传播为基础讨论两介质的电磁参数关系,入射面为 xOz 面,设 $\boldsymbol{k}_i$、$\boldsymbol{k}_r$、$\boldsymbol{k}_t$ 分别为入射波、反射波、透射波的波矢量,首先对 $z>0$ 区域应用麦克斯韦旋度方程(3.2.1)和方程(3.2.2),其中 $J=0$,$J_m=0$,对于平面波可作替换 $\nabla \rightarrow -\mathrm{j}\boldsymbol{k}_t$,得到

$$\nabla\times\boldsymbol{E}=-\mathrm{j}\boldsymbol{k}_t\times\boldsymbol{E}=-\frac{\partial\boldsymbol{B}}{\partial t}=-\mathrm{j}\omega\boldsymbol{B}=-\mathrm{j}\omega\mu_1\,\bar{\bar{\mu}}\boldsymbol{H} \tag{3.4.6}$$

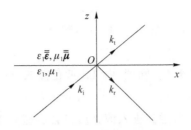

图 3.4.4 平面波入射至单轴各向异性媒质分界面

$$\nabla \times \boldsymbol{H} = -\mathrm{j}\boldsymbol{k}_t \times \boldsymbol{H} = \frac{\partial \boldsymbol{D}}{\partial t} = \mathrm{j}\omega \boldsymbol{D} = \mathrm{j}\omega \varepsilon_1 \overline{\overline{\boldsymbol{\varepsilon}}} \boldsymbol{E} \tag{3.4.7}$$

由式(3.4.6)和式(3.4.7)可以整理得到

$$\boldsymbol{k}_t \times \overline{\overline{\boldsymbol{\varepsilon}}}^{-1} \boldsymbol{k}_t \times \boldsymbol{H} + k^2 \overline{\overline{\boldsymbol{\mu}}} \boldsymbol{H} = 0 \tag{3.4.8}$$

$$\boldsymbol{k}_t \times \overline{\overline{\boldsymbol{\mu}}}^{-1} \boldsymbol{k}_t \times \boldsymbol{E} + k^2 \overline{\overline{\boldsymbol{\varepsilon}}} \boldsymbol{E} = 0 \tag{3.4.9}$$

其中，$k^2 = \omega^2 \varepsilon_1 \mu_1$。根据相位匹配原理，波矢量在分界面处切向连续，可以得到入射波矢与透射波矢存在关系：

$$\boldsymbol{k}_t = \boldsymbol{e}_x k_{ix} + \boldsymbol{e}_z k_{tz} \tag{3.4.10}$$

将式(3.4.10)代入式(3.4.8)，可将其表示为矩阵形式：

$$\begin{pmatrix} k^2 c - a^{-1} k_{tz}^2 & 0 & a^{-1} k_{ix} k_{tz} \\ 0 & k^2 c - a^{-1} k_{tz}^2 - b^{-1} k_{ix}^2 & 0 \\ a^{-1} k_{ix} k_{tz} & 0 & dk^2 - a^{-1} k_{ix}^2 \end{pmatrix} \begin{pmatrix} H_x \\ H_y \\ H_z \end{pmatrix} = 0 \tag{3.4.11}$$

由式(3.4.11)有非零解使得系数行列式为零，得到

$$k^2 c - a^{-1} k_{tz}^2 - b^{-1} k_{ix}^2 = 0 \quad (H_y \neq 0, E_y = 0; \mathrm{TM}) \tag{3.4.12}$$

同理，由式(3.4.9)可得到

$$k^2 a - c^{-1} k_{tz}^2 - d^{-1} k_{ix}^2 = 0 \quad (E_y \neq 0, H_y = 0; \mathrm{TE}) \tag{3.4.13}$$

式(3.4.12)与式(3.4.13)称为色散关系式。

以 TM 波为例，入射区域场为入射波与反射波的叠加：

$$\boldsymbol{H}_1 = \boldsymbol{e}_y H_0 [1 + \Gamma \exp(2\mathrm{j}k_{iz}z)] \exp[-\mathrm{j}(k_{ix}x + k_{iz}z)] \tag{3.4.14}$$

$$\boldsymbol{E}_1 = \left\{ \boldsymbol{e}_x \frac{k_{iz}}{\omega \varepsilon_1} [1 - \Gamma \exp(\mathrm{j}2k_{iz}z)] - \boldsymbol{e}_z \frac{k_{ix}}{\omega \varepsilon_1} (1 + \Gamma \exp(\mathrm{j}2k_{iz}z)) \right\} H_0 \exp(-\mathrm{j}(k_{ix}x + k_{iz}z)) \tag{3.4.15}$$

其中，Γ 为反射系数。透射区场可表示为

$$\boldsymbol{H}_2 = \boldsymbol{e}_y \tau H_0 \exp[-\mathrm{j}(k_{ix}x + k_{tz}z)] \tag{3.4.16}$$

$$\boldsymbol{E}_2 = -\frac{1}{\omega \varepsilon_1} \overline{\overline{\boldsymbol{\varepsilon}}}^{-1} (\boldsymbol{k}_t \times \boldsymbol{H}_2) = (\boldsymbol{e}_x k_{tz} a^{-1} - \boldsymbol{e}_z k_{ix} b^{-1}) \frac{\tau H_0}{\omega \varepsilon_1} \exp[-\mathrm{j}(k_{ix}x + k_{tz}z)] \tag{3.4.17}$$

其中，τ 为透射系数。由麦克斯韦方程边界条件式(3.2.30)有

$$H_{1y} = H_{2y}, \quad E_{1x} = E_{2x} \tag{3.4.18}$$

联立式(3.4.14)~式(3.4.18)可以求出

$$\Gamma = \frac{k_{iz} - k_{tz}a^{-1}}{k_{iz} + k_{tz}a^{-1}} \tag{3.4.19}$$

为了使入射波无反射地进入完全匹配层，令反射系数 $\Gamma = 0$，得到

$$k_{iz} = k_{tz} a^{-1} \tag{3.4.20}$$

将式(3.4.20)代入 TM 波的色散关系式(3.4.12),解得

$$b = a^{-1}, \quad c = a \tag{3.4.21}$$

其中利用了代换关系 $k^2 = k_{ix}{}^2 + k_{iz}{}^2$。同理,由 TE 波色散式可以解得

$$d = c^{-1}, \quad a = c \tag{3.4.22}$$

如果透射层一侧为有耗的,电磁波进入该介质将会迅速衰减,从而达到吸收的目的。为了使该单轴各向异性介质有耗,取 $a = 1 + \sigma_z / j\omega\varepsilon_0$,则

$$\overline{\overline{\varepsilon}} = \overline{\overline{\mu}} = \begin{bmatrix} 1 + \dfrac{\sigma_z}{j\omega\varepsilon_0} & & \\ & 1 + \dfrac{\sigma_z}{j\omega\varepsilon_0} & \\ & & \dfrac{1}{1 + \dfrac{\sigma_z}{j\omega\varepsilon_0}} \end{bmatrix} = \boldsymbol{S}_z \tag{3.4.23}$$

代入式(3.4.16)得

$$\boldsymbol{H}_2 = \boldsymbol{e}_y \tau H_0 \exp\left(-\frac{\sigma_z}{\omega\varepsilon_0} k_{iz} z\right) \exp\left[-j(k_{ix}x + k_{iz}z)\right] \tag{3.4.24}$$

由式(3.4.24)可知,透射波 $\boldsymbol{H}_2$ 与入射波 $\boldsymbol{H}_1$ 方向一致,并沿着 z 方向呈指数衰减。当入射波一侧为有耗介质时,上述选值几乎不提供附加衰减,为加速衰减,可选取 $a = \zeta_z + \sigma_z / j\omega\varepsilon_0$。

为了避免表面引起反射,以 $z_0 = 0$ 分界面为例,ζ_z 与 σ_z 应从表面起渐变增加,通常取下面形式:

$$\zeta_z(z) = 1 + (\zeta_{z,\max} - 1) \frac{|z - z_0|^m}{d_z^m} \tag{3.4.25}$$

$$\sigma_z(z) = \sigma_{\max} \frac{|z - z_0|^m}{d_z^m} \tag{3.4.26}$$

其中,d_z 为 PML 媒介厚度,$\zeta_z(z) \geqslant 1$,$\zeta_z(z_0) = 1$,$\sigma_z(z) \geqslant 0$,$\sigma_z(z_0) = 0$。Gedney 研究表明,一般取 $m = 4$,$d_z = (8 \sim 10)\Delta z$,$\zeta_{z,\max} = 5 \sim 11$。

$$\sigma_{\max} = \frac{m+1}{150\pi\Delta z \sqrt{\varepsilon_r}} \tag{3.4.27}$$

综上所述,类比到 $x = 0$ 分界面与 $y = 0$ 分界面,可以得到

$$\boldsymbol{S}_x = \begin{bmatrix} \dfrac{1}{1 + \dfrac{\sigma_x}{j\omega\varepsilon_0}} & & \\ & 1 + \dfrac{\sigma_x}{j\omega\varepsilon_0} & \\ & & 1 + \dfrac{\sigma_x}{j\omega\varepsilon_0} \end{bmatrix}, \quad \boldsymbol{S}_y = \begin{bmatrix} 1 + \dfrac{\sigma_y}{j\omega\varepsilon_0} & & \\ & \dfrac{1}{1 + \dfrac{\sigma_y}{j\omega\varepsilon_0}} & \\ & & 1 + \dfrac{\sigma_y}{j\omega\varepsilon_0} \end{bmatrix} \tag{3.4.28}$$

其参数选取与处理入射层为有耗介质等与上述方法相同,不再赘述。

2. FDTD 差分格式

(1) 非交叠 PML 区差分格式

先讨论入射区域为无耗介质,且仍以晶轴平行于 z 轴的单轴各向异性 PML 为例,考虑 J

$=0$，$J_m=0$ 时，麦克斯韦旋度方程(3.2.1)和方程(3.2.2)可写为

$$\begin{pmatrix} \dfrac{\partial H_z}{\partial y}-\dfrac{\partial H_y}{\partial z} \\[2mm] \dfrac{\partial H_x}{\partial z}-\dfrac{\partial H_z}{\partial x} \\[2mm] \dfrac{\partial H_y}{\partial x}-\dfrac{\partial H_x}{\partial y} \end{pmatrix} = j\omega\varepsilon_1 \begin{pmatrix} 1+\dfrac{\sigma_z}{j\omega\varepsilon_0} & & \\[2mm] & 1+\dfrac{\sigma_z}{j\omega\varepsilon_0} & \\[2mm] & & \dfrac{1}{1+\dfrac{\sigma_z}{j\omega\varepsilon_0}} \end{pmatrix} \begin{pmatrix} E_x \\[2mm] E_y \\[2mm] E_z \end{pmatrix} \tag{3.4.29}$$

$$\begin{pmatrix} \dfrac{\partial E_z}{\partial y}-\dfrac{\partial E_y}{\partial z} \\[2mm] \dfrac{\partial E_x}{\partial z}-\dfrac{\partial E_z}{\partial x} \\[2mm] \dfrac{\partial E_y}{\partial x}-\dfrac{\partial E_x}{\partial y} \end{pmatrix} = -j\omega\mu_1 \begin{pmatrix} 1+\dfrac{\sigma_z}{j\omega\varepsilon_0} & & \\[2mm] & 1+\dfrac{\sigma_z}{j\omega\varepsilon_0} & \\[2mm] & & \dfrac{1}{1+\dfrac{\sigma_z}{j\omega\varepsilon_0}} \end{pmatrix} \begin{pmatrix} H_x \\[2mm] H_y \\[2mm] H_z \end{pmatrix} \tag{3.4.30}$$

对方程组(3.4.29)的第一、二式,原 FDTD 方程仍适用,只需修改式(3.2.25)与式(3.2.26)参数 C_{e1}、C_{e2}。对方程组(3.4.29)的第三式,令

$$\frac{\partial H_y}{\partial x}-\frac{\partial H_x}{\partial y}=j\omega\varepsilon_1\overline{E}_z=\varepsilon_1\frac{\partial \overline{E}_z}{\partial t} \tag{3.4.31}$$

其中

$$\overline{E}_z=\frac{1}{1+\dfrac{\sigma_z}{j\omega\varepsilon_0}}E_z \tag{3.4.32}$$

式(3.4.31)可用原 FDTD 方程更新 $\overline{E}_z$。式(3.4.32)可写为

$$\frac{\partial E_z}{\partial t}=\frac{\partial \overline{E}_z}{\partial t}+\frac{\sigma_z}{\varepsilon_0}\overline{E}_z \tag{3.4.33}$$

对式(3.4.33)差分得到

$$E_z^{n+1}=E_z^n+(1+\frac{\sigma_z\Delta t}{2\varepsilon_0})\overline{E}_z^{n+1}-(1-\frac{\sigma_z\Delta t}{2\varepsilon_0})\overline{E}_z^n \tag{3.4.34}$$

式(3.4.34)完成了对 E_z 的更新,故方程组(3.4.29)的第三式可通过两步更新完成。方程组(3.4.30)与方程组(3.4.29)类似,第一、二式可直接修改式(3.2.20)、式(3.2.23)的参数 C_{h1}、C_{h2},第三式可用上述相同方法更新完成。

若电磁波入射区域为有耗导电的各向同性媒质,其相对介电常数为复数:

$$\begin{pmatrix} \dfrac{\partial H_z}{\partial y}-\dfrac{\partial H_y}{\partial z} \\[2mm] \dfrac{\partial H_x}{\partial z}-\dfrac{\partial H_z}{\partial x} \\[2mm] \dfrac{\partial H_y}{\partial x}-\dfrac{\partial H_x}{\partial y} \end{pmatrix} = j\omega\varepsilon_0\left(\varepsilon_r+\frac{\sigma_1}{j\omega\varepsilon_0}\right) \begin{pmatrix} \zeta_z+\dfrac{\sigma_z}{j\omega\varepsilon_0} & & \\[2mm] & \zeta_z+\dfrac{\sigma_z}{j\omega\varepsilon_0} & \\[2mm] & & \dfrac{1}{\zeta_z+\dfrac{\sigma_z}{j\omega\varepsilon_0}} \end{pmatrix} \begin{pmatrix} E_x \\[2mm] E_y \\[2mm] E_z \end{pmatrix} \tag{3.4.35}$$

$$\begin{pmatrix} \dfrac{\partial E_z}{\partial y} - \dfrac{\partial E_y}{\partial z} \\[2mm] \dfrac{\partial E_x}{\partial z} - \dfrac{\partial E_z}{\partial x} \\[2mm] \dfrac{\partial E_y}{\partial x} - \dfrac{\partial E_x}{\partial y} \end{pmatrix} = -\mathrm{j}\omega\mu_1 \begin{pmatrix} \zeta_z + \dfrac{\sigma_z}{\mathrm{j}\omega\varepsilon_0} & & \\[2mm] & \zeta_z + \dfrac{\sigma_z}{\mathrm{j}\omega\varepsilon_0} & \\[2mm] & & \dfrac{1}{\zeta_z + \dfrac{\sigma_z}{\mathrm{j}\omega\varepsilon_0}} \end{pmatrix} \begin{pmatrix} H_x \\[2mm] H_y \\[2mm] H_z \end{pmatrix} \tag{3.4.36}$$

对于式(3.4.35)的第一式,可写为

$$\frac{\partial H_z}{\partial y} - \frac{\partial H_y}{\partial z} = \varepsilon_0 \zeta_z \frac{\partial \overline{E}_x}{\partial t} + \sigma_z \overline{E}_x \tag{3.4.37}$$

其中

$$\overline{E}_x = \left(\varepsilon_r + \frac{\sigma_1}{\mathrm{j}\omega\varepsilon_0} \right) E_x \tag{3.4.38}$$

故该式亦可结合原 FDTD 公式两步更新完成,式(3.4.35)的第二式与其方法相同。对于第三式,可以写成

$$\frac{\partial H_y}{\partial x} - \frac{\partial H_x}{\partial y} = \mathrm{j}\omega\varepsilon_0 \left(\varepsilon_r + \frac{\sigma_1}{\mathrm{j}\omega\varepsilon_0} \right) \overline{E}_z = \varepsilon_1 \frac{\partial \overline{E}_z}{\partial t} + \sigma_1 \overline{E}_z \tag{3.4.39}$$

其中

$$\overline{E}_z = \frac{1}{\zeta_z + \dfrac{\sigma_z}{\mathrm{j}\omega\varepsilon_0}} E_z \tag{3.4.40}$$

其两步更新方法类似于式(3.4.29)第三式。对于方程组(3.4.36)与无耗各向同性介质式(3.4.30)方法整体相同。

(2) 棱边区与角区 FDTD 差分格式

在三维仿真区的 PML 设计中,共有 6 个 PML 面,每两个 PML 面会交叠形成棱边区,如图 3.4.5(a)所示,每三个 PML 面交叠形成角区,如图 3.4.5(b)所示,三维情况共有 12 个棱边区、8 个角区。

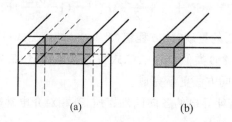

(a)   (b)

图 3.4.5 三维 PML 的棱边区与角区

我们可以写出棱边区与角区的相对磁导率和介电常数张量为

$$\left. \begin{aligned} \overline{\overline{\boldsymbol{\varepsilon}}}_{\mathrm{edge},yz} &= \overline{\overline{\boldsymbol{\mu}}}_{\mathrm{edge},yz} = \boldsymbol{S}_{yz} = \boldsymbol{S}_y \cdot \boldsymbol{S}_z \quad 棱边 \mathbin{/\!/} x\ 轴 \\ \overline{\overline{\boldsymbol{\varepsilon}}}_{\mathrm{edge},xz} &= \overline{\overline{\boldsymbol{\mu}}}_{\mathrm{edge},xz} = \boldsymbol{S}_{xz} = \boldsymbol{S}_x \cdot \boldsymbol{S}_z \quad 棱边 \mathbin{/\!/} y\ 轴 \\ \overline{\overline{\boldsymbol{\varepsilon}}}_{\mathrm{edge},xy} &= \overline{\overline{\boldsymbol{\mu}}}_{\mathrm{edge},xy} = \boldsymbol{S}_{xy} = \boldsymbol{S}_x \cdot \boldsymbol{S}_y \quad 棱边 \mathbin{/\!/} z\ 轴 \end{aligned} \right\} \tag{3.4.41}$$

$$\overline{\overline{\boldsymbol{\varepsilon}}}_{corner} = \overline{\overline{\boldsymbol{\mu}}}_{corner} = \boldsymbol{S}_{xyz} = \boldsymbol{S}_x \cdot \boldsymbol{S}_y \cdot \boldsymbol{S}_z = \begin{pmatrix} \dfrac{s_y s_z}{s_x} & & \\ & \dfrac{s_x s_z}{s_y} & \\ & & \dfrac{s_x s_y}{s_z} \end{pmatrix} \qquad (3.4.42)$$

其中(入射区为无耗各向同性介质)

$$s_x = 1 + \frac{\sigma_x}{j\omega\varepsilon_0}, \quad s_y = 1 + \frac{\sigma_y}{j\omega\varepsilon_0}, \quad s_z = 1 + \frac{\sigma_z}{j\omega\varepsilon_0} \qquad (3.4.43)$$

下面我们讨论角区的 FDTD 差分格式,旋度方程为

$$\begin{pmatrix} \dfrac{\partial H_z}{\partial y} - \dfrac{\partial H_y}{\partial z} \\ \dfrac{\partial H_x}{\partial z} - \dfrac{\partial H_z}{\partial x} \\ \dfrac{\partial H_y}{\partial x} - \dfrac{\partial H_x}{\partial y} \end{pmatrix} = j\omega\varepsilon_1 \begin{pmatrix} \dfrac{s_y s_z}{s_x} & & \\ & \dfrac{s_x s_z}{s_y} & \\ & & \dfrac{s_x s_y}{s_z} \end{pmatrix} \begin{pmatrix} E_x \\ E_y \\ E_z \end{pmatrix} \qquad (3.4.44)$$

$$\begin{pmatrix} \dfrac{\partial E_z}{\partial y} - \dfrac{\partial E_y}{\partial z} \\ \dfrac{\partial E_x}{\partial z} - \dfrac{\partial E_z}{\partial x} \\ \dfrac{\partial E_y}{\partial x} - \dfrac{\partial E_x}{\partial y} \end{pmatrix} = -j\omega\mu_1 \begin{pmatrix} \dfrac{s_y s_z}{s_x} & & \\ & \dfrac{s_x s_z}{s_y} & \\ & & \dfrac{s_x s_y}{s_z} \end{pmatrix} \begin{pmatrix} H_x \\ H_y \\ H_z \end{pmatrix} \qquad (3.4.45)$$

以式(3.4.44)的第三式为例,可以写成

$$\frac{\partial H_y}{\partial x} - \frac{\partial H_x}{\partial y} = \varepsilon_1 \frac{\partial \overline{E}_z}{\partial t} + \varepsilon_r \sigma_y \overline{E}_z \qquad (3.4.46)$$

其中

$$\overline{E}_z = \frac{s_x}{s_z} E_z \qquad (3.4.47)$$

式(3.4.46)可用原 FDTD 公式更新。由式(3.4.47)可以得到

$$\frac{\partial \overline{E}_z}{\partial t} + \frac{\sigma_z}{\varepsilon_0} \overline{E}_z = \frac{\partial E_z}{\partial t} + \frac{\sigma_x}{\varepsilon_0} E_z \qquad (3.4.48)$$

对式(3.4.48)差分得到

$$\overline{E}_z^{n+1} = \frac{1 - \dfrac{\Delta t \sigma_z}{2\varepsilon_0}}{1 + \dfrac{\Delta t \sigma_z}{2\varepsilon_0}} \overline{E}_z^n + \frac{\left(1 + \dfrac{\Delta t \sigma_x}{2\varepsilon_0}\right) E_z^{n+1} - \left(1 - \dfrac{\Delta t \sigma_x}{2\varepsilon_0}\right) E_z^n}{1 + \dfrac{\Delta t \sigma_z}{2\varepsilon_0}} \qquad (3.4.49)$$

故(3.4.44)的第三式可通过原 FDTD 与式(3.4.49)两步差分完成更新。旋度方程的其余五式均可通过类似方法进行两步更新。

如上我们讨论了角区的差分格式,棱边区的差分格式可以看作角区的特殊形式,令其中一个轴的 σ_i 为零即可。若输入区为有耗导电媒质,其讨论方法与上述方法相似,不再赘述。

3.5 仿 真 实 例

表面等离子体波是一种在两种介质(一般为金属和电介质)分界面上传播的表面波。它被束缚在分界面附近,电磁场强度在分界面处最大,且在介质中衰减得慢,在金属中衰减得快。在 2.2.3 节和 2.2.4 节中,推导了表面等离子体波的传播模式,在本节中,我们用 FDTD 方法对表面等离子体波的传播情况进行二维仿真,以进一步了解表面等离子体波的性质。仿真的整体结构如图 3.5.1 所示,其中 ε_1、ε_2、ε_3 分别表示媒质的介电常数,阴影部分表示 UPML 边界条件。

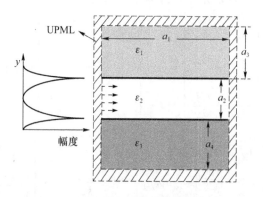

图 3.5.1 表面等离子体波仿真示意图

图 3.5.1 中,a_1 表示波导的长度,a_2 表示中间层的宽度。ε_1、ε_3 媒质在 y 方向无限厚,在实际仿真中,考虑到表面等离子体波在 y 方向上的快速衰减,因此可以用有限长度的媒质等效。图 3.5.1 左端表示表面等离子体波在波导中的传播模式,将解模得到的模式作为光源从波导左侧输入,进行仿真。光源波长范围设定为 $0.8 \sim 0.9 \, \mu m$,解模时选定波长 $\lambda_0 = 0.847 \, \mu m$ 进行仿真。

根据三层波导材料选择的不同,波导的结构可以分为对称金属包覆介质波导、对称介质包覆金属波导、单面金属包覆介质波导,下面介绍仿真中的参数设置和不同类型波导中表面等离子体波的性质。

3.5.1 对称金属包覆介质波导

将三层波导材料设置为金-二氧化硅-金,可以得到金包覆二氧化硅介质波导。波导的长度设为 $a_1 = 6.5 \, \mu m$,金波导在 y 方向的宽度设为 $a_3 = a_4 = 0.5 \, \mu m$,二氧化硅介质层的厚度设为 $a_2 = 0.2 \, \mu m$。金的介电常数为 $-31.25 + 2.19i$,二氧化硅的介电常数为 2.11,根据 3.2.3 节的数值色散分析,空间步长 δ 和等效波长 λ_0 应满足的经验公式为

$$\delta \leqslant \frac{\lambda_0}{10} \tag{3.5.1}$$

可以计算最大空间步长为 $0.08 \, \mu m$,因此仿真单元大小设为 $dx = 0.04 \, \mu m, dy = 0.04 \, \mu m, dz = 0.04 \, \mu m$。对于该结构,我们可以用解模的方法得到其等效折射率 $n_{\text{eff}} = 1.662 + 0.007 \, 8i$。根据 2.2.4 节的理论推导,$n_{\text{eff}} > 1.45$,模式等效折射率大于二氧化硅的折射率,传播的是表面波。或者根据式(2.2.61)和式(2.2.62),当 SiO_2 厚度为 $0.2 \, \mu m$ 时,可以得到等效折射率为

1.66,和解模得到的结果相符合。

定义传播距离 L_{SPP} 为电场幅值衰减为初始值的 $1/e$ 时传播的距离。表面等离子体波的等效波长和传播距离的计算公式为

$$\lambda_{\text{SPP}} = \frac{\lambda_0}{n_{\text{eff}}} \tag{3.5.2}$$

$$L_{\text{SPP}} = \frac{\lambda_0}{\text{Im}(n_{\text{neff}}) 2\pi} \tag{3.5.3}$$

λ_0 为入射光在真空中传播时的波长,$\text{Im}(n_{\text{neff}})$ 为等效折射率的虚部。根据式(3.5.2)和式(3.5.3)可计算出对称金属包覆介质波导中表面等离子体波的等效波长为 $0.51\ \mu m$,传播距离为 $17.3\ \mu m$。所以,当选择合适的电介质和金属时,可以使电介质和金属交界面处产生波长比入射波长小很多的波,这种波长的电磁波模式可以克服光波的亚波长约束的限制。

图 3.5.2(a)记录了输出端二氧化硅波导边界处的电场幅度随时间的变化情况,电场在 60 fs 处衰减到零,表明仿真已经收敛。图 3.5.2(b)表示透过率和反射率随波长的变化情况,透过率曲线反映了不同波长光的透射情况,透过率小于 1 表明光在波导中传播是有衰减的;反射率基本为 0,表明 PML 边界条件的吸收效果较好。图 3.5.2(c)记录了三层波导横截面处的能流密度情况,在分界面处的能流密度最大,在垂直于分界面的方向上能量衰减很快,这表明表面等离子体波沿着金属表面传播,即电磁场被束缚在分界面附近。图 3.5.2(d)记录了在表面等离子体波传播过程中功率的衰减情况,可以估算出在该结构中,表面等离子体波的传输距离约为 $17\ \mu m$,与理论分析相吻合。

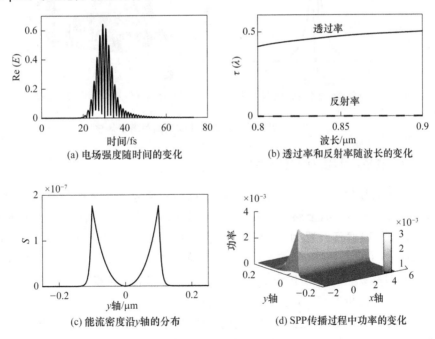

(a) 电场强度随时间的变化　　　(b) 透过率和反射率随波长的变化

(c) 能流密度沿 y 轴的分布　　　(d) SPP传播过程中功率的变化

图 3.5.2　金-二氧化硅-金波导表面等离子体波

3.5.2　对称介质包覆金属波导

将三层波导材料设置为二氧化硅-金-二氧化硅,可以得到二氧化硅包覆金的波导结构。

波导的长度设置为 $a_1 = 6.5\ \mu m$，二氧化硅介质在 y 方向的宽度设置为 $a_3 = a_4 = 0.575\ \mu m$，金层宽度设置为 $a_2 = 0.05\ \mu m$。对于该结构，我们可以用解模的方法得到其等效折射率 $n_{eff} = 1.556 + 0.009\ 7i$。根据 2.2.4 节的理论推导，$n_{eff} > 1.45$，模式等效折射率大于二氧化硅的折射率，传播的是表面波。

图 3.5.3(c) 记录了横截面的能流密度分布情况。能流密度在分界面处最大，能量在金介质中传播时衰减快，传播距离短，这表明表面等离子体波沿着金属表面传播。图 3.5.3(d) 记录了在表面等离子体波传播过程中功率的衰减情况，可以估算出在该结构中，表面等离子体波的传输距离约为 $13\ \mu m$，与理论分析相吻合。

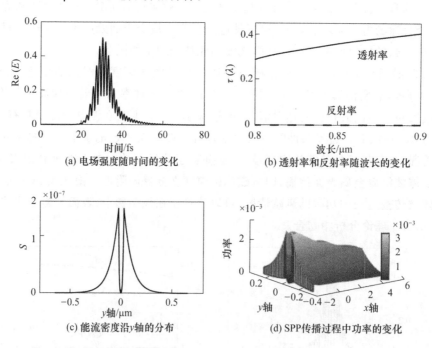

(a) 电场强度随时间的变化

(b) 透射率和反射率随波长的变化

(c) 能流密度沿 y 轴的分布

(d) SPP 传播过程中功率的变化

图 3.5.3　二氧化硅-金-二氧化硅表面等离子体波

3.5.3　单面金属包覆介质波导

将三层波导材料设置为金-二氧化硅-空气，可以得到金包覆非对称介质的波导结构。波导的长度设置为 $a_1 = 6.5\ \mu m$，金层宽度设置为 $a_3 = 1\ \mu m$，二氧化硅介质在 y 方向的宽度设置为 $a_2 = 0.2\ \mu m$，空气层宽度设置为 $a_4 = 0.5\ \mu m$。仿真单元大小设为 $dx = 0.002\ 2\ \mu m$，$dy = 0.002\ 2\ \mu m$，$dz = 0.002\ 2\ \mu m$，可以满足式 (3.5.1) 的要求。对于该结构，我们可以用解模的方法得到其等效折射率 $n_{eff} = 1.401 + 0.006\ 8i$。根据 2.2.4 节的理论推导，$n_{eff} < 1.45$，模式等效折射率小于二氧化硅的折射率时，传播的是表面波。

图 3.5.4 表示单层金属包覆介质波导中表面等离子体波在传播过程的场、功率、能流密度、入射、反射情况，其传播情况的分析可以参考上述对称金属包覆介质波导和对称介质包覆金属波导。此外，可以根据图 3.5.4(d) 中的功率变化情况估算出在该结构中，表面等离子体波的传输距离约为 $19.5\ \mu m$，与理论分析相吻合。

对比三种波导中表面等离子体波的传播情况，可以归纳出如下特点：①表面等离子体波只能在金属和介质的分界面处传播；②表面等离子体波在分界面处能量最大，在金属中传播距离短,衰减快;③表面等离子体波沿波导方向的传播距离为几个到十几个波长范围不等。与第2章中的理论分析一致。

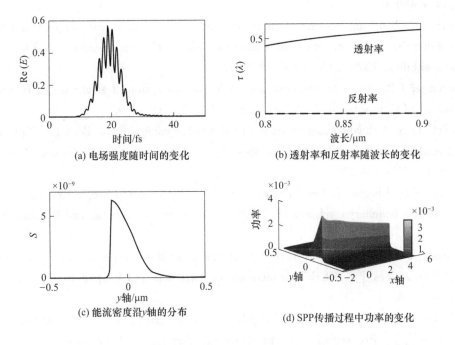

(a) 电场强度随时间的变化

(b) 透射率和反射率随波长的变化

(c) 能流密度沿y轴的分布

(d) SPP传播过程中功率的变化

图 3.5.4 金-二氧化硅-空气表面等离子体波

本章参考文献

[1] Yee K S. Numerical solution of initial boundary value problems involving maxwell's equations in isotropic media[J]. IEEE Transactions on Antennas and Propagation, 1966,14(5):302-307.

[2] Taflove A, Brodwin M E. Numerical solution of steady-state electromagnetic scattering problems using the time-dependent Maxwell's equations[J]. IEEE Transactions on Microwave Theory and Techniques, 1975,23(8):623-630.

[3] Holland R. THREDE:a free-field EMP coupling and scattering code[J]. IEEE Transactions on Nuclear Science, 1977,24(6):2416-2421.

[4] Kunz K S, Kuan-Min. A three-dimensional finite-difference solution of the external response of an aircraft to a complex transient EM environment:part II-comparison of predictions and measurements[J]. IEEE Transactions on Electromagnetic Compatibility, 1978,EMC-20(2):333-341.

[5] Yee K S, Ingham D. Time-domain extrapolation to the far field based on FDTD calculations[J]. IEEE Transactions on Antennas and Propagation,1991,39(3):410-413.

[6] Luebbers R J, Kunz K S, Schneider M, et al. A finite-difference time-domain near zone to far zone transformation(electromagnetic scattering)[J]. IEEE Transactions on Antennas and Propagation, 1991,39(3):429-433.

[7] Luebbers R J, Ryan D, Beggs J H, et al. A two-dimensional time-domain near-zone to far-zone transformation[J]. IEEE Transactions on Antennas and Propagation, 1991, 39(4): 429-433.

[8] Mur G. Absorbing boundary conditions for the finite-difference approximation of the time-domain electromagnetic-field equations [J]. IEEE Transactions on Electromagnetic Compatibility, 2007, EMC-23(4): 377-382.

[9] Berenger J P. A perfect matched layer for the absorption of electromagnetic waves[J]. Journal of Computational Physics, 1994, 114(2): 185-200.

[10] Katz D S. Validation and extension to three dimensions of the Berenger PML absorbing boundary condition for FD-TD meshes[J]. IEEE Microwave and Guided Wave Letters, 1994, 4(8): 268-270.

[11] Sacks Z S, Kingsland, Lee R, et al. A perfectly matched anisotropic absorber for use as an absorbing boundary condition[J]. IEEE Transactions on Antennas and Propagation, 1995, 43(12): 1460-1463.

[12] Gedney D S. An anisotropic perfectly matched layer-absorbing medium for the truncation of FDTD lattices[J]. IEEE Transactions on Antennas and Propagation, 2002, 44(12): 1630-1639.

[13] Engquist B, Majda A. Absorbing boundary conditions for numerical simulations of waves[J]. Proceedings of the National Academy of Sciences, 1977, 74(5): 1765-1766.

[14] Mei K K, Fang J Y. Superabsorption-a method to improve absorbing boundary conditions (electromagnetic waves)[J]. IEEE Transactions on Antennas and Propagation, 2002, 40(9): 1001-1010.

第4章 智能算法基础

在自然界中存在着一些自发性的优化现象,学者们模仿该现象中的智能行为,提出了一类不需要提前获取优化问题数学特征的方法,该方法称为智能算法,又称启发式算法。这种算法具有全局优化性、通用性且适用于并行处理,通常具有严密的理论依据,而不是单纯地凭借专家经验,可以在一定的时间内找到最优解或者近似最优解。智能算法被广泛地应用于微纳光子学,可以被用于辅助光子器件的设计,有利于光子器件替代电子芯片实现光计算的相关研究,还可以指导光计算架构的设计。除此之外,该算法还被应用于人工智能领域,如计算成像和语音识别等。常用的智能算法有最速下降法、遗传算法、粒子群算法、模拟退火、神经网络等,这里将智能算法分为三类:梯度类算法、非梯度类算法和机器学习。

4.1 梯度类算法原理

梯度类算法通过计算目标函数关于自变量的梯度,利用梯度信息进行变量更新,从而实现优化与设计。梯度类算法具有快的收敛速度,被广泛应用于神经网络的训练、微纳光子器件的反向设计、光子和生物计算的训练等方面。常见的梯度类算法有随机梯度下降法及其变体算法、拓扑优化算法等[1-5]。

4.1.1 随机梯度下降法

对于一个可微函数,理论上可以通过解析法来找到它的最小值:导数为0的点即函数的最小值。因此,只需要找到所有导数为0的点,然后计算其函数值并进行比较,便可得到最小值。将这一方法应用于神经网络,就是利用解析法求出最小损失函数对应的所有权重值。当权重的个数比较少时,可以用解析法进行计算,但是对于实际的神经网络来说难以求解,因为网络的参数个数往往是几千个,甚至是上万个。而梯度下降法的出现解决了这个问题。

梯度下降法最原始的形式是批量梯度下降法,它在更新每一个参数时都使用所有的样本进行更新。最终,可以得到全局最优解,但是如果样本数目较大,其训练过程便会变得很慢。传统的随机梯度下降(Stochastic Gradient Descent,SGD)算法正是为了解决批量梯度下降存在的问题而提出的。随机梯度下降每次迭代只使用一个样本来更新,如果样本数目比较多,可能只用其中的一部分样本便可将变量迭代到最优。其大大提高了训练速度,但会使得准确度下降,结果并不是全局最优。大多数应用于深度学习的算法介于以上两者之间,每次迭代时使用一个以上而不是全部的样本进行更新。一般的,这些方法被称为小批或小批量随机方法,现在通常称之为随机方法。随机方法的典型示例便是小批量随机梯度下降,以下简称随机梯度下降。

一般的,假设线性回归函数为

$$f_\theta(\boldsymbol{x}) = \boldsymbol{\theta}^{\mathrm{T}}\boldsymbol{x} = \theta_0 x_0 + \theta_1 x_1 + \theta_2 x_2 + \cdots + \theta_n x_n \tag{4.1.1}$$

其中:$\boldsymbol{\theta} = (\theta_0, \theta_1, \theta_2, \cdots, \theta_n)^{\mathrm{T}}$ 为初始的应用参数;$\boldsymbol{x} = (x_0, x_1, x_2, \cdots, x_n)^{\mathrm{T}}$ 为训练集中的一个样

本。相应的代价函数(假设为均方误差函数)形式为

$$J(\boldsymbol{\theta}) = \frac{1}{2m} \sum_{i=1}^{m} (f_\theta(\boldsymbol{x}^{(i)}) - y^{(i)})^2 \tag{4.1.2}$$

其中,m 为从总体样本中随机选取的小批量样本数,$\boldsymbol{x}^{(i)}$ 的对应目标为 $y^{(i)}$。算法 4.1.1 展示了 SGD 算法的具体实现过程。

算法 4.1.1　随机梯度下降(SGD)算法

初始化学习率 η 和应用参数 $\boldsymbol{\theta}$

 for 未满足迭代终止条件 do

  从训练集中随机选取 m 个样本 $\{\boldsymbol{x}^{(1)}, \boldsymbol{x}^{(2)}, \cdots, \boldsymbol{x}^{(m)}\}$,$\boldsymbol{x}^{(i)}$ 的对应目标为 $y^{(i)}$

  计算梯度:$\boldsymbol{G} \leftarrow \nabla_\theta J(\boldsymbol{\theta})$

  应用参数更新:$\boldsymbol{\theta} \leftarrow \boldsymbol{\theta} - \eta \boldsymbol{G}$

 end for

输出优化参数 $\boldsymbol{\theta}$

以上介绍的 SGD 算法使用固定的学习率。由于 SGD 算法中的梯度引入的噪声源(m 个训练样本的随机采样)在极小点处大概率不会消失,因此学习率有必要随着时间逐渐变小。在实践中,一般会线性衰减学习率直到第 l 次迭代:

$$\eta_k = (1-\beta)\eta_0 + \beta\eta_l \tag{4.1.3}$$

其中,η_k 为第 k 次迭代的学习率,η_0 为初始学习率,η_l 为第 l 次迭代的学习率,$\beta = k/l$。在 l 次迭代后,η 保持不变。在使用线性策略时,需要对参数 l、η_0、η_l 的值进行设置。通常 l 应设为反复遍历训练集几百次的迭代次数,η_l 应大约设为 η_0 的 1% 。那么初始学习率 η_0 的选取便至关重要。若 η_0 太大,学习曲线会剧烈振荡,代价函数会增加;若 η_0 太小,则学习可能会卡在一个较高的代价值。一般情况下,对训练时间和代价来说,η_0 会大约经过 100 次迭代达到最优的学习率。因此,通过检测前面的几次迭代,需要选择一个比效果最优的学习率大的初始学习率,但又不能大太多,以防振荡[6]。

4.1.2　SGD 算法的变体算法

除了上面介绍的基本的 SGD 算法外,其还有多种变体,区别在于计算下一次变量更新时还要考虑上一次的变量更新,而不是仅仅考虑当前的梯度值,如带动量的 SGD 算法、带 Nesterov 动量的 SGD 算法、AdaGrad 算法、RMSProp 算法、Adam 算法等。这些变体被称为优化方法或优化器。

1. 带动量的 SGD 算法

随机梯度下降虽然应用比较广泛,但有时会出现学习比较慢的问题。动量方法的提出便是为了解决学习较慢这一问题[7],特别是处理高曲率、小但一致的梯度,或者带噪声的梯度时更加有效。在物理学中,动量是描述物体在它的运动方向上保持原来运动趋势的一个物理量,与物体的质量和速度相关。动量是一个矢量,有大小和方向,在这里,可以把梯度理解为力,力也是个矢量,可以改变速度的大小和方向,并且速度可以累积;把应用参数理解为速度,当力(梯度)改变时,就会使得被作用者出现逐渐加速或逐渐减速的现象。在原来的方法上引入动

量便可加速学习过程,可以在鞍点处继续前行,也可以逃离一些较小的局部最优区域。

基于动量的随机梯度下降法,其思想比较简单,就是在原来的更新参数的基础上引入了"加速度"。以山顶上的小球为例,小球在向山谷的最低点滚动时,当前时刻的下降距离会积累以前时刻的下降距离,即速度会随着时间进行积累,表现为在下降过程中下降得越来越快。参数的更新也是如此;动量在梯度方向一致时会增加,在梯度方向变化时会减小。因此,学习过程便可尽快收敛,同时可以减小振荡。具体的实现过程如算法 4.1.2 所示。

算法 4.1.2　带动量的 SGD 算法

初始化学习率 η、动量参数 γ、应用参数 θ 和速度 v

 for 未满足迭代终止条件 do

  从训练集中随机选取 m 个样本 $\{x^{(1)}, x^{(2)}, \cdots, x^{(m)}\}$, $x^{(i)}$ 的对应目标为 $y^{(i)}$

  计算梯度: $G \leftarrow \nabla_\theta J(\theta)$

  速度更新: $v \leftarrow \gamma v - \eta G$

  应用参数更新: $\theta \leftarrow \theta + v$

 end for

输出优化参数 θ

在随机梯度的学习算法中,每一步的步长都是固定的,而在动量学习算法中,每一步的步长不仅依赖于本次梯度的大小,还取决于过去的速度。当连续多个梯度方向一致时,步长最大。如果动量学习算法一直检测到梯度 G,那么它会沿着 $-G$ 的方向不停加速,达到最大速度后开始匀速,其中步长大小为

$$\frac{\eta \|G\|}{1-\gamma} \tag{4.1.4}$$

其中,动量参数 γ 是一个取值范围为 $0 \sim 1$ 的常数,它的大小决定了动量项作用的强弱。当 $\gamma = 0$ 时没有影响,当 $\gamma = 1$ 时影响最强,平滑效果明显。在实践中,γ 的一般取值为 0.5、0.9 和 0.99,其大小会随着时间的变化进行调整,一般初始化为 0.5,并在多个时期后逐渐退火至 0.9。随着时间的推移,调整 γ 的值没有调整 η 重要[6]。

2. 带 Nesterov 动量的 SGD 算法

在 Nesterov 加速梯度(Nesterov Accelerated Gradient,NAG)算法的启发下,Sutskever 等提出了动量算法的一个变种[8],即带 Nesterov 动量的 SGD 算法,具体实现过程如算法 4.1.3 所示。

算法 4.1.3　带 Nesterov 动量的 SGD 算法

初始化学习率 η、动量参数 γ、应用参数 θ 和速度 v

 for 未满足迭代终止条件 do

  从训练集中随机选取 m 个样本 $\{x^{(1)}, x^{(2)}, \cdots, x^{(m)}\}$, $x^{(i)}$ 的对应目标为 $y^{(i)}$

  变量临时更新: $\theta' \leftarrow \theta + \gamma v$

  计算梯度: $G \leftarrow \nabla_{\theta'} J(\theta')$

  速度更新: $v \leftarrow \gamma v - \eta G$

  应用参数更新: $\theta \leftarrow \theta + v$

 end for

输出优化参数 θ

其中,参数 η 和 γ 的作用与标准动量方法中的类似。Nesterov 动量与标准动量之间的区别在于梯度的计算。Nesterov 动量中,梯度的计算是施加在当前速度之后,具体体现为如果当前计算得到的梯度大于前一次的梯度,参数在加速下降,模型认为下一次梯度下降将进一步加速,对梯度下降进行正补偿;若后一次梯度相对于前一次梯度来说下降幅度变小,参数在减缓下降速度,模型认为下一次梯度下降将进一步减速,对梯度下降进行负补偿,保证参数始终以合适的速度下降至最优点。因此,相较于标准动量,Nesterov 动量可以更加有效地修正每次迭代中较大且不适当的速度,这使得它收敛更快,并且可以进一步降低损失函数的误差率[9]。

3. AdaGrad 算法

在使用基本的随机梯度下降算法时,会遇到这么一个问题:要优化的参数对于目标函数的依赖不同,换言之,就是有的参数已经通过优化算法到达了极小值附近,但有的参数仍有着较大的梯度,这便是固定学习率可能出现的问题。如果学习率太小,则梯度很大的参数的收敛速度会很低;如果学习率太大,则已经优化得差不多的参数可能会出现振荡。动量算法可以在一定程度上缓解这个问题,但代价便是引入了另一个超参数。为了更加有效地训练模型,比较合理的一种做法是,对每个参数设置不同的学习率,在整个学习过程中通过一些算法自动适应这些参数的学习率。在关于调整学习率的方法中,有一种被称为学习率衰减的方法,即随着学习的进行,学习率逐渐减小。逐渐减小学习率的想法,相当于整体参数的学习率一起下降。而 AdaGrad 进一步发展了这个想法,为参数的每一个元素适当地调整学习率,与此同时进行学习。

AdaGrad 算法是由伯克利加州大学 Duchi 等于 2011 年提出的[10],其可以独立地适应所有模型参数的学习率,当参数的损失偏导值比较大时,它相应地会有一个快速下降的学习率;而当参数的损失偏导值较小时,它相应地会有一个缓慢下降的学习率。效果便是在参数空间中,倾斜度不大的区域也能沿梯度方向有一个较大的参数更新。AdaGrad 算法的具体实现过程如算法 4.1.4 所示。

算法 4.1.4　AdaGrad 算法

初始化学习率 η、应用参数 $\boldsymbol{\theta}$、梯度累积变量 $r=0$ 和常数 ε(一般为 10^{-7})

　for 未满足迭代终止条件 do

　　　从训练集中随机选取 m 个样本 $\{x^{(1)},x^{(2)},\cdots,x^{(m)}\}$,$x^{(i)}$ 的对应目标为 $y^{(i)}$

　　　计算梯度:$\boldsymbol{G}\leftarrow\nabla_{\boldsymbol{\theta}}J(\boldsymbol{\theta})$

　　　累积平方梯度:$r\leftarrow r+\boldsymbol{G}\odot\boldsymbol{G}$($\odot$ 为向量对应元素相乘)

　　　计算更新:$\Delta\boldsymbol{\theta}\leftarrow-\eta/(\varepsilon+r^{1/2})\odot\boldsymbol{G}$(逐元素应用 $\eta/(\varepsilon+r^{1/2})$)

　　　应用参数更新:$\boldsymbol{\theta}\leftarrow\boldsymbol{\theta}+\Delta\boldsymbol{\theta}$

　end for

输出优化参数 $\boldsymbol{\theta}$

AdaGrad 算法在某些深度学习模型上可以获得不错的效果,但这并不代表该算法可以适用于所有模型。因为算法在训练开始时就对梯度平方进行积累,这就会造成在训练过程中,分母累积的和越来越大。这样学习到后来的阶段,网络的更新能力会越来越弱,能学到更多知识的能力也越来越弱,因为学习率会变得极小。

4. RMSProp 算法

虽然 AdaGrad 算法在理论上具有较好的性质,但是在实践中表现得并不是很好,其根本原因便是随着训练周期的增长,学习率降低得很快。而 RMSProp 算法在 AdaGrad 算法的基础上进行修改,有效地解决了这一问题。在 AdaGrad 算法中,每个应用参数的 $\Delta\theta$ 都反比于其所有梯度历史平方值总和的平方根,但 RMSProp 算法改变了这一做法,其采用了指数衰减平均的方式淡化遥远过去的历史对当前步骤应用参数更新量 $\Delta\theta$ 的影响。相较于 AdaGrad 算法,RMSProp 算法中引入了一个新的参数 α,用以控制历史梯度值的衰减速率,从而对过去与现在做一个平衡,通常取值为 0.9 或 0.5。RMSProp 算法的具体实现过程如算法 4.1.5所示。

算法 4.1.5　RMSProp 算法

初始化学习率 η、衰减速率 α、应用参数 $\boldsymbol{\theta}$ 和常数 ε(一般为 10^{-6})

初始化梯度累积变量 $\boldsymbol{r}=0$

  for 未满足迭代终止条件 do

    从训练集中随机选取 m 个样本 $\{\boldsymbol{x}^{(1)},\boldsymbol{x}^{(2)},\cdots,\boldsymbol{x}^{(m)}\}$,$\boldsymbol{x}^{(i)}$ 的对应目标为 $y^{(i)}$

    计算梯度:$\boldsymbol{G}\leftarrow\nabla_{\boldsymbol{\theta}}J(\boldsymbol{\theta})$

    累积平方梯度:$\boldsymbol{r}\leftarrow\alpha\boldsymbol{r}+(1-\alpha)\boldsymbol{G}\odot\boldsymbol{G}$($\odot$ 为向量对应元素相乘)

    计算更新:$\Delta\boldsymbol{\theta}\leftarrow-\eta/(\varepsilon+r^{1/2})\odot\boldsymbol{G}$(逐元素应用 $\eta/(\varepsilon+r^{1/2})$)

    应用参数更新:$\boldsymbol{\theta}\leftarrow\boldsymbol{\theta}+\Delta\boldsymbol{\theta}$

  end for

输出优化参数 $\boldsymbol{\theta}$

大量的实际使用情况证明,RMSProp 算法在优化深度神经网络时有效且实用。目前大多数的深度学习从业者都会采用这个算法。

5. Adam 算法

虽然动量算法加速了对最小值方向的搜索,但 RMSProp 算法却阻碍了在振荡方向上的搜索。自适应性矩估计(Adaptive Moment Estimation,Adam)算法结合了 AdaGrad 算法善于处理稀疏梯度和 RMSProp 算法善于处理非平稳目标的优点,有望实现参数空间的高效搜索以及对超参数进行偏置校正。其基本思想就是:通过参数梯度的一阶矩估计值和参数梯度的二阶矩估计值来动态调整学习率,为每一个模型参数在每次迭代中调配一个自适应的学习率,以达到自适应调整学习率的效果。Adam 算法的具体实现过程如算法 4.1.6所示。

算法 4.1.6　Adam 算法

初始化学习率 η(默认为 0.001)、应用参数 $\boldsymbol{\theta}$ 和常数 ε(默认为10^{-8})

初始化矩估计的指数衰减速率 β_1 和 β_2,取值在区间$[0,1)$内(默认为 0.9 和 0.999)

初始化一阶矩变量 $s=0$、二阶矩变量 $r=0$ 和时间 $t=0$

 for 未满足迭代终止条件 do

  从训练集中随机选取 m 个样本$\{x^{(1)},x^{(2)},\cdots,x^{(m)}\}$,$x^{(i)}$ 的对应目标为 $y^{(i)}$

  计算梯度:$G \leftarrow \nabla_{\boldsymbol{\theta}} J(\boldsymbol{\theta})$

  时间更新:$t \leftarrow t+1$

  更新一阶有偏矩估计:$s \leftarrow \beta_1 s+(1-\beta_1)G$

  更新二阶有偏矩估计:$r \leftarrow \beta_2 r+(1-\beta_2)G \odot G$

  修正一阶矩的偏差:$s' \leftarrow s/(1-\beta_1^t)$

  修正二阶矩的偏差:$r' \leftarrow r/(1-\beta_2^t)$

  计算更新:$\Delta\boldsymbol{\theta} \leftarrow -(\eta s')/(r'^{1/2}+\varepsilon)$(逐元素应用)

  应用参数更新:$\boldsymbol{\theta} \leftarrow \boldsymbol{\theta}+\Delta\boldsymbol{\theta}$

 end for

输出优化参数 $\boldsymbol{\theta}$

其中,β_1^t 和 β_2^t 分别表示 β_1 和 β_2 的 t 次方。

相比串行计算的 SGD 算法,Adam 算法可以达到为每一个模型参数提供一个自适应学习率的效果,具有高效计算、所需内存小和梯度对角缩放不变性的特点,其适用于大多非凸优化、大数据集和高维空间,可以解决包含很高噪声或稀疏梯度的问题。Adam 通常被认为对超参数的选择具有较高的稳健性,尽管学习率有时需要修改。作为目前深度学习中最流行的优化算法,Adam 算法在模型参数优化方面的应用已经变得特别广泛。

4.1.3　混合拓扑优化算法

拓扑优化算法在仅设定优化区域、不指定初始拓扑的条件下,对结构的形状和拓扑同时进行优化,可以最大限度地降低设计过程中所需要的先验知识,并且利用梯度优化算法(如伴随变量法)高效地处理其中的大规模变量优化问题,是一种很具潜力的自动结构设计方法,被广泛应用于微纳光子器件的反向设计中。

常用的拓扑优化算法有材料分布(Scalar Isotropic Material with Penalization,SIMP)法[11]和水平集法[12]等。在材料分布法中,首先把设计区域离散成网格的形式(像素点),然后优化每个格子的材料状态,进而改变设计区域内的材料分布。每个格子的材料状态独立变化,因此在优化的过程中容易实现拓扑结构的变化。然而材料分布法由于采用固定的网格形式,优化区域分割为大量的简单多边形(多面体),优化结果往往是这些简单多边形的组合,导致优化得到的模型具有阶梯形或锯齿形的边界,甚至还会出现边界顶点连通和不连通的临界状态,这种粗糙的模型使得优化结果不太可靠,同时会增加实际制造的误差。而水平集法只改变模型的边界,因此它改变拓扑的能力有限。但是水平集法在优化的过程中会改变网格本身,因此它能够得到比材料分布法更光滑的边界和更好的局部最优解。

基于以上两种方法的混合拓扑优化方法受到了广泛关注[13]，其主要思想是先用材料分布法得到一个粗糙的结构，再用水平集法进一步优化得到边界光滑的结构，易于建模和加工，并且降低了仿真结果和测试结果的差异，降低了加工的次品率。混合拓扑优化算法的具体实现过程如算法 4.1.7 所示。

算法 4.1.7　混合拓扑优化算法

材料分布法：
初始化 SIMP 网格和矩阵（初始化设计参数 p）
 for 未满足迭代终止条件 do
  移动渐近线法更新 p（此语句第一次迭代不运行）
  密度滤波器滤波 p 得到中间变量 p'
  通过 sigmoid 函数将 p' 映射到物理变量 p''
  仿真获得目标函数 f 及其敏感度
 end for
水平集法：
提取边界、初始化水平集函数
 for 未满足迭代终止条件 do
  由敏感度更新水平集函数（此语句第一次迭代不运行）
  水平集函数光滑化
  仿真获得目标函数 f 及其敏感度
 end for
优化的结构

其中，材料分布法、水平集法以及计算目标函数敏感度的伴随变量法将在下面分别介绍。

1. 材料分布法

材料分布法又称密度法，其主要思想是将待优化的区域分成若干个网格单元，每个单元分配一个密度变量，密度变量在取值范围内连续变化。利用梯度类优化算法优化设计区域的密度分布，实现拓扑优化。由于在该问题的定义中引入对密度变量的惩罚，这使得最终优化的结构密度趋向二值，最大值代表该位置有材料，最小值代表该位置无材料，这样便可以实现二元化。

优化问题的数学表达式为

$$\begin{cases} \min\limits_{p} & f(\boldsymbol{p}) \\ \text{s. t.} & \boldsymbol{A}(\boldsymbol{p}) \cdot \boldsymbol{E} = \boldsymbol{b} \\ & p_i \in [0,1], i=1,2,\cdots,N \end{cases} \tag{4.1.5}$$

其中，$\boldsymbol{p}$ 为设计参数向量，每个元素对应一个网格单元，$f(\boldsymbol{p})$ 为目标函数，$\boldsymbol{A}$ 为系统矩阵，$\boldsymbol{E}$ 为电场分布，$\boldsymbol{b}$ 为激励源。在得到目标函数的梯度之后，可以通过一些基于梯度的优化算法优化设计参数，如移动渐近线法（Method of Moving Asymptote，MMA）[14]，从而实现对拓扑结构的优化。

由于拓扑优化问题通常是非凸问题,所以基于梯度的优化算法容易在极小值点较快地收敛。而且优化的结构有时会出现 0 和 1 交替出现的类棋盘状结构,虽然此结构满足约束条件,但是不符合现实工艺,不易加工。可以采用密度滤波器来解决这些问题,其定义式为[15]

$$p'_e = \frac{1}{\sum_{i \in N_e} H_{ei}} \sum_{i \in N_e} H_{ei} p_i \qquad (4.1.6)$$

其中:p'_e 为对应于网格单元 e 的中间变量,是中间变量 p' 的一个元素;N_e 为与网格单元 e 的中心距离 $\Delta(e,i)$ 小于滤波半径 $r_{\min}$ 的网格单元的集合;H_{ei} 为与距离相关的权重因子,其定义为[16]

$$H_{ei} = \max(0, r_{\min} - \Delta(e,i)) \qquad (4.1.7)$$

滤波器半径 $r_{\min}$ 每隔 15 代下降一次,这样可以避免类棋盘状结构和过早收敛。如果滤波器半径下降到 0,会产生棋盘状结构;如果滤波器半径不变,则最后优化结构的边界会变得模糊。

为了完全解决结构边界模糊这个问题,可以采用 sigmoid 函数将中间变量 p' 映射到物理变量 p''。sigmoid 函数的表达式为

$$p'' = 1/[1 + e^{-\beta(p'-0.5)}] \qquad (4.1.8)$$

其中,β 为比例常数,其对 sigmoid 函数的影响如图 4.1.1 所示。从图 4.1.1 中可以看出,随着 β 的增大,p'' 会逐渐趋向于 0 和 1。因此,在优化的过程,随着迭代次数的增加,可以逐渐增大 β,从而使得最终的结构二元化。

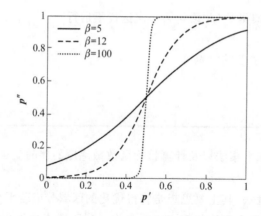

图 4.1.1 β 对 sigmoid 函数的影响

2. 水平集法

水平集法利用高维标量函数的零水平集对低一维的结构进行隐式建模,在优化的过程中,模型边界不同位置的形变量正比于目标函数在该位置的形状导数。水平集法中定义了一个在优化区域的标量函数 Ψ,其零水平集边界将优化区域分为 3 个区域,表达式为

$$\begin{cases} \Psi(x) < 0 & (x \in \Omega) \\ \Psi(x) = 0 & (x \in \partial\Omega) \\ \Psi(x) > 0 & (x \in \Omega') \end{cases} \qquad (4.1.9)$$

其中,x 为坐标系中一个点的坐标,Ω 为水平集函数建模的结构,$\partial\Omega$ 为模型边界,Ω' 为优化区域内与模型 Ω 互补的区域。通过敏感度分析可以计算出模型边界上目标函数的形状导数,其大小代表了目标函数对形状改变的敏感程度。在每次迭代时,改变水平集函数的形状,使得模型边界的形变大小与形状导数成正比,其本质就是最速下降法。该运动方式可以用哈密顿-

雅克比(Hamilton-Jacobi,HJ)方程来描述:

$$\frac{\partial \Psi}{\partial t}-v_n \mid \nabla \Psi \mid =0 \tag{4.1.10}$$

其中,t 表示时间,v_n 表示模型边界沿法向的移动速度,设为形状导数的法向分量,可以利用应用较广泛的"迎风"迭代方案对式(4.1.10)进行求解[17]。由于形状导数只在模型边界上有定义,所以需要将其扩展到边界领域甚至是整个设计区域,方可利用式(4.1.10)来更新水平集函数。这可通过求解下面的方程来实现:

$$\frac{\partial v_n}{\partial t}+\text{sign}(\Psi)\boldsymbol{n} \cdot \nabla v_n=0 \tag{4.1.11}$$

其中,v_n 表示水平集法向方向的场速度,t 表示离散形式的迭代次数,sign 为符号函数,$\boldsymbol{n}$ 为 v_n 的单位法向量。利用该方程进行扩展,多次更新后所得到的水平集函数仍然保持为一个符号距离函数,这样有利于保持算法的稳定性。

进行多次迭代后,由于速度场的不连续性以及数值误差的积累,水平集会变得比较粗糙。为了保证算法的稳定性和模型边界的光滑性,一般利用高斯滤波器对水平集函数进行滤波。如果滤波后水平集函数偏离了标准的符号距离函数,那么需要对水平集函数 Ψ 重新进行初始化。

3. 伴随变量法

基于梯度优化算法的混合拓扑优化算法需要计算目标函数的梯度,即进行敏感度分析。伴随变量法(Adjoint Variable Method,AVM)通过引入伴随变量,构造一个与原方程相似的伴随方程,通过对原方程和伴随方程的求解得到原状态变量和伴随状态变量,利用这两个变量计算得到目标函数的梯度。如果采用数值差分方法,每一个变量的梯度计算至少需要进行一次额外的仿真,而伴随方法的仿真次数与变量的个数无关,仅与目标函数的个数有关。一般在大规模变量的混合拓扑优化中,变量数目远远多于目标函数的个数,利用伴随方法进行分析可以节省大量的仿真时间。因此,伴随变量法是一种可以计算大规模变量梯度信息的高效算法。

伴随方法可应用于线性系统与非线性系统。这里利用时谐分量 $e^{j\omega t}$ 将麦克斯韦方程变换到频域:

$$\frac{1}{\mu_0}\nabla \times \nabla \times \boldsymbol{E}(\boldsymbol{r})-\omega^2 \varepsilon_0 \varepsilon_r(\boldsymbol{r})\boldsymbol{E}(\boldsymbol{r})=-j\omega \boldsymbol{J}(\boldsymbol{r}) \tag{4.1.12}$$

其中,ω 为单一角频率,$\boldsymbol{E}$ 和 $\boldsymbol{J}$ 分别为电场分布和电流的分布,ε_r 为相对介电常数,假设 $\mu=\mu_0$(非磁性材料)。在给定 ω 和 $\boldsymbol{J}$ 的情况下,可以利用频域有限差分(Finite Difference Frequency Domain,FDFD)方法对式(4.1.12)进行求解[18],从而得到 $\boldsymbol{E}$。式(4.1.12)可以改写为矩阵方程的形式:

$$(\boldsymbol{D}-\omega^2 \varepsilon_0 \boldsymbol{\varepsilon}_r)\boldsymbol{E}=-j\omega \boldsymbol{J} \tag{4.1.13}$$

式(4.1.13)等价于

$$\boldsymbol{A}\boldsymbol{E}=\boldsymbol{b} \tag{4.1.14}$$

其中:FDFD 将电场、介电常数分布和源离散化,$\boldsymbol{D}$ 是一个实矩阵,实现有限差分求导$(1/\mu_0)\nabla \times \nabla \times$ 且不依赖于介电常数分布;$\boldsymbol{\varepsilon}_r$ 是一个复对角矩阵,对角线上的每一个元素对应于区域内每个格子的相对介电常数;$\boldsymbol{E}$ 是一个复向量,表示区域内的电场分布;$\boldsymbol{A}$ 是一个复对称稀疏矩阵;$\boldsymbol{b}$ 是一个复向量,表示驱动电流源分布。

在许多优化问题中,通常用依赖于电场分布 $\boldsymbol{E}$ 的目标函数 f 来评估设备的性能,函数 f 是个实函数,当其取最大值或最小值时设备性能达到最优,从而实现优化。这里最小化 f,其

是关于位置 r' 处相对介电常数的函数,导数计算如下:

$$\frac{\mathrm{d}f}{\mathrm{d}\varepsilon_r(r')} = \frac{\partial f}{\partial \boldsymbol{E}}\frac{\mathrm{d}\boldsymbol{E}}{\mathrm{d}\varepsilon_r(r')} + \frac{\partial f}{\partial \boldsymbol{E}^*}\frac{\mathrm{d}\boldsymbol{E}^*}{\mathrm{d}\varepsilon_r(r')} \tag{4.1.15}$$

由于这里假设 f 和 $\varepsilon_r(r')$ 是实数,式(4.1.15)可重写为

$$\frac{\mathrm{d}f}{\mathrm{d}\varepsilon_r(r')} = R\left\{ 2\frac{\partial f}{\partial \boldsymbol{E}}\frac{\mathrm{d}\boldsymbol{E}}{\mathrm{d}\varepsilon_r(r')}\right\} \tag{4.1.16}$$

根据式(4.1.13)、式(4.1.14)和逆矩阵求导规则,有

$$\frac{\mathrm{d}\boldsymbol{E}}{\mathrm{d}\varepsilon_r(r')} = \frac{\mathrm{d}(\boldsymbol{A}^{-1}\boldsymbol{b})}{\mathrm{d}\varepsilon_r(r')} = -\boldsymbol{A}^{-1}\frac{\mathrm{d}\boldsymbol{A}}{\mathrm{d}\varepsilon_r(r')}\boldsymbol{A}^{-1}\boldsymbol{b} = -\boldsymbol{A}^{-1}\frac{\mathrm{d}\boldsymbol{A}}{\mathrm{d}\varepsilon_r(r')}\boldsymbol{E} \tag{4.1.17}$$

其中,$\boldsymbol{b}$ 不依赖于 $\varepsilon_r(r')$。将式(4.1.17)代入式(4.1.16),有

$$\frac{\mathrm{d}f}{\mathrm{d}\varepsilon_r(r')} = R\left\{ -2\frac{\partial f}{\partial \boldsymbol{E}}\boldsymbol{A}^{-1}\frac{\mathrm{d}\boldsymbol{A}}{\mathrm{d}\varepsilon_r(r')}\boldsymbol{E}\right\} \tag{4.1.18}$$

由于 $\boldsymbol{A}$ 为对称矩阵,所以有 $\boldsymbol{A}=\boldsymbol{A}^{\mathrm{T}}$,$\boldsymbol{A}^{-1}=(\boldsymbol{A}^{-1})^{\mathrm{T}}$。设

$$\boldsymbol{E}_{aj}^{\mathrm{T}} = -2\frac{\partial f}{\partial \boldsymbol{E}}\boldsymbol{A}^{-1} \tag{4.1.19}$$

式(4.1.19)可重写为

$$\boldsymbol{E}_{aj} = \boldsymbol{A}^{-1}\left(-2\frac{\partial f^{\mathrm{T}}}{\partial \boldsymbol{E}}\right) \tag{4.1.20}$$

伴随方程如下:

$$\boldsymbol{A}\boldsymbol{E}_{aj} = -2\frac{\partial f^{\mathrm{T}}}{\partial \boldsymbol{E}} \tag{4.1.21}$$

与式(4.1.14)表示的原方程相比,伴随方程用了相同的系统 $\boldsymbol{A}$,但是却将激励源替换为 $(-2\partial f^{\mathrm{T}})/\partial \boldsymbol{E}$,该源依赖于目标函数 f 和原场 $\boldsymbol{E}$,通过伴随方程得到的解 $\boldsymbol{E}_{aj}$ 称为伴随场。式(4.1.18)可重写为

$$\frac{\mathrm{d}f}{\mathrm{d}\varepsilon_r(r')} = R\left\{ \boldsymbol{E}_{aj}^{\mathrm{T}}\frac{\mathrm{d}\boldsymbol{A}}{\mathrm{d}\varepsilon_r(r')}\boldsymbol{E}\right\} \tag{4.1.22}$$

由于 $\varepsilon_r(r)$ 在矩阵 $\boldsymbol{A}$ 中沿对角线分布,所以矩阵 $\mathrm{d}\boldsymbol{A}/\mathrm{d}\varepsilon_r(r')$ 中的元素只有在对角线上 $r=r'$ 处为 $-\omega^2\varepsilon_0$,在其余位置均为 0,将此结果代入式(4.1.22),有

$$\frac{\mathrm{d}f}{\mathrm{d}\varepsilon_r(r')} = -\omega^2\varepsilon_0 R\{\boldsymbol{E}(r')\boldsymbol{E}_{aj}(r')\} \tag{4.1.23}$$

其中,$\boldsymbol{E}(r')$ 和 $\boldsymbol{E}_{aj}(r')$ 分别为位置 r' 处的原场和伴随场。现在将范围扩展到区域内的任意一点 r 处,则目标函数的梯度为

$$\frac{\mathrm{d}f}{\mathrm{d}\varepsilon_r(r)} = -\omega^2\varepsilon_0 R\{\boldsymbol{E}(r)\boldsymbol{E}_{aj}(r)\} \tag{4.1.24}$$

利用上述的伴随方法,只要解方程获得原场和伴随场,那么便可获得每个像素点目标函数关于相对介电常数的梯度[19]。

现构造一个向量 $\boldsymbol{\varepsilon}'$,其中的元素包含区域内每个像素点的介电常数。由之前材料分布法的介绍可知,物理变量 $\boldsymbol{p}''$ 是中间变量 $\boldsymbol{p}'$ 的函数,$\boldsymbol{p}'$ 是设计变量 $\boldsymbol{p}$ 的函数,同时,$\boldsymbol{\varepsilon}'$ 是 $\boldsymbol{p}''$ 的函数,那么目标函数关于设计变量的梯度 $\partial f/\partial \boldsymbol{p}$ 可结合式(4.1.5)~式(4.1.8)和式(4.1.24)计算得到。

4.1.4 混合拓扑优化算法举例

拓扑优化算法和 AVM 由于其独特的优势,被广泛应用于微纳光子器件和光子神经网络当中。斯坦福大学 Hughes 等于 2018 年提出了一种新的光子神经网络训练算法[20]:将 AVM 与神经网络的实际物理过程相结合,使用反向传播(Back Propagation,BP)算法训练神经网络所需的梯度信息由 AVM 计算获得,大大加快了神经网络的训练速度。由于目前片上 MZI 的尺寸大于 $100~\mu m$,难以实现规模较大的矩阵乘法,因此西湖大学 Qiu 等于 2020 年利用材料分布法和 AVM 设计出了光学散射单元(Optical Scattering Unit,OSU)[21],其具有快速、节能、可扩展的优点。首先将尺寸为 $4\times4~\mu m^2$ 的 OSU 设计区域离散成 80×80 的像素点,利用材料分布法使得每个像素点的折射率介于 1 和 3.47 之间。由于旋转矩阵是一种特殊的酉矩阵,可以实现欧氏空间中一个向量的旋转,具有重要作用,所以本例选择旋转矩阵作为 OSU 的优化目标。为了优化 OSU,选择 500 个满足目标旋转矩阵要求的样本,400 个作为训练集,100 个作为测试集。输入和输出向量被归一化(光强为 1)后编码到电场幅度上,将输出端口预测的光强与准确的光强之间的均方误差作为训练的目标函数,目标函数的梯度信息

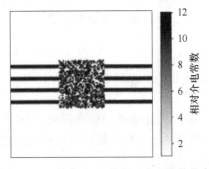

图 4.1.2　优化 OSU 的相对介电常数分布

由 AVM 计算获得。随着迭代次数的增加,均方误差函数下降,这表明 OSU 真正学到了目标旋转矩阵的特征。最终,优化得到的 OSU 的相对介电常数分布如图 4.1.2 所示。

4.2　非梯度类算法原理

非梯度类算法不需要计算目标函数的梯度便可达到优化的效果,该算法相对简单、有效,可并行计算,被广泛应用于微纳光子学中,具体应用实例在本书 5.5 节、6.4 节、9.3 节均有介绍。常见的非梯度类算法有直接二进制搜索算法、遗传算法、模拟退火算法、粒子群算法和多目标优化算法。其中,遗传算法和粒子群算法是受生物进化和自然选择启发产生的算法,由于需要控制个体组成的种群,故这类算法收敛速度相对较慢。模拟退火和直接二进制搜索算法是典型的搜索算法,收敛较快,但直接二进制搜索算法的多样性相对较差,更容易陷入局部最优解。多目标优化算法是使得多个目标在给定范围同时尽可能最佳,得到的通常是一组均衡解。

4.2.1　直接二进制搜索算法

直接二进制搜索(Direct Binary Search,DBS)算法是一种对于只有“0”和“1”两种离散值的实际问题进行优化,进而得到最优解的方法,它是一种非线性暴力搜索算法,会逐一对参数空间中的每个数据进行搜索,然后进行比较,从而得到效果最佳的解空间。该算法的基本原理是:随机生成一个二进制矩阵,依次改变每个元素的状态(0 变 1 或 1 变 0),查看性能变化,如果性能变优,则保留这次变化;如果性能不变或变差,则不保留此次变化。具体实现过程如算法 4.2.1 所示。由于 DBS 算法的原理比较简单且易于实现,因而被广泛应用于集成光子器件的设计当中。

算法 4.2.1　直接二进制搜索(DBS)算法

初始化二进制矩阵 Q

计算 Q 的性能与目标性能的差值 D_1

　　for 未满足迭代终止条件 do

　　　　改变一个元素的状态,得到新的二进制矩阵 Q_1

　　　　计算 Q_1 的性能与目标性能的差值 D_2

　　　　if $D_2 < D_1$ then

　　　　　　更新二进制矩阵 $Q = Q_1$,更新差值 $D_1 = D_2$

　　　　else

　　　　　　保持原二进制矩阵 Q

　　　　end if

　　end for

输出优化的二进制矩阵 Q

其中,终止条件一般有两种:①已经实现二维码分布中所有格子的遍历;②通过算法优化迭代得到的结构的性能与目标性能的差值没有下降的趋势,因此结果没有本质上的提升,不再需要继续迭代。

4.2.2　遗传算法

遗传算法(Genetic Algorithm, GA)于 1975 年由美国的 Holland 教授首次提出[22],该算法借鉴自然选择学说和基因遗传原理,将生物界进化的过程运用于科学研究当中。作为一种高效并行且具有自适应性的演进算法,GA 可以对潜在的解决方案进行全局搜索,根据适者生存的规则,通过数次迭代,最终得到与最优解近似的解。与传统的进化算法相比,GA 是一种能够解决组合优化类问题的通用算法框架,可运用于众多领域。GA 具有很强的稳健性和容错性,并且遗传操作的随机性强,不需要连续、可微等条件,运算简单,收敛速度快。

运行 GA 时,首先会随机生成种群个体,再从该种群中选出一部分适应度高的个体,然后进行交叉和变异操作。通常情况下,交叉概率的取值范围是 0.6~1,变异概率为 0.1 以下,它表明了基因突变的概率。经过选择、交叉、变异后所生成的新一代种群个体比上一代的适应性更强,并不断通过迭代提升整体的适应度,这是因为高适应度的个体被选择产生下一代的概率更大,低适应度的个体会被逐渐淘汰。GA 的具体实现过程如算法 4.2.2 所示。

算法 4.2.2　遗传算法(GA)

初始化种群

　　for 未满足迭代终止条件 do

　　　　根据适应度函数计算个体的适应度

　　　　根据选择策略选择父代种群中适应度高的个体

　　　　根据交叉策略和概率对选中的个体实行交叉操作产生子代

　　　　根据变异策略和概率对子代个体实行变异操作产生新的子代

　　end for

输出最优的个体

其中,迭代终止条件一般为:①达到最大迭代次数;②连续多代种群的适应度值不变。

4.2.3　模拟退火算法

模拟退火(Simulated Annealing,SA)算法的思想最早是在 1953 年由来自 IBM 研究中心的 Metropolis 等提出的[23],在 20 世纪 80 年代初期,它被用于解决复杂的组合优化问题,并且可以实现良好的效果。SA 算法以物理中固体物质退火过程与一般组合优化问题之间的相似性为基础,利用 Metropolis 算法并适当地控制温度的下降过程来实现模拟退火,从而达到求解全局优化问题的目的。SA 算法逐渐发展成为一种迭代自适应启发式概率性搜索算法,可以用于求解不同的非线性问题,对不可微甚至不连续的函数优化,能以较大概率求得全局最优解。该算法还具有较强的稳健性、全局收敛性、并行性以及广泛的适应性,并且能处理不同类型的优化设计变量,不需要任何辅助信息,对目标函数和约束函数没有任何要求。

SA 算法需要设定一个较高的初始温度,随着迭代次数的增加,温度不断降低,结合算法的概率突跳特性(概率性地跳出局部最优并最终趋于全局最优),在所需解决问题的解空间范围内,对目标函数的解进行随机搜索,并根据 Metropolis 准则按照一定概率接受比目前解的效果更差的解,从而有效地降低了局部最优解发生的概率。Metropolis 应用于 SA 算法的数学表达如下:

$$P(\Delta E,T)=\begin{cases}1 & (\Delta E<0)\\ \mathrm{e}^{-\frac{\Delta E}{kT}} & (\Delta E\geqslant 0)\end{cases} \tag{4.2.1}$$

其中,P 代表当前对新解的接受概率;ΔE 代表当前新解与原有解所对应的适应度的差值;k 代表 Boltzmann 常数;T 代表在 SA 算法迭代优化过程中的温度值。SA 算法的具体实现过程如算法 4.2.3 所示。

算法 4.2.3　模拟退火算法(SA)

初始化温度和解的状态
　for 未满足迭代终止条件 do
　　for 当前温度下未充分搜索 do
　　　根据当前温度对当前解随机扰动产生一个新解
　　　计算代价函数的增量 ΔE
　　　if $\Delta E<0$ then
　　　　接受新解
　　　else if $\exp(-\Delta E/T)>\mathrm{rand}$(rand 为 0-1 的随机数)then
　　　　接受新解
　　　else
　　　　保留当前解
　　　end if
　　end for
　　温度衰减
　end for
输出最优解

其中，迭代终止条件与 GA 的终止条件一致。

4.2.4 粒子群优化算法

粒子群优化（Particle Swarm Optimization，PSO）算法最早于 1995 年由美国社会心理学家 Kennedy 和电气工程师 Eberhart 共同提出[24]，该算法的思想来源于对鸟群捕食行为的研究：一群鸟在区域中随机搜索食物，所有的鸟都不知道食物在哪，但却知道自己当前的位置与食物的距离，那么找到食物最优的策略便是搜索目前离食物最近的鸟的周围区域，然后根据自己的飞行经验来判断食物所在的具体位置。PSO 算法正是从这种模型中得到启发并应用于解决优化问题。在 PSO 算法中，每个寻优的问题都被想象成一只鸟，称为"粒子"。所有的粒子都由一个适应度函数确定适应值以判断目前位置的好坏。每一个粒子必须赋予记忆功能，能记住所搜寻到的最佳位置，而且每个粒子还有一个速度以决定飞行的距离和方向，这个速度根据它本身的飞行经验以及同伴的飞行经验进行动态调整。然后，粒子们就追随当前的最优粒子进行搜索。PSO 算法本质上是一种随机搜索算法，能以较大的概率收敛于全局最优解，它适合在动态、多目标中寻优，与传统的优化算法相比，具有较快的计算速度和更好的全局搜索能力。

PSO 算法寻求最优解的方法如下：假设 D 维空间中有 n 个粒子，那么第 $i(i=1,2,\cdots,n)$ 个粒子的位置为 $z_i=(z_{i1},z_{i2},\cdots,z_{iD})$，$D$ 取值过大会导致算法收敛速度变慢，取值过小会影响算法搜索最优解的效率，通过计算粒子当前的适应度值来判断其目前所处位置的优劣；第 i 个粒子的速度为 $v_i=(v_{i1},v_{i2},\cdots,v_{iD})$；第 i 个粒子目前寻找到的最优位置为 $\mathbf{pbest}_i=(p_{i1},p_{i2},\cdots,p_{iD})$，粒子群整体到目前为止搜寻到的历史最优位置为 $\mathbf{gbest}=(p_{g1},p_{g2},\cdots,p_{gD})$。在获得这两个最优值后，第 i 个粒子第 d 维的速度与位置更新分别由式（4.2.2）和式（4.2.3）计算得到：

$$v_{id}^{k+1}=\omega v_{id}^k+c_1 r_1(p_{id}^k-z_{id}^k)+c_2 r_2(p_{gd}^k-z_{id}^k) \tag{4.2.2}$$

$$z_{id}^{k+1}=z_{id}^k+v_{id}^{k+1} \tag{4.2.3}$$

其中：$v_{id}\in[v_{d\min},v_{d\max}]$，$z_{id}\in[z_{d\min},z_{d\max}]$；$r_1$ 和 r_2 是 $[0,1]$ 范围内的均匀随机数，以增加搜索的随机性；c_1 和 c_2 称为学习因子，也称加速常数，用以调整学习的最大步长；ω 为惯性权重，负责调节粒子保持当前速度影响的权重。PSO 算法的具体实现过程如算法 4.2.4 所示。

算法 4.2.4 粒子群优化（PSO）算法

初始化粒子群，包括位置与速度
　for 未满足迭代终止条件 do
　　计算每个粒子的适应度
　　计算每个粒子的个体最优值
　　计算整个群体的全局最优值
　　更新每个粒子的速度与位置
　end for
输出最优的粒子

其中，迭代终止条件与 GA 的终止条件一致。

4.2.5　多目标优化算法

在科学和工程实践中,很多设计问题都是多目标优化问题,最理想的情况是多个目标在给定区域内同时达到最优。但由于各个目标之间相互制约,一个目标的改进往往会导致另一个目标变差,无法达到同时最优,故对于多目标优化问题来说,只能找到相对较优的解来满足决策者的要求。多目标优化问题的数学模型如下:

$$\begin{cases} \min_{\boldsymbol{x} \in \boldsymbol{E}}: & f(\boldsymbol{x}) = (f_1(\boldsymbol{x}), f_2(\boldsymbol{x}), \cdots, f_L(\boldsymbol{x})) \\ \text{s.t.} & g_j(\boldsymbol{x}) \leqslant 0, j = 1, 2, \cdots, J \\ & h_k(\boldsymbol{x}) = 0, k = 1, 2, \cdots, K \end{cases} \quad (4.2.4)$$

其中,$\boldsymbol{x} = (x_1, x_2, \cdots, x_M)$ 为多目标优化模型中 M 个设计变量所组成的向量;$f_l(x)$ 为模型的第 l 个目标函数,L 为目标函数的个数;$g_j(\boldsymbol{x})$ 和 $h_k(\boldsymbol{x})$ 为约束函数;E 为边界约束条件。

目前有很多优化算法应用于多目标优化问题中,GA 属于其中一种。随着多目标遗传算法的发展,目前可将该算法分为两个阶段:以形式简单为特征的第一代多目标遗传算法和以效率为特征的第二代多目标遗传算法,两者最主要的区别在于精英个体是否被引入种群的遗传过程。第一代多目标遗传算法包括非支配排序遗传算法和小生境 Pareto 遗传算法等;第二代多目标遗传算法包括强度 Pareto 遗传算法、强度 Pareto 遗传算法 Ⅱ 和非支配排序遗传算法 Ⅱ 等。其中,非支配排序遗传算法 Ⅱ 由于结构简单、运行效率高等优点应用最为广泛。本节将重点介绍非支配排序遗传算法和非支配排序遗传算法 Ⅱ。

1. 非支配排序遗传算法

非支配排序遗传算法(Non-dominated Sorting Genetic Algorithm, NSGA)是一种基于 Pareto 最优概念的多目标遗传算法,其主要思想是:①利用支配排序算法对种群进行非支配分层,可以使得好的个体有更大的概率遗传到下一代;②使用共享函数的方式保持种群的多样性,防止了早熟收敛。NSGA 的具体实现过程如算法 4.2.5 所示。

算法 4.2.5　非支配排序遗传算法(NSGA)

初始化种群
 for 未满足迭代终止条件 do
  front←1(front 代表层数)
  for 种群未全部分层 do
   非支配排序
   指定虚拟适应度值
   应用于适应度共享小生境
   front←front+1
  end for
  根据虚拟适应度对父代种群中的个体进行选择
  根据交叉策略和概率对选中的个体实行交叉操作产生子代
  根据变异策略和概率对子代个体实行变异操作产生新的子代
 end for
输出最优的个体

由以上算法可知,若种群未完全分层,则需要非支配排序算法对该种群进行分层,具体实现过程如算法 4.2.6 所示。

算法 4.2.6　非支配排序算法

---

for $i=1$;未找到所有的非支配个体;$i++$ do

　　for $j=1$;$j \leqslant n$ & $j \neq i$;$j++$ do

　　　　基于适应度函数比较个体 x_i 和个体 x_j 之间的支配和非支配关系

　　end for

　　if 任意的 x_j 不优于 x_i then

　　　　x_i 标记为非支配个体

　　end if

end for

其中,对于任意的两个决策变量 x_A 和 x_B,若对于任意的 i,都有 $f_i(x_A) < f_i(x_B)$,$f_i(x)$ 为第 i 个目标函数,则称 A 支配 B。通过上述步骤得到的非支配个体的集合是第一级非支配层,然后忽略这些被标记的个体,继续运行上述步骤,得到第二级非支配层。依此类推,直到种群完全分层。

种群分层结束后,需要给每一级指定一个虚拟适应度值,同时为了得到分布均匀的 Pareto 最优解集,NSGA 引入了小生境技术,对原来的虚拟适应度值进行重新指定。假设第 p 级非支配层上有 n_p 个个体,每个个体的虚拟适应度为 F_p,且令 $i,j=1,2,\cdots,n_p$,它的具体实现过程如算法 4.2.7 所示。

算法 4.2.7　虚拟适应度重新指定算法

---

for $i=1$; $i \leqslant n_p$;$i++$ do

　　for $j=1$;$j \leqslant n_p$;$j++$ do

　　　　计算出同属于一个非支配层的个体 x_i 和个体 x_j 之间的欧氏距离

　　　　计算个体 x_i 和个体 x_j 之间的共享函数 s

　　end for

　　计算个体 x_i 在种群中的共享度

　　计算个体 x_i 的共享适应度值

　　end for

其中,计算个体之间的欧氏距离的公式如下:

$$D_{ij} = \sqrt{\sum_{l=1}^{L} \left[\frac{f_l(x_i) - f_l(x_j)}{f_l^u - f_l^d} \right]^2} \tag{4.2.5}$$

其中,$f_l(x)$ 为目标函数,L 为问题空间目标函数的个数,f_l^u 和 f_l^d 为 f_l 的上界和下界。共享函数 s 的计算公式如下:

$$s(D_{ij}) = \begin{cases} 1 - \left(\dfrac{D_{ij}}{\sigma_{\text{share}}} \right)^\alpha & (D_{ij} \leqslant \sigma_{\text{share}}) \\ 0 & (\text{其他}) \end{cases} \tag{4.2.6}$$

其中，σ_{share}为小生境半径，α为常数，用于对共享函数的调整，每一个个体的共享函数为1。计算个体在种群中的共享度的公式如下：

$$c_i = \sum_{j=1}^{n_p} s(D_{ij}) \tag{4.2.7}$$

计算个体共享适应度值的公式如下：

$$F'_p(x_i) = \frac{F_p(x_i)}{c_i} \tag{4.2.8}$$

2. 非支配排序遗传算法Ⅱ

NSGAⅡ是在NSGA的基础上，基于快速非支配排序、采用精英策略的遗传算法：①提出了快速非支配排序算法，使算法的时间复杂度由$O(mN^3)$降低到$O(mN^2)$，提高了算法的效率；②引入精英策略，将父代种群与其产生的子种群组合，共同竞争产生下一代种群，提高了优化结果的精度；采用拥挤度和拥挤度比较算子，保证了种群的多样性。NSGAⅡ的具体实现过程如算法4.2.8所示。

算法4.2.8　非支配排序遗传算法Ⅱ（NSGAⅡ）

初始化种群

快速非支配排序和拥挤度计算

　　for 未满足迭代终止条件 do

　　　　选择、交叉、变异

　　　　父子代个体合并

　　　　快速非支配排序和拥挤度计算

　　　　生成新种群

　　end for

输出最优的个体

假设种群为P，种群中每个个体p有两个参数n_p和s_p，其中n_p和s_p分别代表种群中支配个体p的个体数和被个体p支配的个体集合。快速非支配排序算法的具体实现如下。

算法4.2.9　快速非支配排序算法

---

for $j=1$;种群未被完全分级;$j++$ do

　　找到种群P中所有$n_p=0$的个体

　　保存到集合Z_j中，将Z_j中的个体作为第j级非支配层的个体并赋予每个个体一个相同的非支配序p_{rank}

　　清空P

　　对于集合Z_j中的每个个体i，其所支配的个体集合为P，共有P_1个个体

　　for $p=1$;$p \leqslant P_1$;$p++$ do

　　　　$n_p = n_p - 1$

　　end for

end for

为了解决 NSGA 中共享半径需要被设定这一问题，NSGA Ⅱ 提出了拥挤度的概念：表示种群中给定个体的周围个体的密度，用 p_d 表示，直观上表示为个体 p 周围包含个体 p 但不包含其余个体的最大长方形的长，其计算步骤如下：

(1) 令每个个体的拥挤度 $p_d = 0$；

(2) 对于每个目标函数，基于该目标函数对种群进行非支配排序；

(3) 令边界的两个个体的拥挤度为无穷，即 $L_d = M_d = \infty$；

(4) 计算拥挤度：

$$p_d = \sum_{l=1}^{L} |f_l^{p+1} - f_l^{p-1}| \tag{4.2.9}$$

其中，f_l^{p+1} 表示个体 $p+1$ 的第 l 个目标函数。

通过快速非支配排序和拥挤度计算之后，种群中的每个个体 p 都会有两个属性：非支配序 p_{rank} 和拥挤度 p_d，利用这两个属性，便可区别种群中任意两个个体的支配和非支配关系。满足 $i_{rank} < j_{rank}$ 或者 $i_{rank} = j_{rank}$ 且 $i_d > j_d$ 这两个条件的任意一条，便可表明个体 i 优于个体 j。

4.3　机器学习

机器学习是人工智能的一个分支，是实现人工智能的一个途径，即以机器学习为手段解决人工智能中的问题。机器学习在近 30 多年已发展为一门多领域交叉学科，涉及概率论、统计学、逼近论、凸分析、计算复杂性理论等多门学科。机器学习努力的方向是研究如何通过计算手段，利用经验来改善系统自身的性能。机器学习算法是一类从数据中自动分析获得规律，并利用规律对未知数据进行预测的方法。本节将尽量采用较少的数学语言对机器学习中经典的模型进行描述，以帮助读者更好地理解这些算法，4.3.1 节～4.3.6 节介绍六种目前应用较为广泛的模型及其原理，4.3.7 节介绍一些机器学习中常用的软件与框架，以帮助读者实际使用机器学习。本书的第 5、6、8～10 章将会介绍这些机器学习算法在微纳光子器件中的运用。

4.3.1　支持向量机

支持向量机(Support Vector Machine，SVM)是在统计学习理论的基础上，借助最优化方法解决机器学习问题的学习算法。SVM 是一种通用的机器学习模型，能够执行线性或非线性分类、回归，甚至异常值检测。本节将通过适当的例子加以解释来学习它的核心概念。

SVM 是一种二元分类模型。对于一个二分类问题，给定训练样本集合 $\boldsymbol{X} = \{(\boldsymbol{x}_1, y_1), (\boldsymbol{x}_2, y_2), \cdots, (\boldsymbol{x}_n, y_n)\}$，其中 $\boldsymbol{x}_i$ 是一个向量，$y_i \in \{+1, -1\}$ 是 $\boldsymbol{x}_i$ 的类标记。若 $y_i = -1$，称此向量 $\boldsymbol{x}_i$ 为负例；若 $y_i = +1$，称此向量 $\boldsymbol{x}_i$ 为正例。学习二分类的目标是在样本集合所给定的空间中找出一个可以分离正负例的超平面，它可以使相反类别的样本分开。如图 4.3.1 所示，正例(五角星)和负例(圆形)两种相反类别用许多实线或虚线划分开，这里的实线和虚线称为"超平面"。

由图 4.3.1 可以看出，能将正负例分开的超平面有很多，所以如何找到一个合适的超平面是接下来需要讨论的问题。从最简单的思路出发，理应选择处于正负例样本"中间"的超平面。例如图 4.3.1 中实线那一条，它是在该图中最有稳健性的一个超平面，因为它对训练样本的局部扰动"容忍性"最好。在样本空间中，假设超平面所对应的一个线性方程为

$$\boldsymbol{\omega}^{\mathrm{T}} \boldsymbol{x} + b = 0 \tag{4.3.1}$$

其中：$\boldsymbol{\omega}$ 是超平面的法向量,决定了超平面的方向;b 是线性方程的位移量,决定了超平面与原点之间的距离。

假设存在超平面能使训练样本集合正确划分,即要满足方程组(4.3.2):

$$\begin{cases} \boldsymbol{\omega}^{\mathrm{T}}\boldsymbol{x}_i+b\geqslant+1 & (y_i=+1) \\ \boldsymbol{\omega}^{\mathrm{T}}\boldsymbol{x}_i+b\leqslant-1 & (y_i=-1) \end{cases} \tag{4.3.2}$$

其中,不等式方程组(4.3.2)中的等号成立,表示训练样本中距离超平面最近的样本点。此时称它们为"支持向量",如图 4.3.2 中两条虚线所示。

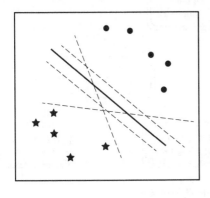

图 4.3.1　二分类问题

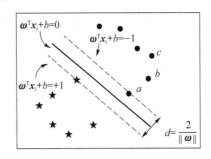

图 4.3.2　间隔和支持向量

这两个相反的"支持向量"之间的距离称为"间隔",其表达式为

$$d=\frac{2}{||\boldsymbol{\omega}||} \tag{4.3.3}$$

在 SVM 的思想中,不仅要正确划分训练样本,还要找出几何间隔最大的划分超平面。找到几何间隔最大的超平面意味着以足够大的确信度对训练样本进行分类。如图 4.3.2 中样本点 a、b、c,点 a 距离超平面 $\boldsymbol{\omega}^{\mathrm{T}}\boldsymbol{x}_i+b=0$ 最近,则认为该点预测为正类的确信度就不高;而点 c 距离超平面 $\boldsymbol{\omega}^{\mathrm{T}}\boldsymbol{x}_i+b=0$ 最远,则认为该点预测为正类的确信度较高;对于点 b,其确信度介于 a 和 c 之间。若想要找到几何间隔最大的划分超平面,则需满足

$$\begin{cases} \max\limits_{\omega,b} & d=\dfrac{2}{||\boldsymbol{\omega}||} \\ \mathrm{s.\,t.} & y_i(\boldsymbol{\omega}^{\mathrm{T}}\boldsymbol{x}_i+b)\geqslant1 \quad (i=1,2,\cdots,n) \end{cases} \tag{4.3.4}$$

这便是 SVM 的基本原理。

4.3.2　决策树

决策树是机器学习中一种常用的算法,被广泛应用于分类、预测、规则提取等领域。其基本思想是对给定的数据集进行训练,从而得到一个模型能够对新的数据集进行分类。决策树的树形结构恰是人类在解决问题时一种很自然的处理方式。当有一个新样本用此模型进行分类时,此决策过程可以视作一种判断。这里以鸢尾花数据集为例,利用花萼长度、花萼宽度、花瓣长度和花瓣宽度四个属性对其进行分类,最终得到鸢尾花的类别为 Setosa、Versicolour 以及 Virginica。上述决策过程如图 4.3.3 所示。

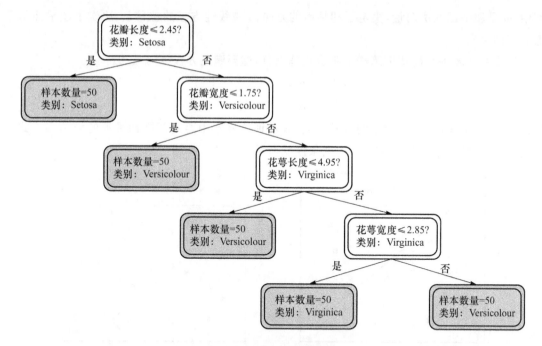

图 4.3.3　鸢尾花品种问题的决策树

在上述决策过程中,每一步的判断都是基于上一步的判断结果,例如,"花瓣长度大于 2.45 cm"之后再判断"花瓣的宽度大小",此时只需考虑花瓣长度大于 2.45 cm 的样本。可以看出,决策树的决策过程体现了"分而治之"的思想。通常一棵决策树是由一个根节点、若干个内部节点和若干个叶节点组成的。一个叶节点对应一个决策结果,内部节点则对应一种属性测试。

若想使决策结果最优,则得到的分支应尽可能包含同一属性的样本,即叶节点或内部节点的"纯度"应尽可能高。决策树引入了三个概念来衡量样本集合的纯度:信息熵、增益率和基尼指数。信息熵是一种常用的衡量样本集合的指标,假设当前样本集合 X 中第 i 类样本占比为 $p_i(i = 1,2,3,\cdots,|\gamma|)$,此时信息熵定义为

$$H(X) = -\sum_{i=1}^{|\gamma|} p_i \log_2 p_i \qquad (4.3.5)$$

其中,$H(X)$ 的数值越低,则纯度越高。

对于有 N 个取值的离散属性 $a\ \{a^1,a^2,\cdots,a^N\}$ 来说,当使用 a 属性对样本集合进行划分时,会产生 N 个分支节点,其中第 n 个分支节点里是包含样本集合 X 中所有 a 属性等于 a^n 的样本,记为 X^n。由于不同分支节点里的样本数量不等,所以需要给每个节点赋予权重 $|X^n|/|X|$,即样本数量越多权重越大,此节点的影响力也越大。结合式(4.3.5)计算出 X^n 的信息熵,最终可以计算出用属性 a 对样本集合 X 划分所得的"信息增益":

$$G(X,a) = H(X) - \sum_{n=1}^{N} \frac{|X^n|}{|X|} H(X^n) \qquad (4.3.6)$$

通常情况下,信息增益越大,则用属性 a 来划分所得的纯度提升越大。著名的 ID3 决策树学习算法就是用信息增益为准则来选择划分属性[25]。

事实上,信息增益对数量多的属性有一定的偏好,为了减少这样的不利影响,著名的 C4.5 决策树算法不直接使用信息增益[26],而是引入了"增益率"这个概念来选择最佳划分属性。增益率定义为

$$G\_ratio(X,a) = \frac{G(X,a)}{IV(a)} \tag{4.3.7}$$

其中，$IV(a)$ 是属性 a 的固有值，定义为

$$IV(a) = -\sum_{n=1}^{N} \frac{|X^n|}{|X|} \log_2 \frac{|X^n|}{X} \tag{4.3.8}$$

决策树在分类和回归任务中常用 CART 决策树算法[27]，其使用"基尼指数"来选择划分属性。数据集 X 的纯度可以用基尼值来衡量：

$$Gini(X) = \sum_{i=1}^{|Y|} \sum_{i' \neq i} p_i p_{i'} = 1 - \sum_{i=1}^{|Y|} p_i^2 \tag{4.3.9}$$

由定义可知，$Gini(X)$ 意味着从数据集 X 中随机抽取两个样本，其类别标记不同的概率。因此，$Gini(X)$ 越小，则数据集纯度越高。对于属性 a，其基尼指数定义为

$$Gini\_index(X,a) = \sum_{n=1}^{N} \frac{|X^n|}{|X|} Gini(X^n) \tag{4.3.10}$$

由此可以选择使基尼指数最小的属性作为最佳划分属性。

决策树在学习过程有时不可避免会出现过拟合问题，为了解决这个问题，主要使用两种方法：预剪枝和后剪枝。预剪枝是在决策树进行决策的过程中，先对每一个节点进行一次评估，如若该节点的属性划分不能提升决策树的泛化能力，就结束划分并把将该节点记为叶节点；后剪枝则是一个反过程，即在完成决策树的生成之后再从下往上对每个内部节点进行评估，如若对一分支进行裁剪能带来泛化性能的提升，那么就将该分支裁剪，将该内部节点替换成叶节点。尽管有剪枝等方法，但一棵树的生成表现是不如多棵树的，因此随机森林应运而生，其被用来解决决策树泛化能力弱的缺点，本书将在第 6 章中运用随机森林算法。

4.3.3 全连接神经网络

人工神经网络（Artificial Neural Network，ANN）是 20 世纪 80 年代以来人工智能领域兴起的研究热点。它从信息处理的角度对人脑神经元网络进行抽象，建立某种简单模型，按不同的连接方式组成不同的网络。神经网络是一种运算模型，由大量的节点（或称神经元）相互连接构成。每个节点代表一种特定的输出函数，称为激励函数。每两个节点间的连接都代表一个通过该连接信号的加权值，称之为权重。网络的输出则因网络的连接方式、权重值和激励函数的不同而不同。近十多年来，神经网络的研究工作不断深入，已经取得了很大的进展，其在模式识别、智能机器人、自动控制、预测估计、生物、医学、经济等领域已成功地解决了许多现代计算机难以解决的实际问题，表现出了良好的智能特性。本章 4.3.4 节～4.3.6 节将会介绍一些"特殊"的神经网络，并且第 5 章和第 6 章将运用人工神经网络对器件的结构频谱进行预测、反向设计和性能优化。

全连接神经网络（Fully Connected Neural Network，FCNN）是一种最朴素的人工神经网络，其相邻两层之间的任意两个节点之间都有连接，网络结构如图 4.3.4 所示。由图 4.3.4 中的箭头可知，全连接神经网络从输入层开始，上一层的输出均作为下一层的输入，直到输出

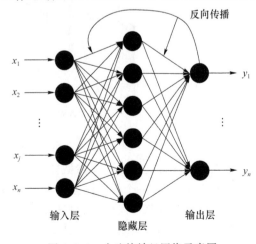

图 4.3.4 全连接神经网络示意图

最终的结果,这个过程称为前向传播。

前向传播中单个节点的运算过程如图 4.3.5 所示:输入先通过权重矩阵和偏置执行线性运算,然后再通过激活函数做一个非线性的运算,最后得到输出。其中,激活函数的选择有很多,如 sigmoid、tanh、ReLU、Leaky-ReLU 等。

图 4.3.5　单个节点运算示意图

欲训练网络,简单的前向传播显然不够,需要反向传播与之相结合,即反向传播 (Backward Propagation,BP)算法。反向传播算法利用前向传播得到的真实输出和理想输出计算出损失函数,即目标函数,然后反向逐层求出目标函数对变量的梯度,利用梯度下降法进行变量更新,直到误差达到期望值。

4.3.4　卷积神经网络

卷积神经网络(Convolutional Neural Network,CNN)是一类包含卷积计算且具有深度结构的神经网络,被广泛应用于图像处理、自然语言处理、时间序列数据处理等领域。本节将先介绍 CNN 中的卷积层,并且说明为什么要在 ANN 中运用卷积以及对 ANN 做了哪些优化,最后介绍池化操作与全连接层。

在图像处理中应用卷积操作,主要目的就是从图像中提取特征。在卷积层的特征提取过程中,CNN 通过两个思想来对 ANN 进行改进:局部连接和参数共享。传统的神经网络通过矩阵乘法建立每个输入与输出的连接关系,即全连接。而 CNN 利用局部连接的思想减少了参数数量并提高了计算效率,其原因是核参数的数量远小于输入数量。例如,对于一张图像(1 000×1 000)而言,在传统 ANN 中通过全连接矩阵乘法需要 1 000 000 个参数(假设只有一个隐藏单元);而在 CNN 中使用局部连接使每个神经元只和 10×10 个像素值相连,卷积只需 100 个参数,这就意味着参数数量减少为原来的万分之一。图 4.3.6 很好地解释了这个比较。

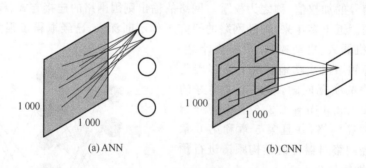

(a) ANN　　　　　　　　　(b) CNN

图 4.3.6　局部连接示意图

虽然通过局部连接减少了参数数量,但在实际运用中参数依然很多,因此 CNN 引入了参数共享的思想,即在一个模型的多个函数中使用相同的参数。由于在传统 ANN 的权重矩阵中每个元素在计算每一层输出时只使用一次,因此需较大的空间来存储参数。而在卷积运算中利用参数共享确保了参数集合只需学习一次,并不需要对每一层每个神经元都单独学习一次,因此在存储空间和计算效率上得到了极大的优化。图 4.3.7 说明了参数共享是如何实现的。图 4.3.7(a)所示的全连接神经网络因为没有参数共享,所以实线箭头这个特殊参数只使用了一次;而图 4.3.7(b)所示的 CNN 使用了参数共享,实线箭头这个特殊参数被用于所有的输入位置。

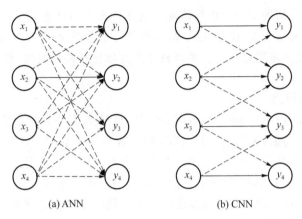

(a) ANN　　　　　　　　　　(b) CNN

图 4.3.7　参数共享示意图

上述的局部连接和参数共享是卷积层中为提取特征且减少参数的重要思想。通常来说,当卷积层提取目标的某个特征之后,需要在两个相邻的卷积层之间安排一个池化层。下面将介绍池化层在 CNN 中的意义。

池化层亦称下采样层,其具体作用有如下几点:第一,通过减少网络中的参数和运算次数,可以控制过拟合问题;第二,通过使输入(特征参数)维度更小,更有利于管理;第三,对于输入图像的微小变化、失真更具有稳健性;第四,池化层中的局部平移不变性是一个非常有用的性质,尤其是关心某个特征是否出现而不关心它出现的具体位置时。例如,在模式识别场景中,当检测人脸时,只关心图像中是否具备人脸的特征,而并不关心人脸是在图像的左上角和右下角。常用的池化函数包括最大池化函数[28]、平均池化函数等。

在完成卷积操作和池化操作之后,还需全连接对图像信息做进一步处理。卷积层和池化层的输出代表了输入图像的高级特征,而全连接层的目的是利用这些基于训练数据集得到的特征,将输入图像进行分类。

CNN 在深度学习的历史中发挥着重要作用。许多经典的 CNN 模型在商业应用中发挥着重要作用。例如:LeNet[29]是最早用于数字识别的 CNN;AlexNet[30]比 LeNet 更深,通过多层小卷积叠加来替换单个大卷积;VGGNet[31]探索了 CNN 的深度与其性能之间的关系;GoogLeNet[32]提出了一种 Inception 结构,优势在于采用不同大小的卷积核意味着不同大小的感受野,最后拼接意味着不同尺度特征的融合;ResNet[33]引入了一种残差单元用于应对由于网络太深导致误差传到前面时梯度逐渐消失的问题。

CNN 使用卷积、池化等方法来特化 ANN,使其能够处理具有清楚的网格结构拓扑的数据。这种方法在二维图像的运用是成功的。为了处理一维序列数据,接下来转向神经网络框架的另一个特化:循环神经网络。

4.3.5　循环神经网络

传统的全连接神经网络考虑的都是当前输入对输出结果的影响,而不会涉及其他时刻对输出结果的影响。在网络结构上表现为:同一层节点之间没有连接。这一连接形式虽然使网络结构得到简化,但也使网络失去了对时间序列数据的处理能力,使网络无法学习输入数据样本与样本之间的依赖关系。例如,t_1 时刻的输入 $x(t_1)$ 产生的输出结果为 $y(t_1)$;t_2 时刻的输入 $x(t_2)$ 产生的输出结果为 $y(t_2)$,$x(t_1)$ 只能影响 $y(t_1)$,而不会对 $y(t_2)$ 产生影响,$x(t_1)$ 和 $x(t_2)$ 的关联性无法在神经网络的学习中得到体现。然而许多学习任务,如语音识别、机器翻译、语言模型、文本分类、词向量生成、信息检索等,都要学习数据之间的依赖性,此时全连接神经网络不再适用,循环神经网络应运而生。本节将介绍基础循环神经网络、长短期记忆网络和长短期记忆网络的一些改进。

1. 基础循环神经网络

循环神经网络(Recurrent Neural Network,RNN)最早用于自然语言处理,允许信息持久化。例如,预测这样一句话:小明的手机坏了,他打算买一个新____。让 RNN 预测最后一个单词时,它会预测出"手机",而不是"计算机"或者其他的词。这是因为 RNN 在进行预测时,不仅考虑了当前信息的输入,还考虑了当前时刻以前的信息输入。图 4.3.8 是典型的 RNN 按时间方向展开的网络结构图,图中最显著的特点是隐藏层节点之间相互连接,使 RNN 可以综合当前时刻的输入和以前时刻的输入,对当前时刻的输出做出判断。

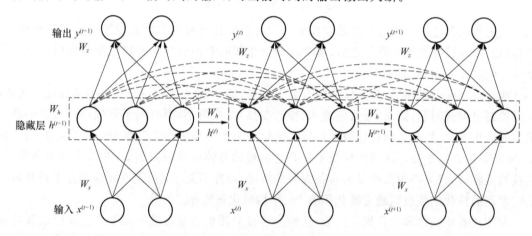

图 4.3.8　RNN 沿时间方向展开图

在图 4.3.8 中,$x^{(t)}$ 表示 t 时刻的输入,$h^{(t)}$ 表示 t 时刻隐藏层的状态,$y^{(t)}$ 表示 t 时刻的输出,虚线表示隐藏层内部的连接状态。隐藏层状态 $h^{(t)}$ 和输出 $y^{(t)}$ 的更新公式如下:

$$h^{(t)} = f_1(W_x x^{(t)} + W_h h^{(t-1)} + b_1) \tag{4.3.11}$$

$$y^{(t)} = f_2(W_z h^{(t)} + b_2) \tag{4.3.12}$$

其中,b_1 和 b_2 表示偏置;$W_x \in R^{r \times n}$、$W_h \in R^{r \times r}$、$W_z \in R^{m \times r}$ 分别为输入权重、隐藏层权重、输出层权重。f 是非线性激活函数,在 RNN 隐藏层中最常用的激活函数是 tanh,有时也用 ReLU;在输出层常用的激活函数是 sigmoid 或者 softmax。

在 RNN 中,每输入一步,都共享 W_x、W_h、W_z 参数。使用权值共享,既减少了循环神经网络的训练参数,也使 RNN 模型可以应用于不同长度的序列处理。例如,在自然语言处理中:"小明买了新手机"和"小明的手机是新买的",虽然"新手机"这一细节在句子中的不同部分,但表达的含义是相同的。RNN 通过权值共享可以把序列数据中不同位置的关键特征提取出来,实现对不同长度序列的处理。

RNN 克服了传统机器学习方法对输入和输出的限制,使 RNN 可以应用于多种任务,尤其是数据中存在一定的时间依赖性时。例如:语句的情感分析任务中可以用多输入单输出;在图片内容转文字描述任务中,可以用多输入多输出;在序列数据转换为序列数据的机器翻译、语音识别等任务中,可以用多输入多输出。

隐藏层神经元双向连接的 RNN,被称为双向循环神经网络(Bidirectional Recurrent Neural Network,BRNN),其主要解决当前输出对未来输入序列信息的依赖问题。例如,预测这样一句话:小明的手机坏了,他打算＿一部新手机。根据前面的信息,无法准确判断出应该是"买",因为在前面的语境下也可以是"修手机"。BRNN 大大增加了 RNN 的序列信息处理能力。然而在实际应用中,不管是 RNN,还是 BRNN,都会存在梯度消失,使循环神经网络丧失学习时间间隔较大的信息间联系的能力,即长期记忆失效。针对这一问题,长短期记忆网络被提出[34],它因能够保持信息的长期存储而备受关注,在实际中应用的更多。

2. 长短期记忆网络

长短期记忆(Long Short-Term Memory,LSTM)网络通过 LSTM 单元实现信息的长期记忆,可以有效地缓解梯度消失问题。LSTM 单元由遗忘门 σ_f、输入门 σ_i 和输出门 σ_o 组成,信息的存储和更新都由这些门来实现,其基本结构如图 4.3.9 所示。

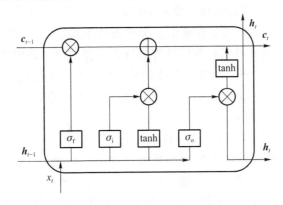

图 4.3.9　LSTM 单元的基本结构

状态单元 c_t 中存储的信息随着时间向前传递。信息在传递过程中可以通过门控进行增加或删除。门控是由 sigmoid 函数和点乘运算实现的,不会提供额外的信息,只是控制信息通过的多少,可以用下式表示:

$$g(\boldsymbol{x})=\sigma(\boldsymbol{Wx}+\boldsymbol{b}) \tag{4.3.13}$$

其中,$\sigma(x)=1/[1+\exp(-x)]$,即 sigmoid 函数,可以将输入信息映射到区间 0~1,0 表示没有信息通过,1 表示信息全部通过。

LSTM 信息的存储和更新分三个阶段进行。

(1) 遗忘阶段:表示上一个状态单元 c_{t-1} 有多少信息需要遗忘,即删除 c_{t-1} 中的无用信息。设在 t 时刻,LSTM 的输入为 $\boldsymbol{x}_t$,隐藏层状态为 $\boldsymbol{h}_t$,$\boldsymbol{W}$ 表示网络的权重矩阵,$\boldsymbol{b}$ 表示网络的偏置向量,遗忘门 $\boldsymbol{f}_t$ 通过 sigmoid 函数产生一个向量,决定了 c_{t-1} 中的哪些信息需要忘记:

$$\boldsymbol{f}_t=\sigma(\boldsymbol{W}_{xf}\boldsymbol{x}_t+\boldsymbol{W}_{hf}\boldsymbol{h}_{t-1}+\boldsymbol{b}_f) \tag{4.3.14}$$

其中,$\boldsymbol{W}_{xf}$ 表示遗忘门的输入权重,$\boldsymbol{W}_{hf}$ 表示遗忘门的隐藏层权重,$\boldsymbol{b}_f$ 表示遗忘门的偏置。

(2) 输入阶段:表示当前的输入信息有多少可以增加到状态单元 c_{t-1} 中,分为以下两部分。

第一部分,输入门 $\boldsymbol{i}_t$ 通过 sigmoid 函数产生一个决定哪些输入信息可以被保留的向量:

$$\boldsymbol{i}_t=\sigma(\boldsymbol{W}_{xi}\boldsymbol{x}_t+\boldsymbol{W}_{hi}\boldsymbol{h}_{t-1}+\boldsymbol{b}_i) \tag{4.3.15}$$

第二部分,通过 tanh 激活函数产生一个候选向量 c_t':

$$c_t' = \tanh(W_{xc}x_t + W_{hc}h_{t-1} + b_c) \tag{4.3.16}$$

经过遗忘门和输入门的调整,状态单元 c_{t-1} 更新为

$$c_t = f_t \odot c_{t-1} + i_t \odot c_t' \tag{4.3.17}$$

其中,$\odot$ 表示向量逐元素相乘。

(3)输出阶段:表示哪些信息可以被当成当前状态 h_t 进行输出,输出门 o_t 经过 sigmoid 函数产生一个决定 c_t 中哪些信息可以作为输出的向量,然后与缩放后的 c_t 信号相乘,得到当前的隐藏层状态 h_t:

$$o_t = \sigma(W_{xo}x_t + W_{ho}h_{t-1} + b_o) \tag{4.3.18}$$

$$h_t = o_t \odot \tanh(c_t) \tag{4.3.19}$$

在 LSTM 中,可以把 h_t 看成短期记忆,把 c_t 看成长期记忆,在状态单元 c_t 向前传递的过程中,不断地丢掉一些信息,又不断地增加一些信息,这样的机制使 LSTM 变得非常有效。

3. 长短期记忆网络的改进

门的引入是为了在恰当的时间传递或者保留 c_t 中的信息,但是用门进行控制时使用的是 x_t 和 h_{t-1},并没有用到 c_{t-1} 本身所保存的值。为解决这个问题,一种变化是引入窥视孔连接,通过窥视孔连接,可以把细胞单元状态信息传递给各个控制门。其中传给遗忘门和输入门的是 c_{t-1},传给输出门的是 c_t。另一种变化是将遗忘门和输入门进行耦合,当需要输入某些信息的时候,才会忘记这个位置的历史信息,当需要遗忘这个位置的信息时,才会在状态中添加新的信息,其中 c_t 的更新公式如下:

$$c_t = f_t \times c_{t-1} + (1 - f_t) \times c_t' \tag{4.3.20}$$

LSTM 另一个较大的改进是门控循环单元(Gated Recurrent Unit,GRU)[35]。GRU 是 LSTM 的一个替代算法,它将遗忘门和输入门组合为一个单一的更新门,不再有输出门,整个状态 h_t 都会作为输出。GRU 模型比 LSTM 模型更简单,参数更少,但是所有 LSTM 变种的表现大致相同,只是在考虑到计算能力和时间成本时,GRU 更加实用。

4.3.6 储备池计算

虽然循环神经网络擅长处理序列问题,但是由于其独特的网络结构,仍然存在以下问题:①基于梯度下降的训练算法在训练时需要重复更新大量的参数,导致 RNN 训练困难;②RNN 在更新参数时,误差信息会随着时间的增加逐渐减小,使网络难以捕捉到长期的信息变化,导致一般的 RNN 难以存储长期记忆。

为了解决传统 RNN 存在的记忆消失和训练效率问题,Jaeger 在 2001 年提出回声状态网络(Echo State Network,ESN)[36],Maass 在 2002 年提出液体状态机(Liquid State Machine,LSM)[37]。ESN 和 LSM 这两种模型在结构上略有不同:ESN 使用的是基于线性激活函数或 sigmoid 型激活函数的模拟神经元;而 LSM 使用的是漏积分型激活函数的尖峰神经元。这两种方法虽然提出的角度不同,但其本质都可以认为是对传统的循环神经网络训练算法的改进。Verstraeten 等证明了 ESN 和 LSM 在本质上是一样的[38],并将其统一命名为"储备池计算"(Reservoir Computing,RC)。

经典的 ESN 结构包含一个输入层、一个稀疏连接的储备池和一个输出层。输入信号 u_t 经过输入权重矩阵 W_{in} 映射到储备池的高维空间状态中,在输入信号的驱动下,储备池会产生丰富的状态 s_t,输出信号 y_t 可以表示成储备池中节点状态 s_t 的线性组合。另外,储备池可接

收来自输出层的信号反馈,形成递归。图 4.3.10 表示一个输入神经元数目为 K、输出神经元数目为 $L(L=1)$、储备池节点数为 N 的 ESN 结构。

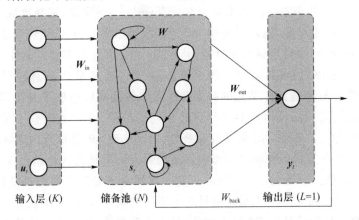

输入层 (K) 储备池 (N) 输出层 $(L=1)$

图 4.3.10 典型 ESN 结构

储备池节点之间的连接权重 $\boldsymbol{W}$、输入权重 $\boldsymbol{W}_{in}$、反馈连接权重 $\boldsymbol{W}_{back}$ 均在网络初始化阶段随机生成,而且产生后即保持不变,不需要训练。需要训练的只有储备池到系统输出的连接权重 $\boldsymbol{W}_{out}$。训练过程一般只需求解一个线性回归问题,与 RNN 相比,大大简化了网络的训练过程。

假设在 t 时刻,输入序列为 $\boldsymbol{u}_t$,可表示为 $(u_{1t}, u_{2t}, \cdots, u_{Kt})^T$;储备池节点状态为 $\boldsymbol{s}_t$,可表示为 $(s_{1t}, s_{2t}, \cdots, s_{Nt})^T$,输出序列为 $\boldsymbol{y}_t$,可表示为 $(y_{1t}, y_{2t}, \cdots, y_{Lt})^T$,则 $t+1$ 时刻储备池状态序列 $\boldsymbol{s}_{t+1}$ 的更新过程可以表示为

$$\boldsymbol{s}_{t+1} = f(\boldsymbol{W}_{in}\boldsymbol{u}_t + \boldsymbol{W}\boldsymbol{s}_t + \boldsymbol{W}_{back}\boldsymbol{y}_t) \tag{4.3.21}$$

ESN 的预测输出可以表示为

$$\tilde{\boldsymbol{y}}_{t+1} = \boldsymbol{W}_{out}[\boldsymbol{u}_{t+1}, \boldsymbol{s}_{t+1}] \tag{4.3.22}$$

ESN 的训练过程即输出连接权重 $\boldsymbol{W}_{out}$ 的计算过程,训练过程分为网络采样阶段和权值计算阶段。在网络采样阶段,按时间顺序 $(1,2,\cdots,n)$ 输入样本值,并计算每一时刻的储备池状态 $\boldsymbol{s}_t$ 以及样本结果 $\boldsymbol{y}_t$,并以矩阵的形式表示,即

$$\boldsymbol{S} = \begin{pmatrix} \boldsymbol{s}_1^T \\ \boldsymbol{s}_2^T \\ \vdots \\ \boldsymbol{s}_n^T \end{pmatrix}, \quad \boldsymbol{Y} = \begin{pmatrix} \boldsymbol{y}_1^T \\ \boldsymbol{y}_2^T \\ \vdots \\ \boldsymbol{y}_n^T \end{pmatrix} \tag{4.3.23}$$

在权值计算阶段,网络的优化目标是均方误差最小,即样本结果与网络预测结果的差值最小,采用岭回归的方式可表示为

$$\min \frac{1}{n}\left(\sum_1^n [\boldsymbol{y}_t - \tilde{\boldsymbol{y}}_t]^2 + \lambda \parallel \boldsymbol{W}_{out} \parallel^2\right) = \min \frac{1}{n}((\boldsymbol{Y} - \boldsymbol{S}\boldsymbol{W}_{out})^2 + \lambda \parallel \boldsymbol{W}_{out} \parallel^2) \tag{4.3.24}$$

可以直接求得 $\boldsymbol{W}_{out}$ 为

$$\boldsymbol{W}_{out} = (\boldsymbol{S}^T\boldsymbol{S} + \lambda \boldsymbol{I})^{-1}\boldsymbol{S}^T\boldsymbol{Y} \tag{4.3.25}$$

RC 计算的核心单元是一个由大量稀疏连接节点构成的 RC,事实上,在处理特定任务时,RC 的超参数将直接影响网络的学习性能和泛化能力。①节点个数:RC 的节点个数可以取几十到几千不等,一般而言,节点个数的选择与所处理任务的复杂度呈正相关,节点越多,网络的

非线性处理能力也越强。然而过多的节点也容易导致模型对训练数据敏感,带来过拟合的风险,反之,RC 节点个数过少也会使得模型无法充分地拟合期望的输入数据。②稀疏度:稀疏度表征了 RC 存在连接的节点占所有节点个数的百分比,一般来说,稀疏度取 10% 就可以保证 RC 的动力学特性。③谱半径:谱半径是指 RC 连接权重矩阵 W 的最大特征值,其大小决定了 RC 的 ESN 的记忆能力,当谱半径大于 0 且小于 1 时,RC 具有回声状态属性。

一个稳定工作的 RC 通常具有以下四个特点:一是可以将输入信息映射到高维。对 RC 工作原理的一个简化解释是:RC 节点的高复杂性和非线性响应增加了分类问题的维数,从而使经过训练的简化神经网络可以更容易地区分不同的信号。RC 有多少个节点,则把输入信号映射到多少维空间。二是 RC 必须具有非线性。三是 RC 必须具有回声状态属性,即过去的输入对当前 RC 节点的状态和输出的影响逐渐减弱。回声状态属性确保 RC 节点的状态依赖最近过去的输入,独立于遥远过去的输入。这一属性对于处理具有短期依赖关系的序列数据特别重要。四是 RC 应当对不同输入信号产生不同的响应,而且对小波动不敏感。

RC 的提出原本是为了简化 RNN 的训练,但由于其易于训练、易于实施的特点,目前已发展为一种专门的机器学习的概念,迅速在数值模拟及物理实验中得到了验证,并被广泛应用于时间序列预测、手写识别、语音识别、非线性信道均衡、财务预测、机器人控制和癫痫发作的检测等任务。时至今日,RC 已由最初接近于 RNN 理念的多个非线性节点的空间分布结构(简称空间型 RC)发展出单个非线性节点加延迟反馈环的简化结构(简称延时型 RC),这种简化将 RC 对硬件的需求降到了极致,只需一个非线性节点和一个延迟反馈环就可实现,而且从理论上讲任何非线性的变换都可以构成一个非线性节点,因此 RC 迎来了跨越式发展。现如今,光通信中技术成熟的光放大器、调制器、半导体激光器都是构成储备池的理想非线性器件,其中通过引入半导体激光器实现的 RC,因其具有快速、高功效、宽带宽和并行计算的优势,越来越受到更多研究者的关注。

4.3.7 常用软件与框架

在学习机器学习时,需要学会运用常用的软件和框架,这样可以更加深刻地理解机器学习中的各种算法。其中,常用的软件大致可分为两类:第一类是需要有代码能力的工具,如基于 R、Python 语言的各类第三方工具包和 MATLAB 工具;第二类是无须代码能力的工具,如 SAS、Spss Modeler 等。常用的框架包括 NumPy、SciPy、SKlearn、PyTorch 和 TensorFlow 等。其中,NumPy 是使用 Python 进行科学计算的基础软件包,通常与 SciPy(Scientific Python)和 Matplotlib(绘图库)一起使用。这种组合广泛用于替代 MATLAB,是一个强大的科学计算环境,有助于通过 Python 学习数据科学和机器学习。SciPy 是一个开源的 Python 算法库和数学工具包。SKlearn(SciKit learn)是一个开源的 Python 库,专门用于机器学习、数据挖掘和数据分析。PyTorch 和 TensorFlow 是基于 Python 的机器学习框架,优势是研究人员可以使用 GPU 的算力,为机器学习提供了强大的计算灵活性与速度。

本章参考文献

[1]　Baldi P. Gradient descent learning algorithm overview: a general dynamical systems perspective[J]. IEEE Transactions on neural networks, 1995, 6(1): 182-195.

[2]　Ruder S. An overview of gradient descent optimization algorithms[J]. arXiv preprint

arXiv:1609. 04747, 2016.

[3] Dogo E M, Afolabi O J, Nwulu N I, et al. A comparative analysis of gradient descent-based optimization algorithms on convolutional neural networks[C]//2018 International Conference on Computational Techniques, Electronics and Mechanical Systems (CTEMS). Piscataway: IEEE, 2018: 92-99.

[4] Yamada T, Izui K, Nishiwaki S, et al. A topology optimization method based on the level set method incorporating a fictitious interface energy[J]. Computer Methods in Applied Mechanics and Engineering, 2010, 199(45-48): 2876-2891.

[5] Xia L, Zhang L, Xia Q, et al. Stress-based topology optimization using bi-directional evolutionary structural optimization method [J]. Computer Methods in Applied Mechanics and Engineering, 2018, 333: 356-370.

[6] Goodfellow I, Bengio Y, Courville A, et al. Deep learning[M]. Cambridge: MIT Press, 2016.

[7] Polyak B T. Some methods of speeding up the convergence of iteration methods[J]. USSR Computational Mathematics and Mathematical Physics, 1964, 4(5): 1-17.

[8] Sutskever I, Martens J, Dahl G, et al. On the importance of initialization and momentum in deep learning[C]//International conference on machine learning. PMLR, 2013, 28(3): 1139-1147.

[9] 沈长青, 汤盛浩, 江星星, 等. 独立自适应学习率优化深度信念网络在轴承故障诊断中的应用研究[J]. 机械工程学报, 2019, 55(07): 81-88.

[10] Duchi J, Hazan E, Singer Y. Adaptive subgradient methods for online learning and stochastic optimization[J]. Journal of Machine Learning Research, 2011, 12(61): 2121-2159.

[11] Bendsoe M P, Sigmund O. Topology optimization: theory, methods, and applications [M]. Berlin: Springer Science & Business Media, 2013.

[12] Osher S, Fedkiw R. Level Set Methods and Dynamic Implicit Surfaces[M]. Berlin: Springer Science&Business Media, 2006.

[13] Wang J, Yang X S, Wang B Z. Efficient gradient-based optimisation of pixel antenna with large-scale connections [J]. IET Microwaves, Antennas & Propagation, 2017, 12(3): 385-389.

[14] Svanberg K. A class of globally convergent optimization methods based on conservative convex separable approximations[J]. SIAM journal on optimization, 2002, 12(2): 555-573.

[15] Sigmund O. A 99 line topology optimization code written in Matlab[J]. Structural and multidisciplinary optimization, 2001, 21(2): 120-127.

[16] Li D, Zhu J, Nikolova N K, et al. Electromagnetic optimisation using sensitivity analysis in the frequency domain[J]. IET Microwaves, Antennas & Propagation, 2007, 1(4): 852-859.

[17] Sethian J A. Level set methods and fast marching methods: evolving interfaces in computational geometry, fluid mechanics, computer vision, and materials science [M]. Cambridge: Cambridge University Press, 1999.

[18] Taflove A，Hagness S C. Computational electrodynamics：the finite-difference time-domain method[M]. London：Artech House，2005.

[19] Hughes T W. Adjoint-based optimization and inverse design of photonic devices[M]. Palo Alto：Stanford University，2019.

[20] Hughes T W，Minkov M，Shi Y，et al. Training of photonic neural networks through in situ backpropagation and gradient measurement[J]. Optica，2018，5(7)：864-871.

[21] Qu Y R，Zhu H Z，Shen Y C，et al. Inverse design of an integrated-nanophotonics optical neural network[J]. Science Bulletin，2020，65(14)：1177-1183.

[22] Holland J H. Adaptation in natural and artificial systems：an introductory analysis with applications to biology，control，and artificial intelligence[M]. Cambridge：MIT Press，1992.

[23] Metropolis N，Rosenbluth A W，Rosenbluth M N，et al. Equation of state calculations by fast computing machines[J]. The Journal of Chemical Physics，1953，21(6)：1087-1092.

[24] Eberhart R，Kennedy J. A new optimizer using particle swarm theory[C]// MHS'95. Proceedings of the Sixth International Symposium on Micro Machine and Human Science. IEEE，1995：39-43.

[25] Schlimmer J C，Fisher D. A case study of incremental concept induction[C]// AAAI，1986，86：496-501.

[26] Quinlan J R. C4. 5：programs for machine learning[M]. Amsterdam：Elsevier，2014.

[27] Breiman L，Friedman J H，Olshen R A，et al. Classification and regression trees. Belmont，CA：Wadsworth[J]. International Group，1984，432：151-166.

[28] Zhou Y T，Chellappa R. Computation of optical flow using a neural network[C]// ICNN，1988：71-78.

[29] LeCun Y，Bottou L，Bengio Y，et al. Gradient-based learning applied to document recognition[J]. Proceedings of the IEEE，1998，86(11)：2278-2324.

[30] Krizhevsky A，Sutskever I，Hinton G E. Imagenet classification with deep convolutional neural networks[J]. Advances in Neural Information Processing Systems，2012，25：1097-1105.

[31] Simonyan K，Zisserman A. Very deep convolutional networks for large-scale image recognition[J]. arXiv preprint arXiv：1409. 1556，2014.

[32] Szegedy C，Liu W，Jia Y，et al. Going deeper with convolutions[C]//Proceedings of the IEEE conference on computer vision and pattern recognition，2015：1-9.

[33] He K M，Zhang X Y，Ren S Q，et al. Delving deep into rectifiers：Surpassing human-level performance on imagenet classification [C]//Proceedings of the IEEE international conference on computer vision，2015：1026-1034.

[34] Hochreiter S，Schmidhuber J. Long short-term memory[J]. Neural Computation，1997，9 (8)：1735-1780.

[35] Cho K，Van Merriënboer B，Gulcehre C，et al. Learning phrase representations using RNN encoder-decoder for statistical machine translation[J]. arXiv preprint arXiv：1406. 1078，2014.

[36] Jaeger H. The "echo state" approach to analysing and training recurrent neural networks-

with an erratum note [J]. Bonn, Germany: German National Research Center for Information Technology GMD Technical Report, 2001, 148(34): 13.

[37] Maass W, Natschläger T, Markram H. Real-time computing without stable states: a new framework for neural computation based on perturbations [J]. Neural Computation, 2002, 14(11): 2531-2560.

[38] Verstraeten D, Schrauwen B, D'Haene M, et al. An experimental unification of reservoir computing methods[J]. Neural Networks, 2007, 20(3): 391-403.

第 5 章 SPP 器件及其应用

传统的均匀材料可以对光进行微纳尺度的限制,从而出现不同于光学透镜等大尺寸器件的光学效应和光输运特性。表面等离激元(Surface Plasmonic Polariton, SPP)作为一种特殊且应用广泛的电磁波传输模式,具有近场增强和打破衍射极限等独特的光学性质,可以被广泛应用于超分辨成像、生物传感、数据存储、太阳能电池、负折射率材料、光通信等热点研究领域。本章将重点介绍 SPP 器件及其应用。

SPP 的基本原理已经在第 2 章介绍过,这里不再赘述。由于 SPP 对光场具有极强的限制作用,所以 SPP 模式的激发需要借助特殊手段,5.2 节介绍几种典型的 SPP 激发方式。根据 SPP 的传播状态,SPP 光子器件可被进一步分为局域 SPP 器件和传播 SPP 器件,5.3 节和 5.4 节分别介绍局域 SPP 和非局域 SPP 及其相关应用。5.5 节举例讲解针对 SPP 光子器件的新型智能设计方法。

5.1 SPP 光子器件简介

5.1.1 SPP 光子器件的背景与意义

表面等离激元这一概念建立于 20 世纪,但远在那之前,这一特殊的现象就已经被应用于玻璃工艺品和玻璃窗的制作之中。一个著名的例子就是公元 4 世纪的罗马工匠制作的莱克格斯杯(Lycurgus Cup),如图 5.1.1(a)所示,它的奇异之处在于当光线从杯里向外透射时呈现酒红色,从外部照亮时则是绿色。制作杯子的玻璃中混入了银和金的微小粒子,这些奇异的光学现象正是来源于纳米金属粒子的表面等离子共振。但关于这一现象的科学观测要一直等到 20 世纪。1902 年,Wood 教授在观察金属光栅 TM 波的反射谱时发现了无法用已有知识解释的异常尖锐突变[1]。这一实验是人类首次在科学研究中记录到 SPP 共振响应,这种异常也被称为 Wood 异常(图 5.1.1(b))。之后两年,Garnett 基于金属的德鲁德模型(Drude Model)解释了金属颗粒掺杂的玻璃呈现彩色的原因[2]。1907 年,Rayleigh 尝试使用光栅动力学对 Wood 异常进行解释,但是没有成功[3]。1908 年,Mie 提出了使用球形颗粒散射描述这一问题的想法[4]。之后的几十年间,这一方向的研究陷入停滞,直到 1941 年,Fano 在研究中也发现了类似异常现象,并将其归因于在空气界面和金属表面之间激发出的电磁波[5]。终于在 1956 年,Pines 在研究电子穿透金属的能量损失时,从理论上描述了自由电子集体振荡的行为,并首次提出了"等离激元"(Plasmon)这一概念[6]。紧接着,Ritchie 在类似的研究中证明了金属表面或附近存在着这一种特殊模式,并首次描述了这种模式的理论特性[7]。两年后,这一理论被 Powell 和 Swan 在实验中证实,他们使用电子束照射铝膜表面,观测到表面附近存在的电磁波[8]。次年,Stern 和 Ferrell 将这种传输于金属表面的电磁波定义为等离激元[9]。1968 年,Ritchie 使用等离激元的概念,将半个多世纪之前提出的 Wood 异常问题解释为金属光栅表面激发的表面等离子共振模式[10]（图 5.1.1(c)）。同年,多种基于金属薄膜的表面等离激元激发方法被相继提出,大大加快了相关研究的进展。1974 年,Cunningham 等首次在研究中提出了表面等离激元极化的名称[11]。同年,Fleischmann 等观察到位于粗糙银薄膜表面的吡啶分子的拉曼散射增强现象[12],虽然当时并没有将其与 SPP 直接联系起来,但后来被证实其是由金属 SPP 激发所诱导的局域场增强所致,这也是 SPP 现象应用的开始。

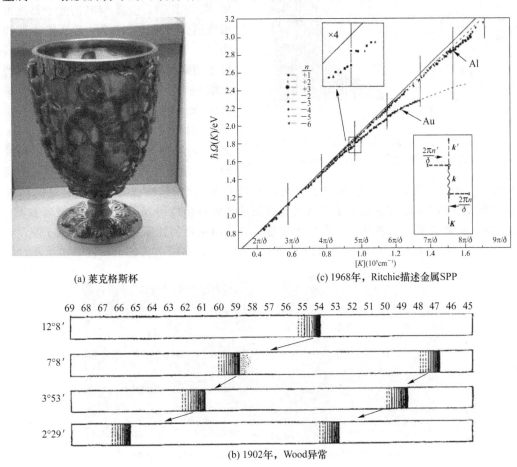

(a) 莱克格斯杯

(c) 1968年,Ritchie描述金属SPP

(b) 1902年,Wood异常

图 5.1.1　SPP 现象早期的观测与研究

近几年来,不同的纳米量级光子结构被提出以实现激发和传输 SPP 的功能,如超材料、SPP 波导、光栅结构等。其中,由于 SPP 波导具有光场限制能力极强、器件尺寸小、传输损耗低、传播距离长、结构简单、易于制作、易于片上集成等优点,大量研究人员将注意力转移到基于 SPP 波导结构的亚波长量级的全光器件上,尝试利用该结构设计并实现光开关、调制器、逻辑门、传感器等重要的光子器件。

5.1.2　SPP 光子器件的发展现状

自从 SPP 的概念被提出,它已经被应用于各种领域来解决关键技术和疑难问题。如图 5.1.2所示,自 20 世纪 60 年代末 SPP 概念被提出以来,与之相关的研究逐年增加,尤其进入新世纪后的十年,随着不同领域 SPP 应用思路的展开,这一领域的研究数量迅猛上涨。和 20 世纪相比,SPP 的研究正逐渐从基础理论的研究转向应用领域。尤其是近些年来,芯片光刻加工、数据存储、高集成电子电路等领域的发展都遭遇到了传统电磁技术的极限,一些具有独特物理特性的现象如 SPP 便为这些技术的进一步突破提供了新的方法。

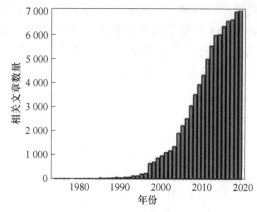

图 5.1.2　每年发表的标题或摘要含有"Surface Plasmon"的文章数量(数据来源:Web of Science)

近些年来,随着对 SPP 研究的深入,SPP 光子器件的应用领域也越发广泛。其中,最为常见的应用是基于金属 SPP 的光子器件,它在很广的范围内都有潜在应用(图 5.1.3)。金属 SPP 的光子器件可根据用途分为光电调制器、光处理器件和传感器。借助 SPP 的独有特性,在缩小器件尺寸的同时所设计光子器件的性能得到了大幅提升。Melikyan 等设计了一种基于金属-聚合物-硅波导结构设计的光相位调制器,调制频率响应可以达到 65 GHz 以上,同时器件尺寸只有 29 μm[13]。调制器的调制带宽和尺寸等参数都得到了不同程度的优化。在光处理器件方面,SPP 器件可以被用作光耦合器、滤波器、分束器、逻辑门等方面。北京大学的 Yang 等利用基于二氧化硅的刻蚀金波导结构得到了 SPP 多通道滤波器[14]。除此之外,金属 SPP 光子器件还可以用于传感并表现出突出的性能。暨南大学 Guo 等设计的银包覆倾斜光纤光栅尿蛋白传感器可以实现 5.5 dB/(mg/mL)的传感灵敏度[15]。

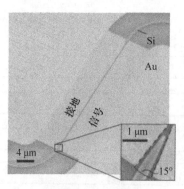
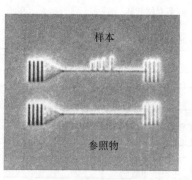

(a) 金属SPP光相位调制器　　　　　(b) 金属SPP多通道滤波器

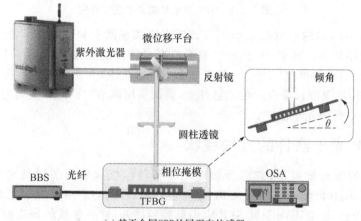

(c) 基于金属SPP的尿蛋白传感器

图 5.1.3　基于金属 SPP 的光子器件应用

除了基于金属 SPP 的光子器件，一些新兴的特殊二维材料（如石墨烯）也可用于 SPP 光子器件的设计。由于石墨烯具有可在红外及太赫兹波段表现出金属光学特性、光学特性可调、对电磁场束缚能力强等优势，被广泛应用在 SPP 器件设计中（图 5.1.4）。IBM 的 Yan 等在 2012 年设计了基于石墨烯-电介质层叠结构的远红外滤波器和太赫兹偏振器[16]。滤波器的抑制比为 8.2 dB，偏振器的消光比为 9.5 dB。在光调制器方面，哈佛大学的 Yao 使用基于石墨烯超表面的结构，实现中红外波段的光调制器，调制深度高达 95%[17]。在光传感方面，2015 年，Rodrigo 和同事们提出了一种工作在中红外波段的石墨烯生物传感器，可以用于蛋白质单层检测[18]。和传统金属 SPP 光子器件已有的应用场景相比，新引入的石墨烯材料特性使得它们的应用可以更好地拓展至量子光学和非线性光学等领域。2019 年，维也纳大学的 Calafell 创造了一种通用的两量子位量子逻辑门，其中量子位被编码在石墨烯纳米结构的 SPP 中，利用石墨烯的强三阶非线性能力和长等离激元寿命来实现单光子级相互作用[19]。

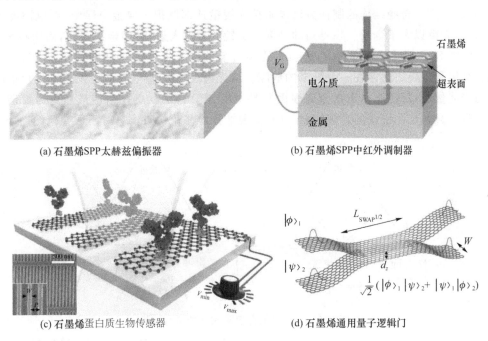

(a) 石墨烯SPP太赫兹偏振器　　　　　(b) 石墨烯SPP中红外调制器

(c) 石墨烯蛋白质生物传感器　　　　　(d) 石墨烯通用量子逻辑门

图 5.1.4　基于石墨烯 SPP 的光子器件应用

此外，随着器件制作精度的不断发展和性能需求的提高，针对 SPP 光子结构的反向设计和性能优化对于光子器件集成的实现变得至关重要。最近几年，反向设计开始被用来优化尺寸较大的光子器件[20]。反向设计通常被认为是一种数学上的最优化问题，目前被广泛应用于微纳光子器件反向设计的算法包括演进类优化算法（如遗传算法、粒子群算法、蚁群算法）、拓扑优化、伴随法、非线性快速搜索方法、凸优化、水平集算法等方法。其中，几种常用的优化算法在第 4 章已有详细介绍。如何将各类新兴算法与 SPP 光子器件的设计有效结合，实现更高效的智能设计方法也将是未来 SPP 光子器件的研究重点之一。

5.2　SPP 的激发方式

SPP 器件设计中首先需要考虑的就是 SPP 模式的激发。一般地，器件需要特殊的设计以满足 SPP 的模动量与入射光的光子动量的匹配条件。由第 2 章介绍的 SPP 的色散关系可知，相同频率下，它的波矢 k_{SPP} 大于介质中波矢 k，这使得 SPP 的模动量无法与入射光束的光子动量直接匹配，换句话说，除非采用特殊的结构设置使得相位匹配条件得到满足，普通的入射光无法直接激发出 SPP 模式。本节将分别叙述几种最为常用的 SPP 激发方式。SPP 可以被电子或光子激发，其中光激发又可以依据不同的途径分为棱镜激发、光栅激发、聚焦光束激发。特别地，利用近场辐射也可以获得大于 k 的波矢，这种方式被称为近场激发。

5.2.1 棱镜激发法

棱镜耦合是一种基于衰减内全反射理论的耦合手段，入射光穿过高介电常数的电介质，通过在金属表面上产生电场隧道效应来改变激励动量。一般的棱镜耦合结构如图 5.2.1 所示，被普遍使用的结构分为两种：克里奇曼结构[21]（Kretschmann Structure）和奥托结构[22]（Otto Structure）。克里奇曼结构的制作方法是直接在棱镜顶部沉积一层金属薄膜，形成棱镜-金属-空气系统，光束以大于全反射临界角的角度从棱镜的一侧入射，隧穿金属薄膜，而后在金属-空气界面激发 SPP 模式。从制作难度上讲，克雷奇曼结构更为简单，应用也更广。奥托结构则需要在金属和棱镜之间存在一个极窄的缝隙。当光束在棱镜-空气界面上发生了全反射时，部分入射光能量透过缝隙，作用在金属表面并激发出 SPP 模式。奥托结构虽然更为复杂，但可以有效避免金属层和棱镜的直接接触，这在需要非接触测量的时候具有不可替代的优势。

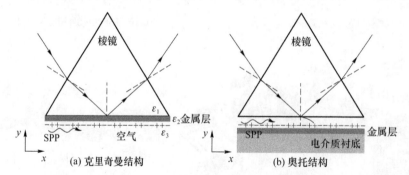

图 5.2.1　棱镜耦合激发 SPP 的两种结构

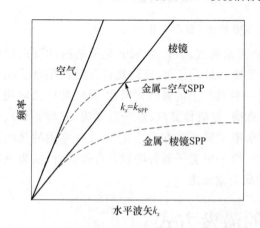

图 5.2.2　棱镜耦合激发 SPP 结构中的色散关系

以克里奇曼结构为例，设棱镜耦合结构由上至下三层材料的介电常数分别为 ε_1（棱镜）、ε_2（金属层）、ε_3（空气）。其中，金属介电常数 ε_2 与频率相关，可由式（2.2.20）得到。假定入射光到达棱镜下表面时的入射角度为 θ，可知此时光波水平分量为

$$k_x = \sqrt{\varepsilon_1} \sin\theta \omega/c \qquad (5.2.1)$$

如图 5.2.2 所示，棱镜中入射光波矢水平分量满足波矢匹配条件：$k_x = k_{SPP}$。在空气和棱镜材料的色散曲线之间的区域，可以激发出金属与空气界面的 SPP 模式。同时，从图 5.2.2 的色散关系中也可以发现，此时的金属-棱镜界面的 SPP 模式并不会得到激发。

需要说明的是,使用棱镜耦合法进行 SPP 激发时,不仅会有来自金属的吸收损耗,还会有部分能量泄漏到棱镜中。这个问题可以通过优化金属膜厚度的方式来解决,利用泄漏辐射和反射光强的相消干涉可以尽可能消减泄漏损耗。

5.2.2　光栅激发法

激发 SPP 的核心问题在于设计特殊结构满足 SPP 的波矢匹配条件。在金属-电介质表面引入一个周期性分布的凸凹表面,即光栅结构,如图 5.2.3 所示,就可以使得入射角度为 θ 的入射光在该界面生成一个衍射波,其波矢量会相应地加减光栅矢量:

$$\Delta k = 2\pi/\Lambda \tag{5.2.2}$$

其中,Λ 是光栅周期,波矢匹配条件满足时,有如下关系:

$$k_0 \sin\theta \pm 2\pi N/\Lambda = k_{SPP} \quad (N=1,2,3,\cdots) \tag{5.2.3}$$

其中,N 代表光栅的衍射级数。显然通过调整光栅的结构参数可以使得波矢匹配条件得到满足。

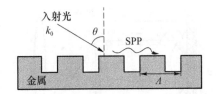

图 5.2.3　光栅耦合激发 SPP 的结构示意图

图 5.2.4 给出了采用光栅耦合激发 SPP 模式的结构的色散关系图,通过引入附加的光栅波矢,入射光水平方向波矢与 SPP 模式的色散曲线存在交点,入射光可以转换为沿光栅表面传播的 SPP 模式。与棱镜耦合法类似,可以通过调整泄漏模式与反射波的干涉相消得到近似无反射时对应的响应频率。与棱镜耦合方式不同,金属光栅在制作时,可以采用加入电介质材料而非一体刻蚀的方式,使得基于这种方法的器件设计灵活度更高。因此,本节后续介绍 SPP 的应用时所涉及的 SPP 光子结构将使用光栅激发方式。

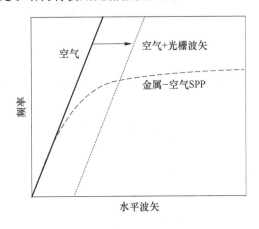

图 5.2.4　光栅耦合激发 SPP 色散关系示意图

5.2.3 聚焦光束激发法

聚焦光束激发法是经典棱镜耦合激发法的延伸,这种方法使用具有高数值孔径的显微物镜将入射光束聚焦于金属薄膜表面。2005 年,Hohenau 和同事们提出了应用这种手段的 SPP 激发结构并讨论了结构的工作原理[23]。他们使用的激发装置示意如图 5.2.5 所示。首先,50 nm 的金薄膜通过真空气相沉积法沉积在 155 μm 厚的玻璃衬底上,再在金膜顶部用电子束光刻一个厚度低于波导截止厚度(150 nm)的 SiO_2 结构,另一侧则通过一个浸油层连接物镜。入射光束通过物镜以平均角度 α 被聚焦在金属-玻璃界面上,此角度可以通过控制激光束与物镜光轴之间的距离 d 控制。调整角度 α 至大于全反射角时,可以得到类似克里奇曼棱镜耦合激发的效果,激发金属-空气界面的 SPP,它可以平行于分界面传播,泄漏辐射被浸油物镜整合并成像到 CCD 相机上。传播的等离激元可以在 CCD 上形成亮条纹图像,其他情况下则不能,利用这种方法可以验证 SPP 是否被有效激发。此结构检测到的泄漏辐射强度与被激发 SPP 的强度成正比。

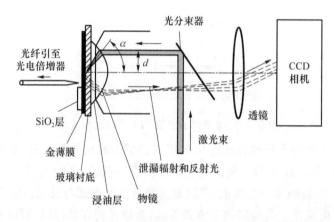

图 5.2.5　Hohenau 使用聚焦光束激发 SPP 的装置示意图

聚焦光束激发法的优势在于可以很便利地激发出不同频率处连续的 SPP 并对其传播的距离做出有效测量,但是其使用的激发结构比较复杂,且集成化难度相对更高。

5.2.4 电子激发法

SPP 模式的发现来源之一便是 1957 年 Ritchie 进行的电子束在金属薄膜上衍射谱的研究[7]。他发现在衍射谱中出现了能量损失,这部分能量被用于激发金属薄膜上的 SPP。利用同样的思路,除了前文叙述的基于入射光的 SPP 激发方法,带电粒子同样可以用于激发 SPP。事实上,针对快速通过金属薄膜的电子束,当入射发散角足够小时,通过分析电子的能量谱或动量谱的变化,就可以得到所激发出 SPP 的色散关系。

这种方法主要被应用于对金属 SPP 本身特性的研究。1973 年,康奈尔大学的 Vincent 和 Silcox 使用 75 keV 的低角散度电子束轰击氧化铝膜,得到了 SPP 模式在其上的色散关系,并证实了实际情况与理论描述相符[24]。1989—1991 年,宾夕法尼亚大学的 Tsuei 等使用电子散射激发的方式先后测量得到了 Li、Na、K、Cs、Mg 等金属膜的 SPP 模式的色散关系[25]。1993 年,德国科学家 Liebsch 构建了一个忽略高阶带间跃迁的模型,解释了 Ag 膜上电子激发的

SPP 色散异常[26]。可见,SPP 的电子激发法已成为针对 SPP 模式本身特性研究的成熟手段。

5.2.5 近场激发法

一般的,使用棱镜耦合或光栅耦合的激发方案激发出的 SPP 存在于较广范围的区域上,而如果需要在很小的局部区域内激发 SPP,那么近场激发法就是一个不错的选择。近场激发得到的 SPP 模式甚至可以直接视为一个点源。例如,由于对于石墨烯上的 SPP,单层石墨烯的厚度极小,因此近场激发是一个在石墨烯上激发和观察 SPP 的有效方式。典型近场激发 SPP 的结构如图 5.2.6 所示。

近场激发 SPP 需要使用亚波长孔径尺寸的探针,针尖发出的光包含大于 SPP 模式的波矢大小 k_{SPP} 的波矢分量,使得它可以满足激发 SPP 的波矢匹配条件。这种 SPP 激发方式可用于在高空间分辨率下,对局域场内 SPP 的分析研究。2012 年,Chen 使用这种激发方法实现了基于石墨烯纳米结构的极小模体积可调谐等离子体腔,激发装置如图 5.2.7(a) 所示,他们可以通过门控石墨烯实现 SPP 模式的控制[27]。同年,Fei 等通过近场激发石墨烯上的 SPP,实现了同样的效果并研究了石墨烯 SPP 模式的损耗特性[28],如图 5.2.7(b) 所示。

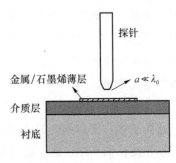

图 5.2.6 典型近场激发 SPP 结构图

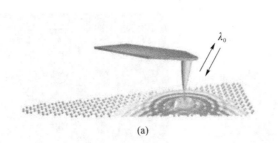

(a)

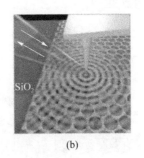

(b)

图 5.2.7 实验中使用近场激发石墨烯 SPP 装置示意图

5.3 局域 SPP 的应用

根据电子谐振是否可以传播,SPP 又可以被分为局域 SPP 和非局域 SPP 两种。局域 SPP 被激发时,在外部电磁场作用下,材料表面的自由电子会发生集体振荡,共振形成后,外加电磁场的能量会转化为电子的振动能并被局限在表面的狭小空间内,从而极大地增强局部的电场强度。而非局域 SPP 模式被激发时可以在材料表面产生沿表面传播的电子疏密波。传播的 SPP 模式会被限制在表面的附近,随着离表面距离的增大而呈指数衰减。依据 SPP 的模式,SPP 光子器件可以被进一步分为局域 SPP 器件和非局域 SPP 器件,本章的 5.3 节、5.4 节将分别介绍这两类光子器件。本节将介绍两种基于局域 SPP 的光子器件典型应用:可调宽频带场增强和等离激元诱导透明现象。

5.3.1　可调宽频带场增强

在微纳结构上实现纳米尺寸的能量聚集是一个很大的挑战。得益于 SPP 强大的场局域能力,它可以实现对结构表面电磁场的增强作用。到目前为止,已经有几种典型设计方案被提出以实现基于 SPP 的场增强功能。

1. 金属纳米条光栅

金属纳米条光栅结构是最简单的激发 SPP 模式的结构之一,通过在一维空间的光栅结构设计,可以使结构参数满足 SPP 激发所需的波矢匹配条件。入射光与 SPP 模式相耦合,从而使得金属光栅阵列的表面上场强得到增强。更进一步,除了简单的均匀周期金属光栅,也有金属-电介质交替的光栅结构、金属非均匀的光栅结构可以用于基于 SPP 的局域场增强设计。例如,Chen 等使用如图 5.3.1(a)所示的金属-电介质交替的光栅结构[29]获得了光频段的显著的磁场增强效果。

2. 亚波长尺寸的金属孔洞结构

这类结构与上述的光栅阵列不同,需要在厚金属膜上进行二维的阵列开孔,且孔洞的直径需要小于波长的一半。较小的几何尺寸将使得此结构无法支持任何传播模式。入射光通过衍射与金属结构的 SPP 模式相耦合,可以使得入射光通过亚波长孔洞阵列的金属膜的传输得到增强。2005 年,Degiron 和 Ebbesen 基于图 5.3.1(b)展示的亚波长金属开孔阵列结构获得了透射增强的效果[30]。

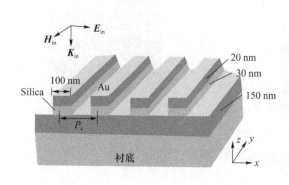

(a) 金属纳米条光栅　　　　　　　　　　(b) 亚波长尺寸金属孔洞

图 5.3.1　典型基于 SPP 的场增强结构示意图

3. 石墨烯表面等离激元结构

石墨烯表面等离激元(Graphene Surface Plasmon,GSP)结构是一种广泛采用的可以实现光场增强的结构。由于局域在石墨烯上的 GSP 波的群速度可以被显著地减小,GSP 在石墨烯的表面可以有效地增强局域场强。利用 GSP 可以将红外和太赫兹波段的能量聚集在纳米尺寸的空间区域内。基于导模共振的原理,在石墨烯表面传输的 GSP 模式也可以直接用垂直入射到衍射光栅上的平面波来激发。另外,将石墨烯光栅设计成渐变周期的结构可以实现宽频 GSP 模式的激发,同时也会带来红外波段内电磁场分离的局域现象。本小节将以这两种 GSP 结构为例介绍局域 SPP 在光场增强方面的应用。

（1）均匀光栅上激发 GSP 实现宽频带场增强

用于激发 GSP 的石墨烯辅助电介质光栅结构如图 5.3.2 中的插图所示，单层石墨烯层被放置在均匀的光栅衬底上，使用二氧化硅层作为插入层。Λ 是光栅的周期，w_i 和 d_i 分别代表硅（$i=1$）和二氧化硅（$i=2$）的宽度和厚度。在这种情况下，光栅层可以被视为一层无限厚的介质，因为在光栅下的硅衬底不会对光栅-二氧化硅-石墨烯-空气结构中 GSP 的场分布产生影响。由于光栅的周期比入射光的波长要小很多，光栅可以近似类比为一个有等效介电常数的等效介质，光栅的介电常数可以等效为

$$\varepsilon_1 = f\varepsilon_{\text{silica}} + (1-f)\varepsilon_{\text{silicon}} \tag{5.3.1}$$

其中，$\varepsilon_{\text{silica}}$ 和 $\varepsilon_{\text{silicon}}$ 分别是二氧化硅和硅的介电常数，$f=w_2/\Lambda$ 是二氧化硅的占空比。

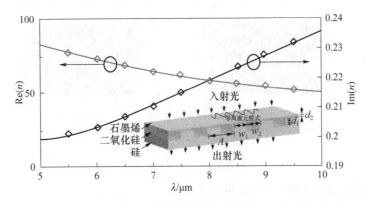

图 5.3.2　基于均匀电介质光栅的石墨烯结构 GSP 的色散曲线

对于四层的光栅/二氧化硅/石墨烯/空气模型来说，GSP 的色散关系可以通过 2.2 节相应的公式得到。石墨烯电导率可以用式（2.2.24）计算得到。当石墨烯化学势 $\mu_c = 0.65$ eV 时，通过 2.2 节的结论可以得到的 GSP 的色散关系如图 5.3.2 中实线所示，图中散点为使用有限元法解模获得。由于石墨烯表面的 GSP 具有很大的波矢，GSP 的群速度会明显降低，从而实现光场增强。然而，只有克服 GSP 与自由空间光波之间大的波矢差，GSP 模式独特的性质才能进一步被利用。要在单层石墨烯表面激发 GSP，光栅周期 Λ 必须满足式（5.2.3）所给出的相位匹配方程。考虑衍射级次为一阶（$j=1$）且入射光正入射（$\theta=0°$）的情况，为了激发波长为 λ 的 GSP，必须满足下面的表达式：

$$\lambda = \text{Re}(n)\Lambda \tag{5.3.2}$$

图 5.3.3 给出了不同的二氧化硅厚度（d_2）下基于均匀光栅的石墨烯结构的光学响应。在 $d_2 = 10$ nm 时存在两个吸收峰，这是由于在石墨烯表面分别激发了一阶和二阶 GSP 模式。随着 d_2 的增加，由于 GSP 和光栅的重叠部分越来越少，激发效率越来越低，吸收峰相应变得越来越低。从图 5.3.3(b)中可以发现，在计算一阶模式的共振波长随着二氧化硅层厚度的变化规律时，通过有限元法求解和用方程（5.3.2）推导的结果非常吻合。需要说明的是，一阶共振波长（λ_1）随着 d_2 的增加而减小，这是因为在光栅-二氧化硅-石墨烯-空气结构中，GSP 模式的等效折射率随着二氧化硅层厚度 d_2 的增加而减小。从图 5.3.2(c)和图 5.2.3(d)可以看到，GSP 的群速度明显降低，使得 GSP 模式所在波长的场强得到了显著增强。

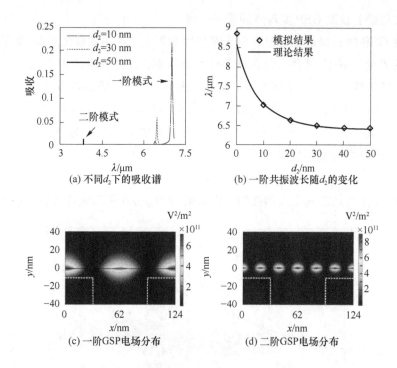

(a) 不同d_2下的吸收谱　　　　(b) 一阶共振波长随d_2的变化

(c) 一阶GSP电场分布　　　　(d) 二阶GSP电场分布

图 5.3.3　二氧化硅层不同厚度时所对应的吸收谱

（2）渐变光栅上激发 GSP 实现宽频带场增强

如图 5.3.4(a)中插图所示,在渐变光栅的设计中,上述结构中的宽度 w_1 在 x 方向上线性增加,w_2 保持不变。与均匀光栅结构只能在共振频率附近很窄的带宽范围内激发单层石墨烯上的 GSP 不同,此结构可以通过集成不同周期的光栅增大所支持 GSP 模式的带宽。

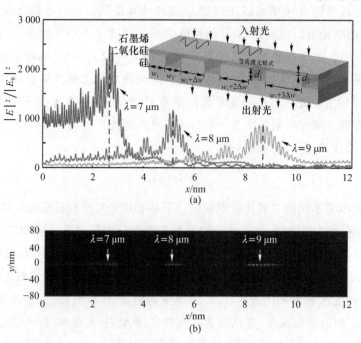

图 5.3.4　渐变光栅实现表面电场增强示意图

从图 5.3.4(a)可以看到,越短的波长下,电场增强比例越高,电场的增强因子($|E|^2/|E_0|^2$)在 7 μm 处最大。在硅光栅上激发的 GSP 沿着石墨烯表面传输,所以 GSP 承受了来自单层石墨烯的吸收损耗,这就是为什么对于每一个激发波长,电场强度在中间位置会出现最大值。如图 5.3.4(a)中垂直虚线所示,场强最大位置与光栅的激发周期相关,但是电场强度最大值却不在正中间的位置,这是由于激发的 GSP 会沿着两个方向传输,向右传输的 GSP 的频率更接近截止频率,所以相对于向左传输的 GSP 它遭受了更大的传输损耗,左边区域的电场增强因子相对于右边区域的来说衰减得更慢。此外,由于越短波长的 GSP 的传输损耗越小,更短波长的 SPP 可以实现更强的电场增强。图 5.3.4(b)给出了三种不同波长入射时的电场分布情况,可以观察到不同的波长下得到的局域场增强情况,不同波长的 GSP 在石墨烯表面不同的位置处得到增强。

5.3.2 等离激元诱导透明

等离激元诱导透明(Plasmon Induced Transparency, PIT)效应具有独特的色散特性和慢光效应,它可以在许多领域得到应用,如光学开关、调制器、滤波器、传感器、吸收器等。迄今为止,多种等离子体结构已被提出来实现 PIT 现象,如等离子体耦合腔、各类金属超材料、金属光栅耦合电介质材料。

1. 基本概念

PIT 是一种电磁诱导透明(Electromagnetic Induced Transparency, EIT)的等离子体类似物。EIT 是一种典型的量子现象,它是指当两束相干光同时照射在原子介质上时,其中一束光在与原子跃迁共振时通过原子介质而不被吸收和反射的现象。一般地,PIT 效应可以通过光子器件中明暗模式的相消干涉进行解释。PIT 的可调谐性也是研究的关键之一。基于热光效应、光学克尔效应或者使用特殊材料都可以实现动态可调谐的 PIT 效果。

(1)热光效应

热光效应是指通过将材料加热或冷却使其分子排列发生改变,从而造成光学性质随温度的改变而改变的现象。由于一些材料的折射率会在不同的温度下出现显著的变化,基于热光效应获得可调谐的 PIT 效应是一种可行的方法。此方式已通过相关实验得到验证,研究者利用刻蚀在金膜上的等离子体波导的折射率随温度变化的现象实现了对 PIT 的调控[14]。然而,热调谐方法的响应时间为几微秒,这限制了它的广泛应用。

(2)光学克尔效应

光学克尔效应,也称二次电光效应,是物质因外加电场的作用而改变折射率的一种现象。为了实现超快的可调谐性,一些研究应用了光学克尔效应以达到皮秒级的响应时间。但受所使用材料相对较小的克尔系数的限制,其工作泵浦强度通常需要达到 GW/cm^2 的数量级以获得理想的性能。而且,聚焦离子束和电子束光刻的精度受到当前纳米加工的制约,因此,所制备样品的结构参数通常与设计参数不同。

(3)使用特殊材料

近年来,由于石墨烯电导率的动态可调性,基于石墨烯的可调 PIT 效应引起了人们的极大关注。许多基于石墨烯实现 PIT 的结构已被提出,如平面石墨烯超材料、石墨烯辅助的波导耦合腔、基于单层石墨烯的石墨烯纳米条光栅(Graphene Nanoribbon Grating,GNG)、双层石墨烯的 GNG 和多层石墨烯超材料。尽管在上述等离子体结构中可以获得期望的 PIT 效果,但是相对复杂的器件设计在制造过程中带来了巨大的挑战。

本节将以其中较为常用的结构——基于单层石墨烯的 GNG 结构为例,讲解 SPP 光子器件实现 PIT 效应的方法与特性[31]。

2. 结构设计举例

如图 5.3.5 所示,这是一个典型的由单层石墨烯和电介质衍射光栅组成的等离激元结构,它包括一个周期均匀分布的金光栅和薄 SiN_x 介电层。SiN_x 层的厚度和光栅周期分别为 d_s 和 Λ_m。金光栅的厚度、宽度和狭缝的宽度分别为 d_{Au}、$w_{m,1}$、$w_{m,2}$。下面详细分析此结构的光学特性和实现的可调 PIT 效应。

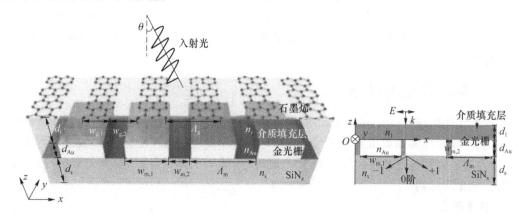

图 5.3.5　单层石墨烯和 Si 衍射光栅组成的等离激元结构示意图

(1) 左通道可调 PIT 效应

当 TM 偏振光垂直照射在此结构上时,化学势为 0.74~0.76 eV 的 GNG 的反射、透射和吸收光谱如图 5.3.6(a)所示。在反射光谱中出现了两个由 A 点和 C 点表示的反射谷。随着 GNG 的化学势从 0.74 eV 增加到 0.76 eV,反射谷的振幅增大,同时其中心波长发生红移。显然,在实际使用时,不需要改变金光栅的周期和宽度等结构参数,仅通过改变栅极电压就可以实现动态地控制 PIT 的效果。图中根据 PIT 的明模式与暗模式的相对位置(明模式位于暗模式的左侧和右侧)将实现 PIT 效应的方式分为左通道(图 5.3.6(a))和右通道(图 5.3.6(b))。波长 A 处波谷的产生是由被限制在填充层中的混合模式造成的,具体包括:金属光栅狭缝的腔模式、金属-电介质 SPP 模式和电介质填充层中的导模。填充层中激发的腔模可以通过相位方程来表示,即

$$\varphi_{12} + \varphi_{23} + k_{SPP}d_{Au} = 2n\pi \quad (n=0,1,\cdots,N) \tag{5.3.3}$$

其中,相位差 φ_{12} 和 φ_{23} 是由光栅狭缝中的反射引起的,而 k_{SPP} 是 SPP 模式的波矢量,可以用色散方程描述在金光栅表面上激发的 SPP 模式,由此可以得到如下关系:

$$\frac{2\pi}{\lambda}\sin\theta - j\frac{2\pi}{\Lambda_m} = k_{SPP} = -\frac{2\pi}{\lambda}\sqrt{\frac{n_{Au}^2(\omega)\varepsilon_0}{n_{Au}^2(\omega)+\varepsilon_0}} \tag{5.3.4}$$

其中,j 是衍射级,θ 是入射角。混合等离激元模式与 GNG 的化学势无关,因此当 GNG 的化学势从 0.74 eV 增加到 0.76 eV 时,反射谷 A 的中心波长是稳定的。在反射谷 C 波长处石墨烯上的 GSP 模式被激发,当 GNG 的化学势设置为 0.74~0.76 eV 时,金光栅激发的混合等离子体激元模式的共振波长接近 GNG 上的 GSP 模式的共振波长。图 5.3.6(a)中左通道的 PIT 效果的出现便是因为在 GNG 上激发的 GSP 模式与填充层中的混合模式之间出现相消干涉。

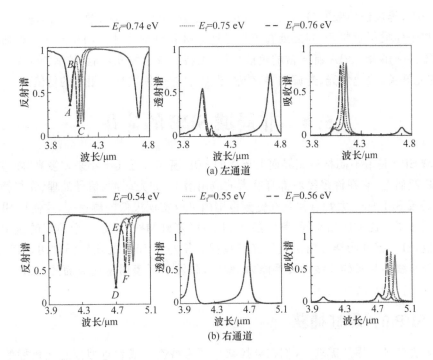

图 5.3.6 不同化学势下的 GNG 等离激元结构的光谱

(2) 右通道可调 PIT 效应

当 GNG 的化学势降低到 $0.54 \sim 0.56$ eV 时,PIT 效应同样可以借助另一侧反射谷得到,如图 5.3.6(b)所示。该通道的反射谷由被限制在 SiN_x 介质波导层中的混合模式造成,具体包括 SPP 模式和介质波导层的谐振导模。与左通道的情况不同,GNG 离 SiN_x 介电层很远,而 GSP 模式被很强地限制在石墨烯层上,因此 GNG 上的 GSP 模式没有直接与 SiN_x 介电层中的混合模式耦合。

(3) 群折射率

进一步研究此结构中可调 PIT 效应的特性。它的群折射率 n_g 可以从以下公式计算得到:

$$n_g = -\frac{c_0}{d_g + d_i + d_{Au} + d_s} \frac{d\varphi(\omega)}{d\omega} \tag{5.3.5}$$

其中,$\varphi(\omega)$ 是频率为 ω 时的反射相位。在不同化学势和不同波长时,GNG 结构的相移和群折射率随波长的变化如图 5.3.7 所示。可以发现,$E_F = 0.76$ eV 时 PIT 效应的最大群折射率约为 3.2,慢光效应的带宽可达到 75 nm。因此,基于此结构中的 PIT 效应可以获得没有失真的相对宽带很宽的慢光。这也是基于 SPP 器件得到的 PIT 效应的一大应用方向。

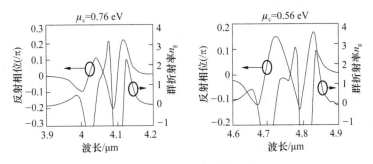

图 5.3.7 基于 GNG 的 PIT 结构的相移响应和群折射率

除了 PIT，等离诱导吸收（Plasmon Induced Absorption，PIA）效应同样是一种模仿 EIT 效应的等离子体类似效应，不同之处在于它是针对吸收谱的描述。PIA 同样可以通过明暗模式的相消干涉来解释。PIA 有异常的色散特性、独特的快速发光功能、较窄的线宽以及更高的吸收率，在光开关、快速发光、光调制器、传感器、吸收体等领域具有很大的价值。

5.4　非局域 SPP 的应用

非局域 SPP 是沿不同材料交界面上传播的 SPP 模式。近几十年来，"慢光"效应吸引了科学家们的广泛研究，它在许多领域都有巨大的应用潜力，如光缓冲、信号处理、光与物质相互作用等。非局域 SPP 的一大特点便是在宽频范围内可以实现极低的群速度，这使得 SPP 器件在"慢光"领域有了广泛的应用空间，其中基于 SPP 的"彩虹捕获"就是一个典型的应用实例。除了慢光效应，SPP 器件同样可用于进行光场调控。得益于 SPP 的场增强作用，SPP 模式还可以用于增强非线性材料的非线性转换能力，例如，激发于石墨烯材料表面的 GSP 可以有效增强石墨烯的三次谐波转换效率。

5.4.1　SPP 的"彩虹捕获"

为了解决各种应用的需求，人们在寻找减小光传播速度或者近似停止光传播的新机制上投入了很多精力。一系列的发现使得实现超慢光传输成为可能，这些发现包括量子干涉效应的使用、光子晶体、受激布里渊区散射以及前文介绍过的电磁诱导透明现象。然而，由于受到延迟带宽积的限制，传统的慢光系统只能工作在共振频率附近非常窄的频带范围内，所以如何在宽频范围内降低群速度（v_g）是一个亟待解决的问题。"彩虹捕获"是一种有效的机制，它能在超材料和 SPP 结构上实现宽频电磁场的局域和存储，具有重要意义。

1. 基本概念

"彩虹捕获"的主要工作原理是在不同的位置减慢不同频率的光波。由于能够产生强束缚和局域光场，因此它能够推动光学上很多新的应用，如增强光与物质相互作用、片上光局域、光谱分离和宽频带吸收器等。在设计"彩虹捕获"结构时，需要尽量降低结构中传播 SPP 的群折射率，从而实现高性能的"慢光"效应，这可以通过改变结构色散实现，主要的方法有以下几种。

（1）金属表面刻蚀凹槽阵列

这一方法中使用的是金属光栅结构。在进行光栅刻蚀时，对每一级光栅的刻蚀深度作渐变处理，使得激发在金属-电介质分界面上不同波长的非局域 SPP 的传播距离出现差异，特定谐振波长对应的 SPP 模式会使对应刻蚀深度的光栅处的场强得到增强，并被限制，具体的结构和原理示意如图 5.4.1(a)所示[32]。

（2）金属表面覆盖电介质光栅

除了直接刻蚀金属光栅，在金属表面上覆盖周期性电介质光栅结构同样可以获得基于 SPP 的"彩虹捕获"效果。不同介质光栅周期可以使得不同波长的 SPP 模式在不同的位置被局域，如图 5.4.1(b)所示[33]。在金属膜另一侧附加均匀的介质光栅并调节其折射率还可以依次释放被捕获的不同波长的非局域 SPP 模式。

（3）石墨烯平面波导辅助结构

虽然渐变光栅结构中的彩虹捕获可以通过调节电介质的等效折射率实现，但是由于温度或者外加场的调节范围有限，所以要实现宽频范围内的完全释放仍然是一个挑战。与金属不

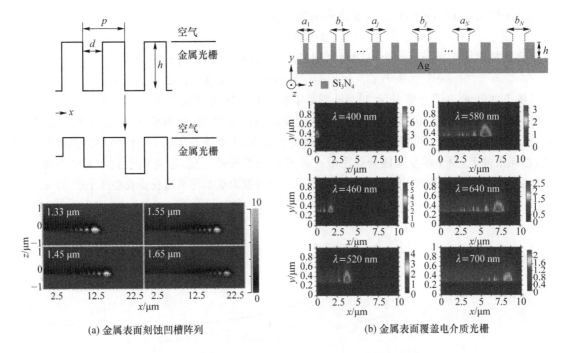

(a) 金属表面刻蚀凹槽阵列　　　　　　　　(b) 金属表面覆盖电介质光栅

图 5.4.1　典型的基于 SPP 的"彩虹捕获"结构示意图

同,石墨烯的光学响应是由表面电导率来表征的,它的电导率的虚部可以通过外部的调节而变为正值,外部调节方式包括外加电场、外加磁场和外加门电压等。本节将以石墨烯辅助渐变电介质光栅结构为例,展示基于非局域 SPP 的"彩虹捕获"器件和它能实现的功能。

2. 结构设计举例

用于实现 SPP"彩虹捕获"的结构示意如图 5.4.2 所示[34],单层石墨烯被放置在渐变的硅光栅衬底上,电介质层作为插入层,在宽频范围内,不同频率的非局域 SPP 模式能够被局域在石墨烯层不同的位置,且 SPP 的群速度最小可以降到真空中光速的几百分之一。通过改变外加电压,捕获的光波可以在宽频范围内实现释放。基于石墨烯的结构可以通过调节偏置电压来动态改变石墨烯的化学势,从而在宽频范围内将捕获的不同频率的 SPP 波依次完全释放。

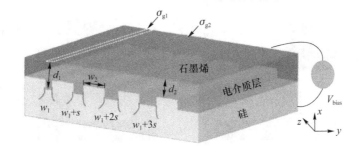

图 5.4.2　渐变等离子体光栅结构示意图

（1）渐变光栅周期的设计

用于"彩虹捕获"的结构的基础是一个渐变的等离子体光栅结构,该结构在传播方向上以 s 为固定步长来增加光栅中硅的宽度。一个需要解决的重要问题是:在满足绝热条件时,如何合理设置周期随位置渐变的梯度。通常可以使用广为人知的程函近似,也就是利用 Wentzel-

Kramers-Brillouin(WKB)来计算变化的纳米结构的绝热性:

$$\delta = \partial\beta^{-1}/\partial z \leqslant 1 \qquad (5.4.1)$$

考虑到光栅以固定步长从一个周期增大到另一个周期,方程(5.4.1)可以写为

$$\delta \approx (1/\beta_1 - 1/\beta_2)/\Delta z = (1/\beta_1 - 1/\beta_2)/s \leqslant 1 \qquad (5.4.2)$$

图 5.4.3 给出了在波长为 11 μm 时,对应于不同的渐变光栅宽度增长步长 s(0.2 nm、0.5 nm、1 nm 以及 2 nm)由方程(5.4.2)计算得到的 δ 的值,所对应的光栅周期 w 在 70～90 nm 的范围内变化。可以发现对于这四种增长步长,δ 都满足方程(5.4.1)的绝热条件。显然,相同条件下,更小的步长能确保色散在传播方向更缓慢变化,这对耦合到非常低群速度的 SPP 模式是非常有帮助的。例如,如果绝热容忍度被设置为 0.1,那么增长步长必须小于 1 nm。

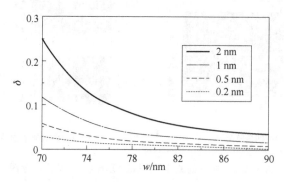

图 5.4.3　不同增长步长下的绝热性 δ 变化曲线

(2)"彩虹捕获"效果

当 TM 偏振光束垂直入射到上述结构波导的左边来激发 SPP 时,图 5.4.4 展示了不同激发波长(8 μm、8.5 μm、9 μm、9.5 μm 以及 10 μm)时 x-z 平面的电场分布情况。从图 5.4.4 中可以看出,不同波长的 SPP 模式被局域在石墨烯表面不同的位置,这个位置与光栅的宽度相关,即非局域 SPP 模式被成功"捕获"。

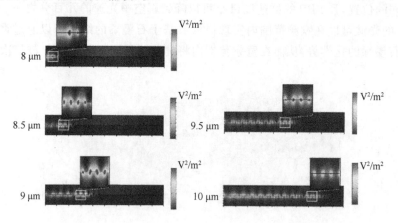

图 5.4.4　红外波段五个不同波长的 SPP 彩虹捕获

(3)"彩虹捕获"的释放

在彩虹捕获 GSP 后更进一步需要解决的问题就是如何释放捕获波。在基于金属 SPP 的彩虹捕获系统中,可以通过调节温度或者外加电场来调节色散曲线,从而释放捕获波。然而,由于电介质的等效折射率的调节幅度有限,要实现宽频带的完全释放仍然是一个很大的挑战。

对比来看,石墨烯的表面电导率可以很容易地通过调节来支持 GSP 的传输,等效折射率可以通过改变电压进行大范围的调节,这意味着它能够在宽频范围内实现对捕获波的释放。

图 5.4.5(a)分别给出了化学势 μ_{c1} 和 μ_{c2} 关于偏置电压的依赖关系。可以看出,石墨烯化学势都随着偏置电压的增加而增加,更大的化学势将导致小的 GSP 的等效折射率。如果偏置电压 V_{bias} 增加,对于不同 w_1 的截止频率将增大(即对应更短的波长)。换句话说,通过改变偏置电压进而改变色散曲线,捕获波可以一个接一个地被释放,这是一个可能实现未来片上光通信中光缓存的重要方法。除此之外,图 5.4.5(b)给出了不同 w_1 下结构的色散曲线,可以发现对于 w_1 从 10 nm 变化到 30 nm,对应的截止频率都超过了在 $w_1=10$ nm 和 $V_{bias}=45.6$ V 条件下的结果。显然,通过调整偏置电压的方式还可以实现捕获波的一次性释放。

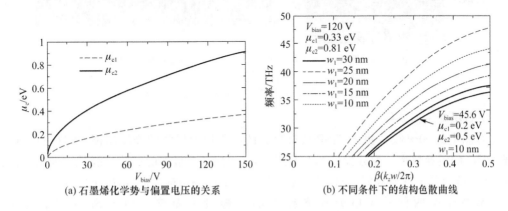

(a) 石墨烯化学势与偏置电压的关系   (b) 不同条件下的结构色散曲线

图 5.4.5 "彩虹捕获"释放的原理

5.4.2 三次谐波的产生

多次谐波生成是一种典型的非线性光学现象。其过程是 N 个具有相同频率 ω 的光子与非线性材料相互作用产出频率 $N\omega$ 的新光子。传统上,光子器件中高效的非线性谐波生成需要基于奇异光子晶体,但这类方案难以进行高密度的光子集成。寻找易集成的多次谐波生成器件显然是微纳器件领域的重要课题。

1. 基本方法

不同次谐波的生成需要不同的结构设计或者非线性材料选择。本节将以三次谐波生成(Third Harmonic Generation,THG)为例介绍此类非线性光学器件的主要方案和设计手段。在进行此类光器件的设计时,通过设计基本模式和三次谐波模式之间的相位匹配,就可以提高光波导中 THG 的转换效率。除此之外,通过增加非线性材料中的光强度,也可以有效地增强THG 的转换效率,此方法对相位匹配条件的要求更低。典型的基于 SPP 的激发而获得三次谐波生成的设计方案有如下几种。

(1)金属纳米颗粒天线

金纳米颗粒由于其固有的非线性特性被广泛用于非线性纳米结构的设计。外加电磁场与金属纳米粒子之间的相互作用可以引起电子的相干振荡,进而激发金属 SPP 模式。除此之外,纳米颗粒的独特设计可以使其在特定区域获得局域场增强效果,进而引起更强烈的非线性响应,图 5.4.6(a)就展示了一个典型的使用金纳米粒子二聚体的非线性谐波生成方案[35]。

(2)金属钠米线波导

除了上面的结构所利用的局域 SPP 模式,非局域的金属 SPP 同样可以用于非线性光学过程的实现。其中的典型代表是金属纳米线波导,如图5.4.6(b)所示[36]。此结构的优势在于利用金属纳米线中激发的非局域SPP模式可以将获得的非线性谐波导出。同时纳米线的小横截面结构可以获得更为明确、均匀的导模,并支持更高带宽的脉冲。

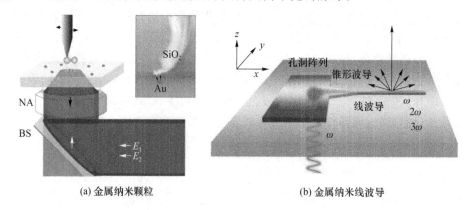

(a) 金属纳米颗粒   (b) 金属纳米线波导

图 5.4.6   典型的用于非线性谐波生成的结构

（3）石墨烯平面波导

与金属中的SPP模式相比,GSP具有更大的波矢以及更强的光限制能力,这可以进一步增强THG的转换效率。而且如2.2.2节所述,石墨烯具有极强的三阶非线性光学响应能力。因此,激发石墨烯上的非局域GSP模式是一种常用的获得结构表面THG的方式。

本节将介绍两种基于电介质光栅上的石墨烯平面波导（Graphene Parallel-Plate Waveguide,GPPW)结构的设计方案。它们都可以通过GSP模式的激发获得石墨烯上增强的THG。

2. 结构设计举例

基于电介质光栅的GPPW结构可以依据左右两侧延伸的电介质波导形态分为基于均匀的电介质光栅的GPPW和基于有限电介质光栅的GPPW[37]。前者是理想情况,电介质光栅和石墨烯覆层无限延伸。而实际上电介质光栅无法做到无限延伸,第二种结构的光栅两侧连接硅波导,是可以在实际中制作的器件设计方案。

（1）基于无限延伸电介质光栅的GPPW

首先考虑理想情况,电介质光栅无限延伸的GPPW结构示意如图5.4.7所示,由石墨烯层和其下的电介质光栅波导结构组成,光栅结构在 x 方向上无限延伸,光栅的周期为 p,占空比 w/p。当频率为 ω_{FF},电场沿 z 方向线性偏振的平面光由上至下垂直入射到光栅上时,由于光栅的衍射作用,沿着 z 轴正负方向都会激发石墨烯层上的频率为 ω_{FF} 的GSP模式。

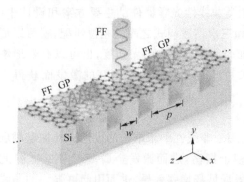

图 5.4.7   介质光栅无限延伸的GPPW结构示意图

同时,平铺的石墨烯表面可以产生三倍频的GSP模式。图5.4.8中给出了不同波长的归一化电场强度（Normalized Electric Field Intensity,NEFI）。可以看到,与不添加光栅结构的NEFI谱相比,具有光栅结构的NEFI光谱中除了基频（Fundamental Frequency,FF)

位置,三次谐波频率(Third Harmonic Frequency,THF)处也出现了明显的峰。对于此结构,三次谐波的转换效率可以被定义为

$$CE = \int_0^p P_y^{THF} dz / (P^{FF} p) \qquad (5.4.3)$$

其中,P_y^{THF}是 THF 位置的坡印廷矢量的 y 分量,P^{FF}是入射光的能量密度。磁场的 y 方向分量在 THF 频率处实部的场分布如5.4.8(b)所示,这也验证了石墨烯表面的 THF 的 GSP 的生成。

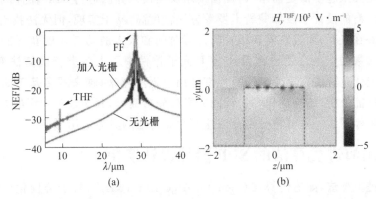

图5.4.8 在 GPPW 上生成 THF GP 的 NEFI 和 THF 处的磁场 y 分量分布情况

(2) 基于有限长度光栅的 GPPW

考虑到实际制作中,无法实现无限延伸的电介质光栅结构,下面来讨论更实际的有限长度光栅的 GPPW 结构来实现 THG。其结构如图5.4.9(a)所示,当垂直入射泵浦光到 GPPW 结构上时,在石墨烯表面高效地激发了 FF 的 GSP 模式,并且可以产生 THF 处的 GSP,电场分布如图5.4.9(b)所示。在光栅的边缘附近,GPPW 上的 THF-GSP 的产生效率最高,这一点可以从转换效率沿着 z 轴的变化更明显地看出。在 GPPW 结构中光栅边缘处将会出现最大的 THG 转换效率。由于石墨烯上 GSP 模式与真空中光波之间存在大的波矢不匹配的问题,所以照射 GPPW 结构以外的平面波对于 THF 的 GSP 的激发并没有贡献。

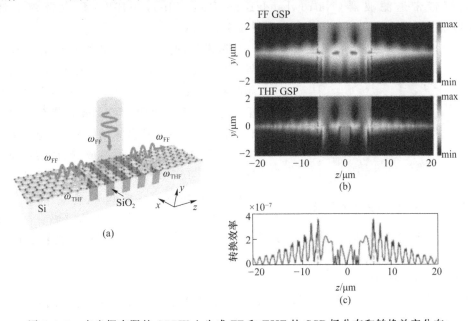

图5.4.9 在光栅有限的 GPPW 上生成 FF 和 THF 的 GSP 场分布和转换效率分布

5.5 SPP 器件的智能化设计与应用

进入 21 世纪以来,SPP 光子器件因其具有突破衍射极限等近场增强效应的独特性质,引起了人们的广泛关注和大量研究。随着对器件更高的性能需求以及器件的复杂化,传统的理论分析手段已经越来越不满足需求,因此借助于反向设计算法进行 SPP 器件的设计变得越来越常见。传统已有的设计手段如蒙特卡罗等方法精度高,易于实现,但无法找出结构参数与仿真结果之间的潜在关系,而且它需要很长的计算时间和很大的功耗才能获得能够覆盖大部分结构参数的足够数据点。这使得在设计 SPP 光子器件中引入各类智能算法变得十分必要。几种常用的智能优化算法在第 4 章已有详细介绍。近些年来,越来越多基于此类方法的针对光子器件进行性能分析、结构优化和设计的方案被先后提出,其中最为常用的方法是各类演进类算法和人工神经网络。本节将分别介绍这两大类算法的具体应用实例。

5.5.1 应用演进类算法的 SPP 器件设计实例

传统的演进类算法,如遗传算法(Genetic Algorithm,GA)、粒子群优化(Particle Swarm Optimization,PSO)算法、模拟退火(Simulated Annealing,SA)法、直接二进制搜索(Direct-Binary Search,DBS)法等,一直是各类优化问题的常用解决手段。它们同样十分适合应用在光子器件设计领域,具体的算法原理可以参见 4.2 节。这类算法通过迭代和演化搜索最优解,故也被称作演进类算法,它们在二进制序列的优化设计中优势尤为突出,本节将以一个可编程的等离子波导结构(Programmable Plasmonic Waveguide System,PPWS)的设计为例,具体介绍此类优化方法的应用。

1. 待设计器件结构及功能

本节的设计实例将利用 PPWS 设计多种光学滤波器,分别是窄带带阻滤波器(Narrowband Band Stop Filter,NBSF)、宽带带阻滤波器(Broadband Band Stop Filter,BBSF)、窄带带通滤波器(Narrowband Band Pass Filter,NBPF)和宽带带通滤波器(Broadband Band Pass Filter,BBPF),如图 5.5.1 所示。

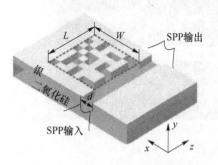

待设计的 PPWS 结构由金属-电介质-金属波导(Metal-Dielectric-Metal,MDM)和可编码金属超材料(Metal Coding Metamaterial,MCM)两部分组成。MDM 波导和 MCM 被放置在二氧化硅材料的衬底上。MCM 区域的面积为 400×400 nm^2,由 $M \times N$ 个正方形像素组成,被放置在 MDM 波导的一侧。MCM 中的每个像素可以分别被银或空气填充,分别对应于逻辑状态"1"或"0"。显然,MCM 区域提供了一个广阔的编码空间。演进类

图 5.5.1 待设计 PPWS 结构示意图

算法的设计对象就是 MCM 区域的编码,通过适应度(本例中设定为与理想透射谱的差距)设置的改变,可以基于此结构优化出不同特点的滤波器。

2. 优化设计的效果

本例的设计目标是基于智能算法提高四种光学滤波器的滤波性能。考虑到演进类算法对初始状态和优化参数的设置十分敏感,首先需要随机生成许多组编码矩阵,并得到它们对应的

传输频谱,从中选取接近目标滤波效果的编码个体,如图 5.5.2 所示,之后分别基于四种算法进行优化。

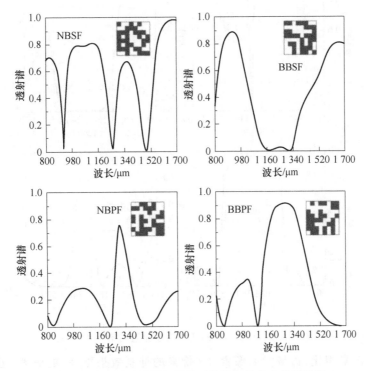

图 5.5.2　四种滤波器初始编码结构以及相应的透射谱

以 GA 的优化结果为例,优化后的波导透射谱如图 5.5.3 所示。从结果上看,可以发现:①四种不同的滤波器的实际滤波效果都得到了不同程度的提升;②从优化效果的角度对比,与 NBSF 相比,BBSF 的阻带不够平滑,而造成这种现象的原因是优化的 MCM 具有冗余像素,这可能导致阻带性能下降;③相比之下,BBPF 的优化结果的通带部分波动幅度较小,较为平坦;④NBPF 的优化结果也无法得到像 NBSF 一样性能的带宽和边带抑制,这种现象可能与 MCM 的损耗有关。换句话说,MCM 更适合用于抑制而不是促进特定波长的传输,因此 NBSF 具有比 NBPF 更好的性能。总之,PPWS 被证明能够实现多种光学滤波功能,同时 GA 对滤波器的优化效果明显。类似地,其余三种算法也可以用于滤波效果的优化。

3. 器件结构对优化结果的影响

接下来讨论优化设计中不同因素对优化效果的影响。显然,MCM 的多样性决定了 PPWS 的实际功能和性能。从数学上讲,MCM 的组合数随着 MCM 中像素密度的增加而呈指数增长。然而,优化方案的搜索能力不是无限的。因此,在 MCM 中选择合适的像素密度非常有必要,在确保 MCM 具有多样性的同时,保持优化算法的效率。为了分析像素密度对性能优化的影响,下面分别使用四种优化算法对四种不同密度的 NBSF 进行优化。

图 5.5.4 分别为密度为 5 像素×5 像素、8 像素×8 像素、10 像素×10 像素和 20 像素×20 像素的 MCM 的 NBSF 的优化传输光谱。与其他密度相比,20 像素×20 像素表现最差,同时,20 像素×20 像素边带的波动非常剧烈,这可能会限制滤波功能的应用,出现这种现象的原因是该 20 像素×20 像素的解空间过于宽泛,优化算法搜索全局最优解的能力有限。而 5 像素×5 像素、8 像素×8 像素和 10 像素×10 像素之间的性能差异不明显。与 5 像素×5 像

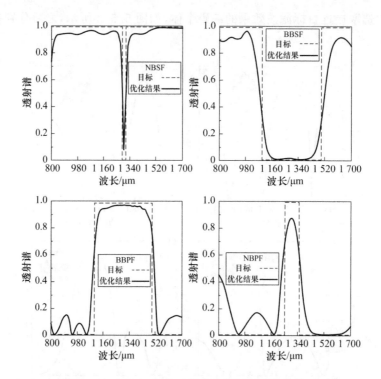

图 5.5.3 基于 GA 的四种滤波器透射谱优化结果

和 10 像素×10 像素相比,边带对 8 像素×8 像素的抑制效果更好、更平滑。因此,仅就实现 NBSF 的功能而言,具有 8 像素×8 像素的 MCM 是比较合适的选择。

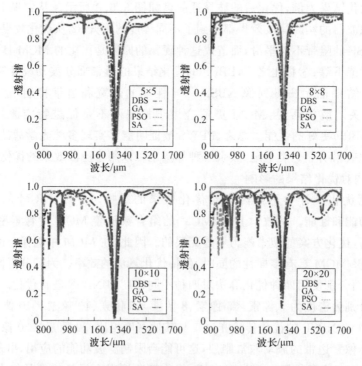

图 5.5.4 基于不同编码密度结构的 NBSF 透射谱优化结果

相似的方法也可以用于优化编码结构的其他光学特性,如 PIT 效应,或者用于实现更复杂的功能,如全光的逻辑门单元。

5.5.2 应用人工神经网络的 SPP 器件设计实例

近年来,随着机器学习的发展,人工神经网络(Artificial Neural Network,ANN)作为一种高效的建模类算法已经逐渐成为许多物理现象高精度逼近的有效工具。本节将以对等离波导耦合腔结构(Plasmonic Waveguide-Coupled with Cavities Structure,PWCCS)进行频谱预测、反向设计和性能优化的设计方案[38]为例,介绍 ANN 在 SPP 器件智能化设计中的应用。

1. 待设计器件结构及功能

如图 5.5.5(a)所示,设计对象是具有三个耦合腔的 PWCCS。传播到金属-电介质界面的 SPP 波可以直接耦合到三个梳状腔中。所以,当 TM 偏振的 SPP 注入这些结构的左侧波导时,因不同的谐振腔之间的模式干涉,可以在透射谱中获得 PIT 效应和双 PIT 效应,如图 5.5.5(b)所示,这也是针对这一类结构进行优化设计的核心目标。耦合腔间距离的轻微变化将严重地影响耦合相位,从而改变双 PIT 效应的光学特性,特别是中心波长和透过率将受到结构参数变化的影响。下面将利用 ANN 对此结构进行正向的透射谱预测和反向结构设计[38]。

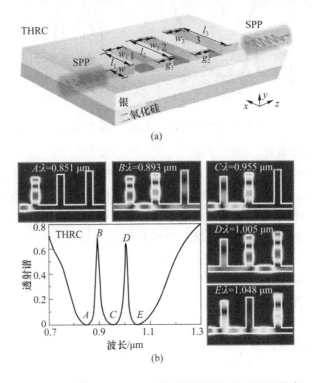

图 5.5.5 待设计 PWCCS 结构及其可产生的双 PIT 效应

2. 正向谱预测

正向预测指的是用 ANN 实现对任意结构参数的对应透射谱进行预测。这里使用的 ANN 以结构参数(总波导和谐振腔的几何参数)作为输入,不同波长处的透过率作为输出。需要注意的是,神经网络中隐藏层的数量以及每层神经元的数量决定了神经网络的性能。一般情况下,需要使用具有深隐藏层的 ANN,即深度神经网络进行训练和预测,以提升预测的准确度,但相应的训练时间也会增加,并且需要消耗大量的计算成本。用于训练网络的数据集一般可以通过反复的仿真或者实验获得。整体的数据集将被分为训练集和测试集。对于训练集,经过数百次迭代训练步骤,人工神经网络预测的透射光谱都非常接近仿真计算的结果。而测试集则用于每一代训练结果有效性的验证和校准。图5.5.6展示了从训练集和测试集中随机选择的两组结构参数的比较结果,实线表示原始透射光谱,散点表示由 ANN 产生的预测透射光谱。可以观察到,预测结果也非常接近仿真结果。它表明人工神经网络不仅可以拟合训练数据,而且还可以学习结构参数和透射光谱之间的一些潜在关系。因此,它可以解决一些没有在仿真中涉及的谱型的设计,甚至在一定程度上延伸到更复杂的物理系统机制中。

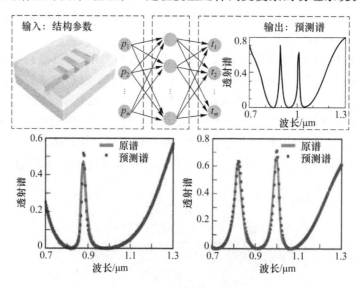

图 5.5.6　基于 ANN 的 PWCCS 的谱预测方案示意图与结果

3. 反向设计与性能优化

对于图 5.5.5(a)的 PWCCS 结构,继续考虑基于 ANN 的反向设计和性能优化。与在光谱预测中应用的"前向"ANN(从结构参数到电磁响应)相比,"反向"网络结构可用于再现器件结构参数,它在输入和输出的设置上与"前向"ANN 正好相反。"反向"网络架构的输入和输出分别是从透射光谱中均匀采样的离散点和结构参数。经过几次迭代训练步骤后,"反向"ANN 可以预测并有效再现相似透射光谱的结构参数。图 5.5.7(b)中每列的两个圆圈和两个十字分别显示了两组原始结构参数和由"反向"ANN 产生的预测结构参数。为方便起见,所有结构参数被归一化到 0—1 范围内。可以观察到大多数预测的结构参数与原始结构参数高度一致。除此之外,图 5.5.7(c)表明与原始透射光谱相比,由 ANN 产生的预测结构参数可以非常相似地再现透射光谱。为了进一步验证"反向"ANN 对任意波长透过率的性能优化能力,从测试集中随机选择一个透射谱,并对其进行手动移位。图 5.5.7(d)中两条实线分别对应原始的和红移后的透射光谱。结果表明,900 nm 的透过率由 0.05 提高到 0.68,即通过对透射谱进行手动移位,可以优化 900 nm 处的透过率。将移位后的透射谱输入逆神经网络中,利用神经网络预测出最符合的结构参数。透射光谱由图 5.5.7(d)中的虚线表示。预测透射谱与待设计透射谱之间的相似性证明了利用人工神经网络可以实现特定波长透过率的优化。此外,利用"反向"ANN 还可以尝试对双 PIT 效应中的光信道带宽进行优化。为了获得期望的FWHM,适当地降低了双 PIT 效应中左通道的透过率和带宽,对应图 5.5.7(e)。其中,原谱与优化了的待设计谱由实线表示。同样地,优化后的透射光谱中的离散点被输入"反向"神经网络中,由人工神经网络产生的这些预测结构参数的透射谱由图5.5.7(e)中的散点表示。结果表明,预测出的透射谱与优化后的透射谱吻合较好。这一实例说明利用ANN可以有效地实现SPP光子器件的设计和性能的优化。显然这类新型的智能化设计方法具有其独特的优势和广泛的应用前景。

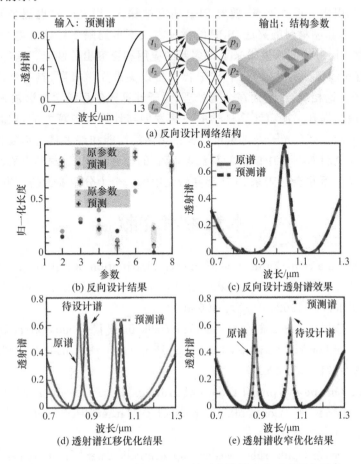

图 5.5.7　基于 ANN 的 PWCCS 的反向设计方案示意图与结果

5.6　总结与展望

本章介绍了SPP光子器件的发展历程、应用场景以及相关技术细节。对于SPP光子器件的未来,有如下几个发展趋势。

(1)结构更精密、复杂。SPP的理论研究已有上百年的历史,近十几年器件制造工艺的快速发展,特别是精密微纳结构制造工艺的进步,使得具有更复杂结构的SPP器件的制备成为可能。

(2)物理理论的发展推动领域发展。相关物理理论的发展也使得研究者可以更高效、准确地进行光子器件性能表征和研究。例如,利用Drude等色散模型对金属电磁色散特性进行准确描述,研究者可以对金属的其他电磁特性作进一步的分析和理解。

(3)交叉学科的应用。事实上,除了本章5.3节、5.4节所介绍的基于局域SPP和非局域SPP的经典光子器件应用之外,围绕SPP这一概念已经逐渐形成了一个发展迅速、应用前景广泛的交叉研究领域。它可以与化学、生物、信息科学等其他学科交互,在医药、环境、信息、能源等领域得到从理论走向实际的应用。通过学科交叉,这些年来也已涌现出不少基于 SPP 的重要器件。例如,基于 SPP 的蛋白质单层检测[18]、基于 SPP 的尿蛋白传感器[15]、基于 SPP 的量子逻辑门[19]等。

(4) 新材料的引入。近些年来,随着 SPP 研究的深入,相关研究也逐步开始有了新的分支。首先,伴随许多新型材料的兴起,SPP 的激发方式不再局限于导体和电介质材料,许多二维材料(如石墨烯)上 SPP 的激发带来了许多新的应用和更突出的性能。这部分在本章的 5.3 节、5.4 节中已有所涉及。另外,得益于 SPP 器件可以突破光学极限、具有高度集成能力等优势,它可以与量子理论相结合,进而在全光处理、量子计算等信息科学前沿领域有所应用。

(5) 设计手段的提升。伴随计算科学的飞速发展与计算设备算力的迅猛提升,利用各类智能算法,不同类型的 SPP 光子器件也可以获得更高的性能和许多具有启发性的新颖的结构方案。如何更好地将计算科学中的前沿算法与 SPP 的理论结合,开发具有更高适应性的智能化设计与优化方法无疑也会是未来 SPP 器件研究中的一个十分重要的研究方向。

本章参考文献

[1] Wood R W. On a remarkable case of uneven distribution of light in a diffraction grating spectrum[J]. The London, Edinburgh, and Dublin Philosophical Magazine and Journal of Science, 1902, 4(21): 396-402.

[2] Garnett J M. Colours in metal glasses and in metallic films[J]. Philosophical Transactions of the Royal Society of London. Series A, Containing Papers of a Mathematical or Physical Character, 1904, 203(359-371): 385-420.

[3] Rayleigh L. On the dynamical theory of gratings[J]. Proceedings of the Royal Society of London. Series A, Containing Papers of a Mathematical and Physical Character, 1907, 79(532): 399-416.

[4] Mie G. Beiträge zur Optik trüber Medien, speziell kolloidaler Metallösungen[J]. Annalen der Physik, 1908, 330(3): 377-445.

[5] Fano U. The theory of anomalous diffraction gratings and of quasi-stationary waves on metallic surfaces (Sommerfeld's waves)[J]. Journal of Optical Society of America, 1941, 31(3): 213-222.

[6] Pines D. Collective energy losses in solids[J]. Reviews of Modern Physics, 1956, 28(3): 184.

[7] Ritchie R H. Plasma losses by fast electrons in thin films[J]. Physical Review, 1957, 106(5): 874.

[8] Powell C, Swan J. Origin of the characteristic electron energy losses in aluminum[J]. Physical Review, 1959, 115(4): 869.

[9] Stern E A, Ferrell R A. Surface plasma oscillations of a degenerate electron gas[J]. Physical Review, 1960, 120(1): 130.

[10] Ritchie R H, Arakawa E T, Cowan J J, et al. Surface-plasmon resonance effect in grating diffraction[J]. Physical Review Letters, 1968, 21(22): 1530.

[11] Cunningham S L, Maradudin A A, Wallis R F. Effect of a charge layer on the surface-plasmon-polariton dispersion curve[J]. Physical Review B, 1974, 10(8): 3342.

[12] Fleischmann M, Hendra P J, McQuillan A J. Raman spectra of pyridine adsorbed at a silver electrode[J]. Chemical physics letters, 1974, 26(2): 163-166.

[13] Melikyan A, Alloatti L, Muslija A, et al. High-speed plasmonic phase modulators [J]. Nature Photonics, 2014, 8(3): 229-233.

[14] Yang X Y, Hu X Y, Chai Z, et al. Tunable ultracompact chip-integrated multichannel filter based on plasmon-induced transparencies [J]. Applied Physics Letters, 2014, 104 (22): 221114.

[15] Guo T, Liu F, Liang X, et al. Highly sensitive detection of urinary protein variations using tilted fiber grating sensors with plasmonic nanocoatings[J]. Biosensors and Bioelectronics, 2016, 78:221-228.

[16] Yan H G, Li X S, Chandra B, et al. Tunable infrared plasmonic devices using graphene/insulator stacks[J]. Nature Nanotechnology, 2012, 7(5): 330-334.

[17] Yao Y, Shankar R, Kats M A, et al. Electrically tunable metasurface perfect absorbers for ultrathin mid-infrared optical modulators[J]. Nano Letters, 2014, 14(11): 6526-6532.

[18] Rodrigo D, Limaj O, Janner D, et al. Mid-infrared plasmonic biosensing with graphene[J]. Science, 2015, 349(6244): 165-168.

[19] Calafell I A, Cox J, Radonjić M, et al. Quantum computing with graphene plasmons [J]. NPJ Quantum Information, 2019, 5(1): 1-7.

[20] Molesky S, Lin Z, Piggott A Y, et al. Inverse design in nanophotonics[J]. Nauret Photonics, 2018, 12(11): 659-670.

[21] Kretschmann E, Raether H. Radiative decay of non-radiative surface plasmons excited by light [J]. Zeitschrift Für Naturforschung A, 1968, 23(12): 2135-2136.

[22] Otto A. Excitation of nonradiative surface plasma waves in silver by the method of frustrated total reflection[J]. Zeitschrift Für Physik A Hadrons and Nuclei, 1968, 216(4): 398-410.

[23] Hohenau A, Krenn J R, Stepanov A L, et al. Dielectric optical elements for surface plasmons[J]. Opicst Letters, 2005, 30(8): 893-895.

[24] Vincent R, Silcox J. Dispersion of radiative surface plasmons in aluminum films by electron scattering[J]. Physical Review Letters, 1973, 31(25): 1487.

[25] Tsuei K-D, Plummer E, Liebsch A, et al. The normal modes at the surface of simple metals[J]. Surface Science, 1991, 247(2-3): 302-326.

[26] Liebsch A. Surface plasmon dispersion of Ag[J]. Physical Review Letters, 1993, 71 (1): 145.

[27] Chen J N, Badioli M, Alonso-González P, et al. Optical nano-imaging of gate-tunable graphene plasmons[J]. Nature, 2012, 487(7405): 77-81.

[28] Fei Z, Rodin A, Andreev G O, et al. Gate-tuning of graphene plasmons revealed by infrared nano-imaging[J]. Nature, 2012, 487(7405): 82-85.

[29] Chen J, Tang C J, Mao P, et al. Surface-plasmon-polaritons- assisted enhanced

magnetic response at optical frequencies in metamaterials [J]. IEEE Photonics Journal, 2015, 8(1): 1-7.

[30] Degiron A, Ebbesen T W. The role of localized surface plasmon modes in the enhanced transmission of periodic subwavelength apertures [J]. Journal of Optics A: Pure and Applied Optics, 2005, 7(2): S90.

[31] Zhang T, Dai J, Dai Y T, et al. Tunable plasmon induced transparency in a metallodielectric grating coupled with graphene metamaterials[J]. Journal of Lightwave Technology, 2017, 35 (23): 5142-5149.

[32] Gan Q Q, Ding Y J, Bartoli F J. "Rainbow" trapping and releasing at telecommunication wavelengths[J]. Physical Review Letters, 2009, 102(5): 056801.

[33] Chen L, Wang G P, Gan Q Q, et al. Rainbow trapping and releasing by chirped plasmonic waveguides at visible frequencies[J]. Applied Physics Letters, 2010, 97 (15): 153115.

[34] Chen L, Zhang T, Li X, et al. Plasmonic rainbow trapping by a graphene monolayer on a dielectric layer with a silicon grating substrate[J]. Optics Express, 2013, 21 (23): 28628-28637.

[35] Palomba S, Danckwerts M, Novotny L. Nonlinear plasmonics with gold nanoparticle antennas[J]. Journal of Optics A: Pure and Applied Optics, 2009, 11(11): 114030.

[36] DE Hoogh A, Opheij A, Wulf M, et al. Harmonics generation by surface plasmon polaritons on single nanowires[J]. ACS photonics, 2016, 3(8): 1446-1452.

[37] Li J H, Zhang T, Chen L. High-efficiency plasmonic third-harmonic generation with graphene on a silicon diffractive grating in mid-infrared region[J]. Nanoscale Research Letters, 2018, 13 (1): 1-9.

[38] Zhang T, Wang J, Liu Q, et al. Efficient spectrum prediction and inverse design for plasmonic waveguide systems based on artificial neural networks [J]. Photonics Research, 2019, 7(3): 368-380.

第6章　石墨烯超材料器件及其应用

利用最新的光刻技术可以构造单元尺寸小于工作波长的结构,实现材料的微纳级限制,这种材料被称为超材料(Metamaterial)。它们通常具有自然材料不具备的独特性质,如最为常见的负折射率材料。基于负折射率材料,我们可以得到如异常折射、逆多普勒效应等自然材料无法获得的异常现象,这一部分的详细描述可以参考第2章2.5节的基础知识介绍部分。

石墨烯是一种由碳原子组成的六角蜂巢形二维材料,自2004年第一次被成功制备[1]以来已被广泛应用于各类光器件的设计之中。石墨烯与超材料相结合得到的微纳光子器件在光存储、空间光通信、生物传感等领域都有关键性的应用。石墨烯超材料(Graphene Metamaterial,GMM)突出的慢光特性,使得它具有对其中传输光的物理特性更强的调控能力。本章将分别介绍基于GMM的光器件对色散、偏振态等物理特性的调控原理和具体应用。除此之外,与第5章介绍的SPP光器件类似,基于GMM的光器件也可以应用智能算法进行优化和设计。得益于石墨烯独特的可调谐性,基于GMM器件的设计方案不仅可以针对结构参数也可以从材料特性的角度进行动态调整。本章的6.4节将分别讲解使用这两种设计角度的GMM光器件智能化设计方案。

6.1　石墨烯超材料简介

6.1.1　超材料的背景与应用

光学超材料最早的想法可以追溯到1968年苏联科学家Veselago提出的负介电常数和负磁导率的构想[2]。但当时受限于制备工艺和实验条件,并没有许多研究支撑超材料的设计。直到20世纪末英国科学家Pendry提出利用周期性亚波长谐振结构实现负介电常数和负磁导率的方法[3],超材料才开始有了阶段性的发展。随后,美国杜克大学的Smith等利用Pendry提出的周期性亚波长结构成功于2001年在实验中得到了负折射率的结构[4],从而在实际的制备角度证明了超材料这一理论的可行性。超材料的独特物理性质很快引起了科学家们的重视,通过应用不同结构的超材料可以大大扩展现有的电磁器件的性能和用途,许多基于超材料的光学器件也在这之后被大量设计和提出。

近年来,基于超材料的光子器件被广泛应用于很多领域(图6.1.1)。首先,基于超材料最初的基本特性——负折射率效应,可以得到使用自然材料无法达到的光学特性。一个典型的应用场景是基于超材料结构的完美吸收器(Perfect Absorber)设计。2008年,Landy等设计的超材料结构由环形谐振器和割线层两部分组成,理论上可以在11.5 GHz处得到接近96%的吸收率,实验上此结构的吸收率也可以超过 88%,这一研究验证了基于超材料的完美吸收器的可行性[5]。更进一步,2014 年,Li 和 Valentine 利用超材料完美吸收器实现了宽带和全向热电子光电探测器[6]。除此之外,由于超材料结构极高的品质因数和极强的色散,它也可以被广泛应用于慢光领域。2008 年,加州大学的 Zhang 等人利用超材料实现了 EIT 等离子体类似物,他们使用两组亚波长尺寸的金属纳米条分别模拟明模式和暗模式,实现了等离激元诱导透明(Plasmon Induced Transparency,PIT)效应[7]。除了实现自然材料不易得到的物理特性,超材料还可用于获得之前无法实现的高性能器件。亚波长分辨率的成像需要高数值孔径的光学透镜,然而这种透镜一般需要较大的体积,而二维超材料的独特性质可以用于将这类传统光学器件小型化,基于超材料的特殊光学透镜又被称为"超透镜"。Pendry 在 2000 年首次提出了"超透镜"的概念[8]。其中,平板超材料的介电常数和磁导率均被设置为 −1。当然,实际上这种超透镜的模型在光频段难以直接在实验中实现,故一般人们会使用复介电常数的金属薄膜结构来充当超透镜。2008 年,Zhang 等通过在有机玻璃(Polymethyl Methacrylate,PMMA)和光刻胶之间放置银薄膜的方式在实验上实现了超透镜的构想[9]。银薄膜具有与 PMMA 和光刻胶相同绝对值的负介电常数,从而使得其上的表面等离子体激元模式的频率与倏逝波一致,借助倏逝波的增强,实现了超高成像分辨率。

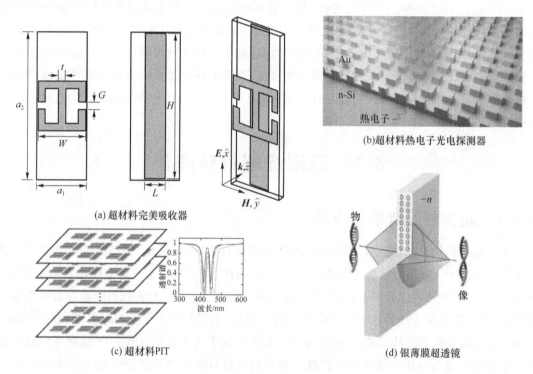

图 6.1.1　典型的超材料应用

6.1.2　GMM 的研究进展

自 2004 年石墨烯第一次被成功制备以来,得益于其独特的色散特性、宽频带响应能力及外场可调等优异功能,它已被广泛应用于各类光子器件的设计之中。基于石墨烯的超材料的研究最早开始于红外波段。2010 年,Papasimakis 等使用石墨烯结合频率选择超表面的结构,可以使等离子体相关共振频率下的透射谱产生频移[10]。这时的石墨烯还是作为附加材料,直接放置于其他超材料结构之上,如图 6.1.2(a)所示。2012 年,Alaee 基于石墨烯纳米条光栅获得完美吸收器[11]。这是一种典型的结构化 GMM,除了基础的光栅结构,其他图案化的石墨烯结构也被用于超材料的设计之中。2012 年,Fallahi 使用周期分布的图案化石墨烯超表面实现电磁波反射、吸收和极化的动态控制[12]。应用图案化石墨烯的超材料除了直接进行周期化分布处理,还可以进行单元设计,这种设计常见于控制与波长相关的相移的超表面。2015年,南开大学的 Cheng 等研究者使用由可周期性调整的图案化石墨烯纳米结构在红外波段实现了动态可调的异常折射效应[13]。类似的方案在近年来层出不穷,其中一些还被用于可编码超表面的设计之中。

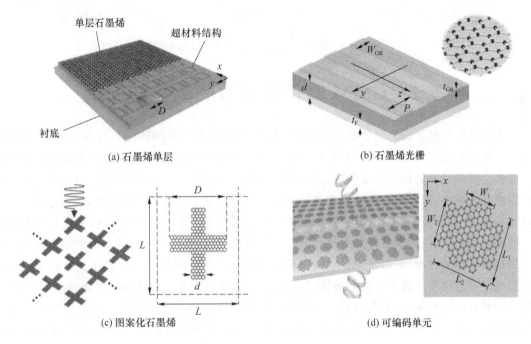

(a) 石墨烯单层

(b) 石墨烯光栅

(c) 图案化石墨烯

(d) 可编码单元

图 6.1.2 不同类型的 GMM 结构

除了被用于对折射、反射、极化进行调控等光信号处理领域,GMM 还可以被用于光传感和光探测。由于石墨烯单层本征光吸收率很低,只有大约 2.3%,为了提升 GMM 光电探测的能力,可以针对石墨烯辅助的超材料结构进行设计,以提升材料与入射光的耦合强度。如图6.1.3(a)所示,2012 年,Furchi 使用二氧化硅和氮化硅交替的多层布拉格反射镜作为谐振腔,增强入射光在石墨烯单层处的吸收率,测得的光电流响应为 21 mA/W[14]。另一类比较热门的用于石墨烯电光响应的结构是基于石墨烯的表面等离子体共振结构(图 6.1.3(b))。2011年,加州大学的 Liu 等使用这种类型的材料,通过将球点状石墨烯单元与等离纳米结构耦合,得到了多色光电检测器,其光电流与外部量子效率提升高达 1 500%[15]。但是这类基于图形化石墨烯的电光探测器对材料的加工技术要求较高。同样地,在进行 GMM 设计时,也可以利用光波导结构对光的约束性能来实现类似表面等离子体共振结构对光的局域增强功能。图6.1.3(c)展示的就是一个典型的石墨烯硅光波导集成光电探测器,Gan 等基于这一结构在1 450～1 590 nm 波段实现了 0.1 A/W 的光电响应[16]。

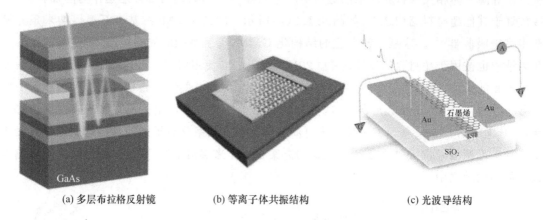

(a) 多层布拉格反射镜　　　(b) 等离子体共振结构　　　(c) 光波导结构

图 6.1.3　基于不同结构的 GMM 光探测器结构

6.2　GMM 器件对色散的调控与应用

　　光学中的色散是指光的相速度或群速度随着频率发生变化的特性。自洛伦兹、德鲁德等各类色散模型被提出之后,这一材料特性已得到广泛的研究和应用。一方面,光器件中的色散可能会引发器件中的信号失真或者器件的带宽等性能受限;另一方面,如果能够对器件中的色散实现有效调控,同样可以使其发挥重要的正面作用。基于结构的色散调控,研究者可以实现慢光器件、频谱分析、光孤子传输、超分辨成像等重要应用。自然界中的材料一般具有固有的色散特性,要基于此实现器件的有效色散调控是极为困难的。近年来,随着微纳加工工艺的进步和材料科学的发展,可以实现微纳级控制的超材料结构得到了广泛的关注。它们可以实现自然界材料不具备的独特电磁学特性,使得电磁调控获得更大的灵活度。与此同时,石墨烯作为一种新兴的二维材料,拥有独特的色散特性和易于调整的表面电导率。这使得加入石墨烯的超材料器件在色散调控方面具有突出的优势。基于对色散的调控,GMM 器件可以在光学领域有许多重要应用,例如,可以实现远场超分辨成像的"超透镜"。本节将以此为例,介绍GMM 光器件在色散调控方面的具体原理和表现。

6.2.1　GMM 色散调控原理

　　在圆柱坐标系中,电磁波的波矢可以被分解为径向和切向分量:

$$k_0^2 = \frac{k_\theta^2}{\varepsilon_r} + \frac{k_r^2}{\varepsilon_\theta} \qquad (6.2.1)$$

其中,k_θ 和 k_r 分别是切向和径向的波矢,ε_θ 和 ε_r 分别是沿着切向和径向的等效介电常数。上述变量的取值将决定电磁波色散的特征,所以以此方程描述的曲线又被称为色散曲线。显然,当 ε_θ 和 ε_r 的符号相同时,此方程描述的是一个圆形或者椭圆;当 ε_θ 和 ε_r 的符号相反时,此方程描述的是一个渐进线为 $k_r = \pm |\varepsilon_\theta/\varepsilon_r|^{1/2} k_0$ 的双曲线。双曲线形色散与圆形和椭圆形色散相比有一个很大的优势,它可以支持由倏逝波携带的高频分量电磁场的传输,在光场调控、超分辨成像等方面有广泛应用。而传统材料的色散特性都满足圆形或者椭圆分布,因此双曲线形色散通常借助超材料来实现。

1. 超材料实现双曲色散原理

考虑到一般的金属和电介质材料的介电常数分别是负数和正数,即可以通过设计一种交替的金属、电介质多层超材料结构得到这种色散曲线为双曲线的各向异性材料。由于此结构的每层厚度都远小于工作波长,此多层结构的介电常数张量可以用以下方程描述:

$$\begin{cases} \varepsilon_{/\!/} = (a_1\varepsilon_1 + a_2\varepsilon_2)/(a_1 + a_2) \\ \varepsilon_{\perp} = (a_1 + a_2)\varepsilon_1\varepsilon_2/(a_1\varepsilon_1 + a_2\varepsilon_2) \end{cases} \tag{6.2.2}$$

其中:a_1、a_2分别代表纵向金属和电介质层的占比,它们之和为1;ε_1、ε_2分别是金属和电介质层的介电常数。在实际应用中,通过设计不同的色散曲线,可以满足不同的器件应用场景。例如,设计双曲色散结构时,上述介电常数需满足双曲色散的条件,即$\varepsilon_r < 0$和$\varepsilon_\theta > 0$。

如果需要结构中所有的光波更趋向于沿着径向方向传输,那么就需要更加平坦的双曲线型色散曲线,也就是要求切向的等效介电常数趋近于零,即这类结构的等效介电常数需要满足:$\varepsilon_{/\!/} > 0$,$\varepsilon_{/\!/} \to 0$,$\varepsilon_{\perp} < 0$。由式(6.2.2)可知,此条件可以等效为$\varepsilon_1 < 0$,$\varepsilon_2 > 0$,$a_1\varepsilon_1 + a_2\varepsilon_2 \to 0$。

对于此类交替结构中金属层的材料,需要根据工作波段和功能等进行选择。例如,在紫外和可见光波段,银是一个比较合适的选择。但是在红外波段,金属的介电常数比较大而且透射损耗较高,不适合用于此波段。而石墨烯材料可以通过外加电场偏压调制的方式将介电常数调整到合适的大小,从而满足对介电常数的要求。下面重点介绍利用石墨烯所构造超材料的色散调控特点。

2. GMM 的色散调控特点

假如选择硅作为电介质层的材料,在中红外波段它的相对介电常数约为$\varepsilon_d = 11.7$,依据式(2.2.24)和式(6.2.2)可以绘制单独的石墨烯层(ε_g)和石墨烯-电介质多层结构的径向($\varepsilon_{/\!/}$)和切向($\varepsilon_{\perp}$)等效介电常数的实部与波长的关系,如图6.2.1所示。当波长λ从8 μm变化到11 μm时,石墨烯等效介电常数的实部从正值变化为负值,此时化学势$\mu_c = 0.087$ eV。结构中石墨烯层与电介质层的厚度均被设置为1 nm,即式(6.2.2)中$a_1 = a_2 = 0.5$。显然,也可以使用厚度较大的硅层,在这种情况下,可以通过改变μ_c来改变石墨烯的等效介电常数,使它满足$\varepsilon_{/\!/} > 0$、$\varepsilon_{/\!/} \to 0$以及$\varepsilon_{\perp} < 0$的条件。

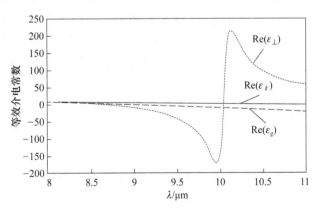

图 6.2.1 单层石墨烯及多层交替结构的等效介电常数与波长的关系

如图6.2.2所示,当$\lambda = 8.5$ μm时,层叠结构的色散曲线为椭圆形。增大工作波长,色散曲线将变为双曲线。当$\lambda = 9.5$ μm和10 μm时,色散曲线已经变为可以支持倏逝波传输的双曲线。这一过程就是 GMM 结构进行色散调控的基本原理,也是各类基于 GMM 构建的色散相关器件的基础。

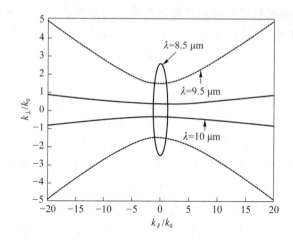

图 6.2.2　石墨烯-硅层叠结构的色散特征与波长的关系

6.2.2　GMM 实现的远场超分辨成像

　　6.2.1 节介绍了基于石墨烯-电介质交替结构的 GMM 进行色散调控的基本原理。基于此,许多重要的光学应用可以实现或者得到优化。由于光学衍射极限的限制,高效的远场超分辨成像一直是研究人员希望解决的课题。自 2000 年 Pendry 提出"超透镜"的概念[8]后,不断有基于超材料结构的光学透镜方案被提出。

1. 超透镜的提出

2000 年,Pendry 提出超透镜的构想,如图 6.2.3 所示。在该超透镜中,一侧的点源发出的光线经过负折射率材料并在两处分界面发生两次负折射,超透镜可以放大点光源激发的倏逝波,放大的幅度可以抵消在空气中的衰减量,这样传输波和倏逝波的光场就可以在超透镜的另一侧同时参与成像。然而,这类超透镜结构存在一些问题:物体和成像位置必须在超透镜的近场区域;只能完成相同大小的成像。

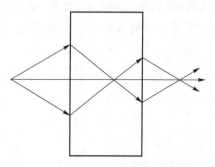

图 6.2.3　Pendry 所提出的超透镜构想

2. 超透镜的实现

2006 年,Jacob 和 Salandrino 两个研究组分别设计了基于金属-电介质多层结构超材料的光学超透镜,所设计的超透镜结构如图 6.2.4 所示[17,18],该类结构将 Pendry 所构想的超透镜利用实物实现了,并克服了 Pendry 超透镜的上述缺陷。该超透镜具有双曲色散曲线,能够支持倏逝波的传输。当倏逝波进入这种各向异性材料中时,由于角动量守恒,大的横向波矢在向外传输的过程中逐渐被压缩,最终放大的像被投射到各向异性介质外的远场。由于这种透镜具有双曲色散曲线,也被称为"双曲透镜"。这种结构的缺点是:金属的使用将双曲透镜限制在特定的波长处工作,该工作波长由电介质和金属层的占空比决定,这类超透镜一旦制作好,它的光学性质就无法改变。

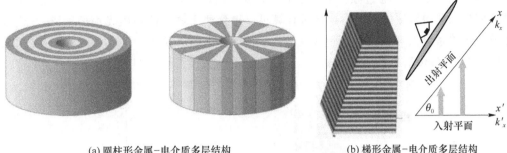

(a) 圆柱形金属-电介质多层结构   (b) 梯形金属-电介质多层结构

图 6.2.4 实现金属-电介质多层结构双曲超透镜的两种方案

3. 红外或太赫兹波段超透镜的实现

如图 6.2.5 所示,Kawata 等所提出的基于金属纳米线的亚波长成像系统也得到了一定的关注,因为它能够在宽频范围内实现远场的亚衍射成像[19]。然而,制作均匀金属纳米线阵列并且在阵列中引入纳米间距,对目前的纳米制作工艺来说仍然是一个挑战。

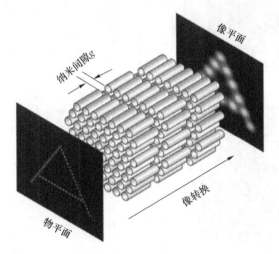

图 6.2.5 基于金属纳米线的亚波长成像系统

虽然交替的金属-电介质多层结构更容易制作,但是在红外或太赫兹波段并不适合采用这种结构。因为相对于电介质来说,红外或者太赫兹波段的金属通常有很大的介电常数,难以设计出基于金属-电介质多层结构的双曲色散曲线。而基于石墨烯超材料的双曲色散透镜就不会有这类问题,与金属不同,石墨烯材料的光学响应由表面电导率表征,可以通过门控电压或掺杂来改变。在具体的器件设计中,不同的结构可以带来不同的成像效果,下面将分别介绍 GMM 超透镜的两种典型结构并分别分析两种结构的远场成像效果。

(1) 三角形双曲透镜

首先介绍的是三角形的石墨烯-电介质超透镜[20],其结构如图 6.2.6(a)所示,它具有一个斜切的顶部,并在底部连接一个金属薄层,金属薄层上开有两个 10 nm 宽的狭缝,间距为 $d=3.3\ \mu m$。三角形双曲透镜结构的底角 θ 分别被设置为 50°、60°和 70°。入射光波沿着垂直于多层结构的方向传输。在衡量此结构的成像效果时,结构两个狭缝中入射光源的振幅被设置成不同值,以确保 $\theta=50°$ 的结构可以在倾斜表面得到两个光强相等的成像点,图 6.2.6(b)展示了此时入射平面的磁场强度分布情况。不同底角结构的出射表面的磁场强度分布情况被分别

143

展示在图 6.2.6(d)中。通过倾斜输出平面的转换，成像间隔 D 将变为 $d/\cos\theta$。显然，可以通过调节底角来获得合适的放大率。通过计算可以得到两个倾斜面输出光束的间隔，它们和入射光波长的关系分别是 $\lambda/1.95(\theta=50°)$、$\lambda/1.52(\theta=60°)$、$\lambda/1.04(\theta=70°)$，比衍射极限要大很多，且更大的 θ 将带来更大的放大率。

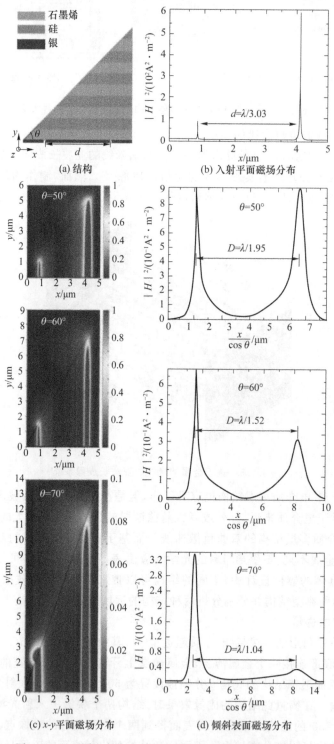

图 6.2.6　不同底角大小的三角形双曲透镜的成像效果对比

从上述分析可以看出,三角形的双曲透镜可以实现超分辨成像。然而,三角形的双曲透镜从不同点光源到像平面的光路径长度不同,因此不同光束的损耗不相同,这将带来成像强度的变化,进一步会导致像的失真。

(2) 圆柱形双曲透镜

除了基础的三角形结构,也有许多基于交替结构的双曲透镜方案采用了圆柱形设计。显然,圆柱形的双曲透镜中不同的光束传输距离相同,可以解决三角形双曲透镜由光路径差异引起的失真问题。除此之外,通过调整输入输出面的半径,还可以改变圆柱形双曲透镜的像放大率,这使得成像可以获得远小于衍射极限的细节信息。图 6.2.7 展示了圆柱形双曲透镜的截面结构图,其内表面覆盖有一层薄薄的金属银,其上开有两个宽度为 50 nm 间隔 $d=1\ \mu m$ 的狭缝。圆柱内径为 r,交替多层结构厚度为 t,输出光束的间距为 $D=d(r+t)/r$。输出面上两个像点的场强是相等的,因此能在远场区域得到不失真的放大像。如图 6.2.7 所示,当平面波入射时,从两个狭缝中进入的光将沿着垂直于多层结构的方向传播,然后在输出面形成两个像点,改变多层结构的厚度 t 可以有效地调整输出光的强度。

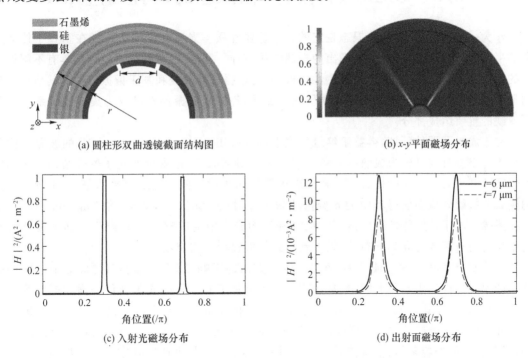

图 6.2.7　圆柱形双曲透镜结构图及入射出射平面磁场分布情况

基于交替金属-电介质多层结构的双曲透镜一般只能在很窄的带宽范围内工作,其中心频率将由金属和电介质的厚度之比决定。这使得金属-电介质多层结构一旦制作完成,其工作频段就难以调整。GMM 的优势就在于此,通过外加电场可以对石墨烯的介电常数进行动态调节,使得一个结构可以支持多种色散曲线。一个设计好的基于 GMM 的双曲透镜,对于不同的入射光波长,可以通过选择更合适的 μ_c 来满足双曲透镜不失真的条件:$\varepsilon_{//}>0$、$\varepsilon_{//}\rightarrow 0$ 和 $\varepsilon_{\perp}<0$。如图 6.2.8 所示,入射波长分别设置为 9.2 μm、10.2 μm、11.2 μm 和 12.2 μm,对应的石墨烯层的 μ_c 分别被调整到 0.096 5 eV、0.085 eV、0.075 eV 和 0.067 eV 便可以在不同波长下实现效果不错的远场超分辨成像。

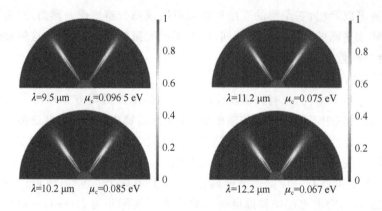

图 6.2.8　不同波长下通过设置石墨烯 μ_c 实现的理想远场超分辨成像效果

6.3　GMM 器件对光偏振态的调控与应用

作为一种横波,光波的偏振态是它的一个重要性质。光波的偏振态是指在垂直于传播方向的平面内,电场和磁场矢量表现出的振荡性质,在同一波导中有时也可以传输具有不同偏振态的光。在光子器件领域,光偏振特性的检测、光偏振态的改变和基于偏振特性的其他物理量测量都是常见的需求。随着光电子学研究的发展,各类光偏振器件已成为集成光子系统中不可或缺的重要组成部分。

在集成光子器件领域,得益于绝缘衬底上的硅(Silicon-On-Insulator,SOI)的波导结构具有高折射率差且与已较为成熟的 CMOS 工艺可以兼容,SOI 是常用的光子器件结构。硅和周围包层的高折射率对比度也有助于超紧凑光器件的构建。但是随之而来的是,SOI 波导较强的模式双折射效应会使得其中的光偏振控制十分困难。2011 年,Vakil 和 Engheta 在研究单层石墨烯的电子传输特性时发现了 GMM 在转换光学中的广阔应用前景[21]。通过设计特殊的不均匀的石墨烯电导率分布,可以得到对光偏振独特的调控效果。

若将 GMM 加入 SOI 波导中,可以产生两方面的影响:①石墨烯会对硅波导中不同偏振状态的模式特性产生不同的影响,从而有助于解决基于硅波导的光子器件的强偏振依赖的问题;②由于石墨烯具有强电吸收和电折射效应,基于 GMM 的 SOI 调制器可以工作在更宽的频段并保持较小的器件尺寸。GMM 对偏振态的控制已被应用到许多光子器件的设计中,如偏振调制器、偏振旋转器、偏振传感器、光电探测器等。本节将选取其中两类典型应用——偏振调制器和偏振旋转器分别介绍基于 GMM 的光偏振控制器件的原理和优势。

6.3.1　石墨烯对硅波导中偏振态的影响

石墨烯的介电常数变化与其化学势相关,这使得石墨烯的介电常数更易进行外部调整,进而可以更灵活地对光偏振态产生影响。石墨烯化学势具体的计算方式可以参照第 2 章中的公式(2.2.24)。在温度 $T = 300$ K,弛豫时间为 $\tau = 0.5$ ps 的条件下,单层石墨烯的等效介电常数的实部 $\mathrm{Re}(\varepsilon_g)$ 和虚部 $\mathrm{Im}(\varepsilon_g)$ 都会发生急剧变化。例如,当工作波长为 1 550 nm、$\mu_c = 0.5$ eV 时,ε_g 的绝对值接近于零,这就是所谓的 ENZ(Epsilon Near Zero)点,这也是石墨烯辅助硅波导结构对其中不同偏振态控制的基础。

石墨烯嵌入硅波导(Graphene Embedded Silicon Waveguide,GESW)是一种典型的用于

偏振控制器件的 GMM 结构。当多层石墨烯结构被插入硅波导中时,不同偏振态在其中的传输特性将会有明显差异。如图 6.3.1 所示,交替的石墨烯-硅多层结构在水平方向上无限延伸。石墨烯可以被视为均匀的各向异性材料,垂直于石墨烯表面方向的介电常数 $\varepsilon_{g,\perp}$ 与石墨材料相同,为 2.5,沿石墨烯表面的介电常数 $\varepsilon_{g,//}$ 可以简化为

$$\varepsilon_{g,//}=1+i\frac{\sigma_g\eta_0}{k_0 d_g} \tag{6.3.1}$$

其中,$\eta_0\,(\approx377\ \Omega)$ 和 k_0 分别是空气中的阻抗和波矢,而 $d_g\,(\approx0.34\ \text{nm})$ 是石墨烯层的厚度。改变石墨烯的化学势 μ_c 可以有效地改变波导特性,GESW 的有效折射率实部和虚部随 μ_c 的变化趋势如图 6.3.1 所示。其中 TE 模式下 $\text{Re}(n)$ 值峰值处用星号作出了标记,在虚部的变化趋势图中也在同一 μ_c 上的相应虚部值作了标记。可以发现:①石墨烯的化学势对于 TE 模式和 TM 模式的等效折射率均有明显的影响,利用其对折射率实部的调控,石墨烯可被应用于针对某一种偏振态工作的马赫-曾德尔调制器;利用其对折射率虚部的调控,石墨烯可被应用于针对某一种偏振态工作的吸收型调制器。②石墨烯 μ_c 对 TE 模式的影响要比 TM 模式更强。例如,TE 模式的 $\text{Re}(n)$ 在 1 450 nm 处的最大值和最小值之差为 0.057,而 TM 模式的 $\text{Re}(n)$ 最大值和最小值之差仅为 0.024。这一差距也使得此结构进行对两种偏振模式的差异化调控成为可能,可应用于偏振分束器、旋转器等针对两种偏振态同时工作的器件。下面针对这两类器件做具体的介绍。

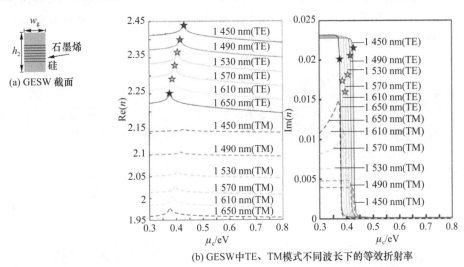

图 6.3.1　GESW 截面示意图及其内 TE、TM 模式特性

6.3.2　GMM 偏振调制器

光调制器是一种用于调节空间光或波导传输光基本特性的光学器件,一般由电信号控制。依据调节的物理特性的不同,光调制器又可以被分为相位调制器、幅度调制器、偏振调制器等。如何提高调制器的带宽和调制效率,同时进一步减小器件尺寸并保持抗干扰能力一直是光调制器研究的重点。GMM 的独特性质使得基于它的光调制器具有以下优势:①石墨烯具有很强的带间和带内光跃迁,这使得它与光之间的耦合强度很高,进而可以提高调制器的调制效率;②石墨烯在室温下便具有很高的电子迁移率(超过 20 000 $\text{cm}^2/(\text{V}\cdot\text{s})$),这使得高速光调制器的设计成为可能。同时,通过使用多层石墨烯材料可以增强光和物质的相互作用面积,从

而进一步提高调制效率。

1. 吸收型硅基光调制器

吸收型硅基光调制器是利用自由载流子的等离色散效应，通过改变外加电压影响硅波导载流子浓度，从而控制硅波导折射率来实现光调制的光子器件。GMM 作为吸收体可以仅吸收特定偏振态的电磁波，而不对其他偏振态的光产生影响。这使得石墨烯材料在电吸收型光调制器的设计领域有着广阔的应用前景。

2011 年，加州大学伯克利分校的 Liu 等首次设计了基于 GMM 的硅波导电光调制器[22]，器件的结构如图 6.3.2(a)所示。总线硅波导和金电极中间通过一个 50 nm 厚的硅层连接，硅波导和硅连接层都加入了硼材料以降低电阻。在波导表面首先沉积一层厚度为 7 nm 的 Al_2O_3 间隔层，之后使用化学气相沉积法生长一单层石墨烯并转移到间隔层之上。为了进一步降低器件的插入电阻，在石墨烯层的顶部需要再沉积一层铂薄膜（厚 10 nm），并将铂电极与硅波导的最小距离控制在 500 nm，以免波导中的光模式受到铂电极的干扰。在工作时，电信号加载在金电极上，外加电压的改变可以引起石墨烯费米能级的变化，进而影响石墨烯的光吸收率。该调制器的调制深度可达 0.1 dB/μm，而有源区的尺寸仅为 25 μm²。次年，同一团队在此结构的基础上又增加了一层石墨烯，设计了基于双层 GMM 的光调制器[23]，器件结构如图 6.3.2(b)所示。两层石墨烯之间是一个 5 nm 厚的 Al_2O_3 间隔层，并分别连接到两侧的金电极。双层石墨烯调制器的消光比可以提升到 6.5 dB，在 5 V 的驱动电压下，调制深度可达 0.16 dB/μm。其后，基于类似结构的 GMM 光调制器也被相继提出，GMM 在吸收型调制器的应用潜力被充分证明。

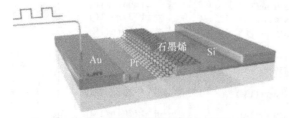

(a) 单层石墨烯硅基调制器(Liu, 2011)

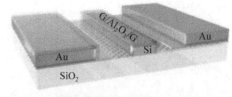

(b) 双层石墨烯硅基调制器(Liu, 2012)

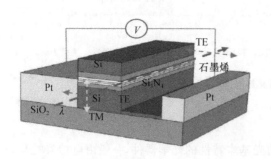

(c) 多层石墨烯硅基调制器(Yang, 2017)

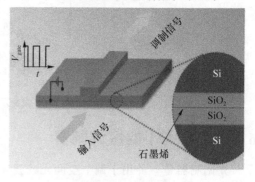

(d) 石墨烯硅基调制器(Mittendorff, 2017)

图 6.3.2　典型基于 GMM 的吸收型硅基光调制器

2017，Yang 等人加入氮化硅材料设计了一种使用了更多层 GMM 的光偏振调制器[24]，其结构如图 6.3.2(c)所示。在硅波导中插入 5 个石墨烯层，并在硅与石墨烯层之间填充厚度为 10 nm 的氮化硅层。外加电压可以调节石墨烯化学势，从而改变混合结构的等效折射率，影响波导中的激发模式。同年,Mittendorff 等使用二氧化硅作为中间层设计了另一种 GMM 硅波导调制器[25],如图 6.3.2(d)所示。他们在石墨烯片上设置了两个电触点,并且在轻掺杂的硅波导上设置了第三个触点以施加栅极电压,改变石墨烯片中的载流子浓度,并由此调制自由载流子的吸收率。实验结果表明,此器件在 0.15～0.17 THz 的频段内可以达到 90% 左右的调制深度。

2. 马赫-曾德尔调制器

马赫-曾德尔调制器(Mach-Zehnder Modulator,MZM)在光子系统中有着广泛的应用。不同于吸收型调制器利用外加电压进行器件控制,MZM 主要是基于电光效应改变材料的介电常数,然后利用 MZI 结构来实现输出功率的调控。在实际的 MZM 设计中,研究者常采用铌酸锂等材料来调控波导有效介电常数。然而这类基于铌酸锂的器件尺寸偏大且与 CMOS 工艺兼容性较差。而仅使用硅材料的 MZM 一般需要利用硅材料的热光效应实现调控,会受到器件热调制速率的限制,这类器件的高速信号调制一直是一个难点。GMM 的加入则大大改善了硅基波导的调制问题。而且基于 MZI 结构的光调制器是通过改变石墨烯的折射率,利用干涉来控制光束的。这可以有效避免吸收型调制器遇到的单层石墨烯光吸收率偏低的问题,因而大幅提高调制器的消光比。

2013 年,浙江大学的 Yang 等提出了一种利用石墨烯-硅层叠波导组成的 MZM[26],如图 6.3.3(a)所示。设计者通过在硅波导中插入氮化硅层形成横向缝隙,并在氮化硅中插入三层石墨烯片,金属电极与石墨烯片接触。即使臂长缩短到 43.54 μm,驱动电压也仅为 1 V 时,器件消光也可达 34.7 dB。器件的最小啁啾参数为 -0.006,插入损耗约为 -1.37 dB。2015 年,浙江大学的 Hao 等又采用四周包覆石墨烯层的硅波导结构实现了可以分别工作在 TE 模式和 TM 模式下的双功能 MZI 调制器[27],如图 6.3.3(b)所示。器件的核心部分是一个边长为 300 nm 的正方形截面硅波导,其四面包裹 Al_2O_3 过渡层和石墨烯层。石墨烯层彼此分离并延伸以与电极连接,提供石墨烯的外部栅极电压控制。通过在石墨烯层上施加不同的电压,可以获得 TE 模式和 TM 模式下有效折射率的不同变化。此器件在 1 500～1 800 nm 的工作带宽内可以分别在 TE 模式和 TM 模式下获得 19.15 dB 和 20.68 dB 的消光比。

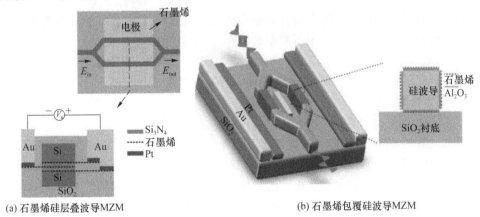

(a) 石墨烯硅层叠波导MZM   (b) 石墨烯包覆硅波导MZM

图 6.3.3 典型的基于 GMM 结构的 MZM

6.3.3 GMM 偏振旋转分束器

偏振旋转器(Polarization Rotator,PR)和偏振分束器(Polarization Beam Splitter,PBS)是常见的偏振分集器件。PR 可以将输入光束的偏振态旋转 90°,PBS 可以将一束有两个相交

（通常为正交）偏振态的输入光分为两部分输出。将 PBS 和 PR 相结合的偏振旋转分束器（Polarization Splitter and Rotator，PSR）则可以在更小的器件尺寸上同时完成两项功能。正如前文所述，GMM 的加入使得器件对不同偏振的模式特性产生不同的影响，从而实现偏振态的控制。基于石墨烯的新型 PR、PBS 被相继引入研究之中，它们可以同时满足较宽的工作带宽和较小的器件尺寸。本节将介绍加入 GMM 的硅波导 PSR 设计和其性能优化的方式。

1. 器件基本设计

基于 GMM 的 PSR 结构示意如图 6.3.4 所示，其核心部分由一个硅波导（Silicon Waveguide，SW）和一个 GESW 构成。两个波导之间的间隙宽度 $W_{gap}=150$ nm。GESW 中插入的石墨烯可以有效地改变 TE 模式、TM 模式的模式特性。GESW 的输出通过端口 2 的 S 波导导出，另一侧的两个电极负责 GESW 中石墨烯的化学势调节。考虑到波导中传输的 TE 模场的基本模式在波导中心处的场强最强，所以石墨烯层插入硅波导的中心处，以最大化石墨烯与波导中模场的相互作用。

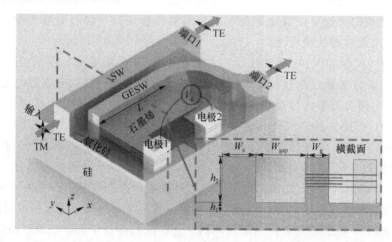

图 6.3.4　基于 GMM 的 PSR 结构示意图

为了实现 PSR 的功能，即实现硅波导中的 TE 模式和 TM 模式之间的高效转换，需要满足相位匹配条件。如图 6.3.1 中所展示的那样，通过调节石墨烯化学势，可以使 GESW 中的 TE 模式特性比 TM 模式特性有更大的变化。因此，在 GESW 中传输 TE 模式，在 SW 中传输 TM 模式更容易满足相位匹配条件，得到更大的工作带宽。

2. 器件性能及优化

（1）偏振分束

首先计算 GESW 波导的有效折射率与石墨烯层数以及 GESW 宽度 W_g 的关系。石墨烯的化学势固定为 0.5 eV，波导间隙为 $W_{gap}=150$ nm，GESW 的高度 h_2 随着石墨烯层数量的增加而增加。为了使两个波导具有相同的高度，SW 的高度也相应增加。在以上条件下，GESW 中 TE 模式的等效折射率变化规律如图 6.3.5(a)所示。可以发现 GESW 中的 TE 模式等效折射率会随着石墨烯层数的增多而减小，换句话说，更多的石墨烯层可以使得 TE 的模式特性变化更大，但是同时顶层和底层石墨烯之间的模场相互作用强度会变小。分别使用 0、1、3、5、7 五种石墨烯层数的设计以对比它对器件性能的影响。对于不同的层数选择，分别确定对应的 GESW 宽度 W_g，使结构满足相位匹配条件，相应的结果如图 6.3.5(b)所示。优化耦合长度 L 获得这五种情况的最大转换效率，如图 6.3.5(b)所示。选取拥有 7 层石墨烯的结构作为验证实例，如图 6.3.5(c)所示，此器件可以完成偏振旋转分束器的基本功能：当输入光为 TM

模式时,输出光将在 GESW 中转化为 TE 模式,并从输出端口 2 输出;而如果输入为 TE 模式,则基本不会受到 GESW 的影响,直接从端口 1 输出。

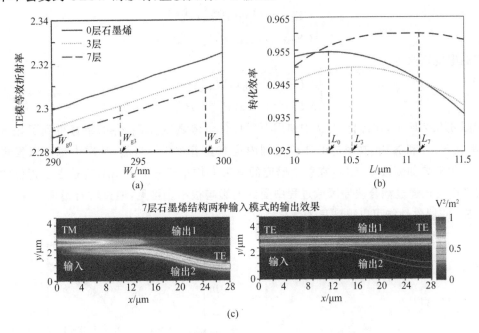

图 6.3.5　具有不同石墨烯层数的 GMM 的 PSR 转换效率

（2）扩宽工作带宽

下面以具有七层嵌入式石墨烯的结构为例,考虑石墨烯化学势 μ_c 对器件性能的影响。从图 6.3.6(a)中可以看出,减小工作波长将使 GESW 中 TE 模式的等效折射率小于 SW 中 TM 模式的等效折射率。因此,在同一波长下,转化效率的变化趋势随 μ_c 的变化会发生突变。换句话说,可以通过调节石墨烯的 μ_c 来调节 GESW 中 TE 模式的等效折射率,以使相位匹配条件得到充分满足,从而可以有效地扩展器件的工作带宽。如图 6.3.6(b)所示,在 $\lambda<1\,550$ nm 的情况下,通过将 μ_c 从三角形标记位置调整到星形标记位置,可以使 GESW 中 TE 模式的等效折射率接近于 SW 中的 TM 模式。但是,这会显著增加传播损耗,即透过率明显降低。图中的三角形标记位置对应转换为 TE 模式后的最大透过率。从图 6.3.6(c)中可以发现,在 $\lambda>1\,550$ nm 的情况下,当 $\lambda=1\,570$ 和 $1\,590$ nm、$\mu_c<0.8$ eV 时,可以实现最大透过率,而在 $\lambda=1\,610$、$1\,630$ 和 $1\,650$ nm 的情况下,$\mu_c=0.8$ eV 时,最大透过率出现。

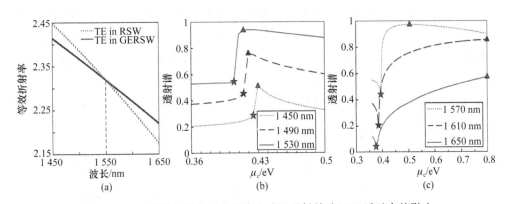

图 6.3.6　石墨烯化学势对七层嵌入式石墨烯辅助 PSR 透过率的影响

（3）模式转换效率及串扰

为了衡量器件性能,定义器件模式转换效率为

$$
\begin{cases}
CE_{TE} = 10\log(P_{1,out}^{TE}/P_{in}^{TE}) \\
CE_{TM} = 10\log(P_{2,out}^{TE}/P_{in}^{TM})
\end{cases}
\tag{6.3.2}
$$

端口间的串扰定义为

$$
\begin{cases}
XT_{TE} = 10\log(P_{2,out}^{TE}/P_{1,out}^{TE}) \\
XT_{TM} = 10\log(P_{1,out}^{TM}/P_{2,out}^{TE})
\end{cases}
\tag{6.3.3}
$$

如图 6.3.7 所示,在优化 PSR 中使用石墨烯化学势之后,$CE_{TM\text{-}TE}$ 的带宽得到了显著的扩展,而串扰 XT_{TE} 和 XT_{TM} 在对应的波长范围内也有显著改善。当然,从图中也可以发现无论石墨烯的化学势如何改变,CE_{TE} 在整个研究的谱带上均小于 -0.02 dB,这是由于相位的不匹配使得 TE 模式通过耦合波导区域过程中受到的影响很小。可见,通过对石墨烯化学势 μ_c 的设计,PSR 的器件性能可以得到显著优化。

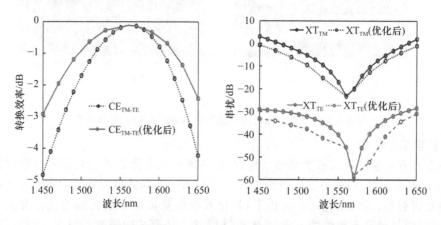

图 6.3.7 优化器件中石墨烯 μ_c 对器件性能的提升效果

6.4 GMM 器件的智能化设计

与 SPP 光子器件的新型智能化设计手段类似,GMM 光子器件的设计同样可以应用各类智能算法,如梯度类算法、非梯度类算法、建模类算法等。具体的算法原理和编写方式可以参考本书第 4 章的内容。与其他的光子器件智能化设计稍有不同的是,由于石墨烯材料的光电特性可以通过掺杂、偏置电压等手段直接调控,这使得基于 GMM 的光子器件的设计维度从单一的器件尺寸扩展到材料特性。因此,基于 GMM 的器件智能化设计方案可根据设计的对象被大体分为针对结构参数的设计和针对动态可调参数的设计两大类。本节将分别就这两个设计方向给出 GMM 器件智能化设计的实例讲解。

6.4.1 针对结构参数的设计

针对 GMM 器件结构参数的智能设计与第 5 章所介绍的对 SPP 器件的结构参数的智能设计方法类似。主要思路是利用智能算法代替传统设计方案中的公式,构建器件参数与器件的物理特性之间的关系。

本节第一个实例是基于微遗传算法的 GMM 辅助金属光栅吸收器和三次谐波生成(Third Harmonic Generation,THG)的优化设计[28]。此案例中使用的智能算法属于演进类算法中的遗传算法。需要说明的是,虽然 GMM 的加入可以带来许多优异的光电特性,但同时石墨烯单层的厚度使得加入石墨烯的仿真变得十分耗时。所以此方案中使用的是针对训练数据集较小的设计案例的小种群遗传算法,即微遗传算法(Micro Genetic Algorithm,μGA)。

1. 结构设计

本案例中设计的器件结构如图 6.4.1 所示。它由石墨烯纳米条光栅(Graphene Nanoribbon Grating,GNG)、电介质填充层、金光栅和最下部的电介质波导组成。介电波导的厚度设定为 D_1。金光栅在 x 方向上周期性地分布,并在 z 方向上延伸至无穷远。金光栅的厚度设定为 D_2,金光栅的周期和缝隙的宽度分别为 L_{per} 和 L_{gap}。GNG 的周期 L_{gper} 设置为金光栅周期的 1/10,占空比 L_g/L_{gper} 为 50%,填充层的厚度为 D_{int}。

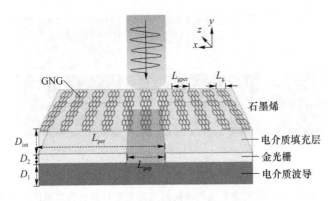

图 6.4.1 石墨烯纳米条光栅辅助金属光栅结构示意图

当 TM 偏振光垂直照射在此结构上时,得到的结构光谱如图 6.4.2(a)所示。在反射光谱中出现了三个反射谷,分别标记为 A、B 和 C。与没有金属光栅的结构的吸收峰(图中虚线)相比,此吸收谱对应于反射谷 C 波长处的吸收率显著提高,从而导致入射光与石墨烯之间的相互作用增强。图 6.4.2(b)展示了反射谷 A、B 和 C 对应波长的空间磁场分布情况,其中 GNG 附近的场分布被放大展示。从中可以发现,混合模式包括金属 SPP 模式、金属光栅的腔模式和介质填充层中的 TM_0 导模,它们被限制在介质填充层中,形成反射谷 A。从图 6.4.2 中反射谷 C 的场分布可以看到在 GNG 上激发了石墨烯的 SPP 模式,并在此处可以得到极强的吸收峰。

2. 优化设计过程及结果

首先,可以就图 6.4.2 中的吸收峰 C 进行结构参数优化,以期得到完美吸收器。优化使用的 μGA 流程如图 6.4.3 所示。每一代种群包含 5 个个体。微遗传算法的适应度是吸收峰的高度(即图 6.4.2 中的吸收峰 C)。初始代中的另外四个个体在参数空间中随机生成。每一代中适应度最高的个体被直接复制到下一代,适应度最低的个体将直接被淘汰。其余三个个体与最佳个体进行随机配对,之后每一对个体将使用单点交叉的方式分别得到两个子代个体。这四个子代个体与直接复制的最佳个体组成了 μGA 的下一代。如果最佳适应度连续五代没有增加,除了最佳个体的其余四个个体将被更新,即随机从参数空间中获得。每一代的吸收峰值的演化过程如图 6.4.4(a)所示。可以发现适应度呈现阶梯状上升,并逐步收敛。

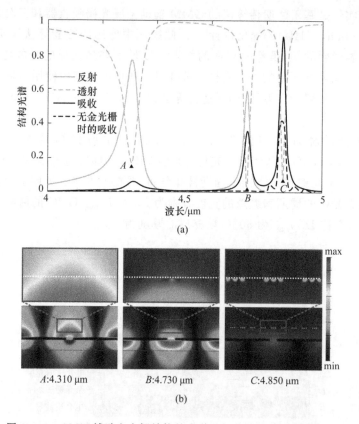

图 6.4.2 GMM 辅助金光栅结构的光谱及部分波长的空间磁场分布

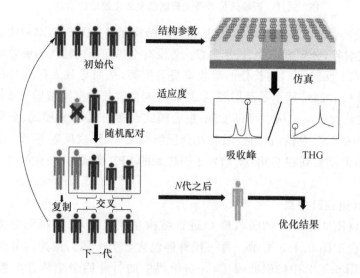

图 6.4.3 μGA 流程图

除了作为完美吸收器,它还可以用于三倍频的产生。由于石墨烯本身具有较高的三阶极化率,并且石墨烯中光与物质相互作用在吸收峰 C 处被显著增强,因此该结构在吸收峰 C 处的非线性效应被增强。单层石墨烯本征三阶极化率可以通过第 2 章给出的式(2.2.32)计算得到。三倍频转换效率的优化过程与前文所述的对吸收峰的优化相似,它的流程图如图 6.4.3 所示。微遗传算法的适应度是结构在吸收峰波长处的三倍频转换效率,它可以被表示为

$$CE = \frac{\int_0^{L_{per}} P_y^{TH} dx}{P_{FF} L_{per}} \tag{6.4.1}$$

其中，P_{FF} 是入射光的能量密度，P_y^{TH} 是三倍频位置出射光的坡印亭矢量 y 分量。优化过程中三倍频转换效率呈阶梯状增大的趋势，经 300 代优化可得到已知最理想的器件性能，如图 6.4.4(b)所示。

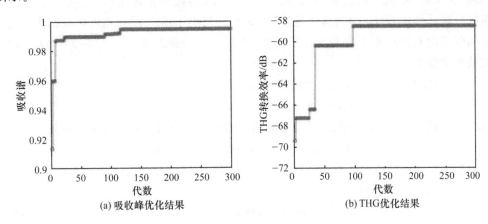

(a) 吸收峰优化结果   (b) THG优化结果

图 6.4.4 μGA 适应度演化以及优化结果

6.4.2 针对动态可调参数的设计

石墨烯化学势可以通过门控电压或掺杂来动态控制，这使得 GMM 器件可以具有更多的设计维度。这一特点同样可以被利用到器件智能化设计之中。本节将给出针对 GMM 的化学势的智能化设计案例[29]。设计对象分别是基于 GMM 的光学微分器和石墨烯纳米条光栅实现 PIT 效应。

1. GMM 光学微分器智能化设计

本案例的设计对象是基于 GMM 实现的光学空间微分（Optical Spatial Differentiation, OSD）器件。OSD 是实时并行连续数据处理需要的重要功能，尤其在图像边缘检测等领域有重要的作用。OSD 一般可以通过两种方法实现：格林函数法[30]和超表面法[31]。基于超表面法设计的 OSD 器件具有更大的设计自由度，但是制造工艺相对复杂。基于格林函数法的 OSD 器件制造复杂性更低、器件尺寸更小，更适合片上集成，但是需要特定的输入条件，这极大地限制了它的应用。因此，需要为后者找到一种可以动态调节物理参数的结构，使其性能可以在不同输入条件下得到保证。

（1）器件结构及基本原理

待优化的 GMM 结构如图 6.4.5 所示，它由具有不同宽度和化学势的单层石墨烯组成，它们的特性可以用石墨烯化学势 $\mu_{c,i}$ 和石墨烯带宽度 $d_i (i=1,2,3)$ 描述。可以通过操纵其表面传播的石墨烯等离子体（Graphene Plasmon，GP）波实现太赫兹频段的空间一

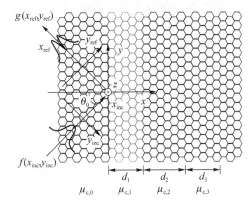

图 6.4.5 用于实现 OSD 的 GMM 示意图

155

阶微分。如图 6.4.5 所示，其表面传播的高斯分布 GP 光束 $f(x_{inc}, y_{inc})$ 以与 x 轴成 θ_0 的角度入射，执行一阶微分后以 $g(x_{inc}, y_{inc})$ 的光束反射，$f(x_{inc}, y_{inx})$ 的表达式为

$$f(x_{inc}, y_{inc}) = \exp(ik_{GP,0} x_{inc}) P_{inc}(y_{inc})$$

$$= \exp(ik_{GP,0} x_{inc}) \int G(k_{y,inc}) \exp(ik_{y,inc} y_{inc}) dk_{y,inc} \tag{6.4.2}$$

其中，$k_{GP,0}$ 是入射 GP 光束的波矢，$P_{inc}(y_{inc})$ 是入射光束的截面光强，$G(k_{y,inc})$ 是 $P_{inc}(y_{inc})$ 的空间傅里叶分量。假定 $G(k_{y,inc})$ 的频谱足够窄，即 $k_{y,inc}$ 远小于 $k_{GP,0}$，GP 光束可以被表示为具有不同空间频率的 GP 的叠加，易得反射光的波矢为 $k_y = k_{GP,0} \sin(\theta + \theta_0) \approx k_{y,inc} \cos\theta_0 + k_{GP,0} \sin\theta_0$。反射光束截面光强为

$$P_{refl}(y_{refl}) = \int G(k_{y,inc}) r(k_y) \exp(ik_{y,inc} y_{refl}) dk_{y,inc}$$

$$= ITF[G(k_{y,inc}) r(k_y)] \tag{6.4.3}$$

其中，IFT 是傅里叶逆变换。综上，线性系统的入射光的变换可以用传递函数描述：

$$H(k_{y,inc}) = r(k_{y,inc} \cos\theta_0 + k_{GP,0} \sin\theta_0) \tag{6.4.4}$$

为了执行光学空间一阶微分计算，传递函数 H 需要满足 $H(k_{y,inc}) \propto ik_{y,inc}$，因此，传递函数可以写作

$$H(k_{y,inc}) = \alpha \cdot ik_{y,inc} \tag{6.4.5}$$

入射高斯光束的宽度会对结果产生影响，对于一个宽度固定的入射光束，反射光的特性取决于传递函数中的系数 α 和实际情况与理想传递函数的相似度 δ：

$$\delta = \sqrt{\sum_{i=1}^{n} (x_i - y_i)^2} \tag{6.4.6}$$

其中，x_i、y_i 分别是实际的 H 值与理想 H 值。

（2）优化设计结果

为了获得理想的一阶微分器，遗传算法（Genetic Algorithm，GA）的优化目标是在特定的 α 下获得更小的 δ。GA 的参数设计如下：种群大小 100，最大遗传代数 200，交叉概率 0.01，代间差距 0.95。在 GA 的优化过程中，首先在一定范围内初始化个体，然后将它们编码为二进制形式。如图 6.4.6(a) 所示，在不同的 α 下，适应度 δ 连续下降，直至趋于收敛。三种条件下优化后的结构参数与初始参数对比展示在图 6.4.6(b) 中。优化后的传递函数值如图 6.4.6(c) 所示，可以发现磁场强度的最小值接近于 0。为了展示优化后的器件性能，三种条件下反射光束的电场分布与入射光一阶微分的对比如图 6.4.6(d) 所示。

2. 石墨烯纳米条光栅中 PIT 效应的智能化设计

在进行优化设计中，方案所使用的智能算法会对结果产生巨大的影响。本案例将采用不同的机器学习算法对基于并行的石墨烯纳米条（Graphene Nanoribbon，GNR）结构得到的 PIT 进行优化和设计[32]。本案例的设计参数将同样涉及所用 GNR 的材料性质，即石墨烯化学势 μ_c。

（1）器件结构及基本原理

待设计的结构如图 6.4.7 所示，本案例的设计对象由两层周期性排列的 GNR 组成，此结构以覆盖在 SiO$_2$ 层上下的导电层为电极，在 GNR 上交替施加电压 V_i（$i=1,2,3,4$），使得 GNR 具有对应的化学势 μ_{ci}。基于此结构可以在透射谱中得到 PIT 效应，下面分析结构参数对透射谱的影响，如图 6.4.8 所示。可以发现，波长从大到小第一、二、三、四个波谷分别对应化学势为 μ_{c3}、μ_{c1}、μ_{c2}、μ_{c4} 的 GNR 上被激发的 SPP 模式。下面对此结构的透射谱进行预测和优化设计。

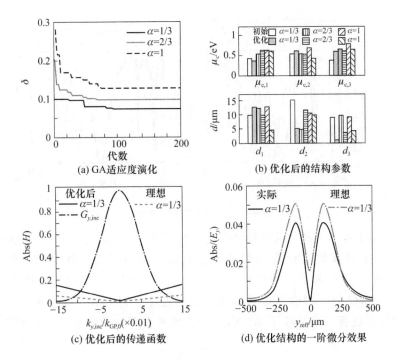

(a) GA适应度演化　　(b) 优化后的结构参数

(c) 优化后的传递函数　　(d) 优化结构的一阶微分效果

图 6.4.6 使用 δ 作为适应度的 GA 优化结果

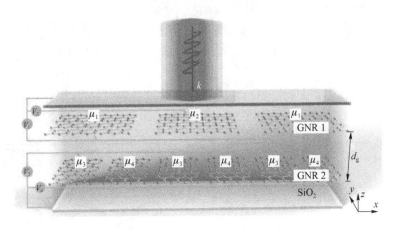

图 6.4.7 双层 GNR 结构示意图

（2）正向预测

首先进行透射谱的正向预测，即使用结构参数预测对应的透射谱。本节使用的机器学习算法包括人工神经网络（Artificial Neural Network，ANN）、K 近邻（K-Nearest Neighbor，KNN）、随机森林（Random Forest，RF）、决策树（Decision Tree，DT）、极限树（Extra Tree，ET）。评判预测效果的指标是预测的透射谱结果与实际值之间的差距：

$$\text{Score} = 100 \cdot \left(1 - \frac{\sum\limits_{i=1}^{N} |y_{\text{true},i} - y_{\text{pred},i}|}{N}\right) \qquad (6.4.7)$$

式(6.4.7)描述的得分越高，预测的效果越好。使用 ANN 进行谱预测的流程如图 6.4.9（a）

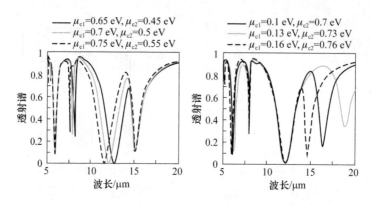

图 6.4.8　石墨烯化学势对结构产生的 PIT 的影响

所示,图 6.4.9(b)中展示了每一代的得分变化情况,经过 50 代训练,得分可以达到 95。此外,其余四种算法基于同样的数据集分别进行了训练。每种算法的耗时和收敛后的得分如图 6.4.9(b)所示,相应得到的谱预测效果如图 6.4.9(c)所示。可以发现,尽管 ANN 的模型更为复杂,但其他算法的预测效果也可以持平甚至更好。其中 RF 的得分最高,综合考虑耗时,RF 也是最佳的选择。可见除了 ANN,其他传统的机器学习方法也可适用于光子器件的智能化设计。

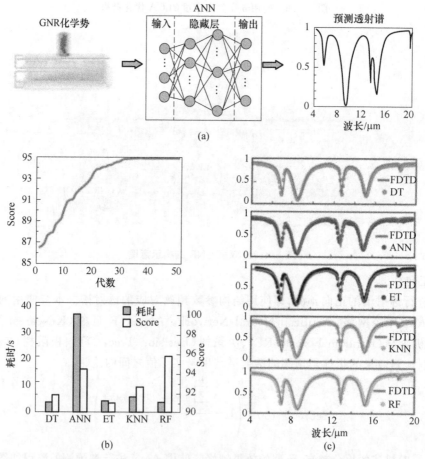

图 6.4.9　基于不同基础学习算法的双层 GNR 正向谱预测

（3）反向设计

除了进行正向的谱预测，更重要的是利用智能算法进行光子器件反向设计，设计的流程如图 6.4.10（a）所示。与正向的相比，反向设计网络的输入和输出正好相反。反向设计中同样使用了正向谱预测中所使用的五种优化算法，图 6.4.10（b）展示了不同算法的耗时和最终得分。

为了验证进行逆向设计的智能算法的有效性，从测试集中随机选择一个透射谱并将其输入逆向设计的模型中，得到的结构参数组合与实际值的对比如图 6.4.10（c）所示。逆向设计得到的化学势组合对应的结构的透射谱与原透射谱的对比如图 6.4.10（d）所示，可以发现上述五种算法应用在此结构的逆向设计问题中均十分有效。

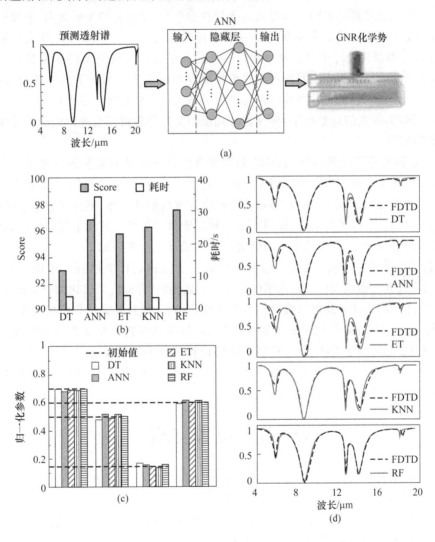

图 6.4.10 基于不同学习算法的双层 GNR 逆向设计

由以上两例可以发现，相较于上一章中 SPP 器件的智能化设计，由于石墨烯的化学势可调谐，所以针对 GMM 器件的设计方案中的设计目标更为丰富。它可以不仅仅局限于将结构参数作为设计对象，还可以针对材料特性进行设计和优化。这无疑为此类器件的新型智能化设计方案提供了更多的选择和拓展空间。

6.5 总结与展望

纵观光子器件的发展历程可以发现,低功耗、小尺寸、高性能一直是其发展的目标。新型纳米材料的研究和应用是这一发展过程必然的趋势。在材料科学领域,研究者们也很早就将目光投向了低维纳米材料的开发,其中,石墨烯材料无疑是各类研究中的重要成果之一。

本章介绍了基于石墨烯材料的光色散器件、偏振器件等不同 GMM 器件的原理和设计方法。GMM 器件领域未来的重要发展趋势包括以下三个方面。

(1) 除了本章所介绍的器件外,GMM 在光电探测器、滤波器、吸收器、非线性光学等经典光子器件领域也有着重要应用。考虑到光子器件小型化、集成化的发展方向,开发适应不同应用的多功能光子器件显然是未来研究中需要考虑的课题。作为外部可调谐性较强的微纳结构,GMM 是这类器件设计中的有效方案。多功能光子器件的研究无疑具有多方面的现实意义:首先,多个功能集成于单一器件可以有效地减少集成系统中的光子器件数量,进而得到更高的系统集成性;其次,统一的器件材料与相近的结构可以使得光子器件的制造工艺具有更高的兼容性。例如,在光信息处理中,多种滤波功能的复用器件可以有效地提高器件集成能力和减小系统复杂度。

(2) 在器件的应用以外,针对 GMM 结构本身的设计也是未来发展的重点。石墨烯材料从最早直接在基础结构上进行单层铺覆或者进行表面包覆,逐渐发展到对其中的石墨烯结构细化设计。例如,如 6.1 节所述,石墨烯可以被设计成纳米条光栅、多层交替层叠结构、编码超表面等多种结构。可以预见的是,如何更好地将二维材料集成到其他基础结构中,从而进一步利用此材料的电磁特点,将是未来 GMM 光子器件设计的重要问题。

(3) 除了石墨烯,其他二维材料近些年也在光子器件设计中得到了应用,如黑磷(Black Phosphorous)、氮化硼(BN)、二硫化钼(MoS_2)、二硫化钨(WS_2)、二硫化铼(ReS_2)等。有些光子器件的设计已经尝试将其他二维材料与石墨烯相结合,得到复合的超材料结构,并取得了不错的效果。2019 年,Gao 等使用石墨烯-BN-MoS_2 异质结结构得到了高性能光电探测器[33]。2020 年,Mukherjee 基于 ReS_2-BN-石墨烯结构设计了新型光存储器件[34]。结合不同二维材料的复合结构可以进一步提升超材料的电磁性能。但是,更复杂的结构和更丰富的材料选择也需要制造工艺和设计手段的进一步发展。

本章参考文献

[1] Novoselov K S, Geim A K, Morozov S V, et al. Electric field effect in atomically thin carbon films[J]. Science, 2004, 306(5696): 666-669.

[2] Veselago V G. The electrodynamics of substances with simultaneously negative values of ε and μ [J]. Physics Uspekhi, 1968, 10(4): 509-514.

[3] Pendry J B, Holden A J, Stewart W J, et al. Extremely low frequency plasmons in metallic mesostructures[J]. Physical Review Letters, 1996, 76(25): 4773.

[4] Shelby R A, Smith D R, Schultz S. Experimental verification of a negative index of refraction[J]. Science, 2001, 292(5514): 77-79.

[5] Landy N I, Sajuyigbe S, Mock J J, et al. Perfect metamaterial absorber[J]. Physical

Review Letters，2008，100(20)：207402.

[6] Li W，Valentine J. Metamaterial perfect absorber based hot electron photodetection [J]. Nano Letters，2014，14(6)：3510-3514.

[7] Zhang S，Genov D A，Wang Y，et al. Plasmon-induced transparency in metamaterials [J]. Physical Review Letters，2008，101(4)：047401.

[8] Pendry J B. Negative refraction makes a perfect lens[J]. Physical Review Letters，2000，85(18)：3966.

[9] Zhang X，Liu Z W. Superlenses to overcome the diffraction limit[J]. Nature Materials，2008，7(6)：435-441.

[10] Papasimakis N，Luo Z，Shen Z X，et al. Graphene in a photonic metamaterial[J]. Optics Express，2010，18(8)：8353-8359.

[11] Alaee R，Farhat M，Rockstuhl C，et al. A perfect absorber made of a graphene micro-ribbon metamaterial[J]. Optics Express，2012，20(27)：28017-28024.

[12] Fallahi A，Perruisseau-Carrier J. Manipulation of giant Faraday rotation in graphene metasurfaces[J]. Applied Physics Letters，2012，101(23)：231605.

[13] Cheng H，Chen S Q，Yu P，et al. Dynamically tunable broadband infrared anomalous refraction based on graphene metasurfaces[J]. Advanced Optical Materials，2015，3 (12)：1744-1749.

[14] Furchi M，Urich A，Pospischil A，et al. Microcavity-integrated graphene photodetector[J]. Nano Letters，2012，12(6)：2773-2777.

[15] Liu Y，Cheng R，Liao L，et al. Plasmon resonance enhanced multicolour photodetection by graphene[J]. Nature Communications，2011，2(1)：1-7.

[16] Gan X T，Shiue R-J，Gao Y D，et al. Chip-integrated ultrafast graphene photodetector with high responsivity[J]. Nature Photonics，2013，7(11)：883-887.

[17] Jacob Z，Alekseyev L V，Narimanov E. Optical hyperlens：far-field imaging beyond the diffraction limit[J]. Optics Express，2006，14(18)：8247-8256.

[18] Salandrino A，Engheta N. Far-field subdiffraction optical microscopy using metamaterial crystals：theory and simulations[J]. Physical Review B，2006，74(7)：075103.

[19] Kawata S，Ono A，Verma P. Subwavelength colour imaging with a metallic nanolens [J]. Nature Photonics，2008，2(7)：438-442.

[20] Zhang T，Chen L，Li X. Graphene-based tunable broadband hyperlens for far-field subdiffraction imaging at mid-infrared frequencies[J]. Optics Express，2013，21 (18)：20888-20899.

[21] Vakil A，Engheta N. Transformation optics using graphene[J]. Science，2011，332 (6035)：1291-1294.

[22] Liu M，Yin X B，Ulin-Avila E，et al. A graphene-based broadband optical modulator [J]. Nature，2011，474(7349)：64-67.

[23] Liu M，Yin X B，Zhang X. Double-layer graphene optical modulator[J]. Nano Letters，2012，12(3)：1482-1485.

[24] Yang J B，Chen D B，Zhang J J，et al. Polarization modulation based on the hybrid

waveguide of graphene sandwiched structure[J]. EPL Europhysics Letters, 2017, 119(5): 54001.

[25] Mittendorff M, Li S S, Murphy T E. Graphene-based waveguide-integrated terahertz modulator[J]. Acs Photonics, 2017, 4(2): 316-321.

[26] Yang L Z, Hu T, Hao R, et al. Low-chirp high-extinction-ratio modulator based on graphene-silicon waveguide[J]. Optics Letters, 2013, 38(14): 2512-2515.

[27] Hao R, Du W, Li E P, et al. Graphene assisted TE/TM-independent polarizer based on Mach-Zehnder interferometer[J]. IEEE Photonics Technology Letters, 2015, 27 (10): 1112-1115.

[28] Yu S, Zhang T, Han X, et al. Inverse design of graphene-assisted metallodielectric grating and its applications in the perfect absorber and plasmonic third harmonic generation[J]. Optics Express, 2020, 28(24): 35561-35575.

[29] Zhang T, Dan Y H, Yu S, et al. Efficient optical spatial first-order differentiator based on graphene-based metalines and evolutionary algorithms[J]. IEEE Photonics Journal, 2020, 12(2): 1-10.

[30] Youssefi A, Zangeneh-Nejad F, Abdollahramezani S, et al. Analog computing by Brewster effect[J]. Optics Letters, 2016, 41(15): 3467-3470.

[31] Silva A, Monticone F, Castaldi G, et al. Performing mathematical operations with metamaterials[J]. Science, 2014, 343(6167): 160-163.

[32] Zhang T, Liu Q, Dan Y H, et al. Machine learning and evolutionary algorithm studies of graphene metamaterials for optimized plasmon-induced transparency[J]. Optics Express, 2020, 28(13): 18899-18916.

[33] Gao Y, Zhou G D, Tsang H K, et al. High-speed van der Waals hetero- structure tunneling photodiodes integrated on silicon nitride waveguides[J]. Optica, 2019, 6 (4): 514-517.

[34] Mukherjee B, Zulkefli A, Watanabe K, et al. Laser-assisted multilevel non-volatile memory device based on 2D van-der-Waals Few-Layer-ReS2/h-BN/Graphene heterostructures[J]. Advanced Functional Materials, 2020, 30(42): 2001688.

第7章 光学微腔克尔光频梳技术

光学微腔是一种形貌依赖的光学谐振腔,具有高品质因子、小模式体积等特点,极低的光学损耗延长了光子寿命,小体积的空间限制极大程度上增强了光与物质的相互作用。随着现代加工工艺的进展,微纳尺度的微腔被开发出来,通过精巧的几何构造、合适的材料选择和自由的波导设计,光学微腔可以实现对光场模式、色散、非线性效应等光信息的高效调控。目前,光学微腔已经在高灵敏度生化传感、超低阈值激光器、超快测距、任意波形产生、相干光通信和非线性光学等领域发挥了重要作用,而且未来有望在芯片级的系统中发挥更大潜力。

本章以光学微腔的非线性光学应用——克尔光频梳产生为例,展示微腔在基础光物理和前沿光子学中的巨大研究价值和应用潜力。7.1 节和 7.2 节介绍光频梳和光学微腔的基本概念,7.3 节分析微腔光频梳产生中的动力学过程,7.4 节展示基于微腔光频梳的相关前沿应用。

7.1 光频梳简介

20 世纪 70 年代,光学频率梳的概念首次被提出[1],它在时域上对应于超短光脉冲序列,在频域上表现为由间隔相等的离散频率组成的宽带光谱,如图 7.1.1(a)所示。这种分布特性形似日常所用的梳子,因此形象化地称之为光波段的频率梳,简称"光频梳"。光脉冲序列与光频梳谱线满足傅里叶变换关系,梳齿的频率可以表示为

$$\nu_n = nf_r + f_{CEO} \tag{7.1.1}$$

其中,f_r 是光频梳的重复频率,对应于脉冲周期 T 的倒数,即 $f_r = 1/T$。f_{CEO} 表示载波包络偏移频率,脉冲相速度与包络群速度的不匹配是造成载波包络偏移的根本原因。n 表示某一梳齿相对于中心梳齿(频率为 ν_0)的阶数。重复频率 f_r 和偏移频率 f_{CEO} 是光频梳最重要的两个参数,如果能精确锁定这两个频率,那么这把"梳子"就成为具有极高精度的光学标尺。光频梳的发现在激光技术以及计量科学领域具有里程碑式的重要意义,正如 2005 年该领域的诺贝尔物理学奖获得者 Hall 和 Hänsch(图 7.1.1(b))所说:"光频梳彻底改变了光学频率计量技术,突破了时间与频率计量能力的极限,为基础物理测量提供了新的手段。"

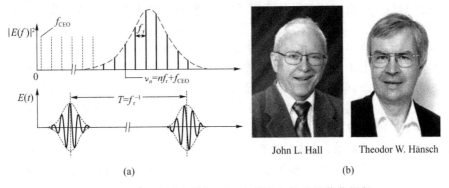

John L. Hall	Theodor W. Hänsch
(a)	(b)

图 7.1.1 光频梳示意图与 2005 年诺贝尔物理学奖获得者

7.1.1　光频梳的应用领域

随着跨倍频程光频梳的实现和自参考技术的发展,频梳的光学频率能够在绝对意义上与射频基准实现锁定,这带来了前所未有的测量精度和在更广阔的频率范围内无缝工作的新自由。光学频率梳可以用来测量光学原子钟的跃迁频率,由此推进的光钟技术已经实现比 1967 年以来一直作为标准的微波原子钟更高的时间分辨率,为检验相对论、量子理论以及探索超出人类目前理解范围的前沿物理提供了有力的途径。在频率合成方面,利用具有高度相干性的光频梳可以合成单束光脉冲序列,实现对无线电波到 X 射线电磁波谱的相干控制;利用光频梳产生特定波形的激光,可以显著提升雷达的探测范围和灵敏度;利用低噪声的光频梳作为多路并行光源,可以实现太比特量级的相干光通信等。实际上,光频梳发展中最令人兴奋的就是其具有发现和拓展应用的多样性以及相互交织的技术网络,如图 7.1.2 所示[2]。光频梳最初是为了解决测量光学频率的问题而开发的,但 20 年前,人们很难预见到现在使用光频梳的计量学、光谱学和时钟以外的应用范围。技术推动了新的应用,应用也促进了新技术的发展。

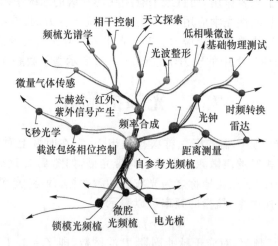

图 7.1.2　光频梳的应用领域进化树

7.1.2　光频梳的产生方式

为了适应不同的应用场合和实际需求,光频梳可以通过多种方式产生,主要包括基于锁模激光器的光频梳、基于电光调制技术的光频梳、基于微腔克尔效应的光频梳等。图 7.1.3 展示了不同方式产生光频梳的特性和部分装置[2]。

锁模激光器是一种很好的飞秒脉冲源,脉冲一般通过可饱和吸收体或非线性元件被动产生,并存储在重复路径上,通过非线性和色散的平衡无限期地保持其形状,从而在输出端产生具有相同包络线的脉冲序列,并在频率域中形成规则的梳状结构(图 7.1.3(a))。这种被动锁模的光频梳在目前技术中最为成熟,在工程应用中最为广泛,其频率稳定性和相位噪声特性可以满足多种测量的需求,但目前商用的产品大多体积庞大、价格昂贵,而且对于某些应用而言重复频率太低(多为兆赫兹量级),这些都大大限制了它的适用范围。电光调制技术是一种相对较容易实现、应用较为广泛的光频梳产生方案。通过单个或级联的电光调制器,控制射频源幅度、偏置电压、频率等参数,对输入的连续光载波添加边带,可以获得平坦度好、可调谐的光频梳(图 7.1.3(b))。但是若想获得大带宽、间隔稳定的光频梳需要较高的驱动电压和稳定的射频源,这在未来光频梳的集成化应用方面具有很高的挑战性。随着微纳制造工艺的快速发展,基于微腔的克尔光频梳成为一种新型的光频梳源。通过可调谐激光器泵浦高 Q 值的光学微腔,利用三阶非线性效应可以生成宽带的光学频率梳(图 7.1.3(c))。微腔克尔光频梳的梳齿间隔可以覆盖吉赫兹至数个太赫兹的范围,拓展了传统光频梳的应用范围,在频率时间计量、任意波形产生、天文光谱校准、相干光通信等领域具有更高的应用优势。最重要的是,微腔的制作可以选用硅基等集成材料,尺寸可小至毫米甚至微米量级,这给光频梳的集成化应用带来了前所未有的吸引力。

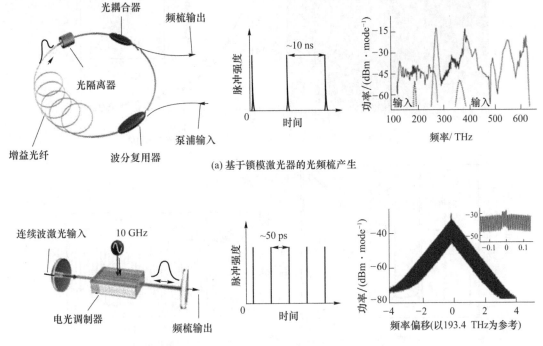

(a) 基于锁模激光器的光频梳产生

(b) 基于电光调制技术的光频梳产生

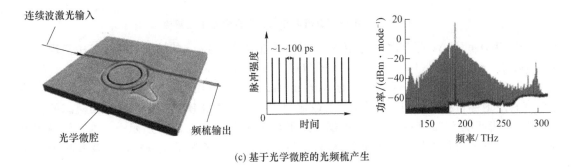

(c) 基于光学微腔的光频梳产生

图 7.1.3 光频梳的三种主要产生方式

7.1.3 微腔光频梳的发展

微腔克尔光频梳的快速发展离不开科研人员的持续攻关,多个课题组在微腔制作工艺和克尔光频梳的研究中完成了开拓性的工作。2003 年,美国加州理工学院 Vahala 课题组在硅基晶元上制作出了 Q 值高达 1.25×10^8 的 SiO_2 微芯环腔[3],如图 7.1.4(a) 和图 7.1.4(b) 所示;2004 年,同课题组的科研人员利用连续光作为泵浦,首次在这一高 Q 值光学微腔中观察到了光参量振荡[4](图 7.1.4(c));2007 年,基于直径为 75 μm 的 SiO$_2$ 微芯环腔,德国马普所的 Del'Haye 等首次实现了微腔光频梳,梳齿间隔达到 7 nm(~870 GHz),当泵浦功率达到 130 mW 时,产生了 70 多根频率梳齿,光谱范围接近 500 nm(~70 THz)(图 7.1.4(d))[5]。这一系列开创性的工作迅速得到了科研人员的极大关注,同时也开启了光频梳产生技术的新篇章。

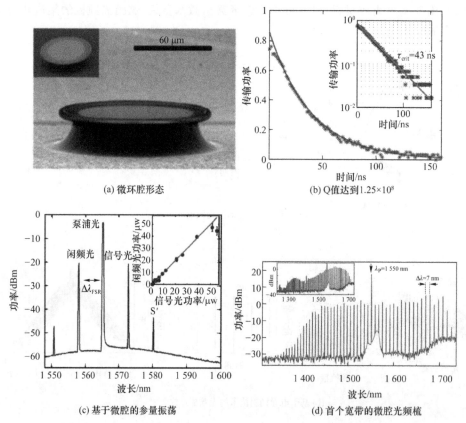

(a) 微环腔形态 (b) Q值达到1.25×10^8

(c) 基于微腔的参量振荡 (d) 首个宽带的微腔光频梳

图 7.1.4　基于高 Q 值微腔的首个宽带克尔光频梳

2011 年,Del'Haye 等首次在 Q 值为 2.7×10^8、直径为 80 μm 的熔融石英微腔中实现了光谱范围覆盖一个倍频程(140~300 THz)的微腔光频梳,梳齿间隔为 850 GHz,如图 7.1.5(a)所示[6]。2014 年,洛桑联邦理工学院的 Kippenberg 课题组利用快速扫描泵浦频率的方法,将泵浦光稳定地停留在微腔的红失谐区,在 Q 值为 4×10^8 的氟化镁微腔中实现了锁模态的孤子光频梳,梳齿间隔为 35.2 GHz,光谱范围超过了 80 nm,如图 7.1.5(b)所示[7]。这一发现成为克尔光频梳发展历程中的又一个里程碑,将此后的研究带入了孤子光频梳产生及其相关应用的新阶段。

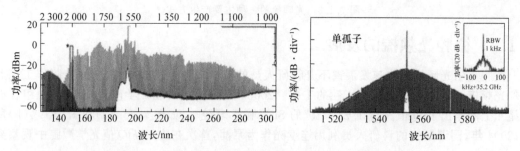

图 7.1.5　跨倍频程的微腔光频梳和耗散克尔孤子微腔光频梳

7.2　光学微腔简介

　　微腔克尔光频梳的快速发展促进了光频梳的集成化应用,同时也对高品质微腔的开发提出了更高的要求。利用光学微腔限制光场的灵感起初源自回音壁模式(Whispering Gallery Mode,WGM)的发现[8]。早期英国科学家 Rayleigh 通过建立数学模型推导了波动方程的回音壁模式解析解,随后 Richtrnyer 首次提出光学回音壁模式的概念。20 世纪 70 年代,在激光技术发展的带动下,回音壁模式的研究与应用逐渐扩展到光学波段。在回音壁模式下,某些特定波长的光通过连续全内反射传播一周后其光程恰等于波长的整数倍,谐振形成的稳定光场具有特定的谐振频率和空间分布,如图 7.2.1 所示。利用这种传输模式,微腔开始在光参量振荡和光频梳产生中发挥重要作用。本节首先介绍光学微腔的主要参数,接着从形态、材料、制备方法、耦合方式等方面介绍微腔的物理特性。

   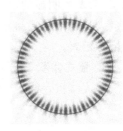

(a) 圣彼得堡教堂的回音壁长廊　　(b) 光线发生全内反射　　(c) 北京天坛回音壁　　(d) 回音壁模式光场分布

图 7.2.1　回音壁模式示意图

7.2.1　微腔的主要参数

　　描述微腔的主要参数包括自由光谱范围、品质因子、模式体积以及色散特性等,这些涵盖了微腔的尺寸、材料和损耗等基本物理特性的表征。

1. 自由光谱范围

　　连续光在微腔中传输时,微腔会对满足谐振条件的光频率进行选择,从而形成周期性的透射谱。自由光谱范围(Free Spectral Range,FSR)是指两个相邻谐振模式的共振峰之间的频率间隔。对于环状的波导或晶体结构微腔,FSR 可用式(7.2.1)表示:

$$\text{FSR} = \frac{c}{2\pi n_g r} \tag{7.2.1}$$

其中,c 是真空中的光速,r 表示微腔的几何半径,n_g 是光在腔内的群折射率。值得注意的是,在腔内可能允许同时存在多个不同偏振和不同阶数的模式族,而 FSR 通常是指同一个模式族内相邻模式的间隔。FSR 决定了微腔光学频率梳的梳齿间隔,这将在 7.3 节中详细介绍。

2. 品质因子

　　在微腔中,通常用品质因子(Quality Factor,Q 值)来描述谐振腔的储能能力或者能量耗散的快慢,可定义为谐振频率乘以微腔中存储的能量 E_c 与每周期损耗的能量 E_l 之比,即

$$Q = \omega_m \frac{E_c}{E_l} \tag{7.2.2}$$

Q 值还可以用光子寿命来表示,即

$$Q = \omega_m \tau \tag{7.2.3}$$

其中，ω_m 表示谐振频率，τ 表示腔内的能量降到初始能量的 $1/e$ 所用的时间，即光子寿命。可以看出，Q 值与光子寿命成正比，而决定光子寿命的关键参数是光子在微腔中的损耗。实际上，光场在微腔中的损耗主要有两个来源：一个是光学微腔和耦合波导之间的耦合损耗；另一个是波导或晶体材料的传输损耗（包括材料的吸收损耗、散射损耗等）。光学微腔的 Q 值与外部耦合损耗引起的耦合 Q 值 Q_e、腔内传输损耗引起的本征 Q 值 Q_i 有如下关系：

$$\frac{1}{Q} = \frac{1}{Q_e} + \frac{1}{Q_i} \tag{7.2.4}$$

其中，Q_e 受耦合强度的影响，选取合适的耦合距离与角度可以有效提升 Q_e 的值。而降低腔内损耗，即材料的吸收损耗和散射损耗，一直以来都是制造工艺中的热点内容。以片上氮化硅环形微腔为例，吸收损耗主要来源于氮化硅薄膜生长过程中的原子结构在特定波长范围内的吸收作用，而散射损耗的大小会受微腔内壁材料表面粗糙度的影响，这就要求制造过程中保证较高的精密器件加工水平。同时，由于片上微腔的尺寸很小，边缘的曲率很大，微腔的束缚能力减弱，会发生明显的辐射损耗，使其成为影响 Q 值的主要因素。总体来说，要想实现高的 Q 值以最大程度增强光与介质的相互作用，不仅要衡量材料和折射率的关系，还要选择合适的尺寸和耦合距离。

3. 模式体积

模式体积表征了在空间上光学微腔对光场的束缚能力，通常定义为

$$V = \frac{\int \varepsilon(r) \mid E(r) \mid^2 \mathrm{d}^3 r}{\max(\varepsilon(r)) \mid E(r) \mid^2} \tag{7.2.5}$$

其中，$\varepsilon(r)$ 为材料的介电常数，$E(r)$ 为微腔内光场的场强。模式体积越小，相同能量的光场在局部表现的光场强度就越大，光与物质相互作用就越强。

4. 色散特性

光在介质中传播时，介质的折射率与光波频率有关，这导致光速会随着光波频率而变化，通常将这种现象称为色散。色散是控制微腔中光传播行为的重要参数，也是在微腔中实现各种高效率非线性效应的重要因素。将中心频率 ω_0 附近连续波的传播常数 β 进行泰勒展开，得到

$$\beta(\omega) = n(\omega)\frac{\omega}{c} = \beta_0 + \beta_1(\omega - \omega_0) + \frac{1}{2}\beta_2(\omega - \omega_0)^2 + \cdots \tag{7.2.6}$$

其中

$$\beta_m = \left(\frac{\mathrm{d}^m \beta}{\mathrm{d}_\omega^m}\right)_{\omega = \omega_0} \tag{7.2.7}$$

那么

$$\beta_1 = \frac{1}{v_g} = \frac{1}{c}\left(n + \omega\frac{\mathrm{d}n}{\mathrm{d}\omega}\right) \tag{7.2.8}$$

$$\beta_2 = \frac{1}{c}\left(2\frac{\mathrm{d}n}{\mathrm{d}\omega} + \omega\frac{\mathrm{d}^2 n}{\mathrm{d}\omega^2}\right) \tag{7.2.9}$$

其中，v_g 为群速度，n 为折射率。光脉冲在波导中是以群速度 v_g 传播的，β_2 表征的就是群速度色散，它是直接导致光脉冲展宽的原因。在分析色散时还会用到色散值 D，且满足：

$$D = \frac{\mathrm{d}\beta_1}{\mathrm{d}\lambda} = -2\pi c\frac{\beta_2}{\lambda^2} = -\frac{\lambda \mathrm{d}^2 n}{c \mathrm{d}\lambda^2} \tag{7.2.10}$$

根据 β_2 或 D 的符号，可以将色散分为正常色散和反常色散。当 $\beta_2 > 0 (D < 0)$ 时，称之为正常

色散,此时在波导中长波长的光传播速度大于短波长的光;当 $\beta_2 < 0(D > 0)$ 时称之为反常色散,是微腔中发生参量振荡的基础条件之一。微腔中的色散主要包含介质本身的材料色散和微腔的结构色散。材料色散由材料决定,制作光学微腔的材料平台一旦确定,材料色散也就确定了。然而,绝大多数材料的材料色散都表现为正常色散,这对于非线性现象的研究是不利的,因此需要对微腔几何结构进行精细设计,以调控整个微腔的色散特性,设计出具有符合特定应用要求色散的微腔。

7.2.2 微腔的形态设计

常见微腔的形态如图 7.2.2 所示[9],根据形貌可以将微腔分为微盘腔、微球腔、微环腔、微柱腔、微芯环腔等。微盘腔是一种常见的微腔,便于大批量加工,尺寸一致性好,而且可集成度高,但是一般加工工艺复杂,Q 值难以进一步提高。另一种较常见的微球腔制作简单,Q 值最高可以达到 10^9 量级,但是难以实现规模化制造,而且不易集成。另外,微环腔和微柱腔的 Q 值最高可以达到 10^8 量级,也具有一定的应用优势和前景。

晶体微腔是一种应用广泛的光学谐振腔,具有优良的光学性能和机械稳定性。利用传统的加工技术,如切割、抛光等工艺,可以制备毫米尺寸的高品质体结构晶体微腔,其结构和形态如图 7.2.3 所示[9],它们一般具有较强的抗震与抗加速度性能。另外,在加工时通过精确设计微腔的尺寸和边缘结构,可以有效调控光在微腔中的色散行为,从而以更高的频率精度应用于量子光学、非线性光学等领域。

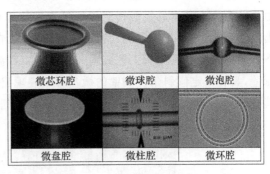

图 7.2.2 常见的微腔形态

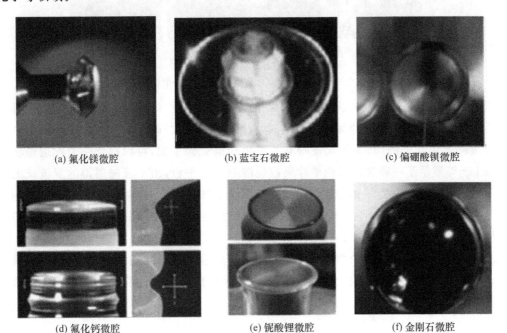

(a) 氟化镁微腔   (b) 蓝宝石微腔   (c) 偏硼酸钡微腔

(d) 氟化钙微腔   (e) 铌酸锂微腔   (f) 金刚石微腔

图 7.2.3 结构和形态各异的晶体腔

同时,随着激光刻蚀等新型集成加工工艺的逐渐成熟,单晶晶片可以被刻蚀成波导结构,制备出适用于集成平台的小尺寸片上薄膜微腔,以绝缘层上铌酸锂(Lithium Niobate-on-Insulator,LNOI)薄膜材料为例,一般包含微盘和微环两种结构,其形态如图 7.2.4 所示[10]。

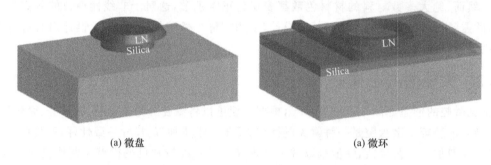

(a) 微盘   (a) 微环

图 7.2.4   片上薄膜铌酸锂微盘腔和微环腔示意图

微盘谐振腔与回音壁模式晶体微腔具有相同的物理结构。如图 7.2.5(a)所示,该微腔是由直径为几十微米的铌酸锂薄膜所制成的固体微盘[11]。为了提高与光纤或波导的输入和输出耦合效率,并更好地限制腔内的回音壁模式,在处理微盘后,通过湿法刻蚀去除铌酸锂微盘下方的硅表面。其制备工艺流程与制备 LNOI 波导基本相同,唯一的区别是不需要制造垂直侧壁,具有一定倾斜角度侧壁的微盘可以表现出更好的性能。例如,一个楔角为 9.5° 的微盘,其 Q 值可以达到 10^7 量级[12]。此外,飞秒激光刻蚀还可以制作一些复杂的设计。例如,只刻蚀一次就可以实现双层微盘谐振腔。

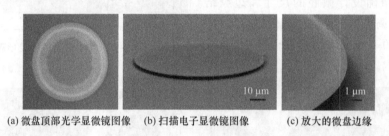

(a) 微盘顶部光学显微镜图像   (b)扫描电子显微镜图像   (c) 放大的微盘边缘

图 7.2.5   典型的 LNOI 微盘谐振腔的显微镜图像

微环腔同样用刻蚀的方法获得。与微盘相比,微环谐振腔有一个显著的优点:可以通过闭合波导回路来限制光场。这种优势为微腔的设计带来了很大程度的灵活性,可以根据特殊要求设计微环的形状。例如,为了实现带有长电极的电光频率梳,可以设计一个跑道形状的微环。Zhang 等展示了一种超低损耗单片集成铌酸锂光子平台,由干蚀法制得的亚波长波导传输损耗低至 2.7 dB/m,所制备的铌酸锂微腔品质因子可高达 10^7[13](图 7.2.6)。此外,通过设计波导宽度和截面形状,微环还可以实现色散设计,这在非线性光学的研究和应用中是极为重要的优势。

总之,不同形态、结构的光学微腔在实际应用中显示出不同的特性,因此它们一般具有特定的应用场景。另外,通过微腔边缘的设计可以有效调控光在腔内的行为,同样具有重要的研究价值。

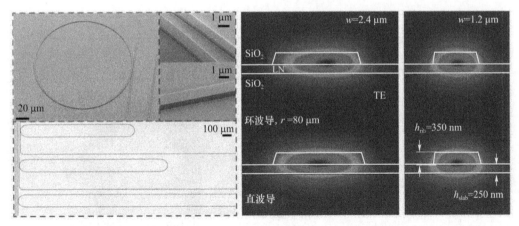

(a) 微环(上)和微跑道(下)谐振腔的显微图像　　　　(b) 光学仿真得到的直波导和弯曲波导中存在的光学模式

图 7.2.6　LNOI 微环谐振腔

7.2.3　微腔的材料选择

除形态之外,借助多种材料的不同优势,光学微腔的性能可以进一步提高,近年来在各类材料的微腔平台上实现了宽谱的克尔光频梳。如图 7.2.7 所示[14],不同材料有不同的传输窗口,因此各种微腔都有一定的波长适用范围。另外,材料的非线性折射率 n_2 可以显著影响光克尔效应,从而影响微腔光频梳的特性。总体来说,材料本身特性是微腔设计和制造中重要的考虑因素,直接影响到微腔的 Q 值上限和光频梳重频、适用波段等关键内容,如图 7.2.8 所示[15]。这里分别介绍传统体结构晶体微腔和片上集成微腔的不同材料特性。

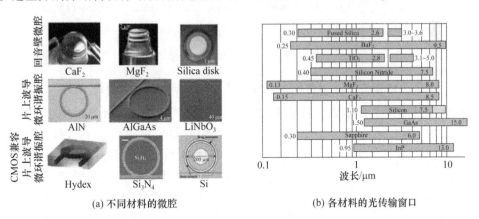

(a) 不同材料的微腔　　　　　　　　(b) 各材料的光传输窗口

图 7.2.7　不同材料的微腔以及传输窗口

1. 体结构晶体材料

传统体结构的晶体微腔可基于多种材料平台制作,常见的包括氟化物微腔、铌酸锂微腔等,其尺寸一般在几百微米到毫米量级,FSR 通常为吉赫兹到几十个吉赫兹[5]。通过精密的研磨抛光加工工艺,晶体微腔可实现超高的 Q 值。例如,2004 年美国加州理工学院喷气动力实验室在高温退火后对晶体腔进行机械抛光,成功研制出了 Q 值高达 10^{11} 量级的氟化钙晶体微腔。晶体微腔的 Q 值作为谐振腔的重要参数,受到材料、加工工艺、耦合方式、环境稳定度等多重因素的影响[16],其中,材料的光学损耗极限直接决定了 Q 值的极限,如图 7.2.9 所

材料	$n_2/(m^2 \cdot W^{-1})$	结构	Q值	频梳重频	波长范围
SiO$_2$	2.6×10^{-20}	Toroid	1×10^8	~375 GHz	1 200~1 700 nm
SiO$_2$	2.6×10^{-20}	Toroid	2×10^8	~375 GHz	990~2 170 nm
SiO$_2$	2.6×10^{-20}	Sphere	2×10^7	~427 GHz	1 450~1 700 nm
SiO$_2$	2.6×10^{-20}	rod	5×10^8	~32.6 GHz	1 510~1 610 nm
MgF$_2$	1×10^{-20}	Toroid	~10^9	~35 GHz	1 533~1 553 nm
MgF$_2$	1×10^{-20}	Toroid	>10^9	10~110 GHz	2 350~2 550 nm
MgF$_2$	1×10^{-20}	Toroid	~10^{10}	Non-uniform	360~1 600 nm
CaF$_2$	3.2×10^{-20}	Truncated sphere	6×10^9	~13 GHz	1 545~1 575 nm
CaF$_2$	3.2×10^{-20}	Truncated sphere	3×10^9	~23.78 GHz	Near 794 nm
Hydex	1.15×10^{-19}	Ring	1.2×10^6	0.2~6 THz	1 400~1 700 nm
Hydex	1.15×10^{-19}	Ring	1.5×10^6	~49 GHz	1 460~1 660 nm
Si$_3$N$_4$	2.5×10^{-19}	Ring	5×10^5	~403 GHz	1 450~1 750 nm
Si$_3$N$_4$	2.5×10^{-19}	Ring	10^5	~226 GHz	1 170~2 350 nm
Si$_3$N$_4$	2.5×10^{-19}	Ring	2.6×10^5	~977.2 GHz	502~580 nm
Si$_3$N$_4$	2.5×10^{-19}	Ring	1.7×10^7	~25 GHz	1 510~1 600 nm
Si	6×10^{-18}	Ring	5.9×10^5	~127 GHz	2 100~3 500 nm
AlN	$(2.3\pm1.5)\times10^{-19}$	Ring	6×10^5	~370 GHz	1 450~1 650 nm
AlN	$(2.3\pm1.5)\times10^{-19}$	Ring	6×10^5	~369 GHz	Near 517&776 nm
Diamond	$(8.2\pm3.5)\times10^{-19}$	Ring	~10^6	~925 GHz	1 516~1 681 nm

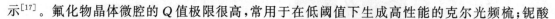

图 7.2.8　微腔材料特性以及产生克尔光频梳的重要参数

示[17]。氟化物晶体微腔的 Q 值极限很高,常用于在低阈值下生成高性能的克尔光频梳;铌酸锂微腔的 Q 值极限约为 10^9,虽然低于氟化物材料,但铌酸锂材料具有二次电光效应和光折变效应,并且具备良好的掺杂与周期极化特性,可以在二阶非线性频梳产生和耗散孤子频梳产生等过程中起到重要的调控作用,这使得铌酸锂晶体微腔在非线性光学应用中同样具有重要的研究价值。

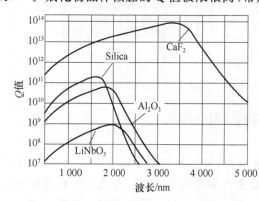

图 7.2.9　部分材料微腔可达到的 Q 值极限

2. 片上集成材料

随着近年来片上加工工艺的快速发展,LNOI 和绝缘层上的硅(Silicon-on-Insulator,SOI)等成为最热门的新型集成光学材料平台。通过在硅或铌酸锂衬底上的亚微米薄膜制备光学微腔波导,有望在芯片级集成平台中发挥微腔光频梳更大的优势。

以铌酸锂材料为例,在传统的块状铌酸锂中,常使用钛扩散法和质子交换法形成波导,这种方式制作出的波导直径大、折射率差小,光学性能受到很大限制。而利用 LNOI 薄膜和脊波导结构,不仅可以实现较大的折射率差和较窄的波导宽度,还具有更高的结构灵活性,可以针对不同的波长和偏振态自由设计各种光学结构(如微环、PPLN 和光子晶体等),以实现更强的场约束和更低的弯曲损耗。铌酸锂晶体在薄膜结构下仍保留了三阶非线性效应、电光效应、压电效应和光折变效应在内的多种光电特性,是用于产生光学频率梳的绝佳材料平台。同时,集成材料平台的特性扩充了光频梳的性能,如基于薄膜铌酸锂微腔的电光光频梳和孤子光频梳,具有更广泛的应用场景和更具竞争力的实用价值。

7.2.4　微腔的制备方法

不同形态、不同材料的微腔依托不同的加工工艺,常见的微腔制备方法有金刚石切削加工法、互补金属氧化物半导体(CMOS)兼容工艺制备法和光刻法等。金刚石切削加工方法一般适用于对晶体腔的加工,通常的操作步骤是先将晶体车削至所需形状,之后利用抛光布和抛光液对晶体进行抛光,如图 7.2.10(a)所示[18]。CMOS 兼容工艺制备法通常应用于 Si₃N₄ 光学微腔的制备,通过电子束光刻工艺定义微环波导横向几何结构,沉积在 SiO₂ 衬底上的 Si_3N_4 层厚度决定微环波导高度,适于大规模生产和片上光子集成,如图 7.2.10(b)所示。光刻法主要适用于在硅芯片基底上制备微腔,涉及的主要步骤是涂抹光刻胶、曝光显影以及清洗等,如图 7.2.10(c)所示。与 Si_3N_4 微腔类似,现在可以用湿法刻蚀、干法刻蚀、金刚石切割、化学机械抛光、飞秒激光直写等方法制造脊波导,用于制备 LNOI 微盘和微环腔。近年来,随着氮化硅材料的大马士革加工工艺和 LNOI 脊波导结构刻蚀技术的成熟,集成微腔的品质因子也在急剧提高。

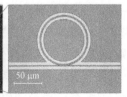

(a) 金刚石切削加工　　　　　　　　　　(b) CMOS兼容工艺制备

SiO₂

Si　　　Si　　　Si　　　Si

氢氟酸刻蚀　——→　二氟化氙刻蚀　——→　激光回流

(c) 光刻制备

图 7.2.10　常见的微腔加工制备方法

7.2.5 微腔的耦合方式

作为闭环的光学谐振腔,能量需要利用倏逝波耦合的方式汇入微腔。倏逝波耦合理论衍生出了棱镜、波导以及拉锥光纤等多种耦合方式,如图 7.2.11 所示[19]。不同的耦合方式并无本质区别,但需要从微腔特点、环境、成本、稳定性等多个方面进行综合考虑,选择合适的耦合方式。

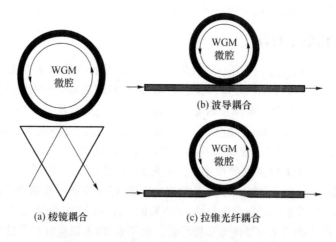

图 7.2.11　激光与微腔的耦合方式示意图

高效的耦合推动了光学微腔非线性应用的发展。棱镜耦合是一种典型的近场耦合,相比于其他的耦合方式,棱镜耦合具有结构更加灵活、各部分元件更加稳定的突出优势[20]。在棱镜耦合系统中,光学微腔的本征损耗、棱镜及光学微腔的形状结构、激光的入射角度、耦合距离以及一些环境因素都会对棱镜耦合的状态产生影响。波导耦合一般应用于集成芯片的微腔中,需要通过精细的调控使激光进入波导中,耦合效率较高,一般能达到 60% 以上。拉锥光纤耦合则是通过热熔拉锥改变光纤的直径,当锥腰足够纤细时,光会以倏逝波的形式耦合进入腔内,一般用于较大直径的晶体微腔,耦合效率高达 90% 以上[21]。以前面提到的 LNOI 微盘和微环腔为例,微盘腔最常用的是基于锥形光纤的耦合方法,通过将光纤的锥形区域紧密地连接到微盘的侧壁顶部(或底部)表面的边缘,可以有效地将泵浦光耦合到微盘上;为实现微环腔的耦合,则通常沿着腔的一侧加工直波导,通过波导模式和微环腔谐振模式的倏逝场重叠实现耦合(图 7.2.6 和图 7.2.4)。通过精确控制耦合波导的位置和形状,微环谐振腔可以实现较高的耦合效率,器件性能得以大幅提升。总体来说,不同类型的微腔适用于特定的耦合方式,高质量的耦合是提高微腔实用性能的重要因素。

7.3　微腔光频梳的产生与动力学

利用高品质微腔优良的光学特性和材料特性,通过二阶、三阶非线性效应可以实现光频梳的产生,这里重点介绍三阶非线性效应——克尔效应作用下产生光频梳的过程。克尔光频梳的产生过程是被微腔所加强的调制不稳定性和非线性效应相互作用的过程。将耦合进入微腔中的连续波泵浦光从高频向低频调谐,可以在频域上获得调制不稳定性光频梳和耗散孤子光频梳两种不同的频梳状态。本节先介绍两种不同状态克尔光频梳的产生机理,并分析动力学演化过程和其中的噪声特性,然后简要介绍二阶非线性效应下电光梳的产生原理。

7.3.1 调制不稳定性光频梳

将连续波泵浦光以倏逝波的形式耦合进入微腔,当满足调制不稳定性(Modulation Instability,MI)发生的条件时,在四波混频等非线性效应作用下,产生宽带的光频梳,如图7.3.1所示[22]。

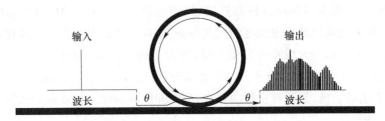

输入   输出

波长 θ θ 波长

图 7.3.1　光频梳产生示意图

调制不稳定性光频梳产生的动力学过程涉及泵浦激光、微腔损耗、谐振模式、色散和三阶克尔非线性等参数,可以用频域方程和时域方程来描述。在频域,频率梳的每条梳线都服从一个动力学方程,一般称为耦合模方程,即

$$\frac{dA_\mu}{dT} = -(i\omega_\mu + \kappa/2)A_\mu + \delta_{0,\mu}\sqrt{\frac{\kappa_{ext}P_{in}}{\hbar\,\omega_0}}e^{-i\omega_p T} + ig\sum_{\mu_1,\mu_2,\mu_3}A_{\mu_1}A_{\mu_2}A_{\mu_3}^* \qquad (7.3.1)$$

耦合模方程在计算参数振荡阈值时非常有用,适用于功率较小、产生少量梳线的情况。然而,一旦梳线大量生长,耦合模方程求解的复杂性也将显著增加。因此,在时域上分析微腔更为实用,其中 Lugiato-Lefever 方程(LLE)可以完备地描述这一动力学过程,并且在非线性光学研究中得到了更广泛的应用。该方程可表示为

$$\frac{dA(\phi,t)}{dT} = i\frac{D_2}{2}\frac{\partial^2 A}{\partial\phi^2} + ig\,|\,A\,|^2 A - i\delta_\omega A - \frac{\kappa}{2}A + f \qquad (7.3.2)$$

LLE 和耦合模方程是等价的,基于这两个模型,可以帮助读者从数学的角度更清晰地理解光频梳的产生过程(详见附录 A)。

为了产生光频梳,需要将泵浦激光用逐渐减小的频率靠近高 Q 值微腔的谐振腔模,泵浦激光频率越接近腔模式共振频率,腔内功率和参量增益就越高。耦合进入腔内的光在微腔极小模式体积的限制下得到谐振增强,当腔内光功率高于非线性效应阈值时,光学参量过程会将泵浦光功率转移到满足相位匹配条件的谐振模式中,一旦参量增益超过微腔损耗,就会有边带产生。调制不稳定性光频梳的形成经历了主梳、子梳、混沌梳的演化,这里分别介绍其产生过程。

1. 主梳的产生

第一组边带产生的位置可能是紧邻泵浦的模式,也可能是与泵浦模式间隔多个谐振模式的某个模式,其位置由微腔中的色散、非线性相移以及泵浦光功率等条件共同决定[23]。图7.3.2(a)展示了微腔内第一组光梳分量的产生示意图,泵浦光在参量过程作用下激发了距离泵浦频率间隔 Δ 的谐振模式,产生了新的频率分量。频率间隔 Δ 会影响腔内光频梳的演变过程,根据 Δ 与微腔自由光谱范围(Free Spectral Range,FSR)的关系,可以将光频梳的产生方式分为多模式间隔(Multiple Mode-Spaced,MMS)和本征模式间隔(Natively Mode-Spaced,

NMS)[23]。多模式间隔即 Δ 为多个 FSR，而本征模式间隔即 Δ 刚好等于微腔的 FSR。

在 MMS 条件下，微腔内第一组光梳分量产生后，在四波混频为主的非线性效应的作用下不断拓展到距离泵浦模式更远的区域，由于四波混频(Four-Wave Mixing，FWM)过程中的能量守恒，初始间距 Δ 在所有出现的梳线间被保留和复制，形成了以 Δ 为间隔的主梳，如图 7.3.2(a)所示。在 NMS 条件下有类似的情况，不同的是第一个参量边带是在靠近泵浦的 $\mu=\pm1$ 模式下产生的，可认为是 $\Delta=\delta$ 的特殊情况。

2. 子梳的产生

MMS 条件下，随着泵浦频率逐渐靠近腔模，腔内功率进一步增加，由于主梳附近的参量增益谱足够宽，相邻的谐振模式也满足梳线起振条件，在简并和非简并 FWM 作用下产生了以微腔的 FSR($\delta/2\pi\approx\Delta\omega_{FSR}$)为间隔的光梳分量，称为子梳。值得注意的是，MMS 中 Δ 并不一定为 FSR 的整数倍，因此子梳具有不同的偏置频率($0,\pm\xi,\pm2\xi,\cdots$)，如图 7.3.2(b)所示。在 NMS 场景下，不生成子梳，只要有主梳线存在，非简并级联四波混频就能导致频率梳向远离泵浦频率的两端扩展。

3. 混沌梳的产生

在微腔内以四波混频为主的非线性效应的作用下，主梳与次梳相互作用，不断产生新的频率分量并相互叠加，最终在微腔内形成了无间隙的克尔光频梳谱线，也称为 MI 梳或混沌梳，如图 7.3.2(c)所示[18]。需要强调的是，在混沌梳形成的过程中，非简并的四波混频过程产生的次级梳状线也可能出现在两主梳谱线之间。如图 7.3.2(d)和图 7.3.2(e)所示，由于主梳之间出现多个不规则的偏移梳，与逐渐延伸的次梳发生交叠，带来了更多的光梳噪声(图 7.3.2(f))。

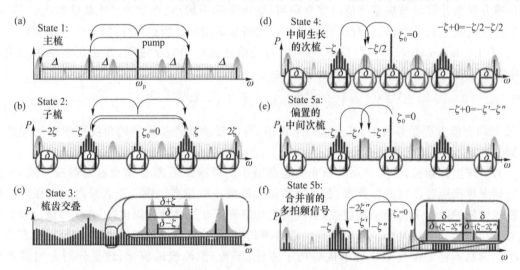

图 7.3.2　调制不稳定性光频梳的产生

4. 噪声特性

利用光电探测器探测梳齿之间的拍频信号，可以清楚地看到，当泵浦与腔模的失谐量发生变化时，拍频信号的强度和频率也发生连续或不连续的变化，如图 7.3.3(a)和图 7.3.3(c)所示。通过不断减小失谐量，子梳的梳齿个数逐渐增加，最终相互交叠，形成了无间隔的连续频率梳。在交叠处，每个微腔谐振峰带宽内有多于一个频率成分产生了振荡，这些频率成分相互拍频，对微腔内的光场进行调制，产生不稳定的时域曲线。随着失谐量的进一步减小，交叠的频率成分相互作用增强,最终形成包含复杂相位噪声的克尔光频梳,其相干性也因为相位噪声的存在大大减弱,这也造成在监测的射频频谱中除了光频梳的拍频之外,仍包含宽带的随机相位噪声。举例来说,在晶体 MgF_2 和 Si_3N_4 微腔系统中(图 7.3.3(b)和图 7.3.3(d)),尽管它们的几何形状和材料特征截然不同,但噪声变化是普遍存在而且有相同规律的,也就是说,产生宽带多重拍频的原因在于微腔频梳本身的动力学过程。

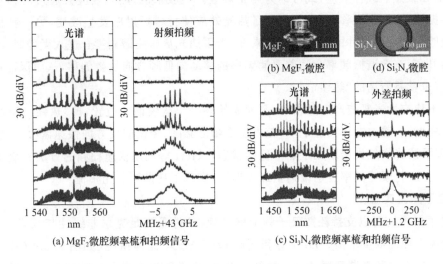

(a) MgF_2微腔频率梳和拍频信号   (c) Si_3N_4微腔频率梳和拍频信号

图 7.3.3　不同平台微腔光频梳演化中频谱与对应射频信号变化

主梳形成时,梳齿具有较高的功率,相干性也比较强,由于梳齿间隔很大,在射频域检测不到拍频,具有较好的噪声特性;子梳形成时(State 2 和 State 4),观测到单一频率的射频拍频信号,如图 7.3.4(a)所示;子梳延展时(State 3 和 State 5),观测到多个射频拍频信号,如图 7.3.4(b)所示;最终形成 MI 梳时,观测到宽带的射频谱,如图 7.3.4(c)所示。实际上,当子梳的带宽增长接近它们的光谱分离并导致重叠时,就达到了一个临界点。之后,由于典型的不对称子梳,单个模式被多条光频率不同的线填充,从而在射频区产生连续的宽带拍频噪声。

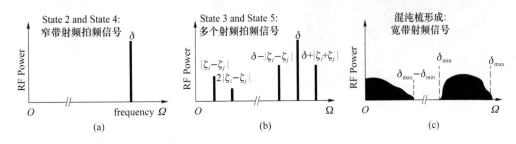

图 7.3.4　调制不稳定性光频梳演化过程的射频信号变化

7.3.2　耗散孤子光频梳

在微腔光频梳研究的早期,研究者大多关注于主梳(也称为图灵梳,相干但带宽窄)或混沌频梳(带宽大但不相干,噪声很高)产生的动力学研究,然而从应用角度来看,人们更希望得到包络稳定、相干性强的宽带光频梳。直到 2014 年,Herr 等首次在微腔中发现了耗散克尔孤子(Dissipative Kerr Soliton,DKS),实现了具有稳定包络的低噪态孤子频梳[7]。本节从孤子产生实验中的关键问题入手,分析其中的动力学过程。

1. 微腔中的热光效应

调制不稳定性光频梳的激发,是通过逐渐降低泵浦频率使其靠近腔模产生的,这一区域称为相对于腔模的蓝失谐区。实际上,在这一过程中,即使输入较低的光功率,在高 Q 值微腔的小模式体积限制下,也能聚集高强度的光场,吸收损耗转化的热量会带给微腔不可忽视的温度变化,从而导致热非线性效应,或可称为热光效应。一般来说,热光效应会通过两种不同的机制引起共振位移(波长漂移)。一种机制是热光效应使材料折射率发生改变,另一种机制是热膨胀给微腔带来几何尺寸的改变。总体来看,当泵浦光从蓝失谐侧耦合进入微腔时,随着腔内温度逐渐升高,有效谐振频率会随着泵浦频率的移动向低频方向发生偏移,从而保证相对失谐量的稳定,也就是所谓的"热锁定"。

调制不稳定性光频梳产生过程中,泵浦光始终处于蓝失谐的位置,即"热锁定"状态;而一旦进入红失谐区,腔内功率突然下降,腔内温度随之骤降,腔模向反方向快速蓝移,"热锁定"状态消失,即泵浦光在红失谐区处于热不稳定状态。Herr 等利用快速扫频的方法克服了红移侧的热不稳定性,将泵浦频率稳定调谐至红失谐区,实现了耗散孤子光频梳[7]。

2. 孤子产生实验

高 Q 值的微腔可以支持耗散孤子频梳的产生,条件是满足克尔非线性与反常色散、参量增益与微腔损耗的双重平衡。Herr 等利用高 Q 值 MgF_2 晶体微腔(如图 7.3.5(a)所示)[7],将泵浦激光从有效蓝失谐区调谐到有效红失谐区,在微腔中形成了耗散腔孤子。孤子频梳的工作状态与之前工作于蓝失谐区的频率梳有本质上的不同:在时域上,连续波激光在微腔中转换成飞秒脉冲序列,时间间隔与微腔的 FSR 相对应;在频域上,产生的脉冲序列对应于一个低噪声的光学频率梳,具有平滑的谱包络。耗散孤子频梳是微腔频率梳的一种特殊状态,具有重要的研究价值和广阔的应用前景。

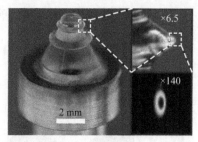

(a) 回音壁模式微腔(FSR为35.2 GHz)

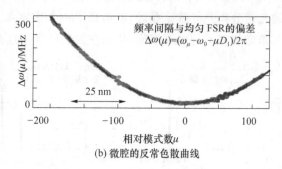

(b) 微腔的反常色散曲线

图 7.3.5 实现耗散克尔孤子的高 Q 值 MgF_2 晶体微腔和色散表征

在高 Q 值微腔中实现孤子,需要采用泵浦激光器从高频向低频扫描的方式,扫描时泵浦与腔模的失谐量控制是孤子产生的关键因素。图 7.3.6(b)显示了激光扫描过程中光谱的演变过程。在扫描时,将相邻梳状线进行拍频产生射频信号,将射频信号采样后进行傅里叶变换,如图 7.3.6(c)所示[7]。稳定孤子形成的一个必要特征是监测到低噪声的窄带射频信号。可以观察到,在不同失谐量调谐过程中,从一个宽带高噪声的射频信号到一个单一的、低噪声的射频信号的转变,转变过程与传输中一系列离散台阶的出现相一致(图 7.3.6(a)),并且在所有台阶存在的传输过程中始终保持一个窄带的拍频信号。

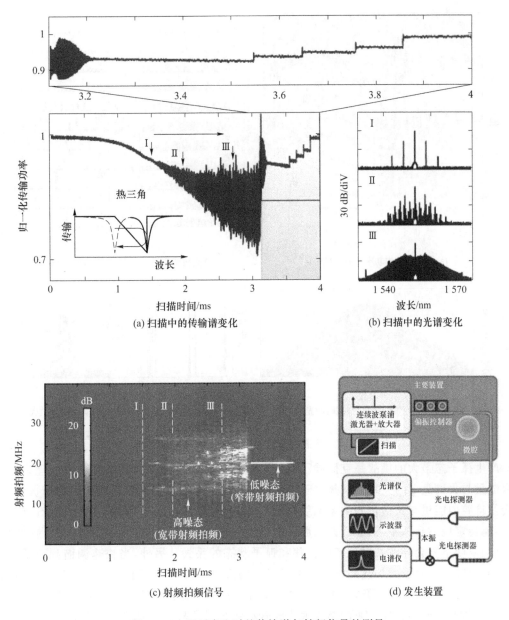

(a) 扫描中的传输谱变化

(b) 扫描中的光谱变化

(c) 射频拍频信号

(d) 发生装置

图 7.3.6 孤子产生时的传输谱与拍频信号的测量

图 7.3.7 显示了用数值计算模拟激光扫描的结果。在数值模拟中,"孤子台阶"得到了很好的再现,在重复的数值扫描过程中,频梳演化最终得到了不同的曲线(图 7.3.7(a)虚线区域所示),台阶的数量和高度会发生波动,也就是说,最终形成的孤子态是不确定的,它取决于调制不稳定状态的混沌过程。在孤子演化的时域图(图 7.3.7(c))中同样可以看到,孤子脉冲的分离是随机的,直到最终演化为单脉冲,对应频谱也达到完全光滑的包络状态(图 7.3.7(b)中Ⅺ)。同时,在图 7.3.7(a)中确定了三个主要区域,分别是 A、B 和 C。在左侧的 A 区域,发生主梳到混沌梳的演化(Ⅰ~Ⅳ),而不允许孤子存在;B 区域允许具有时变包络线的孤子存在("呼吸孤子")[24];具有恒定时间包络的孤子只能存在于 C 区域。这些区域的极限与数值结果具有明显的对应关系。

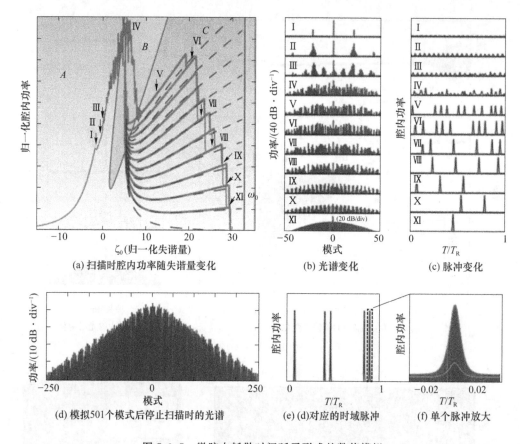

(a) 扫描时腔内功率随失谐量变化   (b) 光谱变化   (c) 脉冲变化

(d) 模拟501个模式后停止扫描时的光谱   (e) (d)对应的时域脉冲   (f) 单个脉冲放大

图 7.3.7   微腔中耗散时间孤子形成的数值模拟

产生孤子态最大的挑战是克服除了克尔非线性共振位移之外的热共振位移。理论上,微腔内能量与失谐量 ζ 的关系应该是关于 $\zeta=0$ 对称的,但热效应与克尔效应引起的谐振频率偏移会使得腔内能量与失谐量的关系曲线类似于三角形,如图 7.3.8 所示[7]。当调谐速度过慢时,不能稳定地达到孤子态,原因是微腔从有效蓝失谐(高腔功率)过渡到有效红失谐(低腔功率)时的温度下降会导致共振频率的蓝移和孤子状态的丢失。另外,当快速调谐到孤子态时,微腔仍然是冷的,随后的加热同样会导致孤子态的丢失。因此,在腔内接近平衡温度时达到孤子态是非常重要的。Herr 等改进了实验中的控制方法,以理想的中间调谐速度实现了孤子态,解决了这一问题。通俗来说,实现了"既不太热也不太冷"的孤子态,微腔达到了热平衡。

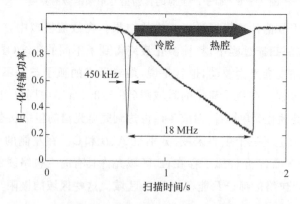

图 7.3.8   热效应与克尔效应共同作用下的共振三角形

材料的特性对于孤子光频梳的产生和调控可以起到重要作用。例如,在 1 550 nm 以上的谐振波长范围内,氮化硅微腔中热折射率系数相对较大,调谐泵浦频率时很容易丢失锁模状态,而氟化物晶体微腔通常具有相对较小的热折射率系数,因此调谐时温度变化不会过于剧烈,有助于孤子频率梳的产生。对于铌酸锂材料,则呈现出更有趣的现象:一方面,铌酸锂微腔中存在光折变效应和受激光折变散射(详见附录 B)其中,光折变效应会导致折射率随光强降低(与热光效应相反);另一方面,铌酸锂微腔中普通偏振态的热光系数在室温下相对较小。例如,z 切铌酸锂晶片上制作的微腔在较高的功率下,随着泵浦频率的增加,共振曲线在光折变效应下呈现的三角与热光非线性所引起的方向相反,如图 7.3.9(a)所示[25]。这一特性消除了孤子微梳中的触发问题,泵浦激光可以直接在红失谐区域进行调谐来实现孤子的产生,而不需要任何外部触发或高速频率扫描机制。在不同的调谐方向上进行往返式的泵浦频率扫描时,功率曲线都出现了离散的台阶,在不同的台阶上停止激光扫描,可以很容易地观察到单孤子、多孤子的状态,这在其他材料的微腔中是很难实现的。

另外,光折变效应的存在使得不同孤子状态之间的双向切换成为可能。如图 7.3.9(c)所示,当激光频率增加时,梳齿的光功率沿离散台阶上升,表明克尔梳从较低的孤子数过渡到较高的孤子数;当激光频率降低时,梳状光功率离散下降,表明孤子态发生了反向跃迁。如果激光扫描速度允许光折变效应稳定变化,则切换到更高数量孤子态的过程可以变得更加有序,如图 7.3.9(b)所示。得益于铌酸锂独特的材料特性,铌酸锂薄膜微腔可以实现孤子模式的自启动锁定和孤子状态的双向切换,配合其独特的电光效应,为实现具有计量、频率合成/分割、信息编码、光-光/电-光波段转换等功能的多功能高速光子信号处理器带来了新的可能性。

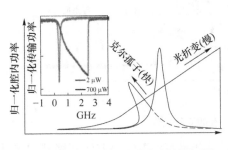

(a) 光折变效应与克尔效应的共振曲线对比

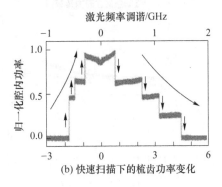

(b) 快速扫描下的梳齿功率变化

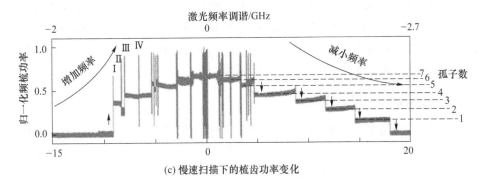

(c) 慢速扫描下的梳齿功率变化

图 7.3.9 铌酸锂微腔孤子频梳的双向状态切换

3. 孤子态的双稳定性

孤子态产生后,可以在数小时内保持稳定,而且不需要对微腔和泵浦激光器进行反馈调节。事实上,这种稳定性归功于孤子存在时腔内双稳态带来的平衡。如图 7.3.10 所示,用逐渐减小的光频率调谐,当从蓝移侧过渡到红移侧时,腔内产生耗散克尔孤子。此时泵浦光在腔内以两种形式存在,一部分的泵浦光与孤子脉冲一起在腔内传输,孤子具有极高的峰值功率,带来了很大的非线性相移,导致这部分泵浦光分量仍处于有效的蓝失谐区。其余的大部分泵浦光分量由于功率较低,不能在腔内有效地谐振,作为背景光在腔内传输。继续增加失谐量时,孤子的功率随之升高,这带来更大的非线性相移,保持了等效失谐量的相对稳定。通过在双稳态曲线中添加的辅助线可以大致推断出整个腔内的功率变化。热共振位移与克尔非线性位移具有相似的反馈机制,不同的是,热共振位移变化比腔的往返时间慢,而且只取决于腔内平均功率。在微腔中,与失谐量相关的平均腔功率变化主要由有效蓝失谐孤子分量控制,而不是背景波分量。这意味着相对于慢的热效应,微腔总体表现为有效的蓝失谐,因此是自稳定的。

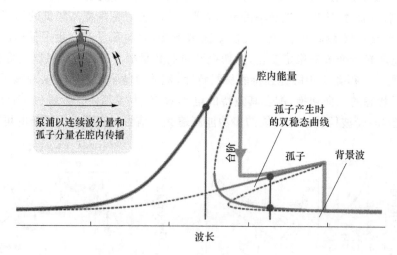

泵浦以连续波分量和
孤子分量在腔内传播

腔内能量

孤子产生时
的双稳态曲线

孤子   背景波

台阶

波长

图 7.3.10　孤子态的双稳定性

在获得了孤子状态的稳定运行后,使用频谱分辨光闸(FROG)方法观察到的单脉冲和多脉冲状态与数值模拟完全一致,如图 7.3.11 所示[23]。

微腔光学频率梳以及耗散孤子产生中的动力学演化是具有普遍性的,同样适用于其他光学微腔平台。目前在基于氮化硅、二氧化硅、铌酸锂等多种材料的微腔中均实现了孤子频梳。孤子光频梳是锁模的,具有可量化的线宽和与微腔 FSR 相对应的重复频率。正如 7.1 节所说,孤子的稳定实现为微腔光频梳的应用打开了新的大门。

7.3.3　电光调制的微腔频梳

除了克尔效应,利用部分材料(如铌酸锂)的二阶非线性效应,还可以通过人为调控产生电光频率梳。这种电光梳一般具有优异的可调性和稳定的梳齿间隔,在一些需要适应动态调节或高可重构性的应用场景中具有较高的实用价值。以下列举了典型的两类电光梳,并简要介绍其工作原理。

1. 基于 WGM 晶体微腔的电光梳

2019 年,Rueda 等在《自然》杂志中报道了在高品质因子的回音壁晶体微腔内通过电光效

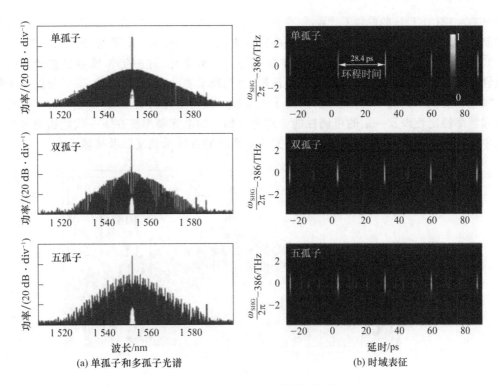

图 7.3.11　耗散孤子光频梳的不同状态

应实现的宽带光学频率梳。该频率梳的生成依赖于微腔的二阶非线性效应,使用稳定的微波信号调制所得,因此梳齿之间具有精确的频率间隔,研究成果为实现紧凑、全集成的高质量相干频率梳发生器提供了解决方案[26]。

电光频率梳发生装置由一个高品质因子的 WGM 光学微腔嵌入铜制的微波谐振腔组成。微腔是由单晶铌酸锂加工而成的凸形圆盘,光通过一个棱镜耦合到 WGM 微腔并沿其内表面发生全内反射。微波谐振腔经设计使得微波辐射可以通过微波耦合销输入腔内,并保证谐振增强的微波场与光学 WGM 微腔光场有最大的重叠(如图 7.3.12 所示)。频梳产生的方案是基于晶体的电光效应:电场作用于非中心对称晶体(如铌酸锂)会导致材料的光学折射率变化,而且与施加的电压成正比。通过晶体的光会遇到变化的光程长度,从而根据施加电压的频率进行相位调制。这种相位调制产生的光学边带与泵浦激光相分离,形成了梳状结构,如图 7.3.12 所示[26]。

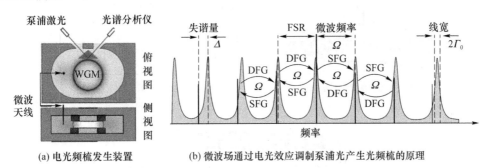

图 7.3.12　基于 WGM 微腔的二次电光频率梳的原理

采用的铌酸锂晶体腔 Q 值为 1.4×10^8,半径为 2.45 mm,厚度为 0.4 mm,FSR 约为 8.9 GHz。

使用频率为 193.3 THz 的单频激光泵浦,在使用功率为 20 dBm、频率为 8.9 GHz 的微波进行相位调制后,最终实现了具有 180 多根梳齿的宽带电光光学频率梳,其带宽约为 1.6 THz,如图 7.3.13 所示[26]。不同于通常的三阶克尔非线性光学频率梳,这一工作依靠晶体微腔的二阶非线性效应,大大降低了系统的整体能量消耗,为实现紧凑的、完全集成的、高质量的相干频率梳状发生器提供了新的可能性。此外,由于光学频率梳由电光调制生成,该电光梳具有极高的相位和频率稳定性以及一定的可调性能。这种全相干的电光频率梳在下一代超密集波分复用系统中具有重要的应用前景,可大幅提高光通信系统的数据承载量以及传输速率。

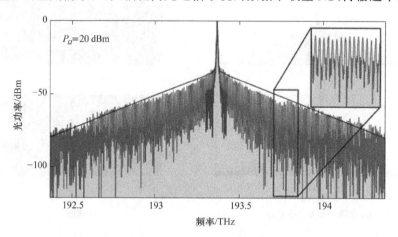

图 7.3.13 跨度超过 1.6 THz 的电光频率梳光谱

2. 基于 LNOI 的集成电光梳

在传统电光梳发生器中,将连续波激光耦合到含有电光相位调制器的体非线性晶体谐振腔上,通过二阶非线性过程可以产生间隔为谐振腔自由光谱范围的梳状线,如图 7.3.14(b)所示。然而,这种传统结构的电光频率梳发生器由于电光相互作用强度较弱且缺乏良好的色散调控,很难达到较宽的光谱。Zhang 等构造了薄膜铌酸锂微腔,在此平台上实现了集成的芯片级电光频率梳发生器(图 7.3.15),克服了这些限制[27]。所实现的电光频率梳梳齿超过 900 根,梳齿频率间隔为 10.453 GHz,光频梳的光谱范围达 80 nm,跨越了部分电信 C 波段、整个 L 波段和部分 U 波段(图 7.3.15)。集成电光梳发生器采用低损耗铌酸锂微环腔(Q 值为 1.5×10^6)与微波电极集成,通过铌酸锂的强二阶非线性进行有效的相位调制。得益于薄膜铌酸锂超低的光学损耗和灵活的色散管理自由度,光频梳的跨度和平坦性得到了大幅提升。

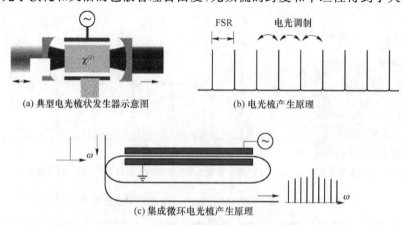

图 7.3.14 谐振腔增强的电光梳发生器

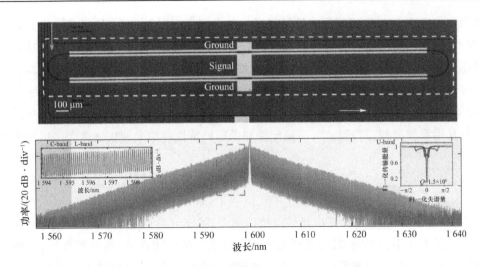

图 7.3.15　薄膜铌酸锂集成微环和宽带电光梳

　　薄膜铌酸锂集成电光梳发生器最吸引人的特性是其优异的可控性和稳定性。一方面,传统的电光频率梳的频谱跨度被较弱的微波调制强度和天然材料色散所限制,阻碍了级联变频下远离泵浦频率的梳齿产生,而集成电光梳发生器中可以实现良好的色散设计,将光严格限制在光波导中,从而实现宽带甚至跨倍频程的光梳,如图 7.3.16(b)所示。另一方面,铌酸锂微腔 FSR 对调制频率失谐具有较高的容忍度,可以实现跨越 7 个数量级的梳齿间距的调谐,范围从 10 Hz 到超过 100 MHz。这种通过相位调制改变基于微腔的电光梳频率间距的能力与微腔克尔梳形成了鲜明对比,因为克尔梳的频率间隔直接受限于微腔的 FSR。重复频率的可调谐性使得微型电光频率梳能够适应需要梳齿动态调节的环境,为高效的芯片上双梳光谱学或具有高可重构性的光梳测距等应用提供了新的选择。

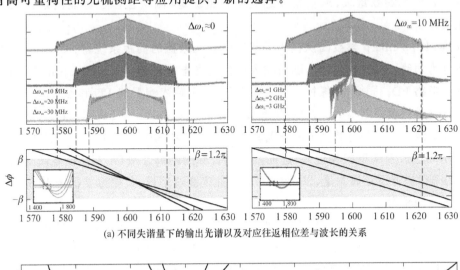

(a) 不同失谐量下的输出光谱以及对应往返相位差与波长的关系

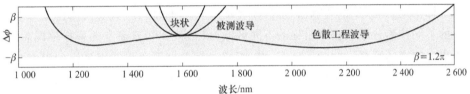

(b) 块状晶体、被测集成器件和色散工程集成器件的往返相位与波长的关系对比

图 7.3.16　电光梳光谱的可控性

185

使用高 Q 值微环腔和铌酸锂光波导来产生电光梳,这是迈向新一代集成电光梳源的第一步。这种电光梳的跨度比之前提升了几乎两个数量级,表明色散工程和高频调制对实现跨倍频程的电光梳大有帮助。最重要的是,薄膜铌酸锂平台具备集成超高速电光调制、高效二次谐波发生等诸多功能,通过在同一芯片上集成与电光梳发生器相邻或者嵌入内部的滤波器和谐振器,梳状线功率和信噪比可进一步提高近 20 dB。这种集成电光梳发生器作为单芯片上高容量波分复用系统的源,其高功率、高稳定性和低噪声特性将给光通信链路带来巨大的改变。

7.4　微腔光频梳的应用

自 1969 年 Marcatili 首次提出光学微腔以来[1],基于光学微腔理论与应用的探索不断取得进展。经过十几年的发展,微腔光频梳克服了传统光频梳功耗高、重复频率低、光谱窄等缺点,在精密频率标定、任意波形产生、天文光谱校准、孤子传输、光通信技术和光学存储等领域展现出巨大的应用潜力。本节介绍微腔克尔光频梳的几个典型应用场景,包括双光梳超快测距[28,29]、双光梳光谱测量[30]、高速相干光通信[31,32]和低相噪微波产生[33]。

7.4.1　双光梳超快测距

相干测距又称调频连续波激光雷达,具有方向性强、分辨率高等特点,可用于自动驾驶中远程三维距离和速度的测量。然而,与基于激光器阵列的时间飞行测距相比,相干测距的采集速度较慢,并且需要精确啁啾和高度相干的激光光源,阻碍了激光雷达系统的广泛使用。微腔双光梳将相干测距和时间飞行测距的优势结合,作为并行飞秒脉冲光源,使数据采集速率达到兆赫兹量级,测量精度达到纳米量级,其测量性能已经能满足绝大多数工业应用的需求。

2018 年,Kippenberg 教授团队提出了基于微腔双频梳的测距系统,如图 7.4.1 所示[28]。信号梳被分为两路:一路探测目标,随后输入测量路光电探测器(Photodetector,PD);另一路直接输入参考路 PD。同样,本振梳也分为两部分,分别输入测量路 PD 和参考路 PD,与信号梳的两路信号进行多外差检测。之后,用离散傅里叶变换(Discrete Fourier Transform,DFT)对实时采样示波器记录的时域光电流分别进行识别和提取,得到两组拍频信号的相位信息,通过比较在不同梳齿频率下的相位差,进而推算出目标的距离。最后,利用该系统对飞行速度150 m/s 的子弹进行了距离测量,以 100 MHz 的速率高速采样,艾伦方差低至 12 nm,高精度地恢复了子弹的轮廓。

2020 年,Kippenberg 教授团队在《自然》杂志上报道了基于微腔光频梳的调频连续波相干激光雷达的研究工作[29]。如图 7.4.2 所示,该方法在耗散克尔孤子存在的失谐频率范围内,对泵浦光进行快速调频,产生啁啾信号,啁啾将不失真地传递到所有的光梳齿上,通过衍射元件将光梳的不同梳齿分散到被测目标的不同区域,以每秒 300 万像素的采样率同时对整个目标进行距离和速度的测量。在此基础上,将 45°反射镜垂直平移可获得目标的深度信息,实现3D 成像,如图 7.4.3 所示。该项研究真正实现了距离和速度的并行检测,显著提高了激光雷达的采样率。

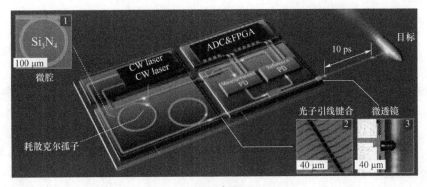

(a) 示意图

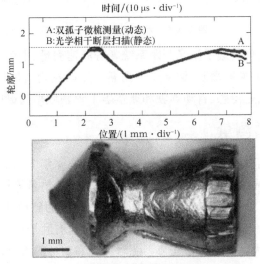

(b) 双梳测量与光学相干断层
扫描轮廓图及实物图

图 7.4.1 片上微腔光频梳的激光测距系统

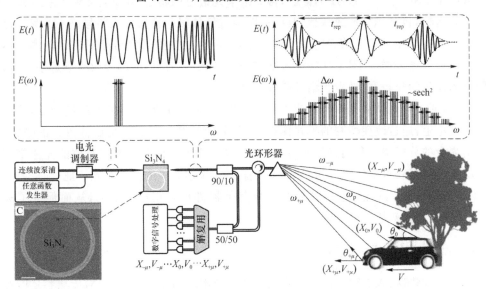

图 7.4.2 基于微腔光频梳的调频连续波相干激光雷达原理图

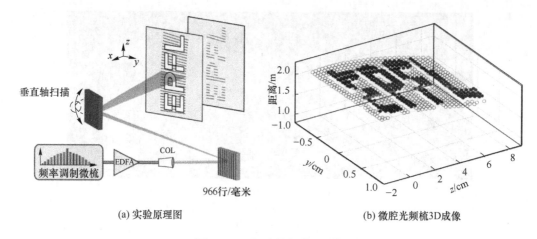

(a) 实验原理图　　　　　　　　　　　　(b) 微腔光频梳3D成像

图 7.4.3　相干激光雷达成像

微腔双光梳测距的实现促进了激光测距系统朝着高速测量、小型化的方向发展。如今,研究人员致力于将激光器、低损耗微腔、纳米光子光栅和光电探测器进行片上集成,使芯片级尺寸的双光梳激光雷达在工业传感、自动驾驶和航空等工程领域得到更广泛的应用。

7.4.2　双光梳光谱测量

自 2002 年 Schiller 等首次提出双光梳概念[34]以及 2004 年 Keilmann 等[35]首次验证其有效性以来,双光梳以其宽光谱覆盖、高灵敏度、高分辨率、快速测量等技术优势为精密激光光谱学带来了革命性的进展。近年来,基于克尔非线性效应产生的新型片上微腔光频梳受到了广泛关注。一方面,微梳的重频远远高于传统的锁模光频梳,有利于提高光谱测量的采样速度和精度。另一方面,微梳大大降低了精密光梳光源对体积和功耗的需求,有望推动光谱仪的集成芯片化。

Vahala 课题组率先提出基于微腔的双梳光谱测量技术[30],如图 7.4.4 所示。两束泵浦光分别进入两个 FSR 为～22 GHz 的微腔,得到两个光谱范围超过 30 nm、重频相差约 2.6 MHz 的单孤子频率梳,将其耦合形成双梳,其中一路通过气体吸收池后输入信号路 PD,另一路直接输入参考路 PD,在示波器上获得时域干涉信号,最后通过数据采集与处理还原待测气体的吸收光谱。微腔双梳采样的 $H^{13}CN$ 特征包络与外腔激光器扫描探测的吸收光谱近乎重合,但微腔光频梳的梳齿间隔较宽,导致光谱分辨率较低。

实际上,通过可调谐激光器和调节微腔的谐振频率,能够近乎连续地测量光谱,提高光谱分辨率。理论上,通过改变微腔的模式体积、结合电光调制技术能产生更低重频的微梳,从而改善光谱测量的分辨率。利用光纤非线性效应、微腔色散工程能够扩展光梳的光谱带宽。改变微腔材料还可以获得中红外光谱,从而适用于不同光学波段的分子检测。此外,硅基光电子与 CMOS 工艺可兼容的优势使得微腔具备与其他器件单片集成的潜力,从而促进了高信噪比、快速采集的片上双梳光谱仪的发展。

7.4.3　高速相干光通信

随着 5G、大数据、人工智能以及物联网等新兴技术的高速发展,人们对传输容量的需求呈指数级增长,给目前的光通信网络带来巨大的挑战。面对这一严峻挑战,波分复用技术应运而

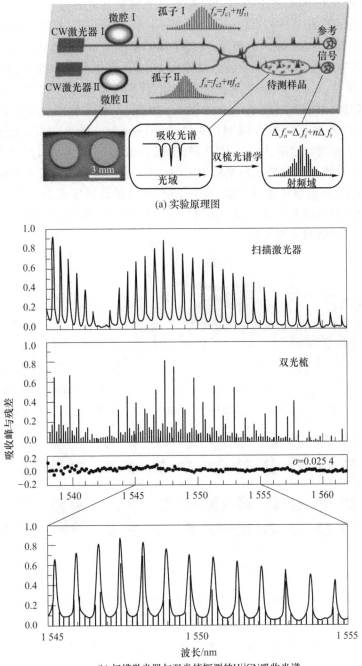

(a) 实验原理图

(b) 扫描激光器与双光梳探测的H^{13}CN吸收光谱

图 7.4.4　基于微腔的双梳光谱测量

生。而这需要大量等间距的并行激光光源作为光通信的载波信号,再使用先进的码型对其振幅和相位进行相干调制,从而实现信息的传输。克尔微腔光频梳具有多载波间相位相干、频率间隔相等、频率稳定性高、载波与本振光之间相干的特性,并且光谱覆盖范围极广(包括 C/L/U 波段),满足光通信网络复用技术的要求,有望成为下一代光纤通信系统的新型高性能多波长相干光源。

2014 年《自然·光子》杂志上报道了微腔克尔光频梳在光纤通信中的首次应用[31]，如图 7.4.5 所示。使用正交相移键控（Quadrature Phase Shift Keying，QPSK）调制方式对微腔孤子梳进行调制，并在 300 km 距离内传输，实现了误码率低于 4.5×10^{-3}、总速率为 1.44 Tbit/s 的光通信。2017 年，德国和瑞士的研究人员使用 DKS 光频梳光谱中的 C 波段以及 L 波段的 179 根梳齿作为信道，在 75 km 的距离上进行传输，传输总速率达到 55.0 Tbit/s，是迄今为止片上频率梳源实现的最高数据速率[32]。如图 7.4.6 所示，该实验以交织式 DKS 梳作为发射端光源，采用十六进制正交振幅调制（16 Quadrature Amplitude Modulation，16QAM）和 QPSK 相结合的方法进行数据传输。对于 16QAM 传输的信道，其中 126 个信道的误码率低于 4.5×10^{-3}，另外 39 个信道的误码率低于 1.5×10^{-2}。由于 L 波段低频处的 14 个载波的功率较低，使用 QPSK 调制格式进行传输，其中 10 个信道的误码率低于 10^{-5}。结果表明，微腔光频梳能够作为发射机的多波长光源和接收机的并行传输本振，有潜力取代目前在高速相干光通信中使用的连续波激光器阵列。

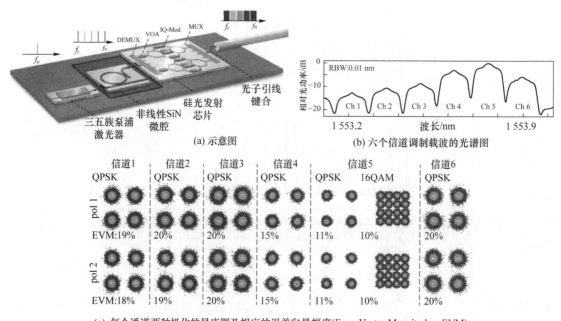

(a) 示意图　(b) 六个信道调制载波的光谱图

(c) 每个通道两种极化的星座图及相应的误差向量幅度(Error Vector Magnitude，EVM)

图 7.4.5　基于克尔光梳的相干数据传输

对于长距离传输的情况，基于微腔光频梳的传输方案能够补偿非线性损伤，提高信号质量和通信容量，在很大程度上降低了相干光通信对电域数字处理的要求。结合空间复用和高度集成的硅光子电路，微腔耗散克尔光梳有望实现片上 Pbit/s 级的数据传输，促进通信网络朝着大容量、高速率和集成化信息处理的方向发展。

7.4.4　低相噪微波产生

信息化时代 5G 和物联网的快速发展加速了高频段载波的需求，产生高频率、低相位噪声、稳定的微波信号成为近年来的研究热点。基于高 Q 值微腔的光频梳具有重频高、体积小、功耗低、可集成的优势，在新一代微波源的研发中具有极大潜力，在过去十年间一直是科学界和工业界重点关注的前沿方向之一。

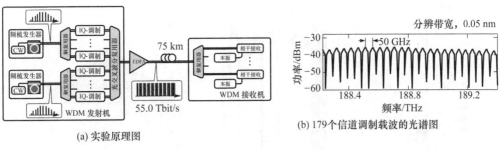

(a) 实验原理图

(b) 179个信道调制载波的光谱图

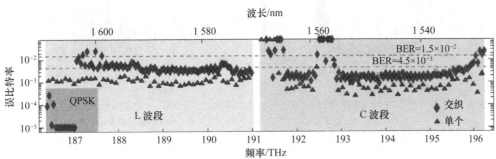

(c) 不同传输方案下的误比特率(其中三角形代表单个DKS梳,菱形代表交织DKS梳)

图 7.4.6　基于 DKS 锁模克尔光梳的大容量相干通信

在高品质晶体微腔平台,借助于氟化物晶体优异的光学性能和机械特性,基于高品质氟化物晶体微腔生成的孤子锁模频率梳对低相噪信号的产生具有重要的意义。2015 年,《自然通讯》杂志报道了基于高品质氟化物回音壁晶体微腔孤子频率梳的低相噪微波信号产生技术,该技术利用自注入锁定实现泵浦激光器与氟化物晶体微腔间的频率锁定以及泵浦线宽压窄,通过腔内非线性效应产生光频梳,进一步调谐泵浦频率至微腔红失谐区生成稳定的孤子锁模光频梳(图 7.4.7),最终通过拍频得到低相噪微波频率信号[36]。报道中产生的克尔孤子锁模光频梳具有很高的频谱纯度,经拍频产生了频率为 9.9 GHz 的微波信号(图 7.4.8(c)),其相位噪声在 10 Hz 频偏处低于 -60 dBc/Hz,在 1 kHz 频偏处低于 -120 dBc/Hz,频率稳定度测试中,其艾伦偏差在 1 s 的积分时间内达到 10^{-11} 数量级,相较于现有大小、重量和功耗相似的光生微波器件具有明显的优势,显示出晶体微腔在微波信号生成上具有重要的应用价值。

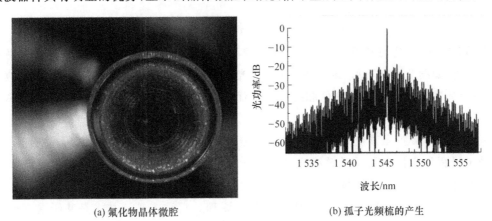

(a) 氟化物晶体微腔

(b) 孤子光频梳的产生

图 7.4.7　利用晶体微腔产生孤子频梳

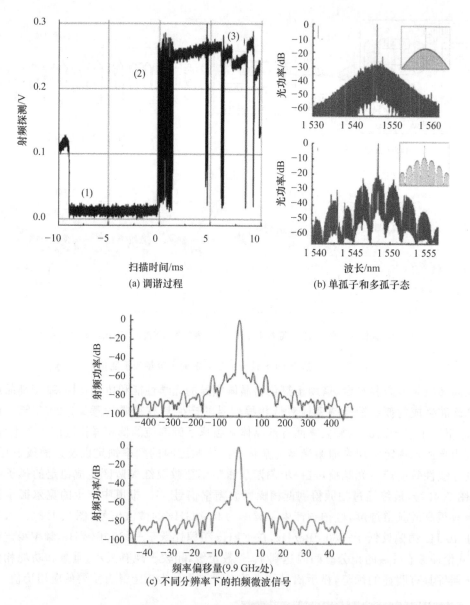

图 7.4.8　利用孤子拍频产生微波信号

美国 OEwaves 公司基于氟化物晶体微腔频率梳技术已经实现了集成微波光电振荡器芯片的商用化,如图 7.4.9 所示,该产品封装了激光器、高品质氟化物微腔、探测器以及其他光学器件,具有体积小、重量轻、功耗低和抗震动等优势,推动了低相噪微波信号源的集成芯片化发展。

氟化物晶体微腔光频梳是低相噪微波信号产生的核心,主要使用了两个关键技术:自注入锁定线宽压窄技术和孤子锁模光频梳生成技术。自注入锁定线宽压窄是将激光锁定到氟化物晶体微腔最有效的技术之一,为激光器提供了一个快速的光学反馈,显著减小了泵浦线宽。图 7.4.10 展示了自注入锁定的基本原理。自注入锁定技术是基于谐振腔内的共振瑞利散射来实现的,共振瑞利散射使激光频率锁定到所选定的微腔谐振峰,此过程不需要任何调制和电子器件,增强了激光器的热稳定性,同时抑制了泵浦激光器的频率噪声。

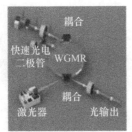

(a) 低相噪微波信号产生系统　　　　(b) 集成微波光电振荡器芯片

图 7.4.9　集成低相噪商用微波源

频率锁定后泵浦激光的瞬时线宽可减小至亚赫兹量级，积分线宽可减小至赫兹量级，从而使孤子锁模光频梳的频谱纯度显著提高。得益于氟化物晶体材料的优势和自注入锁定技术的应用，基于高品质氟化物回音壁晶体微腔光频梳产生微波信号具有良好的应用前景和集成化优势。而低功耗、小体积、高稳定度的集成化微波源的实现，也使孤子频率梳在应用方面进入了一个新的阶段。

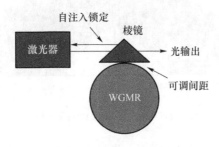

图 7.4.10　自注入锁定原理图

在氮化硅平台，2020 年，瑞士洛桑联邦理工学院的 Liu 等在国际上首次实现了微波 X 波段（约 10 GHz）和 K 波段（约 20 GHz）重频的微腔光频梳[33]，开创性地利用大马士革微纳加工技术，将氮化硅的波导损耗降至 0.5 dB/m，是目前世界上所有集成光学材料中的最低纪录。

如图 7.4.11 所示，使用可调谐激光器分别泵浦四个微腔样片，产生重频为 19.6 GHz 和 9.78 GHz 的单孤子，经过光电探测器探测得到低相噪的微波信号。如图 7.4.12(a) 所示，20 GHz 微波信号的相位噪声分别可以达到 −110 dBc/Hz@10 kHz 和 −130 dBc/Hz@100 kHz 的水平。由于孤子梳的重频较低，可将外部微波源注入锁定到电光调制器以提高孤子的长期稳定性，从而实现与现代电子微波振荡器相媲美的近端相位噪声水平。

实际上，使用具有低相位噪声和低相对强度噪声的激光器和具有更高 Q 值的微腔能够进一步降低微波信号的相位噪声。虽然目前商用的介质振荡器在相位噪声水平和尺寸方面已经具有很好的性能，但随着高功率、超低噪声集成激光器和高速光电探测器的发展，基于微腔光梳的低相噪毫米波源和太赫兹源成为可能。微腔光频梳具有低功耗、低成本、小体积等优势，有望实现大规模生产，因此成为雷达和信息处理网络中片上低相噪微波源的首选方案。

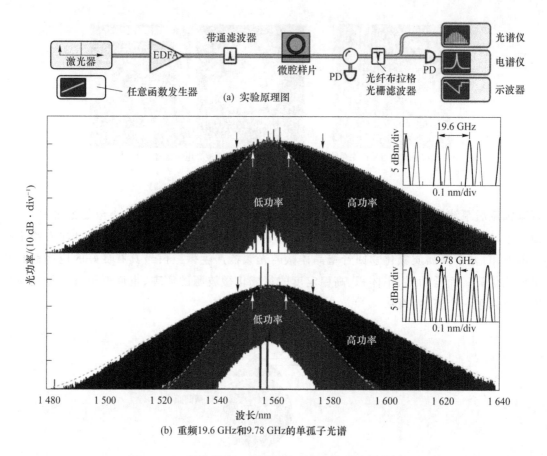

(a) 实验原理图

(b) 重频19.6 GHz和9.78 GHz的单孤子光谱

图 7.4.11　具有微波 K 波段和 X 波段重复频率的单孤子

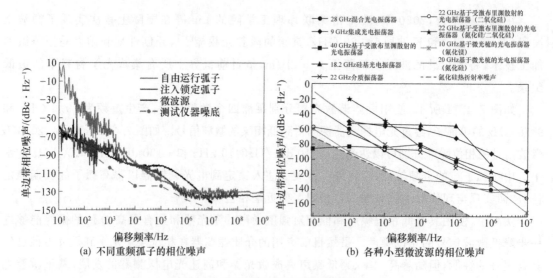

(a) 不同重频孤子的相位噪声

(b) 各种小型微波源的相位噪声

图 7.4.12　孤子重频的相位噪声特性

7.5 总结与展望

本章介绍了光学微腔和克尔光频梳的基本概念,简要分析了微腔光频梳产生的过程,并通过具体应用展示了光学微腔作为新型微纳光子器件,在基础物理学研究和前沿应用领域的巨大潜力和价值。

光学频率梳最初是为了提升铯原子定义下的时间精度而开发的,它对精密光谱学和时间频率计量的发展起到了重要的推动作用。微纳加工技术的飞速发展带来了高品质因子光学微腔的工艺突破,使得频率梳发生装置实现了芯片级的自由,也给片上集成光学系统带来了前所未有的希望。

微腔克尔光频梳的研究实际上处于一个交叉领域,体现了物理学、材料学以及工程技术的融合。在基础研究领域,随着近年来对微腔锁模光频梳的实验观测和动力学机理的深入研究,人们对于孤子、混沌、呼吸子、拉曼散射、高阶色散、模式交叉等非线性物理有了更深的理解,同时未来更高稳定度的孤子频梳将更好地助力基础物理和前沿物理学的研究。在应用领域,虽然微腔光频梳的发展给一系列应用带来了革命性的进展,但是从工程应用的角度来看,基于微腔光频梳的大部分应用目前仍处于概念验证阶段,离实际应用还有一定的距离。一方面,工程应用要求晶圆级的产量和尺寸、性能的一致性,这对现有的微纳加工技术提出了较高的要求。另一方面,片上微腔的热效应始终是实现孤子频梳自启动的难题。此外,虽然目前通信波段的微腔光频梳得到了广泛研究,但是中红外和可见光波段的光频梳产生仍然存在巨大挑战。未来通过探索新材料和改进现有平台,有望扩展微腔光频梳的覆盖范围,充分发挥其在分子光谱学及生物化学传感等领域的巨大潜力[37]。最后,片上集成光学系统的实现是微腔光频梳走出实验室,面向实用化的前提。未来人们仍将致力于高品质光学微腔的制备和集成化研究,最终实现满足实际应用的超低噪声、低传输损耗、高稳定度、高功率转换效率的启钥式片上微腔光频梳源。

微腔光频梳未来有望在更多领域发挥重要作用。例如,在卫星上装配基于微腔光频梳的光钟,将大幅提高导航定位的精度;基于微腔光频梳的多线激光雷达可以显著改善车辆自动驾驶系统处理复杂信息的能力;基于微腔光频梳阵列的光子芯片有望在未来替代集成电路芯片,实现超高速的并行光子存储计算,在密集型人工智能应用中具有无与伦比的硬件潜力[38]。

总体来说,微腔光频梳具有小尺寸、低功耗、高重频以及高相干性等优势,是下一代集成光源的有力竞争者,未来光学微腔克尔光频梳技术的突破将带给集成光子学领域革命性的改变。

本章参考文献

[1] Teets R, Eckstein J, Hnsch T W. Coherent Two-Photon Excitation by Multiple Light Pulses[J]. Physical Review Letters, 1977, 38(14): 760-764.

[2] Diddams S A, Vahala K J, Udem, T. Optical frequency combs: coherently uniting the electromagnetic spectrum[J]. Science, 2020, 369(6501): 3676.

[3] Armani D K, Kippenberg T J, Spillane S M. et al. Ultra-high-Q toroid microcavity on a chip[J]. Nature, 2003, 421(6926): 925-928.

[4] Kippenberg T J, Spillane S M, Vahala K J. Kerr-nonlinearity optical parametric oscillation in an

ultrahigh-Q toroid microcavity[J]. Physical Review Letters,2004,93(8):18-21.

[5] Del'Haye P,Schliesser A,Arcizet O,et al. Optical frequency comb generation from a monolithic microresonator[J]. Nature,2007,450(7173):1214-1217.

[6] Del'Haye P,Herr T,Gavartin E,et al. Octave spanning tunable frequency comb from a microresonator[J]. Physical Review Letters,2011,107(6):63901.

[7] Herr T,Brasch V,Jost J D,et al. Temporal solitons in optical microresonators[J]. Nature Photonics,2014,8(2):145-152.

[8] Rayleigh L. The problem of the whispering gallery[J]. The London,Edinburgh,and Dublin Philosophical Magazine and Journal of Science,1910(20):1001-1004.

[9] 卢晓云. 高 Q 值氟化钙盘腔的加工与耦合测试[D]. 太原:中北大学,2016.

[10] Qi Y F, Li Y. Integrated lithium niobate photonics[J]. Nanophotonics，2020,9(6):1287-1320.

[11] Wang J, Bo F, Wan S, et al. High-Q lithium niobate microdisk resonators on a chip for efficient electro-optic modulation[J]. Optics Express,2015,23(18):23072-23078.

[12] Wu R B,Zhang J H,Yao N,et al. Lithium niobate microdisk resonators of quality factors above 10(7)[J]. Optics Letters,2018,43(17):4116-4119.

[13] Zhang M,Wang C,Rebecca C,et al. Monolithic ultra-high-Q lithium niobate microring resonator[J]. Optica,2017,4(12):1536-1537.

[14] 卢志舟.基于高折射率掺杂玻璃微腔的孤子光频梳研究[D].西安:中国科学院光学精密机械研究所,2016.

[15] 王伟强.基于微环谐振腔的克尔光频梳研究[D]. 西安:中国科学院光学精密机械研究所,2018.

[16] Savchenkov A A,Matsko A B,Ilchenko V S,et al. Tunable optical frequency comb with a crystalline whispering gallery mode resonator[J]. Physical Review Letters,2008,101(9):093902.

[17] Savchenkov A A,Ilchenko V S,Matsko A B,et al. Optical resonances in dielectric crystal cavities[J]. Physical Review A,2004,70(5):218-221.

[18] Herr. Solitons and dynamics of frequency comb formation in optical microresonators [D]. Lausanne, Swiss Federal Institute of Technology Lausanne,2013.

[19] 王博洋. 回音壁模式光学微腔制备及色散设计[D]. 成都:电子科技大学,2019.

[20] Santamaría-Botello G A,García Muoz L E,Sedlmeir F, et. al. Maximization of the optical intra-cavity power of whispering-gallery mode resonators via coupling prism [J]. Optics Express,2016,24(23):26503-26514.

[21] Knight J C,Cheung G,Jacques F,et al. Phase-matched excitation of whispering gallery-mode resonances by a fiber taper[J]. Optics Letters,1997,22(15):1129-1131.

[22] Coen S, Randle H, Sylvestre T,et al. Modeling of octave-spanning Kerr frequency combs using a generalized mean-field Lugiato-Lefever model[J]. Optics Letters,2013,38(1),37-39.

[23] Herr T, Hartinger K, Riemensberger J. Universal formation dynamics and noise of Kerr-frequency combs in microresonator[J]. Nature Photonics,2012,6(7):480-487.

[24] Lucas E,Karpov M,Guo Hairun,et al. Breathing dissipative solitons in optical microresonators [J]. Nature Communications,2017,8(1):736.

[25] He Y,Yang Q F,Ling J W,et al. Self-starting bi-chromatic LiNbO$_3$ soliton microcomb [J]. Optica,2019,6(9):1138-1144.

[26] Rueda A,Sedlmeir F,Kumari M,et al. Resonant electro-optic frequency comb[J]. Nature,2019,568(7752):378-381.

[27] Zhang M,Buscaino B,Wang C. et al. Broadband electro-optic frequency comb generation in a lithium niobate microring resonator[J]. Nature,2019,568(7752):373-377.

[28] Trocha P,Karpov M,Ganin D,et al. Ultrafast optical ranging using microresonator soliton frequency combs[J]. Science,2018,359(6378):887-891.

[29] Riemensberger J,Lukashchuk A,Karpov M,et al. Massively parallel coherent laser ranging using a soliton microcomb[J]. Nature,2020,581(7807):164-170.

[30] Suh M G,Yang Q F,Yang K Y,et al. Microresonator soliton dual-comb spectroscopy[J]. Science,2016,354(6312):600-603.

[31] Pfeifle J,Brasch V,Lauermann M,et al. Coherent terabit communications with microresonator Kerr frequency combs[J]. Nature Photonics,2014,8(5):375-380.

[32] Marin-Palomo P,Kemal J N,Karpov M,et al. Microresonator-based solitons for massively parallel coherent optical communications[J]. Nature,2017,546(7657):274-279.

[33] Liu J Q,Lucas E,Raja A S,et al. Photonic microwave generation in the X- and K-band using integrated soliton microcombs[J]. Nature Photonics,2020,14(523):486-491.

[34] Schiller S. Spectrometry with frequency combs[J]. Optics Letters,2002,27(9):766-768.

[35] Keilmann F,Gohle C,Holzwarth R. Time-domain mid-infrared frequency-comb spectrometer [J]. Optics Letters,2004,29(13):1542-1544.

[36] Liang W,Eliyahu D,Ilchenko V S,et al. High spectral purity Kerr frequency comb radio frequency photonic oscillator[J]. Nature Communications,2015,6(1):7957.

[37] Zhang X L, Zhao Y J. Research progress of microresonator-based optical frequency combs[J]. Acta Optica Sinica, 2021, 41(8):0823014

[38] Feldmann J, Youngblood N, Karpov,M. et al. Parallel convolutional processing using an integrated photonic tensor core[J]. Nature,2021,589(7840):52-58.

第 8 章　微纳光子计算成像技术

随着现代社会的发展,人类对于图像信息获取的要求越来越高。在诸多新型图像采集应用中,采集目标不再只是二维强度图像,三维空间、一维时间以及光谱、相位和偏振等光波物理量维度蕴含着人眼无法完全感知的海量信息。由于经典成像模型和数字传感器的限制,传统成像系统无法对多维度和多尺度信息进行直接采集,另外,由于尺寸、复杂度和成本的限制,传统成像系统无法满足对特殊场景图像采集的要求。得益于微纳制造工艺的进步以及信息与图像处理领域的发展,计算成像技术随之产生,通过对成像物理模型与数字后端处理的联合设计,突破经典成像模型和传感器的局限性,使成像系统获得更多的观测维度或更广的观测尺度。计算成像是一种基于硬件编码与软件解码思想的多领域交叉技术,其硬件实现的关键在于对光场不同维度的调控,微纳光子器件在实现光场调控上起了关键作用。微纳光子器件与计算成像技术的发展相辅相成,一方面诸多新型计算成像系统的发明得益于微纳光子器件越来越灵活和强大的光场调控能力,另一方面计算成像的发展也进一步促进了微纳光子器件的研究与应用。本章首先介绍计算成像的基本概念,总结几种典型的用于光场调控的微纳光子器件。接下来主要从三个方向对微纳光子器件在计算成像系统中的应用进行介绍,这三个方向分别是编码计算成像、散射介质计算成像和超表面计算成像。

8.1　计算光学成像简介

8.1.1　计算成像

一直以来,光学成像和传感系统的设计都受到成像模型和传感方式的限制。对于二维空间成像,传统基于透镜或透镜组的成像系统的成像方式是将物空间平面上的点一对一地映射至像空间平面,通过二维传感器进行探测。但对于多维度和多尺度成像观测,成像系统的设计往往通过结合多个硬件系统来实现,使系统复杂度倍增。例如,超高分辨大视场成像、3D 成像往往需要多相机多角度采集,多光谱成像需要波长扫描或空间扫描等机械平台。因此,快速、直接和低成本的多维度、多尺度信息采集成为未来成像领域的重要挑战。

随着数字信号与图像处理领域的不断发展,计算成像理论在 1990 年左右开始萌芽。计算成像将计算和信号处理引进了光学系统设计中,通过联合设计模拟前端处理、模数转换和数字后端处理来感知信息并优化图像质量[1]。图 8.1.1 展示了计算成像系统的基本架构,包括前向模型和后端处理两部分。这里以离散化的形式表示实际中的连续信号,f 是一个向量,代表被成像的目标,光源发射的光场通过光学元件照明目标,该过程通过一个照明算子 H_i 表示。被照明的物体通过系统其他光学元件由探测器接收,该过程可由一个采集算子 H_c 表示,探测器采集到的信号可表示为观测向量 g。物体的信息通过这两个算子的作用,再由探测器接收的过程,构成了计算成像系统的前向模型。通过综合照明和采集算子,系统前向模型可以写为矩阵 $H=H_cH_i$,因此计算成像系统模型可以表示为

$$g=Hf+w \tag{8.1.1}$$

其中,w 是一个与观测向量 g 相同维度的向量,代表系统噪声。

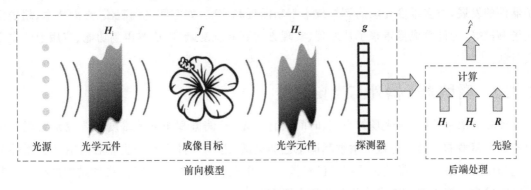

图 8.1.1　计算成像系统的基本架构

计算成像系统为了获得更强的成像能力,通常会对前向模型中的照明算子和采集算子进行特殊设计,不同于传统成像系统直接对目标进行采集,计算成像系统的前向模型采集到的是一个对目标非直接的观测。因此,计算成像系统需要另一个重要部分,即后端处理,通过系统前向模型 H 与系统采集的观测 g,结合与目标 f 相关的先验特征 R,计算求解目标信号 $\hat{f}$。该问题通常是一个病态逆问题,它的解会由于系统输入值的微小波动而发生巨大变化,因此需要特殊设计的算法来求解。

对于一个前向模型为 H 的计算成像系统,求解目标信号可以通过最小化 Tikhonov 函数来实现[2]:

$$\hat{f}=\arg\min_f \|g-Hf\|_2^2+\lambda R(f) \tag{8.1.2}$$

其中,$\|\cdot\|_2$ 是 L^2 范数。第一项是信号保真项,即在最小二乘意义上将观测与目标的前向模型相匹配,从而最小化误差,$R(f)$ 是根据目标 f 被设计添加的正则项,λ 是平衡两项的权重参数。正则项的作用就是将解限制在理想的信号空间。随着算法理论与应用的发展,对计算成像逆问题的求解,可以采用多种不同类型算法,如优化算法和机器学习算法。

计算成像系统的基本思路就是通过联合设计成像物理过程和后端处理算法,获得所需要的成像能力,同时减小硬件复杂度与成本,即通过计算和信号处理减小硬件负担。计算成像系统设计主要包含以下几个关键步骤:①确定对象与标准。首先,确定计算成像策略针对的具体对象和对象特征,以及系统针对该对象的成像性能标准。其中,对象可能包括视野、角度、分辨率、光谱范围、景深、变焦和光谱分辨率等,也可能是具体的功能。其次,估计尺寸、成本以及预算内的最大成像性能。②系统前向模型设计。根据可行的物理实现方式,对系统前向算子进行设计,如设计的信息编码策略等,使所需的性能规范与实际的工程策略相匹配。该过程也可能包括系统性能的理想化模拟。③工程设计。包括实现系统前向模型的光学元件、探测器阵列、读出电子器件和后端的信号分析算法的详细设计,通过对光学元件和信号分析算法的计算

机仿真和分析。④系统集成。包括光学元件制造、测试、光电系统和处理的集成。⑤性能评估。测试原型系统,评估性能表现。

在计算成像系统的设计中,最有挑战性的是系统前向模型设计。针对所需的成像性能和功能,对成像模型和光学元件的设计是系统构建的难点。设计出小尺寸、低成本的系统硬件架构,实现高性能的成像表现,是计算成像系统研究和发展的长期目标。随着微纳制造和微纳光子器件的发展,对多维度光场的调控技术不断涌现和成熟,如空间光调制器、光刻技术、超表面光场调控等,为计算成像带来了从原理、实现方式到系统复杂度、成本再到功能、应用上的多方面革新。

8.1.2　微纳光子器件与光场调控

计算成像系统中,对光场的空间、时间、相位、光谱、偏振和角度等维度的调控是实现系统前向计算模型的关键。得益于微纳制造工艺的突破,近年来科研和产业界对微纳光子器件的研究和应用越来越多,微纳光子器件已经被广泛用于计算成像系统,使用微纳结构进行光场调控已经成为计算成像系统设计和制造的主要方式。

用于计算成像的微纳光子器件利用人为设计的具有微米或纳米特征尺度的微纳结构实现对光场的调控。随着半导体和电子工程的发展,出现了大量的主动操纵光的技术和器件,以空间光调制器(Spatial Light Modulator,SLM)为主。空间光调制器又分为硅基液晶[3](Liquid Crystal on Silicon,LCoS)和微机电系统(Microelectromechanical Systems,MEMS),其中MEMS又分为用于二元强度调制的数字微镜器件[4](Digital Micro-mirror Device,DMD)和用于相位调制的 MEMS 器件[5]。LCoS 既可以用于强度调制,又可以用于相位调制,如图 8.1.2(a)~图 8.1.2(c)所示。LCoS 和 DMD 的工作原理及特性已在本书第 2 章介绍过。

除了对光场进行主动调控的微纳器件外,研究人员也对被动调控器件进行了广泛研究,并应用于计算成像系统。最常见的被动调控器件就是掩模。掩模常常被用于半导体芯片制造,用于承载芯片设计图形,光线透过掩模,把设计图形透射在光刻胶上。在计算成像中掩模同样起到透光和遮光的作用,用于对光场空间进行调制,如图 8.1.2(d)所示。与掩模类似,波带片是一种变周期圆形光栅,通过微纳环形结构的衍射效应,可实现类似于透镜聚焦的效果,如图 8.1.2(e)所示。除此之外,具有天然微纳结构的散射介质由于其特殊的物理效应,被研究人员广泛关注,配合波前整形技术可实现对光聚焦的效果,其记忆效应也被用于计算成像,如图 8.1.2(f)所示。作为微纳结构的最新研究方向,超表面(图 8.1.2(e))由于其特殊的电磁效应,可用于对光场空间、光谱和相位等维度的调控,已经被应用于成本复杂度低的计算成像系统。

对光场进行主动调控器件的优势在于,首先,它们可以利用时间维度,从而给计算成像系统增加了一个自由度。其次,可调、可控和可编程的特点让其可以更加灵活地用于计算成像系统,其数字化的调制形式也使系统更容易校准,并更容易建立明确的系统前向模型。而其缺点也很明显,制造成本高,增加了系统复杂度和成本。被动式光场调控器件制造成本低、复杂度低,系统可以做到非常紧凑,但调控维度通常耦合在一起,计算成像图像重构难度更高。

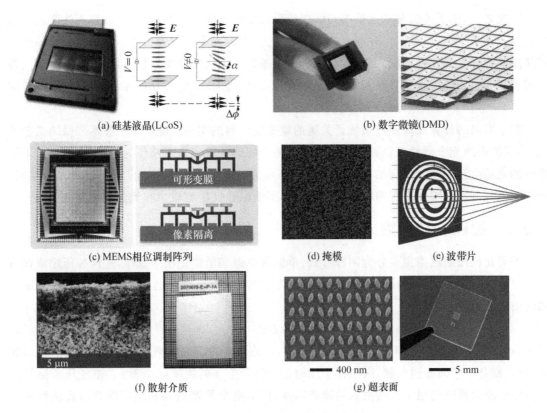

(a) 硅基液晶(LCoS)　　　　　　　　　　　(b) 数字微镜(DMD)

(c) MEMS相位调制阵列　　　　(d) 掩模　　　　(e) 波带片

(f) 散射介质　　　　　(g) 超表面

图 8.1.2　常用的光场调控微纳光子器件[6]

8.2　编码计算成像

编码是代数编码理论中的重要部分,是现代通信系统的数学基础。通信系统中的信道编码是实现在信源和接收器之间良好传输而对数据进行构造的过程。与通信系统类似,计算成像的基本思想可以考虑为一个编码和解码的过程,将被成像目标和光学传感器系统之间的信息传输视为编码问题。

光学成像系统的目标是将描述物理对象的信息从对象传输到传感器,系统的输入是对象本身,输出是对象的图像。计算成像系统可能采集的图像具有多种形式,如成像对象二维和三维强度分布、光谱分布、反射等。基于编码的计算成像系统通过光学元件对物理对象信息进行编码,编码过程可以在光源实现,也可以在接收端进行,这些元件将通过光信道传输的光场转换为数字信号,最终通过数字信号处理进行解码产生最终图像。

由于自然图像都具有一定的结构信息,这意味着它们都是可压缩的。得益于压缩感知理论的提出,研究人员提出了压缩成像的概念,它是基于编码的计算成像系统的一个主要类型,以压缩的方式采集场景少量的光场信息,在后端利用算法恢复更多信息。压缩感知理论表明,任何具有稀疏性的信号都可以通过满足一定条件的感知矩阵从一个高维空间投影到一个低维空间,并可以通过解一个欠定性逆问题将信号从低维空间很好地恢复。该理论建立了一种压缩采样机制,即在压缩信号的同时对信号进行采样,从而大大降低采集硬件的成本。

除此之外,由于传统基于透镜的光学成像系统受限于成像器件的尺寸,往往无法实现紧凑的结构。近十年来,出现了一种新兴的计算成像方法,即无透镜成像技术。无透镜成像系统通过使用其他光学元件来操纵入射光,从而省去了透镜。无透镜成像系统可以实现超薄尺寸、极其紧凑的成像架构,通过算法可恢复出高质量图像,是未来光学成像系统的一个重要研究方向。

基于编码的计算成像硬件系统最关键的就是编码器的实现。随着电子技术和微纳工艺的发展,多种微纳光学器件已经被越来越多地应用于编码计算成像系统作为编码器,实现对不同维度的光场信息的调制。例如,掩模和 SLM 等高精度调制器件已经被广泛用于对光场空间、时间、光谱、偏振等维度进行编码。本节主要介绍编码孔径压缩成像和无透镜编码成像。

8.2.1 编码孔径压缩成像

编码孔径压缩成像主要分为两种形式:单像素成像和单曝光压缩成像,这两种压缩成像方法最早分别由莱斯大学和杜克大学于 2008 年左右提出[7,8]。本质上,两种系统都具有压缩感知的前向模型:

$$y = Hx \tag{8.2.1}$$

其中,x 是被测量的信号,H 是系统的传感矩阵,y 是系统的压缩观测。该公式与式(8.1.1)非常类似,都是一个病态逆问题,区别在于压缩感知问题中 y 的维度远小于 x。基于压缩感知理论的压缩成像系统利用了自然图像的稀疏特性,仅采集少量观测并利用压缩感知算法恢复原始图像。

1. 单像素成像

图 8.2.1 展示了最早提出的单像素成像系统原型。它通过 DMD 对图像进行快速连续的编码调制,再通过透镜将图像聚焦,随后进行单点探测得到图像总强度,短时间内即可进行多次测量,最后通过观测序列和调制码型来重构原始图像信息。

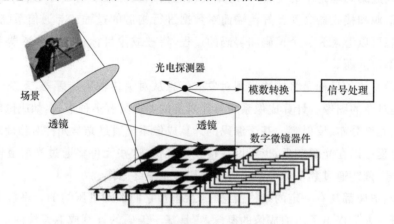

图 8.2.1　单像素成像系统原型[7]

单像素成像以时间信息作为交换,将多维度信息压缩至时间维度,通过单点探测器进行探测。其主要优势在于可充分利用时间自由度,仅采集一维时间信号获取多维图像信息,可用于超快成像和鬼成像等成像难度较大的应用场景。

2013年，Sun等利用DMD编码结构光实现了一种单像素空间三维成像系统[9]，如图8.2.2所示。系统通过DMD对光源进行编码，投影一系列编码光斑并通过测量后向散射强度，重建二维图像。系统为获取三维图像，在不同的位置使用多个单像素探测器来捕捉物体信息，每个探测器可以得到一个场景不同角度的二维图像，即使这里只有一个数字投影仪作为光源。通过对图像进行明暗处理，可以得到物体表面的梯度信息，重建物体的三维结构。

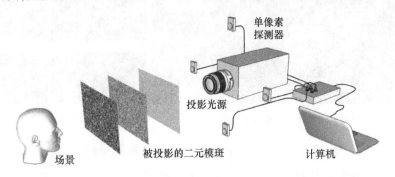

图 8.2.2　单像素空间三维成像系统[8]

2. 单曝光压缩成像

图8.2.3展示了早期提出的单曝光压缩成像系统原型。它通过单曝光采集一个二维的观测图像，最终获取场景三维信息，包括二维空间图像和一维光谱信息。该系统通过一个掩模对图像进行编码，再通过色散棱镜使不同光谱频带图像在空间色散方向上错开，最后通过二维相机传感器对信号进行光谱维度的积分。

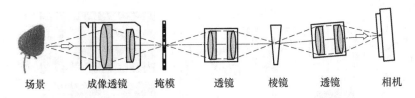

场景　　成像透镜　　掩模　　透镜　　棱镜　　透镜　　相机

图 8.2.3　单曝光压缩成像系统原型[7]

单曝光压缩成像以空间信息作为交换，将多维度信息压缩至二维空间，通过二维探测器阵列进行探测。与单像素成像类似，单曝光压缩成像也是对成像系统的像平面进行编码，这种方式的好处是后端处理算法更容易设计。其优势在于可以充分利用二维传感器的空间探测能力，从而保留多维信息中空间维度的先验特征，获得可靠的重构结果。

对多维光场进行调制是编码孔压缩成像系统硬件实现的关键，目前除了使用掩模和DMD进行调制之外，还有基于LCoS、滤波器阵列等微纳光学器件。例如，Tsai等提出了一种基于LCoS的彩色偏振成像系统[10]，如图8.2.4所示。该系统利用LCoS对场景空间、光谱和偏振信息同时进行编码，最后通过一个灰度相机进行压缩采集。通过压缩感知恢复算法，系统可以实时采集不同偏振态的彩色图像。该系统发挥了基于LCoS的微纳光学器件对光场空间、光谱和偏振态的调制能力。

除此之外，单曝光压缩成像也被进一步应用于生物医疗应用。Meng等提出了一种单曝光压缩多光谱内窥显微系统[11]，如图8.2.5(a)所示。该系统首次将光纤束成像与编码孔径压缩成像系统相结合，一方面利用具有多纤芯的光纤束传导高分辨率的显微内窥图像，另一方面

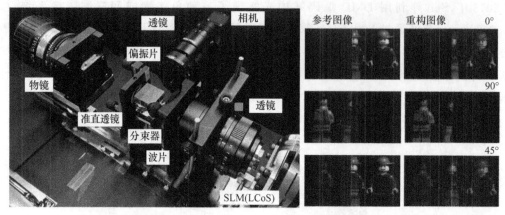

(a) 基于LCoS的彩色偏振成像系统

参考图像　重构图像　0°

90°

45°

(b) 不同偏振态下的参考图像与重构结果

图 8.2.4　基于 LCoS 的彩色偏振成像系统[10]与重构结果

利用单曝光压缩多光谱相机对图像进行压缩采集。研究人员还提出了一种端到端的深度学习重构算法,提高了重构速度,使该系统可以以视频帧率采集和重构具有细胞级分辨率、包含 24 个光谱频带的多光谱图像。实验中,研究人员测量并重构了人体红细胞的多光谱图像,测量结果可清楚地分辨所测量的红细胞在刚刚采集(图 8.2.5(b)上面三个图)和在空气中静置 5 分钟后(图 8.2.5(b)下面三个图)的光谱变化,利用所测量的光谱可以进一步计算红细胞样本的血氧饱和度,用于病变的定位。

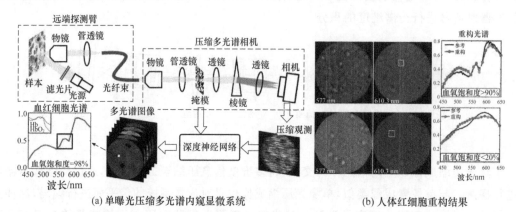

(a) 单曝光压缩多光谱内窥显微系统

(b) 人体红细胞重构结果

图 8.2.5　单曝光压缩多光谱内窥显微成像系统与重构结果[11]

3. 用于编码的微纳光子器件

目前编码孔径压缩成像系统中用于光场调制的器件主要是经过设计的掩模以及不同类型的 SLM。这类微纳器件的主要优势在于:①系统具有明确的前向模型,且传感矩阵的校准和标定相对容易,可获取的先验信息有利于重构算法的设计,可得到可靠的重构结果。②例如,DMD 和 LCoS 的主动调制器件可调可控,可使系统设计更加灵活,调制精确,效果可靠。③主动调制器件具有可观的调制速度,可对时间维度进行操控,提高了光场维度的利用率。而这类微纳器件也存在一些缺点:①掩模器件虽然尺寸小、成本低,但可调控光场维度少,仅能对空间光场进行调制,需要配合其他器件才能扩展调制维度。②基于主动调制的器件复杂度较高,例如,DMD 和 LCoS 需要复杂的电控装置和与相机的时间同步配置,限制了微型化成像系统的实现。③调制能力受限,例如,主动调制器件由于制造工艺的难度,最小调制像素尺寸在几微米到十几微米,DMD仅能对强度进行调制瞬时的二进制调制,LCoS的调制速度较慢,并且其对光谱的调制受限于液晶材料的光谱响应等。

目前大多数基于掩模和主动调制器件的编码孔径压缩成像系统还处于实验室研究阶段,很少有系统被产业化和商用。从硬件角度,主动调制器件的小型化和集成化是未来的发展趋势,配合已经成熟的基于透镜的微型化成像元件,则有机会减小整个计算成像系统的尺寸、重量、功耗,进一步减小成本和复杂度,产生产业和商业价值。

8.2.2　无透镜编码成像

几个世纪以来,照相机的基本架构都没有改变,即通过透镜将被观测场景的光场映射到感光表面上。近几十年,感光表面已经从胶片变成数字传感器阵列,但透镜仍然是成像系统不可或缺的一部分。

基于透镜的成像系统存在着一些固有限制。第一,虽然图像传感器通常很薄,但由于镜头的复杂设计和成像焦距的存在,相机最终会变得很厚。例如,现在最薄的移动相机大约有5 mm厚,随着镜头光圈尺寸的增大,厚度也随之增加。第二,用于可见光的透镜可以用廉价的材料制造,如玻璃和塑料,但是用于波长更远的红外和紫外光谱的透镜要么非常昂贵,要么不可制造。第三,基于镜头的相机总是需要后期装配,从而导致制造成本增加、效率降低[12]。

相机中镜头的主要任务是改变入射光的波前,在传感器上产生聚焦的图像。在没有镜头的情况下,传感器采集到的是整个场景的平均光强度。无透镜编码成像系统通过使用特殊设计的光学元件来操纵入射光,从而省去了透镜。传感器采集被操纵光场的强度,这些光可能不会以聚焦图像的形式出现。然而,通过系统物理模型的设计,可以借助算法从传感器观测中恢复图像。最简单的无透镜成像系统是针孔相机,但是由于小孔限制了到达传感器的光量,因此效率很低。研究人员发现,当利用多孔结构代替单孔成像时,传感器的观测将是由每个孔径形成的图像强度叠加,通过物理模型的设计,入射图像可以通过该观测进行重构,同时系统通光效率大大提高,从而形成了一种新型无透镜成像系统。

1. 基于掩模的无透镜成像

掩模是无透镜成像中实现光场编码最简单的微纳器件。图8.2.6所示的无透镜成像系统将一个设计过的掩模置于相机传感器前,场景光场通过自由空间传播后通过掩模,掩模的每个透光元素都会在传感器上投射出一个编码了场景位置和强度相关信息的图案,考虑在黑暗的背景下用一个点光源进行照射,在传感器上形成的图像将是这些图案的强度叠加。如果改变光源的角度,那么传感器的观测就会移动;如果改变光源的深度,那么观测的大小就会改变。该系统的一个例子就是2015年Asif等提出的基于二元掩模的无透镜编码相机(FlatCam)[13],如图8.2.7所示。该相机将掩模直接放置在传感器前方,实现了大的感光面积和薄的外形尺寸。这里可以将场景和传感器观测之间的关系表示为一个线性系统,该系统依赖于掩模的码型和位置。数学上,该模型符合计算成像架构,可以表示为式(8.1.1)的形式,使用适当的算法解该逆问题可以恢复场景的图像。

2. 基于衍射器件的无透镜成像

除了基于掩模的无透镜成像系统外,一些其他微纳器件也被用于无透镜相机,如使用主动调制器件(SLM)和衍射器件等。文献[14]提出一种基于SLM的无透镜编码相机,通过使用多种掩模码型,并用一个传感器采集多张观测,显著提升了重构图像的质量。2013年,Gill等

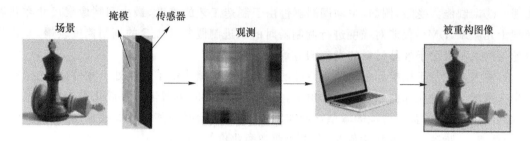

图 8.2.6　基于掩模的无透镜成像系统[12]

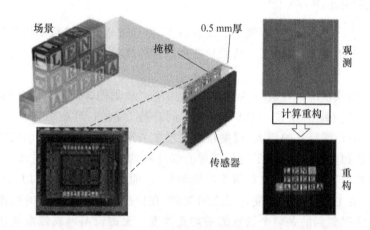

图 8.2.7　FlatCam 无透镜编码相机[13]

提出了一种基于螺旋衍射光栅的无透镜相机[15]，如图 8.2.8 所示。该系统设计了一种具有螺旋衍射图案的衍射光栅，并将其放置于传感器前方，从而可以在传感器投射出螺旋形衍射图案，螺旋模式也可以看作这些成像系统的点扩散函数。与掩模编码系统类似，在传感器上形成的图像是平移和缩放的螺旋图案的叠加。然而，与振幅掩模相比，基于相位光栅的掩模提高了光效率，因为它阻挡更少的光。其成像质量受限于点扩散函数的校准与重构算法，而其主要优势在于小尺寸和低成本设计。

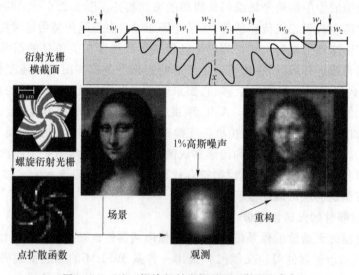

图 8.2.8　基于螺旋衍射光栅的无透镜相机[15]

　　除此之外，早在 19 世纪，菲涅耳就提出了使用波带片实现光波聚焦，从而代替透镜。波带片是一种由同心透明和不透明环(或波带)组成的特殊衍射器件。光线照射波带片后，在不透明区域周围衍射，并在焦点处产生结构性干涉。波带片可以用来代替针孔或透镜形成图像。与针孔相比，波带片的一个优点是具有较大的透明面积，从而可以提供更好的通光效率。与透镜相比，波带片的材料与波长无关，适用于透镜制造成本很昂贵或难以制造的波段。但由于波带片的衍射和干涉对波长敏感，因此成像受限于波段范围。为了解决这个问题，Wu 等基于计算成像方法，实现了一种基于菲涅尔波带片的单曝光非相干照明无透镜成像系统[16]，如图 8.2.9 所示。该系统通过菲涅尔波带片对非相干光的波前进行编码，产生与全息成像类似的观测，并利用压缩感知算法有效地去除了传统反向传播(Back Propagation，BP)算法产生的孪生图像伪影。从单曝光采集的观测恢复的图像的信噪比显著提高，从而促进了一种结构平坦、可靠且无须严格校准的相机结构。

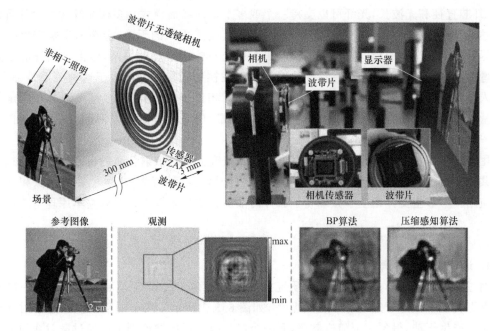

图 8.2.9　基于菲涅尔波带片的单曝光非相干照明无透镜成像系统与实验结果[16]

　　微纳光子器件在无透镜成像编码成像系统中起到了重要作用，正是因为微纳器件的发展与其具有的优势，无透镜成像才弥补了传统成像系统的缺陷。无透镜编码成像的主要优势在于：①容易制造。利用传统的半导体制造技术可以直接制造无透镜相机，例如，利用光刻制造掩模，可获得低成本、高产量、高性能的设备。②尺寸小。由于掩模和图像传感器阵列之间的距离仅需几十到几百微米，因此整个无透镜摄像头可以做到 1 mm 以内。③波长范围大。由于掩模是波长不敏感器件，无透镜编码成像可以被应用于 X 射线、可见光、红外和热成像，甚至毫米波波段，在波长维度上具有非常强的灵活性。④成本低。由于可以运用于不同波段，无透镜相机可以消除光学器件在一些波长下制造成本昂贵的问题，减小成本。

8.3　散射介质计算成像与多模光纤成像

　　散射是自然界最常发生的光学效应之一。光在油漆、云和生物组织中的随机散射是一个共通的过程,是由于纳米尺度的折射率不均匀性导致的。在非吸收介质中,光束的能量会转化为散射光斑。这种散射在成像任务中通常被认为是聚焦和成像的阻碍。然而,近年来研究人员通过理解和控制光在复杂的光子纳米结构中的传播、散射、吸收和干涉,使散射介质获得更广泛的应用。例如,通过控制入射波的空间强度、相位、偏振等多个自由度,使用强散射材料来聚焦、塑造和吸收光波。

早期的全息实验表明,光被时间无关的介质散射并不会导致无法恢复的信息损失。取而代之的是,信息被扰乱成无序的干涉图案,称为激光散斑。通过结合统计光学和微观物理学,从激光散斑中提取图像信息并非不可能。除此之外,随着微纳光子器件的发展,研究人员利用如波前整形的光场调控技术,灵活、精确地操控输入散射介质的光波前,从而获得了在多重散射光中操纵干涉的能力,催生了通过散射介质聚焦和成像的技术[17]。

多模光纤作为一种特殊的散射介质,具有尺寸极细、损耗低和成本低等特点。根据光纤的材料、纤芯直径和光波长,光纤可以支持一个或多个横向导播模式。多模光纤通过设计可以支持多达几千个模式。相干光通过多模光纤,由于其模式之间的干涉,会在输出端产生一个模斑。尽管光纤光学中的模式理论可以推导出入射光与输出模斑的关系,但由于光纤的制造缺陷和弯曲,常常存在模式耦合效应,导致输出模斑往往是随机的。但由于这种关系是确定的,研究人员仍然可以通过测量得到光纤的传输矩阵。相比于散射介质,多模光纤具有固定的模式数量和受限的数值孔径,其传输矩阵更加容易测量,使用波前整形几乎可以完美地控制输出模场[6]。

用于光场调控的微纳光子器件的发展促进了研究人员对散射介质的研究,波前整形、数字相位共轭等技术已经被用于操控光在散射介质中传播的各种行为,产生了多种成像和感知方法与应用。本节主要介绍基于微纳光子器件的散射介质与多模光纤成像基本原理与应用。

8.3.1 散射介质成像

1. 通过散射介质聚焦

通过散射介质聚焦是对散射介质研究的一个里程碑。2007 年,Vellekoop 等第一次利用波前整形实现了激光通过散射介质聚焦[18],如图 8.3.1 所示。相干的平面波通过散射介质在输出端会产生干涉,得到一个随机散斑,而一个经过整形后的波前则可以通过散射介质实现聚焦。波前整形技术利用 SLM 对波前的数千个空间自由度进行相位调制,使用在目标平面测得的强度分布作为反馈信号,即每个入射模式在散射介质后面产生的散斑场。来自目标平面的反馈是入射模式的线性组合。通过 SLM 和迭代算法,来寻找一种输入模式,这种模式下输入场的相位可使散射介质输出端目标区域拥有最大强度,从而实现聚焦。研究人员在这项工作中实现了焦点强度比周围背景强度高 700 倍的聚焦效果。

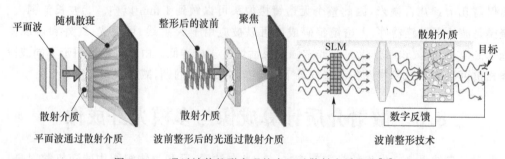

图 8.3.1　通过波前整形实现的光经过散射介质聚焦[17]

2. 散射介质传输矩阵测量

聚焦的实现意味着散射介质可以进行图像传输。实际上,除了在经过散射介质后形成焦点之外,优化入射波前可以控制多种传输模式。输出二维平面强度分布是输入波前每个点通过散射介质的波平面的相干叠加,因此输入输出之间存在一个相干的传输矩阵。通过波前整形实现输出平面目标位置聚焦的优化过程,实际上相当于测量散射介质传输矩阵的一行。为了完全控制光在散射介质中的传输,则需要研究传输矩阵的所有统计特性,需要对整个矩阵进行直接测量。2010 年,Popoff 等首次实现了对散射介质的传输矩阵的测量[19],测量的矩阵包含了 60 000 个元素,测量装置如图 8.3.2 所示。来自激光器的光束通过 SLM 进行波前调制,然后通过散射介质传输,就像传统的波前整形装置一样。然而,相机不是仅探测单个目标点的强度,而是探测大量的透射场模式。系统对输入输出空间像素进行了限定,尽管 60 000 个元素在当时也是规模巨大的传输矩阵,但它们只代表了由数百万个元素组成的完整矩阵的一小部分。拥有完整的透射矩阵,甚至是它的一小部分,可以使通过样品透射的光聚焦在所需的位置,而无须进一步优化。因此通过传输矩阵,散射介质就可以像透镜一样进行成像。具体的,系统在散射介质上投射了一幅图像,并对透射光进行了相位敏感测量,结果显示与原始图像完全不相关。然而,利用传输矩阵中的信息,研究人员能够对图像进行重建。

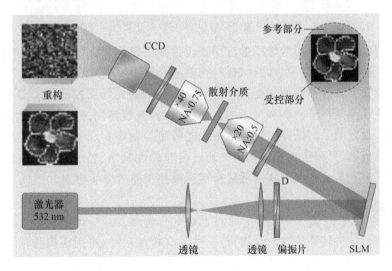

图 8.3.2　散射介质传输矩阵测量并通过散射介质成像[19]

3. 散射介质的记忆效应

除此之外,研究人员也发现散射介质所具有的一种有趣特性,即记忆效应。散射介质的记忆效应体现在,将入射光场旋转一个小角度,散射介质对于波前的调制作用不改变。这种效应如图 8.3.3(a)所示,垂直入射散射介质不同位置的光场将在输出端产生不同的散斑,但调整入射角度进行斜入射时,透射点会以相同的方式进行相移,因此透射光场将以相同的角度旋转。利用这种旋转,通过一次性波前优化获得的焦点可以通过物平面扫描获得图像[20]。然而,这种记忆效应仅适用于厚度最多为几十波长的散射薄膜,且入射角度变化也不能过大。需要定义一个决定了视场的相关角,在这个角度之内满足这种记忆效应。

散射介质对于波长的响应比空间简单许多,由于不同波长的光场之间不存在相干性,因此它们通过散射介质是波长独立的,相互之间不会影响,而是在输出端产生强度叠加。2017 年,Sahoo 等提出了一种基于散射介质的单曝光多光谱成像系统[21],如图 8.3.3(b)所示。该系统利用了散射介质的记忆效应（空间角度相关）与光谱非相关特性,通过非常简单的光学硬件实现了单曝光多光谱成像。这里可以将点光源通过散射介质产生的随机散斑看成系统点扩散函数,而由于散射介质的记忆效应这种点扩散函数是空间相关的,因此可以通过解卷积技术进行图像恢复,而光谱的非相关性在解卷积过程中起到可调谐谱滤波器的作用。这种多光谱成像系统得益于散射介质的光学物理特性和计算成像方法,成本低,速度快。

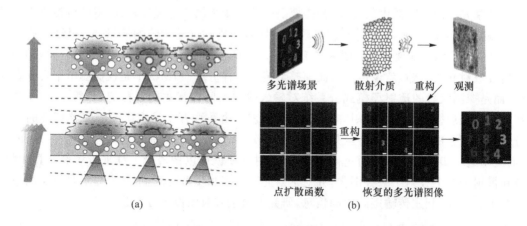

(a)   (b)

图 8.3.3 散射介质的记忆效应[20] 与散射介质光多光谱成像[21]

微纳光学器件在散射介质成像中的应用还包括数字相位共轭和通过空间操控时间频率自由度等技术,这里不再展开介绍。总体来说,在散射介质中控制光的主要驱动力是灵敏、快速、具有百万像素的数字传感器和调制器,它们为精确、灵活的光场调控提供了必要的辅助作用,不仅为散射介质成像提供了精确和灵活的波前整形,其高速调制的特点也大大减小了成像优化过程的时间。最近的一些研究已经在散射光的数字控制中实现了对干涉的操控,这表明这些方法已经足够成熟,可以集成到应用中。通过与非线性光学、超声波或超材料方法的结合,来自多学科的研究人员正在逐步实现散射介质光波控制的多样性功能[6]。

8.3.2 多模光纤成像

多模光纤作为一种特殊的散射介质,是一种具有极细尺寸、可远距离传输、低损耗的导光介质,也是早期被制造和广泛应用的微纳器件。在不同的纤芯直径和光波长下,多模光纤可以支持多种横向导波模式,有些多模光纤可支持多达几千个模式。早期,多模光纤主要被用于光通信的短距传输应用中,而由于其特殊的物理性质,研究人员对其在传感和成像领域的应用研究越来越多。尤其是由于它的小尺寸、低损耗和低成本的特点,多模光纤有潜力成为一种用于人体内窥成像的图像传输装置的核心器件。

1. 测量多模光纤传输矩阵用于成像

理想的多模光纤具有确定的可传导模式,通常使用线偏振模式来描述光纤的本征模式。然而由于光纤的制造缺陷与弯曲,理想的 LP 模通常不是系统的本征模。尽管如此,多模光纤还是可以通过一种叫主模的模态进行特性化[22]。研究人员发现,多模光纤主模的一阶模式色散不受频率变化影响,它的原理与维格纳-史密斯(Wigner-Smith)时滞矩阵的本征态有很强的相似性[6]。只有在理想的直光纤中,所有模式都具有不同的群速度,主模才与光纤线偏振模重合。

与散射介质类似,光场在多模光纤中的传播仍然可以通过操控入射光场进行控制。通过波前整形或数字相位共轭可以实现通过多模光纤聚焦的效果。除此之外,研究人员也进一步测量了多模光纤的传输矩阵,例如,Carpenter 等利用两个 SLM 测量了单根光纤所支持的 110 个空间模和偏振模之间的振幅和相位关系[23],如图 8.3.4 所示。多模光纤的传输矩阵也反映了它的一些独特的特性,这些特性是由其特殊的传播特性产生的。在弱耦合极限下,多模光纤输出空间模式强烈依赖于注入模式,例如,低入射角注入平面波将优先填充低阶光纤模式。这种特殊性反映在所测量的传输矩阵中,即传输矩阵中的主要强度集中在对角线附近。由于多模光纤可以实现光聚焦,利用传输矩阵可以控制输出任意模场,因此可以被用于实现多种成像方式,用于内窥成像。而且研究人员已经证明,给定数值孔径的多模光纤可以提供衍射极限分辨率的成像结果。

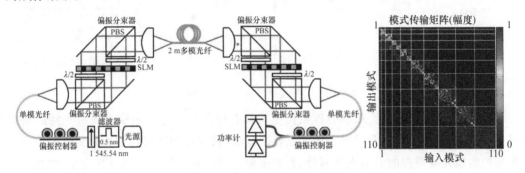

图 8.3.4 基于线偏振模式的多模光纤模场传输矩阵测量[23]

通过波前整形等技术测量光纤的传输矩阵的方式存在一些限制,例如,速度慢、复杂度高、缺乏灵活性。光纤的任何弯曲都会导致其传输矩阵的改变,从而使成像质量严重受损。与其他散射介质不同,多模光纤具有显著的柱对称性,其传播特性在一定条件下是有序的,其模式传播常数可以在一定的传输距离内得到完好保持。Plöschner 等提出了一种基于模式理论的对多模光纤传输矩阵的数值模拟方法,在较短光纤长度下非常精确地模拟所有的光传输过程[24]。该实验证实了光纤中存在传播不变的模式,而且对输出相位的匹配非常准确,这对成像应用非常关键。该实验还第一次严格地研究光纤变形(弯曲)对光纤传输矩阵产生的影响,证明了在直光纤和变形光纤输出端面后任意距离,无须实验测量即可得到光纤传输矩阵,实现成像。

尽管通过数值模拟计算多模光纤传输矩阵不需要在实验上迭代优化,复杂度低,但是对于较长距离或复杂弯曲的光纤的严苛环境下,模式耦合将更加严重,这种方法并不适用。光纤对环境的灵敏度,即不稳定性,与光纤的数值孔径、长度和直径成正比。对光纤弯曲或环境影响进行动态补偿也是多模光纤成像的一个重要方向。2013 年,Caravaca 等提出了一种弯曲光纤快速校准技术[25],能够在 37 ms 内通过弯曲的多模光纤重新聚焦。系统利用 DMD 对光场空间强度进行调控,通过投影二值振幅计算全息图来测量光纤的传输矩阵,实现快速的重新聚焦。

2. 多模光纤压缩成像

除此之外,多模光纤成像也可以与压缩感知相结合,实现一种基于模斑照明的计算成像系统。2018 年,Amitonova 等提出了一种基于多模光纤的单像素压缩成像系统[26],如图 8.3.5 所示。该系统使用多模光纤产生的模斑作为结构光源编码场景,通过 DMD 快速改变入射多模光纤的入射条件,从而产生多种调制模式,最后通过单像素的方式采集压缩的观测图像,并通过压缩感知算法对图像进行重构。该系统实现了比传统方法快 20 倍的成像速度,提高了衍射极限的空间分辨率,并且不需要复杂的波前整形过程。

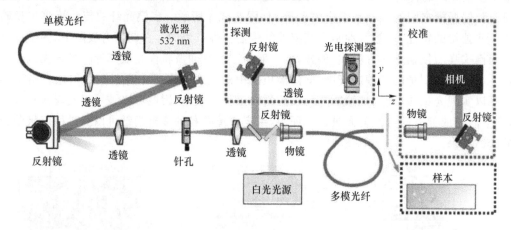

图 8.3.5　多模光纤压缩成像系统[26]

相对于散射介质,多模光纤的特殊结构使其具有更多规律性。多模光纤所支持的模式是有限的,因此波前整形可以几乎完美地控制输出模场,其传输矩阵可以被完整测量和校准。结合先进的实现光场调控的微纳光子器件,目前多模光纤已被应用于内窥显微应用,如高分辨率内窥镜、荧光显微镜、声光显微镜和双光子显微镜等。

8.4　超表面计算成像

光学超材料是一种人工设计的特殊材料,其特性和应用在本书第 6 章已有介绍,其中 6.2.2 节介绍了超材料在远场超分辨成像中的应用,实现了分辨率高、工作带宽大、参数可动态调节的成像。但是由于该方法中所采用的超材料为三维体材料结构,该结构需要利用多个单元进行堆叠,工艺较为复杂,同时也会产生额外的光损耗。这些缺点可以通过设计二维超表面来克服[27]。通过用天线结构对入射光的相位和偏振进行局部设计,超表面可以模拟许多常见光学元件的功能,同时还具有亚波长分辨率。

8.4.1　超表面超分辨率成像

超分辨率成像技术也被称为光学纳米技术,其关键是要突破衍射极限,即定义为 $\lambda/2\mathrm{NA}$ 的物理分辨率障碍,其中 NA 是成像系统数值孔径。

结构照明显微镜(Structured Illumination Microscopy,SIM)是一种超分辨成像技术,通过使用具有高空间频率的结构照明图案编码低分辨率样本,进一步通过算法从低空间频率信息中恢复高分辨率图像,从而克服了系统的衍射极限。这种方法不仅可以提供超越衍射极限的成像分辨率,而且速度快、系统灵活性高。同时,传统的宽场荧光显微镜可以集成到 SIM 上,因此商业上可以买到的荧光探针可以用于 SIM 显微镜。SIM 技术的缺点是系统空间分辨率受到照明图案的空间频率限制,而照明图案的空间频率也受到衍射极限的限制。

等离子体结构照明显微镜(Plasmonic Structured Illumination Microscopy,PSIM)是一种新型的超分辨率技术。PSIM 使用包含周期性狭缝排列的超表面,如图 8.4.1(a)所示。这种具有狭缝阵列图案的超表面可以在玻璃衬底上进行制作,并利用银元素在银/电介质界面产生低损耗的可见光表面等离激元。当照明光耦合到超表面,表面等离激元在金属边界产生特定入射角的驻波,实现有效的表面等离激元耦合。等离子体波在缝隙两侧发射,形成无衍射限制的干涉图案。此外,通过对照明图案的入射角进行微小调整,可以控制干涉图案的相位。如图8.4.1(b)所示,使用 PSIM 探测直径为 100 nm 的荧光颗粒,与 SIM 方法相比,分辨率提高了2.6 倍。

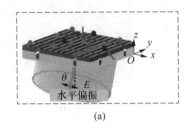
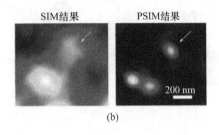

图 8.4.1　PSIM 狭缝排列超表面与探测的荧光颗粒结果[28]

局部表面等离子体辅助的结构照明显微镜（Localized Surface Plasmon assisted structured Illumination Microscopy, LPSIM)是一种快速的超分辨成像技术。纳米结构阵列组成的超表面上可以产生局部等离激元。LPSIM 利用了来自所设计的超表面二维阵列图案的等离子体激发,并将该阵列用作结构化照明图案。局部等离激元的图案从原理上可获得无限制的空间频率,因此可以获得比 SIM 和 PSIM 更高分辨率的图像。

8.4.2　超表面鬼成像

鬼成像（Ghost Imaging, GI)是一种与光波的相位和偏振状态无关的计算成像方法。传统的鬼成像是通过对两束光的光强起伏进行相关计算来获取目标信息的。目标光束穿过目标并被一个单像素检测器检测,另一个参考光束不与物体相互作用,而是被具有一定空间分辨率的多像素检测器记录。鬼成像现象最早是通过纠缠光子对观察到的,它是一种独特的量子现象。随着鬼成像的发展,计算鬼成像的方案被提出,它用计算强度起伏图案代替参考束测量,通过单像素检测强度与计算图案之间的相关性来恢复目标图像,因此只需要一个单像素探测器。与传统的双探测器方法相比,大大简化了实验装置。

2017 年,Liu 等在上述技术的基础上提出了一种具有反射超表面全息技术的单像素计算鬼成像装置[29],如图 8.4.2(a)所示。通过偏振片和 1/4 波片,将波长为 632.8 nm、直径 $D=0.4$ mm 的圆偏振 He-Ne 激光束以 10° 的入射角入射到超表面上。全息图像被超表面反射,然后被投影到一个随机二值掩模上。通过随机二值掩模的光束由一个单像素探测器进行探测,在每次测量中只记录到达相机平面的总强度。通过压缩感知算法,使用多次采集的观测与掩模码型即可恢复全息图像。理论上测量次数越多,恢复的清晰度越高。

此外,超表面的螺旋度相关特性可以实现根据入射光的偏振状态恢复出空间反转全息图像。同时使用特殊设计的超表面,鬼成像表现出了螺旋度依赖性。根据上述原理可以将鬼成像用于光学加密等安全领域。图 8.4.2(b)展示了基于螺旋相关超表面全息图的鬼成像光学加密方案效果。通过改变密钥不匹配率以及入射光所包含的左旋圆偏振光和右旋圆偏振光的比例,可以验证该加密系统的有效性。

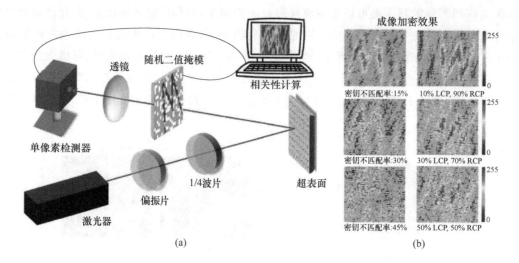

(a)   (b)

图 8.4.2　超表面单像素计算鬼成像[29]

8.4.3　超表面功能性成像

超表面功能性成像主要包含偏振成像和高光谱成像。偏振成像是利用光的偏振测量来实现的,它可以获得诸如表面的形状、纹理以及光的入射方向等信息。偏振成像需要测量不同偏振态下的图像强度,然后将结果表示为一个完整的斯托克斯向量进行估计。然而,如果使用偏振滤光片或光圈实现偏振成像,理论效率将会限制在 50%。由于超表面能够高效地控制光的相位和偏振的特性,因此可以将其用于偏振成像来解决此问题。例如,用于偏振相机的介电超表面掩模可以测量斯托克斯参数,单个介电层不仅不需要偏振滤光片,而且利用其偏振分离和聚焦特性可使其超过传统理论效率。超表面通过投射线性偏振光和圆偏振光来获取不同条件下的强度,从而可以完整地测量偏振状态,并且不需要更换光学元件,如半波片和 1/4 波片。根据此原理,基于超表面的偏振成像方法不需要偏振滤波元件,使用简单光学器件就可以获取斯托克斯参数。偏振成像结果如图 8.4.3(a)所示,其中 $S_0 \sim S_3$ 代表一块偏振模板上的不同极化区域[30]。偏振成像结果与常规偏振成像结果吻合较好,整个系统具有系统结构简单、效率高的优点。

基于超表面的高光谱成像可以与成像光学器件结合使用,可用于传感应用领域。例如,Yesilkoy 等提出的用于生物探测的超灵敏高光谱成像系统[31]。它在连续介质中制作具有极高品质因子的束缚态的介电超表面,在可见光和近红外波长区域内,这些超腔模式的介电超表面对单个生物分子引起的局部折射率变化非常敏感。此系统包括一组全电介质传感器,允许在一次测量中对多路样本进行检测。此系统使用一个耦合到超连续谱激光源的连续可调带通滤波器,用于在共线光路中激发,并使用 CMOS 传感器记录每个照明波长的图像。图 8.4.3(b)展示了窄带可调谐激光光源照射下具有代表性的介电超表面传感器阵列。在每个波长照明下,图像由 COMS 传感器记录,以创建一个高光谱数据立方体,其中每个 CMOS 像素均可捕获高分辨率光谱信息。此系统无须使用光谱仪或机械扫描即可在空间上解析光谱信息,生成具有数百万个空间像素的光谱图像。这对实现高灵敏度的光谱相机以及进一步提高数据吞吐量非常有利。

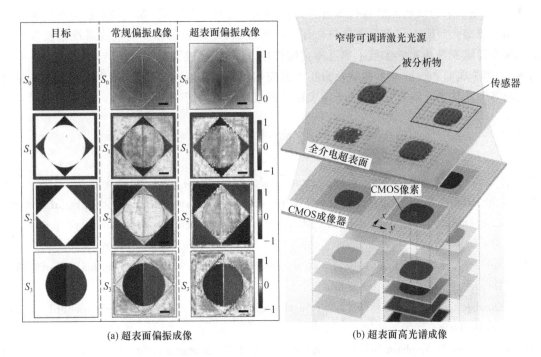

(a) 超表面偏振成像　　　　　　　　　　(b) 超表面高光谱成像

图 8.4.3　超表面偏振成像应用[30]和超表面高光谱成像应用[31]

8.5　总结与展望

微纳光子器件的发展与计算成像技术的进步相辅相成。一方面,微纳器件工艺的进步、设计能力与灵活性的提高有助于计算成像系统中精准、高效的光场调控,从而提高成像能力;另一方面,计算成像在压缩感知等理论的指导与机器学习等技术的辅助下,不断扩展成像观测的维度、尺度以及应用场景,进一步提高了微纳光子器件在光场调控维度、尺度等方面的要求。因此,微纳光子器件在未来计算成像系统中将发挥至关重要的作用。

在编码计算成像方面,首先,由于成像维度与尺度等方面要求的提高,未来的微纳器件的调控性能将进一步提高,如更大尺寸、更高分辨率的掩模和 SLM。其次,一些简单的编码计算成像系统原型将走向实用化,结合工程化方法,微纳器件将集成于计算成像系统中,在如压缩成像、无透镜成像中提供稳定、可靠的精准调制。最后,随着编码计算成像方法在多种非传统成像领域的应用,用于编码的微纳器件也将在设计、材料和制造工艺等方面实现进一步的革新,如脑科学神经成像和量子成像等。

在散射介质成像方面,波前整形技术将在调制速度、调制精度和控制像素数量等方面进一步提高,从而可实现高速的焦点扫描和传输矩阵测量与校准,提升系统实用性。其他介观概念,如相干完全吸收或产生时延本征态,可在未来用于进一步改善成像,例如,减轻组织吸收或运动导致的解相关效应。虽然测量传输矩阵的方法仍然难以对复杂散射介质的光传播进行建模,但在如短直多模光纤等简单情形下,该方法仍然在速度和复杂度上具有明显优势。随着波前整形技术的发展,多模光纤也将在内窥成像应用上成为光纤束成像和扫描式内窥镜的强有力的竞争对手。

在超表面计算成像方面,超表面在微纳尺度上的光学编码能力将导致光学元件和仪器的改进,并且在未来为发展能够替代笨重且昂贵的光学元件提供可能,如代替双折射元件或电子器件用于结构化照明。超表面器件将在超分辨率成像、计算全息和多色成像系统以及偏振成像和高光谱成像等功能成像技术中发挥关键作用。此外,超表面有望通过与人工智能、三维全息显示、相位成像和检测技术相结合来扩大其应用场景。在制造工艺上,纳米压印光刻和深紫外光刻等工艺技术将不断发展,用于超表面的低成本批量生产。

本章参考文献

[1] Brady D J. Optical imaging and spectroscopy[M]. Hoboken: John Wiley & Sons, 2009.

[2] Tikhonov A N. On the solution of ill-posed problems and the method of regularization [C]//Doklady Akademii Nauk. Moscow: Russian Academy of Sciences, 1963, 151 (3): 501-504.

[3] Lueder E. Liquid crystal displays: addressing schemes and electro-optical effects[M]. Hoboken: John Wiley & Sons, 2010.

[4] Hornbeck L J. The DMD TM projection display chip: a MEMS-based technology[J]. Mrs Bulletin, 2001, 26(4): 325-327.

[5] Gehner A, Wildenhain M, Neumann H, et al. MEMS analog light processing: an enabling technology for adaptive optical phase control[C]//MEMS/MOEMS Components and Their Applications III. Bellingham: International Society for Optics and Photonics, 2006, 6113: 61130K.

[6] Rotter S, Gigan S. Light fields in complex media: mesoscopic scattering meets wave control[J]. Reviews of Modern Physics, 2017, 89(1): 015005.

[7] Duarte M F, Davenport M A, Takhar D, et al. Single-pixel imaging via compressive sampling[J]. IEEE Signal Processing Magazine, 2008, 25(2): 83-91.

[8] Wagadarikar A, John R, Willett R, et al. Single disperser design for coded aperture snapshot spectral imaging[J]. Applied Optics, 2008, 47(10): B44-B51.

[9] Sun B, Edgar M P, Bowman R, et al. 3D computational imaging with single-pixeldetectors[J]. Science, 2013, 340(6134): 844-847.

[10] Tsai T H, Yuan X, Brady D J. Spatial light modulator-based color polarizationimaging[J]. Optics Express, 2015, 23(9): 11912-11926.

[11] Meng Z, Qiao M, Ma J, et al. Snapshot multispectral endomicroscopy[J]. Optics Letters, 2020, 45(14): 3897-3900.

[12] Boominathan V, Adams J K, Asif M S, et al. Lensless imaging: a computational renaissance[J]. IEEE Signal Processing Magazine, 2016, 33(5):23-35.

[13] Asif M S, Ayremlou A, Sankaranarayanan A, et al. FlatCam: thin, bare-sensor cameras using coded aperture and computation[J]. Computer Science, 2015.

[14] DeWeert M J, Farm B P. Lensless coded-aperture imaging with separable Doubly-Toeplitz masks[J]. Optical Engineering, 2015, 54(2): 023102.

[15] Gill P R, Stork D G. Lensless ultra-miniature imagers using odd-symmetry spiral phase gratings [C]//Computational Optical Sensing and Imaging. Washington:

Optical Society of America, 2013: CW4C. 3.

[16] Wu J, Zhang H, Zhang W, et al. Single-shot lensless imaging with fresnel zone aperture and incoherent illumination[J]. Light: Science & Applications, 2020, 9(1): 1-11.

[17] Mosk A P, Lagendijk A, Lerosey G, et al. Controlling waves in space and time for imaging and focusing in complex media[J]. Nature Photonics, 2012, 6(5): 283.

[18] Vellekoop I M, Mosk A P. Focusing coherent light through opaque strongly scattering media [J]. Optics Letters, 2007, 32(16): 2309-2311.

[19] Popoff S M, Lerosey G, Carminati R, et al. Measuring the transmission matrix in optics: an approach to the study and control of light propagation in disordered media[J]. Physical Review Letters, 2010, 104(10): 100601.

[20] Vellekoop I M, Aegerter C M. Scattered light fluorescence microscopy: imaging through turbid layers[J]. Optics Letters, 2010, 35(8): 1245-1247.

[21] Sahoo S K, Tang D, Dang C. Single-shot multispectral imaging with a monochromatic camera [J]. Optica, 2017, 4(10): 1209-1213.

[22] Fan S, Kahn J M. Principal modes in multimode waveguides[J]. Optics Letters, 2005, 30 (2): 135-137.

[23] Carpenter J, Eggleton B J, Schröder J. 110×110 optical mode transfer matrix inversion[J]. Optics Express, 2014, 22(1): 96-101.

[24] Plöschner M, Tyc T, Čižmár T. Seeing through chaos in multimode fibres[J]. Nature Photonics, 2015, 9(8): 529-535.

[25] Caravaca-Aguirre A M, Niv E, Conkey D B, et al. Real-time resilient focusing through a bending multimode fiber[J]. Optics Express, 2013, 21(10): 12881-12887.

[26] Amitonova L V, De Boer J F. Compressive imaging through a multimode fiber[J]. Optics Letters, 2018, 43(21): 5427-5430.

[27] Lee D, Gwak J, Badloe T, et al. Metasurfaces-based imaging and applications: from miniaturized optical components to functional imaging platforms [J]. Nanoscale Advances, 2020, 2.

[28] Wei F, Lu D, Shen H, et al. Wide field super-resolution surface imaging through plasmonic structured illumination microscopy [J]. Nano Letters, 2014, 14 (8): 4634-4639.

[29] Liu H C, Yang B, Guo Q, et al. Single-pixel computational ghost imaging with helicity-dependent metasurface hologram[J]. Science Advances, 2017, 3(9): e1701477.

[30] Ehsan A, Mahsa K S, Amir A, et al. Full Stokes imaging polarimetry using dielectric metasurfaces[J]. ACS Photonics, 2018, 5(8): 3132-3140.

[31] Yesilkoy F, Arvelo E R, Jahani Y, et al. Ultrasensitive hyperspectral imaging and biodetection enabled by dielectric metasurfaces[J]. Nature Photonics, 2019, 13(6): 390-396.

第9章 微纳光子神经网络技术

人工神经网络的发展是曲折的,回顾其历史,从萌芽期到现在,几经兴衰,现如今以深度学习为代表的人工智能(Artificial Intelligence,AI)技术与人类社会的发展进步已经密不可分。人工神经网络以电子计算机和集成电子器件作为计算载体已经显现出其强大的推理、分类、预测等能力,并应用于各个领域。

一方面,随着 AI 应用转向真实场景,需要处理的数据量呈指数级逐年增加;而另一方面,摩尔定律放缓,冯·诺依曼架构"存储墙"阻碍电子芯片满足未来的算力和功耗需求。针对该问题,一方面催生出异于冯·诺依曼体系的神经拟态计算架构;另一方面光学处理机制被引入神经网络计算,通过光子技术与传统神经网络模型的结合,突破传统电神经网络长延时、高功耗等技术瓶颈。本章针对微纳光子器件在神经网络中的应用展开,介绍光子神经网络技术的出现背景、人工神经网络的光子实现、光子神经网络的系统结构和光子神经网络展望。

9.1 光子神经网络技术简介

本节首先回顾人工神经网络的发展历史,简要分析其当前面临的挑战,然后对解决该问题产生的新技术——神经拟态计算和光子神经网络进行概括介绍。

9.1.1 人工神经网络的发展和应用

一般认为,人工神经网络的发展可以分为三个阶段:20 世纪 40 年代到 60 年代,人工神经网络的雏形出现在控制论中;20 世纪 80 年代到 90 年代,人工神经网络表现为联结主义;直到 2006 年,以深度学习为首的人工神经网络真正复兴,开始了第三次发展浪潮[1]。

1. 控制论阶段

如图 9.1.1 所示,1943 年,心理学家 McCulloch 和数学家 Pitts 提出了最早的神经网络数学模型 M-P 模型[2];1949 年,心理学家 Hebb 提出神经元突触连接可变的假说[3],给出了著名的神经元学习法则——Hebb 法则;1958 年,神经学家 Rosenblatt 提出了可以模拟人类感知能力的模型——"感知机[4]",并于 1960 年实现了能够识别一些英文字母的基于感知机的神经计算机—Mark1,这是历史上第一个完整的人工神经网络。

紧接着的 10 年里,研究人员对单层感知机进行了深入研究,单层感知机被用于各种问题的求解。然而,1969 年 M. Minsky 和 S. Papert 对单层感知机的功能局限性进行了讨论,并证明单层感知机不能解决简单的异或问题等线性不可分问题[5]。该结论促使很多研究人员纷纷放弃该领域的研究,人工神经网络研究进入了大低谷时期。

2. 联结主义阶段

人工神经网络的研究在 20 世纪 80 年代伴随着联结主义的出现迎来新的转机。在现代神经科学的研究成果的基础上,人们提出了一种观点,认为智能的本质是联结机制。神经网络是

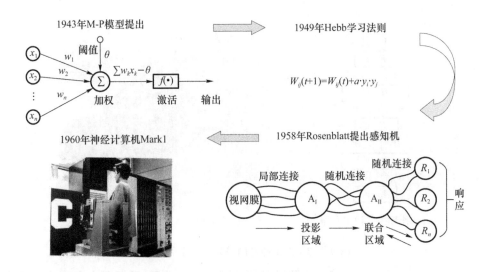

图 9.1.1 人工神经网络第一次发展浪潮

一个由大量简单的处理单元组成的高度复杂的大规模非线性自适应系统。同时,分布式表达的概念也被提出,其思想是:现实世界中的知识和概念应该通过多个神经元来表达,而模型中的每一个神经元也应该参与多个概念。分布式表达大大加强了模型的表达能力,解决了类似异或这种线性不可分的问题。联结主义和分布式表达的盛行孕育出人工神经网络研究的几项重要成就(表 9.1.1)。

表 9.1.1　人工神经网络第二次发展浪潮

时间	成就	主要特点
1982 年	Hopfield 提出循环网络[6]	(1) 将 Lyapunov 函数引入人工神经网络作为网络性能的能量函数 (2) 阐明了人工神经网络和动力学的关系 (3) 用非线性动力学的方法来研究人工神经网络的特性
1984 年	Hopfield 研制了连续 Hopfield 网络的电路	(1) 人工神经元使用放大器实现,联结使用其他电子线路实现 (2) 较好地解决了著名的旅行商问题,找到了最佳解的近似解
1985 年	Hinton 等 提出玻尔兹曼机[7]	(1) 在 Hopfield 网络中引入了随机机制 (2) 使用统计物理学的方法,首次提出了多层网络的学习算法
1986 年	Rumelhart 等 反向传播(BP)算法[8]	目前仍是主流的神经网络学习算法

这次研究浪潮一直持续到 20 世纪 90 年代中期,由于人工神经网络中还有很多理论问题没有解决,人工神经网络的应用此时还远不能和传统的计算方法比拟。同时,核方法、图模型、支持向量机等方法兴起,在许多重要任务的表现都比神经网络要好。这两个因素导致神经网络热潮的第二次衰退,并一直持续到 2006 年。

3. 深度学习兴起

人工神经网络的第三次浪潮始于 2006 年的突破。Hinton 提出图 9.1.1(a)所示的深度置信网络[9]并使用一种称为"贪婪逐层预训练"的策略来有效训练,该方法降低了学习隐藏层参数的难度,算法的训练时间与网络的大小和深度近似呈线性关系。很快,其他研究人员发现该策略也可以被用来训练其他类型的深度网络,并能系统地帮助提高在测试样例上的泛化能力。

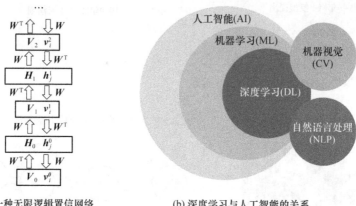

(a) 一种无限逻辑置信网络   (b) 深度学习与人工智能的关系

图 9.1.2　人工神经网络第三次发展浪潮

　　神经网络研究的这一次浪潮也普及了"深度学习"这一术语,强调研究者现在有能力训练以前不可能训练的比较深的神经网络,并着力于理论的重要性(图 9.1.2(b))。到本书出版时为止,神经网络的第三次浪潮仍在继续,深度学习技术是最为关注的代表领域。

4. 第三代人工神经网络

　　近些年,越来越多的实验结果表明,大多数生物神经系统利用激发脉冲的时间来编码信息,而非使用激发频率来编码信息。这些来自生物神经学领域的实验结果促使了学者对第三代人工神经网络——脉冲神经网络(Spiking Neural Network,SNN)的研究。

　　与前代神经网络相比,SNN 的模拟神经元更接近生物学神经元模型,SNN 中的神经元并非在每一次迭代传播中都被激活,而是只有当其膜电位达到阈值时才被激活,如图 9.1.3 所示。SNN 增强了处理时空数据的能力:一方面,SNN 结构中的神经元仅与附近的神经元连接,分别处理输入块,从而增强了空间信息的处理能力;另一方面,由于训练依赖脉冲时间间隔信息,因此二进制编码中丢失的信息可以在脉冲的时间信息中重新获取,从而增强了时间信息的处理能力。事实证明,脉冲神经元是比传统人工神经元更强大的计算单元,是未来的一大发展趋势。

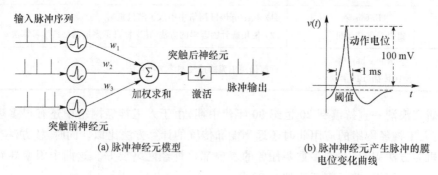

(a) 脉冲神经元模型   (b) 脉冲神经元产生脉冲的膜
电位变化曲线

图 9.1.3　脉冲神经元模型及其膜电位变化特性

5. 传统人工神经网络硬件平台

　　人工神经网络非常依赖硬件算力。早期因为电子计算机体积庞大、算力有限,人们又普遍认为神经网络是难以训练的,导致人工神经网络的研究一度陷入僵局。随着电子集成技术的发展和计算机的算力增长,人工神经网络的能力才逐渐显现。

（1）CPU 和 GPU

自从计算机发明以来，CPU 一直承担着计算机的逻辑控制和运算任务，其核心是依循冯·诺依曼架构的存储程序顺序执行。通常 CPU 由控制单元（Control）、运算单元（ALU）、高速缓冲存储器（Cache）、动态随机存取存储器（DRAM）四个主要部分组成，如图 9.1.4(a)所示。CPU 架构中需要大量的空间去放置存储单元和控制单元，相比之下计算单元只占据了很小的一部分，所以它在大规模并行计算上极受限制，而更擅长于逻辑控制。

相比于 CPU，GPU 拥有更多的 ALU 用于数据并行处理，如图 9.1.4(b)所示。GPU 可以提供多核并行计算，拥有更快的访存速度和更强的浮点运算能力，比 CPU 更适合进行深度学习中大量训练数据的处理、矩阵运算、卷积运算。

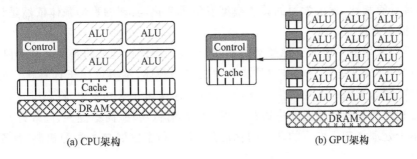

(a) CPU架构　　　　　　　　　　　(b) GPU架构

图 9.1.4　CPU 和 GPU 的架构对比

（2）深度学习新硬件 ASIC 和 FPGA

发展至今，更先进的硬件平台——专用集成电路（Application Specific Integrated Circuit，ASIC）和现场可编程门阵列（Field Programmable Gate Array，FPGA）被开发出来加速深度学习。ASIC 是为特定用途而设计开发的集成电路芯片，其具有高性能、低功耗、面积小等特点。然而，由于此类芯片有很高的定制性，前期投入成本高，研发周期长，ASIC 的商业产品目前还未大规模普及。

FPGA 是 GPU 和 ASIC 的折中方案，其很好地兼顾了处理速度和研发成本。一方面，FPGA 是可编程的硬件，相比 GPU 有更强大的可调控能力，性能普遍比 GPU 要好；另一方面，FPGA 省去 ASIC 中的流片过程，生产周期和研发成本较 ASIC 要低[10]。但是 FPGA 属于细粒度可重构器件，重构过程需要改变硬件电路结构，使用门槛高，要求使用者具有相当的硬件知识。

ASIC 和 FPGA 的对比如表 9.1.2 所示。

表 9.1.2　ASIC 和 FPGA 的对比

类　型	优　点	缺　点	商业方案
ASIC	高性能 低功耗 面积小	研发周期长 投入成本高	（1）谷歌：TPU 芯片，对于深度学习任务比同期的 CPU 和 GPU 可以提供 15～30 倍的性能提升，30～80 倍的能效提升 （2）中科院：DianNao 系列芯片，针对算法内存分配的特点设计不同的存储单元，不同类型的数据使用不同的存储单元，最后通过流水线的方式提高计算单元的利用率
FPGA	可编程 成本低 开发周期短	开发门槛高	英特尔：Agilex FPGA，10 nm 制程结合创新型异构 3D SiP 技术，将模拟、内存、自定义计算、自定义 I/O、英特尔 eASIC 和 FPGA 逻辑结构集成到一个芯片封装

ASIC 和 FPGA 芯片针对人工神经网络中的关键操作进行硬件固化或者加速,与传统 CPU 和 GPU 相比,具有更快的计算速度和更高的能效比,在近些年取得了比较广泛的应用。但是这类芯片具有很强的针对性,面对不同任务专门设计,而且需要大量的数据训练神经网络,迭代周期长,使芯片开发成本居高不下[11]。

9.1.2 神经拟态硬件的电子平台和挑战

传统人工智能主要以计算,即通过编程等手段实现机器智能。其中,深度学习是目前广泛应用的技术之一,它通过添加多层人工神经网络,赋予机器视觉、语音识别以及自然语言处理等方面的能力。尽管深度学习有人工神经网络的加持,但通过计算实现智能的影子并未消失。只不过与传统计算相比,深度学习的算法模型发生了变化,实现的物理载体依然是计算机。

1. 神经拟态计算的概念

与深度学习采用的多层人工神经网络不同,神经拟态计算构造的是脉冲神经网络,通过模拟生物神经网络实现智能。它本身就是能处理信息的载体,不再依赖于计算机。神经拟态计算又叫作类脑计算,类脑计算架构借鉴脑神经网络,存储和计算一体化,将高维信息放在多层、多粒度、高可塑性的复杂网络空间中进行处理。它具有低功耗、高稳健性、高效并行、自适应等特点,既适用于处理复杂环境下的非结构化信息,又有利于发展自主学习机制,甚至有望模仿大脑的创造性[12]。

2. 电子神经拟态计算方案

神经拟态计算在近十年内引起了各国具有不同背景的研究人员的广泛兴趣和较大的研究投入。曼彻斯特大学的 SpiNNaker 芯片、IBM 的 TrueNorth 芯片、海德堡大学的 BrainScaleS 芯片、斯坦福大学的 Neurogrid 芯片、Intel 的 Loihi 芯片,以及清华大学的 Fianjic 芯片是现阶段六个主要的神经拟态计算方案代表[12]。

神经拟态计算芯片的设计方案由于目的不同差别较大,目前并没有统一、成熟的标准。以与传统计算范式的背离程度为标准,可将方案的层次从上到下相应地大致分为程序级、架构级、电路级和器件级等。从上往下,模拟生物神经结构的层次越来越低,越往下层,越接近生物真实,但越难以与通用处理器进行通信。在不同的时间阶段,面向不同的问题,四种层次的方案都具有存在的价值。根据该分类,目前六个主要的神经拟态计算方案的主要参数和核心特点如表 9.1.3 和图 9.1.5 所示。

表 9.1.3 神经拟态计算芯片技术方案总览[12]

方 案	类脑层次	主要参数	核心特点
SpiNNaker	程序级	仿真 10 亿个神经元 1 万亿个突触连接	不采用传统的精确的编程模型,容忍运行时的差错
TrueNorth	架构级	5.4 亿个晶体管 100 万个神经元 2.56 亿个突触	不采用传统的冯·诺依曼架构,存储和计算的适度融合
Loihi	架构级	20.7 亿个晶体管 13 万个神经元 1.3 亿个突触	支持数字电路实现的在线突触可塑性
BrainScaleS	电路级	单核 512 个神经元 单核 12.8 万个突触	不采用完备的数字逻辑电路,采用模拟电路实现

续 表

方　　案	类脑层次	主要参数	核心特点
Neurogrid	器件运行状态级	100 万个神经元 60 亿个突触连接	不采用完备的数字逻辑电路,采用模拟电路实现
Tianjic	架构级	单核 256 个神经元 共 1 000 万个突触	异构融合架构,支持 ANN、SNN 和异构建模

SpiNNaker

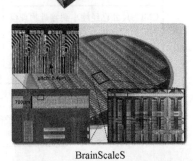
TrueNorth

Loihi

BrainScaleS

Neurogrid

Tianjic

图 9.1.5　主要的六大电子神经拟态计算方案

9.1.3　新型的光子手段

现代社会迈入信息化、智能化时代,计算芯片的核心负载也呈现多样化和智能化趋势,以自动驾驶、智能机器人、图像/语音识别、自然语言处理和数据挖掘为代表的一系列智能应用逐渐转变为主流负载[11]。这一系列新的应用场景进一步使冯·诺依曼架构的"存储墙"问题和自适应性差的问题凸显。特别是近年来随着摩尔定律面临尺寸缩小的物理极限,集成电路产业工艺节点推进放缓,单核处理器主频快速提高的进程基本停滞,即使是新架构的专用电子芯片也将在未来受到工艺的限制,难以满足未来智能终端和智能计算平台面向移动端的应用场景。

1. 电子神经拟态计算架构的优势和挑战

相比于冯·诺依曼体系的传统计算机和硬件平台,人脑无疑是更强大的智能平台。具有在复杂甚至陌生场景条件下的自适应、获取新信息和新技能的能力,以及进行交互、推理从而做出决策的能力。"类脑计算"或者"神经拟态计算"是模拟人脑神经网络运行的一种计算架构,其存算融合的特性从根本上解决了冯·诺依曼体系架构的"存储墙"问题。

9.1.2 节介绍的一系列"神经拟态计算"研究都是基于传统成熟 CMOS 工艺的。这些神经拟态芯片虽然区别于传统集成电路芯片和人工神经网络加速芯片,但是构建芯片的基本结构——人工神经元及其连接人工突触仍然采用基于 CMOS 的数字电路或者数模混合电路来搭建,其仍具有四个主要缺陷,如图 9.1.6 所示。

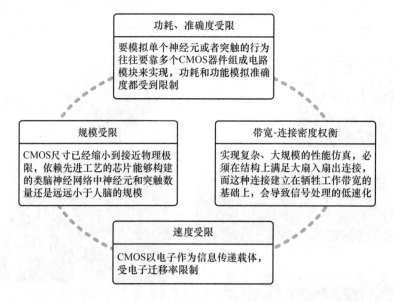

图 9.1.6　电子神经拟态计算的四个缺陷[11,13]

2. 光学处理机制的提出

针对基于冯·诺依曼计算架构的传统人工神经网络和电子神经拟态计算的问题,光学处理机制被引入神经网络计算,光子的高速、高带宽以及低串扰等特性非常适用于连接密集、基于脉冲的超快信息处理网络,也非常适合加速神经网络中的矩阵乘法、卷积计算。将光子技术与传统神经网络模型结合,构造光子神经网络(Optical Neural Network,ONN),有望突破传统电子神经网络长时延、高功耗等技术瓶颈。

(1)光子神经网络研究的起源

光子神经网络的研究可以追溯到 1985 年 Farhat 等对 Hopfield 模型的光学实现[14],该项工作引发了研究者们对光子神经网络的兴趣。下一个重大进步是引入动态非线性晶体来实现平面排列的光电神经元之间的自适应连接[15]。但由于当时非线性激活函数光电实现技术不成熟,模拟权值难以控制,适用场景少,人们对定制光学硬件模拟神经网络的兴趣又大大减小。

(2)光子神经网络研究的二次兴起

直到深度神经网络的兴起和光电子技术、硅光子学的重大进步,研究人员才又重新考虑用光学实现神经网络的方法[16]。现代深度神经网络(Deep Neural Network,DNN)架构是线性层的级联,层间是非线性激活函数。最一般类型的线性层是完全连接的,这意味着每个输出神经元是所有输入神经元的一个乘法累加操作的加权和,这在数学上表示为一个矩阵向量乘法,可以有效地在光领域实现。例如,马赫-曾德尔干涉仪(Mach-Zehnder Interferometer,MZI)在特定结构(如基于奇异值矩阵分解的结构)的网格可以实现任意的矩阵乘法,这样的体系结构也很容易配置和控制[17]。此外,还有空间衍射、波分复用等技术可以实现光学矩阵向量乘法。

（3）光子神经网络的新进展

近些年，国内外涌现了一批光子神经网络的代表性研究，为该领域的发展提供了重要思路。这些研究可以大致分为两类：一类是使用光学技术手段实现传统人工神经网络的同构，例如，使用 MZI 网格实现全连接类型的人工神经网络，使用光频梳实现卷积神经网络；另一类是实现脉冲神经网络的光学同构（光子神经拟态计算），例如，使用相变材料（Phase Change Material，PCM）模拟神经元突触和非线性激活功能，实现全光的脉冲神经网络。这些代表性工作按照时间先后顺序，展示在表 9.1.4 中。

表 9.1.4 光子神经网络代表性工作发展时间线

光子人工神经网络	时间	光子脉冲神经网络
Shen 等使用相干光和奇异值矩阵分解原理实现了光学矩阵向量乘法，用于深度学习[18]	2017 年	Prucnal 等基于广播加权和微环权重库构建神经拟态光子神经网络[19]
（1）Lin 等提出使用相位掩膜板间的衍射传播构建全光衍射深度神经网络[20] （2）Chang 等提出 4f 系统的光电混合卷积神经网络[21]	2018 年	
Yan 等提出傅里叶空间衍射深度神经网络[22]	2019 年	Fledmann 等在波导中嵌入相变材料实现全光的脉冲神经网络[23]
Xu 等使用时空波长交织的手段实现了 TOPS 计算速度的光学卷积神经网络[24]	2021 年	

除了以上具有重要意义的代表性研究工作，还有一些具有各自特点的相关研究。

① 清华大学的 Zang 等提出基于时域拉伸的光子神经网络，该方案用时间换取空间，通过串行的方式，在运算速度降低不大的情况下实现了光电混合的全连接神经网络[25]，如图 9.1.7(a) 所示。

② 华中科技大学的 Zhou 等对于硅基 MZI 芯片[18]的应用进行了研究，将其实现为可编程的硅基光子处理器[26]，如图 9.1.7(b) 所示。

③ 西湖大学的 Qu 等提出基于多模干涉仪（MMI）的光学散射单元（Optical Scattering Unit，OSU）用于光学卷积计算[27]，如图 9.1.7(c) 所示。

④ 香港科技大学的 Zuo 等通过引入激光冷却铷原子实现了具有全光非线性的光子神经网络[28]，如图 9.1.7(d) 所示。

⑤ 西安电子科技大学的 Xiang 等一直致力于光子神经拟态计算研究，对于光子脉冲神经元和相关的训练方法开展了深入的研究[29]，如图 9.1.7(e) 所示。

（4）光子神经网络的优势

首先，光子神经网络采用存算一体的结构，规避了电神经网络存在的潮汐性数据读写问题，从而在提高计算速度的同时能够有效降低计算时延；其次，光子神经网络连接链路损耗较低，能有效提升功率效率；最后，相比于传统电器件，光器件具有更大的带宽和更短的响应时间，因此更适用于神经网络的高速实时计算。

此外，针对自动驾驶、图像处理这类前端为光传感的应用领域，光子神经网络能够在物理层直接处理信息，从而可以避免光电转换引入的延时、功耗、信噪比劣化等问题[30]。通过引入光的固有特性，如低延迟、低损耗、超宽频带、多维复用、波动特性等，设计构造软硬件深度融合

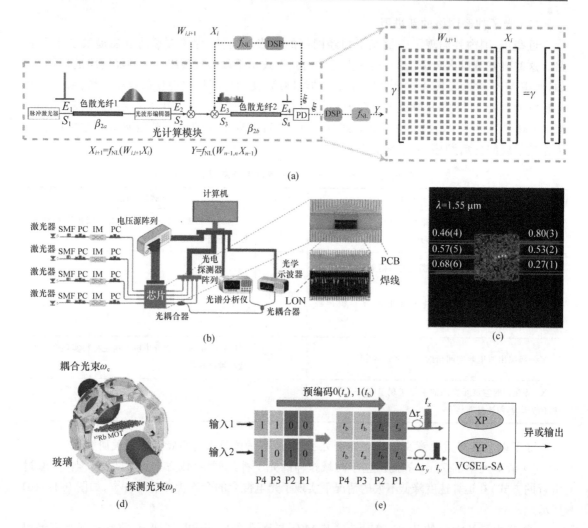

图 9.1.7　国内光子神经网络相关研究

的光电计算体系,在特定的计算应用场景中,可突破传统微电子处理器的局限,实现更高的能效。

9.2　人工神经网络的光子实现

光子神经网络虽然都是利用已有的光子技术设计的,但是其研究的真正兴起也不过十多年时间,仍属于比较前沿的技术。目前存在多种基于不同光子技术的实现方案,但具体哪一种或哪些架构是未来最有前景的还没有定论。因此本书依照所使用核心光子技术的差异对几种典型方案进行分类介绍。

(1) 基于硅光子集成:基于硅光子集成技术的光子神经网络方案,以 Shen 等提出的基于硅基 MZI 的多层光子神经网络[18]、Tait 等提出的基于硅基 MRR 权重库的神经拟态光子神经网络[19]以及 Fledmann 等提出的基于硅基波导和 PCM 的全光脉冲神经网络[23]为代表。

(2) 波分复用技术:基于波分复用技术构造光子神经网络的方案,以 Xu 等使用克尔光频梳进行时空波长交织构造光学卷积神经网络的方案为代表[24]。

（3）空间衍射：通过空间衍射光学构造光子神经网络的方案，以 Lin 等使用 3D 打印相位掩膜板构造的多层衍射深度神经网络为代表[20,22]。

（4）光子神经网络非线性：非线性激活是增强神经网络处理能力的一个重要组成，在本节最后将对一些被应用在光子神经网络中的非线性实现手段进行介绍。

9.2.1　硅光子集成

与传统光学相比，硅光子集成技术可以缩短光学路径，减小环境的影响，器件尺寸更小，损耗更小，系统性能更加稳定，因此基于硅光子集成的光子神经网络最有可能在未来大规模集成应用。目前，基于硅光子集成技术的光子神经网络方案有三个代表性工作，分别是基于硅基 MZI 的多层光子神经网络、基于硅基 MRR 权重库的神经拟态光子神经网络以及基于相变材料的全光脉冲神经网络。

1. 硅基 MZI 多层光子神经网络

在本书第 2 章中，介绍了 Reck 的酉矩阵构造理论，在该理论中证明了可以使用级联 MZI 网络构造任意酉矩阵。在该理论的支撑下，Shen 等发现了构造光子神经网络的思路，即结合奇异值分解原理使用级联 MZI 网络构造人工神经网络的权重矩阵，再辅以其他手段实现人工神经网络中的非线性激活函数[18]。

（1）矩阵向量乘法原理

对于人工神经网络，其强大的推理、分类、模式识别等功能均来自其层与层之间的神经元连接（加权求和）和单个神经元的非线性（阈值激活），加权求和结果 Z 等效于上一层神经元输出向量 X 与权重矩阵 W 的矩阵乘法，函数 $f(Z)$ 等效于对加权求和结果进行非线性处理，如图9.2.1(a)所示。

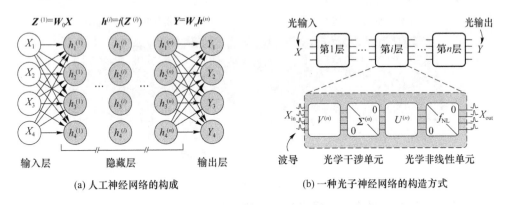

(a) 人工神经网络的构成　　　　　　(b) 一种光子神经网络的构造方式

图 9.2.1　人工神经网络架构和一种全光集成 ONN 架构[18]

人工神经网络是由一个输入层、多个隐藏层和一个输出层组成的多层网络，同理光子神经网络也可以将其分解为多个层，每个层按图 9.2.1(b)所示构成。每个层包含光学干涉单元（Optical Interference Unit，OIU）和光学非线性单元（Optical Nonlinearity Unit，ONU），OIU 等价于人工神经网络中的权重矩阵 W，由两个酉矩阵 $V^{(n)}$、$U^{(n)}$ 和对角矩阵 $\Sigma^{(n)}$ 的乘积构成，神经网络中的权重矩阵一般是一个实值矩阵，根据线性代数的奇异值分解原理，一个实值矩阵 M 可按式(9.2.1)分解为

$$M = U\Sigma V^{\dagger} \tag{9.2.1}$$

其中：U 是一个 $m \times m$ 阶酉矩阵；Σ 是一个 $m \times n$ 阶对角阵，对角元素为非负实数；$V^{\dagger}$ 是一个

$n\times n$ 阶酉矩阵的转置共轭。U 和 $V^{\dagger}$ 可以使用分离的光分束器和移相器按规律排布构造,也可以使用 MZI 构造,Shen 等使用硅基集成的 MZI 阵列构造 OIU(矩阵计算单元)。ONU 的作用是对 OIU 加权后的输出进行非线性激活,可以使用染料、半导体、石墨烯可饱和吸收体或可饱和放大器来模拟非线性激活函数。可集成在纳米光波导上的石墨烯层已经被证明是一种可饱和吸收材料,在未来实现中可以集成在每级 OIU 后面。

（2）网络构建方式

在 Shen 等的研究中,4 层可编程的 OIU 级联实现了一个两层的 ONN,如图 9.2.2（a）所示,每一层有 4 个神经元,因此输入向量 X 的维度是 4,权重矩阵 W 为 4×4 维度。ONN 的输入是调制后的相干光,然后被耦合到 OIU 上进行传输和处理,被第一个权重矩阵加权后,用电子计算机模拟可饱和吸收体的非线性响应。受限于片上 MZI 数量的限制,单个 OIU 芯片不能实现一个完整的实矩阵分解,如图 9.2.2（c）所示,单个 OIU 由旋转矩阵核 $SU(4)$ 和对角矩阵乘法核 $DMCC$ 构成,根据 Reck 提出的原理,一个 N 阶酉矩阵 $U(N)$ 可以分解为一系列旋转矩阵的乘积 $SU(N)$ 和一个对角矩阵 $D(N)$ 的乘积,即

$$U(N)=D(N)SU(N) \tag{9.2.2}$$

因此,一个实矩阵 M 可以分解为

$$M=U\Sigma V^{\dagger}=D_1SU_1\Sigma D_2SU_2=DMCC_1SU_1DMCC_2SU_2 \tag{9.2.3}$$

即两个 OIU 级联可以实现一个实矩阵的变换。通过这种设置,OIU 可以根据对芯片上每个 MZI 中移相器电压的控制实现任意实矩阵的编程,从而实现了一个可重构的光子神经网络。

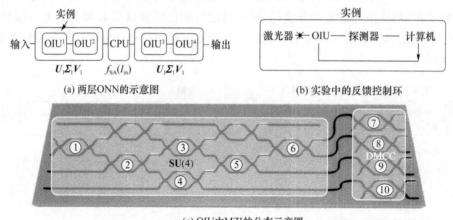

(a) 两层ONN的示意图   (b) 实验中的反馈控制环

(c) OIU中MZI的分布示意图

图 9.2.2　ONN 的实验方案[18]

2. 基于硅基 MRR 权重库的神经拟态光子神经网络

（1）广播加权方法

2014 年,Tait 等提出了一种名为广播加权的方法[31],为利用集成光子器件实现神经拟态处理器建立一种技术途径。广播加权是将神经拟态处理和光电技术结合的一种新方法,有望融合两者的优势构造出可扩展的集成光子神经拟态处理系统。

广播加权是模拟脉冲神经网络功能的一种方法,在一个图 9.2.3(a)所示的脉冲神经网络中,每个神经元都有一个输出信号,这个信号被发送给其他多个神经元。输入信号在求和前由一个模拟系数(用灰度值表示)独立加权。求和信号驱动一个动态处理模型,如漏整合发放神经元模型。在光子广播加权网络中,神经元是一个具有应激性动力学的激光器,其输出是特定波长的光信号,这个信号和其他神经元的信号经过波分复用广播到整个网络的神经元。神

元的输入信号经过一个光谱滤波库进行每个波长信号的加权,加权后的光信号无须进行解复用,直接对总的光信号进行光电探测,如图9.2.3(b)所示。

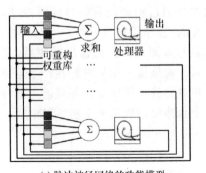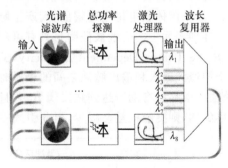

(a) 脉冲神经网络的功能模型　　　　(b) 光子广播加权网络概念图

图9.2.3　广播加权概念[31]

（2）基于广播加权的光子脉冲神经网络

根据广播加权的概念,Tait 等使用光子广播加权网络同构了连续时间递归神经网络(Continuous Time Recurrent Neural Network,CTRNN)[19],在如图9.2.4（a）所示的光子广播加权网络中,每个马赫-曾德尔调制器输出被分配一个独一无二的波长 λ_i 进行复用并广播。传入 MZM 的波分复用信号通过可重构的 MRR 加权库加权,然后通过平衡光电探测器(Balanced Photodetector,BPD)对总功率检测求和,最后这个电加权和通过非线性或动态电光过程调制相应的波分复用载波 λ_i。其中,MZM 模拟神经元,神经元状态由穿过低通滤波跨阻放大器的电压 S_1 和 S_2 表示,低通滤波跨阻放大器接收来自每个 MRR 权重库的 BPD 的输入,如图9.2.4(b)所示。MRR 权重库对神经元的每个输入信号进行加权,等效于人工神经网络中的权重矩阵,MZM 的处理等效于人工神经网络中的非线性激活函数。

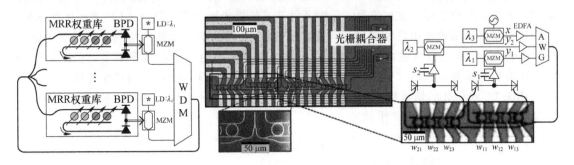

(a) 光子广播加权网络　　　　　　(b) 片上MRR权重库和片外设置

图9.2.4　光子广播加权网络结构和实验组成[19]

3. 基于相变材料的全光脉冲神经网络

神经拟态计算是一种新型的并行计算方式,通过对生物大脑的基本构造块(即神经元和突触)的硬件模拟,将其组合成适当规模的网络和阵列,来克服传统计算机存储和计算分离的局限性。电子领域提出了许多实现神经拟态计算的不同方案,但光学方法仍处于起步阶段。光子神经拟态计算的一个非常有前景的方法是基于相变材料(Phase Change Material,PCM),PCM 可以在硬件上提供神经元的基本整合发放功能以及突触可塑的加权操作。Feldmann 等在2019年利用 PCM 实现了脉冲神经网络的全光学、可集成和可扩展的神经拟态框架[23]。

（1）脉冲神经元模型

如图 9.2.5 所示，所构建的脉冲神经网络模拟了生物的神经元模型，包括接收上一级神经元输入信号的树突，树突对信号进行加权操作后通过突触传递给神经元胞体，胞体对前突触信号进行整合，如果胞体膜电位超过阈值，则产生脉冲并通过轴突向后级神经元传递，否则不产生脉冲。脉冲神经元中的突触被证明是具有可塑性的，在非监督学习中，一般遵循脉冲时间依赖可塑性（Spike-Timing-Dependent Plasticity，STDP）规则。神经元输出脉冲后，突触权重的变化取决于神经元输入和输出脉冲之间的相对时间。如果输入信号刚好在产生输出脉冲之前到达，则该输入信号将有助于达到触发阈值，并且相应的权重将增加。如果输入脉冲在输出脉冲出现之后到达，则突触权重会减少，因此引入一个脉冲反馈机制来实现 STDP。

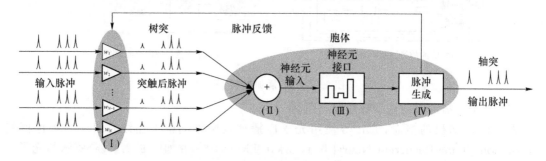

图 9.2.5　脉冲神经元模型[23]

（2）光子脉冲神经元实现

脉冲神经元的光子实现如图 9.2.6 所示，来自不同神经元的脉冲信号使用不同波长的光信号模拟，可塑性突触使用内嵌 PCM 的波导替代。PCM 是一种可以在非晶态和晶体态之间切换的材料，当处于不同状态时对光的吸收有很大差异，通过调节 PCM 的状态可以使其对通过波导的光进行加权。每个突触传递的光信号通过 MRR 的波分复用进入由 PCM Cell 和环形微腔组成的集成光神经元（胞体）中，PCM Cell 的状态受到所有不同波长光信号功率的控制，PCM Cell 可改变环形微腔的光学共振条件及其传播损耗。当 PCM Cell 处于晶体状态时，一个探测脉冲会沿着输出波导强烈耦合到环形微腔中，因此不会观察到集成光神经元的输出脉冲。然而，如果来自突触前神经元的加权输入脉冲的瞬时组合功率足够高，足以将 PCM Cell 转换为其非晶体状态，则探测脉冲不再与环共振，并通过环传输，从而产生神经元脉冲输出。由于 PCM Cell 的切换只发生在某一阈值功率以上，因此只有当输入功率的加权和超过该阈值时，神经元才会产生输出脉冲。

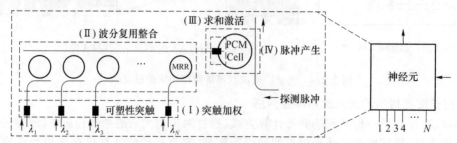

图 9.2.6　光脉冲神经元的实现[23]

因此，该系统自然地模拟了生物神经元的基本整合发放功能，区别在于人工神经元在固定时间内通过光功率进行整合，而生物神经元则随着时间的推移对输入脉冲进行整合。这样的集成光脉冲神经元模型可以作为一个光脉冲神经网络的基本构造单元,这样的构造单元可以进一步扩展为多层,实现全光的脉冲神经网络。

9.2.2 光频梳

1. 波分复用技术

由于不同波长的光可以在介质和自由空间独立传播而不产生串扰,因此使用光学进行计算具有天然的并行优势。在通信领域中一个非常重要的技术——波分复用使不同波长、模式、偏振的光在同一介质中互不干扰地传输,可以极大增加传输的容量。该技术也为光子神经网络的构建提供了一个新思路,用不同波长的光搭载信息的不同分量进行并行处理,可以极大地提升光子神经网络的计算带宽。

2. 基于光频梳和波分复用的光子卷积加速器

2021年,Xu等提出了基于克尔光频梳的TOPS(Trillions of Operations Per Second)光子卷积加速器(Photonic Convolutional Accelerator,PCA),并用其构建了一个可进行图像识别的光学卷积神经网络[24]。研究人员通过波长、时间、空间的交织,在单个光子模块中实现TOPS的计算速度,而这可能需要许多电子芯片并行使用才能达到。

(1) 孤子晶体光频梳

TOPS光子卷积加速器中最关键的技术就是光频梳,光频梳是由离散等间距的频率线组成的光学频率梳,在本书第7章有详细介绍。Xu等使用孤子晶体产生光频梳,其提供光频梳的全部能力,可以集成,占地面积小。这种孤子晶体通过绝热泵浦波长扫描实现简单可靠的光频梳启动,这种易产生性和整体转换效率的结合使得孤子晶体适用于要求苛刻的应用,如光子神经网络。Xu等使用单个集成MRR的光量振荡产生光频梳,如图9.2.7所示。MRR是在COMS兼容的掺杂二氧化硅平台上制造的,半径592 μm,具有超过150万的高Q因子,其对应约48.9 GHz的自由光谱范围。该孤子晶体光频梳在通信C波段约36 nm范围内提供了90多个信道。

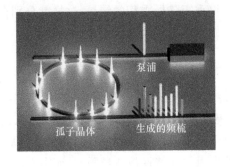
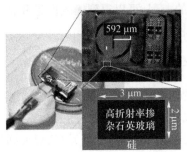

图 9.2.7 孤子晶体光频梳和微环谐振腔[24]

(2) 光频梳用于卷积计算的原理

Xu等通过图像数据矩阵、卷积核的展开等效地在光域进行了卷积计算,具体原理如图9.2.8所示。

① 将卷积核矩阵展开为一维核权重向量W,长度为R,通过光谱整形器将展开的核权重W的每个元素值映射到MRR产生的光频梳的每个频率分量的光功率上。

② 将图像数据矩阵展开成一维向量X,长度为L,按照该向量元素的顺序构造时序数字

信号,每一个码元代表一个向量元素,单个码元的持续时间为 τ,通过电光 MZM 调制到光频梳上,调制后得到了 W 中每个元素 W_i 与 L 长序列 X 点乘后的副本序列 W_iX,一共 R 个。

③ 调制后光信号通过等步长色散单模光纤进行时延,每个频率的延迟时间也刚好为 τ,因此 R 个加权副本序列 W_iX 将按照波长大小依次延时 τ。

④ 延迟后的光信号通过光电探测器(Photodetector,PD)进行检测,采集时域信号序列,由于 W_iX 按照等间隔延迟,PD 检测会对同一时间所有频率光功率进行求和,每一时间间隔(按 τ 取)内的检测结果刚好是核权重 W 与输入数据 X 的卷积结果。

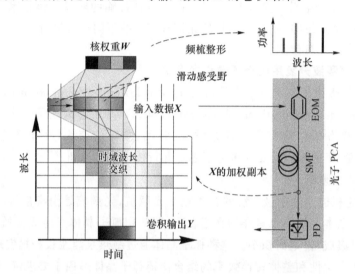

图 9.2.8　利用光频梳进行卷积计算的原理[24]

利用上述方法,按照一定顺序和规则展开卷积核与输入数据矩阵,可以得到任意步长下卷积核与输入数据的卷积结果。同时,如果令输入数据长度 L 等于核向量长度 R,则可以得到全连接神经网络层中输入向量和权重矩阵某一列向量的乘积,通过将光频梳分组,每一组频梳加载权重矩阵的一列,可以得到输入向量和整个权重矩阵做乘积的结果,这样就分别在该框架中实现光学卷积层和全连接层。

9.2.3　空间衍射光学系统

9.2.1 节和 9.2.2 节介绍了利用光波导传输构建光子神经网络的方案,光波导具有稳定传输、可集成的优势,但也有一些挑战,例如,基于可编程 MZI 的 ONN 受限于工艺和调控方式,很难扩展网络中节点(神经元)的规模到成千上万。虽然波导中可以通过波分复用、偏振复用等方式扩展传输容量用于计算,但是光子的自由传播特性被波导限制,而在自由空间的传播中,起点和终点之间的光传输本身就可以看成一种连接关系,分辨率极高,在波导中这种连接性被忽略。

因此,也有研究者利用光在自由空间传播的优势搭建基于空间衍射光学的光子神经网络。Lin 等提出的名为"衍射深度神经网络(Diffractive Deep Neural Network,D²NN)"的全光机器学习框架[20]是其中的代表性工作,这种全光深度学习框架是使用多层衍射表面在物理上构建的,神经元数量可达几十万,它们协同工作,在光学上执行神经网络可以统计学习的任意功能。随后,Yan 等对 D²NN 框架进行了优化,提出了傅里叶空间衍射深度神经网络(Fourier-space

Diffractive Deep Neural Network，F-D²NN)[22]，并用光折变晶体引入光学非线性，与 D²NN 相比，F-D²NN 的分类精度和稳健性都有显著提升。

1. D²NN

（1）空间衍射原理

D²NN 可以通过使用几个透射层和/或反射层物理地创建，其中给定层上的每个点都可以传输或反射入射波，代表一个人工神经元，通过光学衍射连接到下层的其他神经元，如图 9.2.9 所示，整个系统的工作原理如下所述。

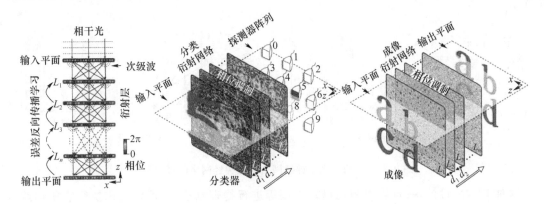

图 9.2.9　D²NN 的组成以及用于分类和成像的 D²NN 框架[20]

首先，平面相干光源照射在输入平面，根据惠更斯原理，输入平面的每一点作为波的次源，其振幅和相位由输入波与该点的复值透射或反射系数的乘积决定，通过在输入平面放置经过相位或振幅编码的填充材料便可以加载训练数据作为 D²NN 的输入。后面紧接着的都是 D²NN 的衍射层，与输入平面一样，衍射层上的每点（神经元）通过二次波与下一层的其他神经元相连，二次波的振幅和相位由前一层产生的输入干涉图案和该点的局部透射或反射系数调制。根据瑞利-索默菲尔德衍射方程，可以把给定 D²NN 层的每个神经元都看作由以下光学模式组成的波的二次源：

$$w_i^l(x,y,z) = \frac{z-z_i}{r^2}\left(\frac{1}{2\pi r} + \frac{1}{\mathrm{j}\lambda}\right)\exp\left(\frac{\mathrm{j}2\pi r}{\lambda}\right) \tag{9.2.4}$$

其中，l 代表网络的第 l 层，i 代表位于第 l 层(x_i, y_i, z_i)位置的第 i 个神经元，λ 是照射光波长，$r = ((x-x_i)^2 + (y-y_i)^2 + (z-z_i)^2)^{1/2}$，$j = (-1)^{1/2}$，次波的振幅和相对相位由输入神经元的波与其透射系数的乘积决定，两者都是复值函数。基于此，对于网络的第 l 层，(x_i, y_i, z_i)位置的第 i 个神经元的输出函数 n_i^l 可以写成

$$n_i^l(x,y,z) = w_i^l(x,y,z) \cdot t_i^l(x_i,y_i,z_i) \cdot \sum_k n_k^{l-1}(x_i,y_i,z_i) = w_i^l(x,y,z) \cdot |A| \cdot \mathrm{e}^{\mathrm{j}\Delta\theta} \tag{9.2.5}$$

$$m_i^l(x_i,y_i,z_i) = \sum_k n_k^{l-1}(x_i,y_i,z_i) \tag{9.2.6}$$

其中，$m_i^l(x_i,y_i,z_i)$是第 l 层第 i 个神经元的输入波，$|A|$ 为二次波的相对振幅，$\Delta\theta$ 为神经元的输入波及其传输系数使二次波遇到的附加相位延迟。这些次级波在各层之间绕射，相互干扰，在下一层的表面形成一个复杂的波，为神经元提供输入。神经元的透射系数由振幅项和相位项组成：

$$t_i^l(x_i,y_i,z_i) = a_i^l(x_i,y_i,z_i)\exp(\mathrm{j}\phi_i^l(x_i,y_i,z_i)) \tag{9.2.7}$$

每个神经元的相位和振幅是一个可学习的参数,在每一层提供复值调制,可以改善衍射网络的推断性能。衍射网络的输出通过最后一个衍射层传播到输出平面,在该平面使用光电探测器阵列接收衍射网络的计算结果场分布。

(2) 衍射神经网络的可训练参数

作为与标准深度神经网络的类比,如图9.2.10所示,可以将每个神经元的透射/反射系数视为乘法偏置项,该项是可学习的网络参数,在衍射网络的训练过程中使用误差反向传播方法迭代调整。经过这个数值训练阶段,确定了各层神经元的透射/反射系数,D^2NN 的设计得到固定。

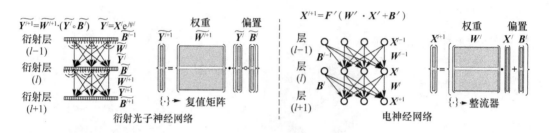

图 9.2.10　衍射光子神经网络与电神经网络的对比[20]

这种 D^2NN 设计,一旦使用 3D 打印、光刻等进行物理制造,就可以光速执行它所训练的特定任务,仅使用不需要功率的光学衍射和无源光学元件,从而创建一种高效快速地执行机器学习任务的方法。

2. F-D^2NN

在 D^2NN 的基础上,Yan 等将衍射调制层放在光学系统中的傅里叶平面上构建 F-D^2NN,用于全光图像处理。研究者证明,F-D^2NN 可以通过深度学习算法进行训练,用于光学显著性检测和高精度的目标分类。

F-D^2NN 的框架如图 9.2.11 所示,在相干光照明下,目标场景的复光场 U_0 通过一个 $2f$ 光学系统被傅里叶变换并传递到 D^2NN 的输入层,如式(9.2.8)所示:

$$\hat{U}_0 = FU_0 \tag{9.2.8}$$

F 是傅里叶变换矩阵。D^2NN 通过深度学习算法训练后,对输入光场在傅里叶空间中执行复变换,通过光学衍射,如式(9.2.9)所示逐层计算网络的输出光场:

$$\hat{U}_1 = \hat{M}\hat{U}_0 = \hat{M}FU_0 \tag{9.2.9}$$

这里的衍射层使用纯相位调制,因为相比复值调制它的物理实现简单,每一层可以近似为一个薄光学元件,连续层之间的距离决定了神经元的接收场。通过附加一个光折变晶体,在具有复激活函数 φ 的非线性材料中传输后的光场可以表示为

$$\hat{U}_2 = \varphi(\hat{U}_1) = \varphi(\hat{M}FU_0) \tag{9.2.10}$$

然后用另一个 $2f$ 光学系统将其傅里叶变换回真实空间,传感器测量输出平面上光场的强度分布为

$$O = |F\hat{U}_2|^2 = |F\varphi(\hat{M}FU_0)|^2 \tag{9.2.11}$$

在训练过程中,输入图像被编码到复场幅值 U_0 中,利用所建立的正演模型计算传感器测量值 O,然后用所建立的正演模型计算与基准真实目标值 O_{gt} 相关的误差。具有均方误差评

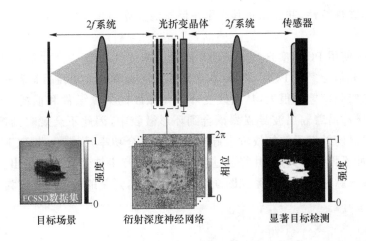

图 9.2.11　F-D²NN 的框架[22]

价准则的损失函数可以定义为

$$e(\hat{\boldsymbol{M}}) = \| \boldsymbol{O} - \boldsymbol{\Gamma}(\boldsymbol{O}_{gt}) \| \qquad (9.2.12)$$

$\boldsymbol{\Gamma}$ 表示由于使用两个光学傅里叶变换而反转坐标轴的运算符。由此产生的误差被反向传播,以迭代更新衍射神经网络的相位调制系数,并最终最小化损失函数。训练完成后,确定了 F-D²NN 结构和衍射调制系数,可物理加工出衍射层。

与真实空间 D²NN 相比,F-D²NN 框架通过结合双 2f 光学系统更自然地保持了空间对应性,这有助于那些需要图像到图像映射的任务。通过数值仿真,验证了该方法在高精度视觉显著性检测和目标分类中的有效性。类似于编码孔径成像技术,如相衬显微镜,该方法可以实现一个智能光学滤波器,并适应不同的成像系统,包括商业显微镜和相机。

9.2.4　非线性激活实现

ONN 实现的一大挑战是非线性运算,其原因在于光电子器件相比于电子器件实现非线性函数更加困难,并且所实现的非线性函数存在很多非理想特性。然而,神经网络中的非线性函数可以加快网络的收敛速度,提升识别准确率,已成为神经网络中不可缺少的组成部分。目前应用于 ONN 中的非线性一般可分为全光非线性和光电混合非线性。

① 全光非线性可以通过具有非线性效应的特殊材料实现,如饱和吸收体[18]、铁电薄膜[22]、相变材料[23]等。全光非线性的优点是几乎不损失计算速度或损失极小,而且不需要额外的控制,但光学非线性所需的能量往往较大,能量开销增加,大规模扩展时可能需要光放大设备,从而增加系统复杂度。

② 光电混合非线性在光电转换后使用电子器件实现非线性[32],手段灵活易于控制,但光电转换会损失全光计算的速度优势。

1. 全光非线性方案

(1) 饱和吸收体

早期研究较多的全光非线性运算元件是饱和吸收体,其随着入射脉冲峰值功率增加,吸收系数逐渐减小,使得光透过率增大。饱和吸收体的传输特性曲线可以作为神经网络中的激活函数。1967 年,Selden[33]通过仿真得到了饱和吸收体的传输特性曲线,利用该曲线可以近似模拟神经网络中运用广泛的非线性函数。在 Seldon 模型被提出之后,研究人员进一步研究了饱和吸收体的非线性特性,并尝试将其应用在储备池计算的非线性部分[34]。

(2) 相变材料

Feldmann 等使用 PCM 实现光子脉冲神经元的非线性功能[23]。如图 9.2.12(a)所示,前级整合后的复用光信号经过 PCM,PCM 状态随输入光功率的大小在晶态和非晶态之间切换,不同状态对光的吸收率差异很大,从而改变环形谐振腔的共振条件和损耗。当 PCM 处于晶体状态时,探测脉冲沿着输出波导强烈耦合到环形微腔中,因此不会观察到神经元的输出脉冲。如果来自突触前神经元的加权输入脉冲的瞬时组合功率足够高,将 PCM 转换为非晶体状态,则探测脉冲不再与环共振,并将通过环传输,从而产生神经元脉冲输出。光脉冲神经元的传输特性随输入脉冲能量的关系如图 9.2.12(b)所示,开关的最大对比度为 9 dB。

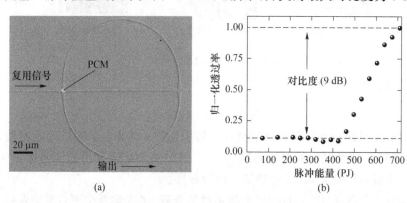

图 9.2.12　带 PCM 的环形谐振腔用于神经元非线性激活[23]

(3) 光折变晶体

Yan 等在提出的 F-D²NN 中使用光折变晶体实现非线性[22]。F-D²NN 中利用相干光作为能量源,产生复光场传播,并进行复值光学计算。通过使用光折变晶体实现关于强度变化的非线性相位调制,从而创建复杂激活函数。光折变效应导致这种类型的光学非线性响应比其他光学非线性效应(如克尔效应)强得多。光折变晶体开启非线性效应所需的入射光强仅在～$0.1\,\mathrm{mW/mm^2}$ 范围,其响应时间取决于入射光强。

(4) 激光器

在光子神经拟态集成光路中,研究者使用激光器作为非线性处理单元[35],其可以模拟漏整合发放神经元的动力学行为[36]。在图 9.2.13(a)所示的激光器神经元中,当邻近脉冲的总能量超过阈值时,神经元会产生一个激发脉冲;当一段时间内输入脉冲的能量低于阈值时,神经元会保持静息状态不产生任何脉冲,如图 9.2.13(b)所示。同时此类神经元还存在不应期效应,不应期是指神经元在发放脉冲后,需要弛豫时间使神经元的膜电位恢复到静息状态,然后才能继续发放脉冲,在这段恢复时间神经元受到超过阈值的刺激也不能再发放脉冲。

2. 光电混合非线性

Williamson 等提出了一种光电混合可控的非线性运算模块[32],其基本结构如图 9.2.14所示。该模块由定向耦合器、延时线、MZI、光电二极管、放大器、偏置电压源以及电传输模块组成。输入的光信号携带有线性计算结果,通过定向耦合器分成两路,一路通过延时线传递至MZI 的输入臂,另一路通过光电二极管转化成电信号在电域上经过相应处理后与偏置电压一起控制 MZI 上移相器的相位,最后干涉结果从 MZI 的一臂输出。通过调节移相器的电压可以改变实现的非线性函数,因此该模块具有可重构性。

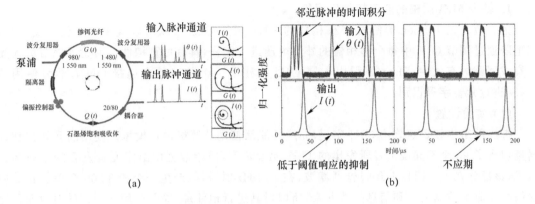

图 9.2.13　激光器神经元的激活特性和不应期效应[36]

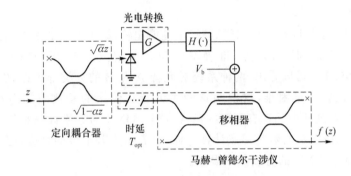

图 9.2.14　光电混合的非线性运算模块[32]

9.3　光子神经网络

9.2 节介绍了几种典型 ONN 的核心技术原理,它们或使用波导传输,或在自由空间传播,或使用单波长相干光,或使用多波长进行复用,最终都实现神经网络中神经元的加权和整合功能,再辅以非线性构造 ONN。

本节先根据典型的人工神经网络分类——全连接神经网络、卷积神经网络、循环神经网络(储备池)和脉冲神经网络对它们的具体方案进行分析,包括计算速度、功耗,以及各方案本身的优势或缺陷。然后,对 ONN 的训练方法进行介绍。因为光子难以存储,应用广泛的反向传播算法难以直接移植于 ONN 的训练上,所以需要更有效的 ONN 训练方案,这将是未来的一个研究重点。最后,本节对 ONN 的发展进行展望,认为光电混合的光子 AI 处理器将是未来最有前景的应用之一。

9.3.1　全连接神经网络

全连接神经网络是最简单和应用广泛的一种神经网络,其计算能力主要来源于层间的矩阵向量乘法运算。基于硅基 MZI 的光学干涉单元(Optical Interference Unit,OIU)和基于空间光学的层间衍射都可以高效地实现光学矩阵向量乘法,从而在此基础上实现全连接的光子神经网络。

1. 基于 MZI 网格的全连接神经网络

上一节介绍了 Shen 等使用 MZI 构建的 OIU，两层 OIU 级联可以实现一个任意实矩阵，该矩阵通过调节 OIU 中每个移相器的外加电压进行编程，具有可重构性。为验证该可编程光子集成回路的有效性，Shen 等利用 4 层 OIU 构建了一个两层的全连接 ONN，然后使用该 ONN 进行元音字母识别。

（1）实验设置

神经网络中权重矩阵由 OIU 实现，非线性激活使用计算机进行模拟。使用的元音识别数据集包含了 90 个不同说话者所发出的 11 个元音音素，原始数据由给定元音发音的稳态部分组成，该部分在 4.7 kHz 时经过低通滤波，在 10 kHz 时采样，产生一个约 3 000 个单位长的振幅信号。原始数据大小和信息显著冗余，所以对其进行预处理，提取可用于识别的对数面积比信息用于训练和测试。

（2）测试结果

训练后的 ONN 与传统 64 位计算机进行了性能比较，结果如图 9.3.1 所示。在 180 个测试样本中，ONN 正确识别了 138 个，准确率为 76.7%，传统 64 位计算机准确率为 91.7%（165/180）。从图 9.3.1 可以看出，两种系统对元音 A 和 B 的分类都很好，但是 64 位计算机对 C 和 D 的分类也有一定困难，这说明这两个元音在使用的参数空间中相对接近。由于 ONN 分辨率有限，对这两个元音有更多的错误分类。ONN 与数字计算机结果的差异主要由两者计算分辨率差异造成，与数字浮点计算一样，值表示为若干位的精度，有限的动态范围和光强中的噪声导致了 ONN 的有效截断误差。

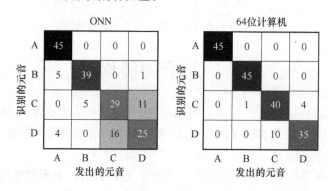

图 9.3.1　ONN 和 64 位计算机分别进行元音识别的相关矩阵[18]

（3）噪声、计算速度、功耗分析

① 噪声误差

ONN 的计算分辨率受到实际非理想条件的限制，包括干涉仪中移相器之间的热串扰、光耦合漂移、光学相位设置的有限精度、光探测噪声、有限的光探测动态范围。在该实验装置中，光探测和相位编码是主要的误差来源。

② 计算速度

假设 ONN 有 N 个节点，实现 m 层 $N \times N$ 矩阵乘法，并以典型的 100 GHz 光探测速率工作，对应于 1 秒 10^{11} 次 N 维矩阵向量乘法。传统计算机需要 $2N^2$ 次操作才能完成每一个矩阵乘积，所以每秒匹配 ONN 的操作数（FLOP）将由式（9.3.1）给出：

$$R = 2m \times N^2 \times 10^{11} \text{ FLOP} \tag{9.3.1}$$

若 $m=2$，$N=4$，则 ONN 可以实现 6.4 TOPS 的计算速度。

③ 功耗

此硅基光子芯片中维持相位调制器设置，平均每个调制器只需要 10 mW 的功率。在未来的实现中，相位可以用非易失的相变材料来设置，这将不需要电力来维持。对于该 ONN 架构，如果回路级的传播损耗可以忽略不计（约为百分之几），并且忽略电域和光域之间转换的功率要求，则 ONN 的功率消耗主要是支持光学非线性所需的功率（需要将传入信号放大到这个功率级别）。

假设可饱和吸收体的饱和功率为 p MW/cm^2（普通材料 $p \approx 1$），波导的截面为 $A = 0.2\ \mu m \times 0.5\ \mu m$，则系统运行所需的总功率为

$$P = N \times p \times A \approx N\ \text{mW} \tag{9.3.2}$$

因此，每次操作的能量消耗为

$$R/P = 2m \times N \times 10^{14}\ \text{FLOP/J} \tag{9.3.3}$$

即使是小规模的 ONN，计算功率效率也比当前 GPU 和 CPU（$R/P \approx 10^{12}$ FLOP/J）高几个数量级。目前的架构假定光在被探测器吸收之前只在系统中通过一次，还可通过回收光来提高效率。

（4）架构优势

与最先进的电子计算机架构相比，该 ONN 架构利用了高检出率、高灵敏度的光子探测器，使高速、高效能的神经网络成为可能。所有的参数在 OIU 训练和编程后，前向传播计算就在无源系统上通过光学方式执行。与电子数字计算机相比，ONN 的延迟（从接收输入信号到计算推理结果所需的时间）要低得多，这对于需要快速响应的应用（如自动驾驶）非常有用。

2. 基于衍射光学的全连接神经网络

D^{2}NN 将衍射层的每个点作为神经元，因此在神经元规模上可以很容易扩展到几十万，同时神经元的连接密度可以通过层与层的间距进行控制，连接数可以达到上亿，海量的神经元和丰富的连接赋予了 D^{2}NN 强大的处理能力。

为了演示 D^{2}NN 的性能，训练后的 D^{2}NN 执行了三个机器学习任务[20]：两个分类任务和一个成像任务，分别是手写数字识别（MNIST 数据集）、时尚产品分类（Fashion MNIST 数据集）以及图像成像。

（1）分类任务设置和测试结果

在分类任务中，衍射层的物理结构和设置保持一致，具体设置如下：设计打印 5 个衍射层，层中神经元的尺寸是 400 μm，每个衍射层的面积是 8 cm×8 cm（200×200 ＝ 4 万个神经元），连续层的轴间距为 3 cm，在该间距下，每个神经元的衍射场可以扩散到下一层的每个位置，因此构建了连续层之间的全连接（200×200×200×200 ＝ 16 亿连接数），因此整个衍射网络共有 20 万个神经元、80 亿个连接。

衍射层实物按照仅进行相位调制设计出来，在训练阶段使用 sigmoid 函数将每个神经元的调制相位限制在 0～π，经过仿真训练后 5 个衍射层的相位分布如图 9.3.2(a)所示，3D 打印出的实物图如图 9.3.2(b)所示。

大量的神经元及其连接提供了很大的自由度来训练输入振幅（手写数字识别）或输入相位（时尚产品分类）与输出强度之间所需的映射函数。对于手写数字识别，在数值测试成功的图像中选择了 50 个进行 3D 打印测试，实验识别准确率为 90%，在 10 000 个数值测试识别中，5 层的 D^{2}NN 分类准确率达 91.75%；对于时尚产品分类，在数值测试成功的图像中选择了 50 个进行 3D 打印测试，实验识别准确率为 90%，在 10 000 个数值测试识别中，5 层的 D^{2}NN 分

类准确率达 81.13％。另外，D²NN 框架有类似 Lego 的物理迁移学习行为，可以通过向已经存在的 D²NN 添加新的衍射层或在某些情况下通过剥离（即丢弃）一些现有层来进一步改进其推理性能，训练要添加的新层以改进推断能力。在现有的 5 层 D²NN 设计的基础上，添加 2 层的迁移学习层，可以将 MNIST 分类精度提高到 93.39％。对于 Fashion MNIST 分类，添加 5 个迁移学习层，分类精度提高到 86.6％。

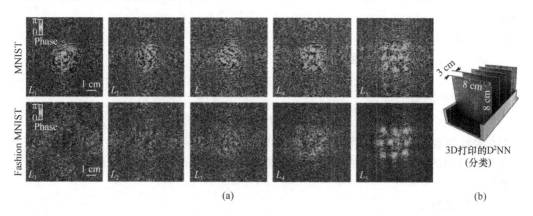

图 9.3.2　用于分类的多层相位掩膜和 3D 打印实物[20]

（2）成像任务设置和测试结果

对于成像任务，也使用了 5 个衍射层，每个神经元尺寸为 300 μm，衍射层面积为 9 cm×9 cm（300×300＝9 万个神经元，一共 45 万个神经元），连续层轴间距为 4 mm，在该间距下，连接数会大大减小（小于 1 亿），使用 sigmoid 函数将每个神经元的调制相位限制在 0～2π，训练阶段使用 ImageNet 数据集对衍射层进行了训练，经过训练后的 5 个衍射层的相位分布如图 9.3.3(a)所示，3D 打印出的实物图如图 9.3.3(b)所示。经过盲测，训练后的 D²NN 能在其输出平面上分辨出 1.2 mm 的线宽。

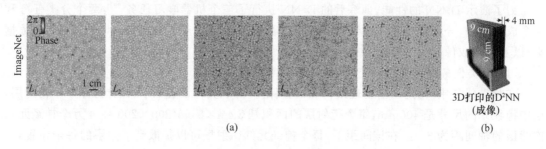

图 9.3.3　用于分类的多层相位掩膜和 3D 打印实物[20]

（3）D²NN 的特点和潜在应用

由于光学系统的并行计算能力和功率效率，在人工神经网络中实现全光学习是有希望的。与以前基于光电子学的学习方法相比，D²NN 框架提供了一个独特的全光学深度学习引擎，使用无源组件和光学衍射以光速高效运行。D²NN 的一个重要优势是，可以使用各种高通量和大面积的 3D 制造方法（如软光刻、加性制造）以及宽视场光学元件和检测系统轻松地进行扩展，以一种可扩展且节能的方式经济高效地连接数千万到数亿个神经元和几千亿个连接。例如，D²NN 与无透镜片上成像系统的集成可以为这个具有成本效益和便携性的平台提供极高的并行能力。这种大规模的 D²NN 可以用于各种应用，包括图像分析、特征检测、对象分类，并且还可以使新的显微镜或相机设计能够使用 D²NN 执行独特的成像任务。

9.3.2 卷积神经网络

卷积神经网络及其应用正在渗透到我们生活的方方面面,从自动驾驶汽车到人脸识别,再到医学诊断。这些复杂的模型需要以前无法估量的电力需求,使得某些用途不切实际或不可能实现,尤其是在嵌入式系统中。将卷积计算用光学计算替代,可以大大提高处理速度、减小能量开销,同时光学计算相比电子计算具有更低的延迟,在需要快速决策的应用中发挥重要作用。本节对基于光频梳的光学卷积神经网络、基于光散射单元的光学卷积神经网络和基于 $4f$ 系统的混合光电卷积神经网络进行介绍。

1. 基于光频梳的光学卷积神经网络

上一节我们介绍了基于光频梳的光子卷积加速器(Photon Convolution Accelerator,PCA),其对不同频率的光进行调制,实现对输入数据的加权,再通过色散延迟匹配输入数据的码元持续时间,最终实现光学乘积累加运算(Multiply Accumulation Calculation,MAC)。通过设计权重向量和输入数据的长度,可以实现卷积和矩阵向量乘法。

Xu 等利用该 PCA 完成了两个任务:第一,使用 10 个不同卷积核对 500 像素×500 像素大小的图像进行卷积处理,运行速度高达 11.3 TOPS;第二,搭建光学卷积神经网络,对 30 像素×30 像素大小的手写数字图像进行了识别,识别准确率达 88%。

(1) 11.3 TOPS 卷积处理任务

① 实验设置

在 C 波段使用了 FSR 约为 48.9 GHz 的 90 根光频梳,将其分成了 10 组,每一组 9 根频梳,代表一个展开的 3×3 卷积核,卷积核通过光谱整形映射在 90 根频梳的光功率上。500 像素×500 像素的图像被展开为一维向量 X(1×250 000)并进行量化编码,使用任意波形发生器和 EOM 进行调制,波形发生器使用 62.9 Gbaud 的调制速率,调制信号的每个码元对应一个像素,码元持续时间为 15.9 ps。紧接着被调制后的光频梳信号经过标准单模光纤(色散为 17 ps/(nm·km)),长度为 2.2 km,相邻加权波长副本信号之间的相对时间漂移为 15.9 ps,与数据码元持续时间匹配。渐进延迟后的加权波长副本信号经过信号放大后被解复用,按照卷积核的分组规则分成 10 个通道,每一个通道的 9 个波长信号对应一个卷积核。最后分别对 10 个通道进行光电检测,得到输入数据(500 像素×500 像素)与 10 个卷积核(3×3)分别进行卷积的时域信号,通过模数转换和逆展开,可以还原出被卷积处理后的图像。例如,3 个具有不同功能卷积核的处理结果如图 9.3.4 所示。

② 计算速度

整个卷积过程的计算速度(吞吐量 T)可以由式(9.3.4)计算:

$$T = 10 \times (2 \times 9 \times 62.9) = 11.3 \text{ TOPS} \tag{9.3.4}$$

PCA 充分利用了时间、波长和空间复用,其中卷积窗口以每秒 629 亿码元的调制波特率有效地在输入向量 X 上滑动。每个输出码元是 9 个(卷积核的长度)MAC 操作的结果,操作数为 2×9,因此每个卷积核的计算速度为 2×9×62.9=1.13 TOPS,10 个卷积核并行运行,因此整个 PCA 的计算速度为 10×1.13=11.3 TOPS。

(2) 手写数字识别任务

① 实验设置

Xu 等用 PCA 构建光学卷积神经网络进行手写数字图像识别,该卷积神经网络包含一个光学卷积层、一个电池化层、一个光学全连接层,如图 9.3.5 所示。待识别对象是 MNIST 数据集（28 像素×28 像素）填充而来的 30 像素×30 像素图像，每张图像被展开为一维向量 $\boldsymbol{X}_{\mathrm{conv}}$（1×900）。光学卷积层使用了 3 个卷积核，每个卷积核大小为 5×5，被展开成 3 个核权重向量（1×25），实验中使用 75 根频梳来构造这三个卷积核。在原始的卷积设定中，水平步长设为 1，垂直步长设为 5，因此单个卷积核对一张图像卷积后得到一个 6×26 大小的特征矩阵，3 个卷积核并行处理后得到 6×26×3 大小的特征矩阵。得到的卷积结果通过 PD 采集后再经模数转换传给电子计算机，电子计算机进行池化处理，得到 6×4×3 大小的特征矩阵。该特征矩阵被一维展开作为电输入信号矢量 $\boldsymbol{X}_{\mathrm{FC}}$（1×72），接着对 72 根频梳分别加载全连接层权重矩阵 $\boldsymbol{W}_{\mathrm{FC}}$（72×10）的每一列 $\boldsymbol{C}_{\mathrm{FC}}^{\Omega}$（$i=1,2,3,\cdots,10$），最后通过解复用和 PD 检测得到图片的预测结果。

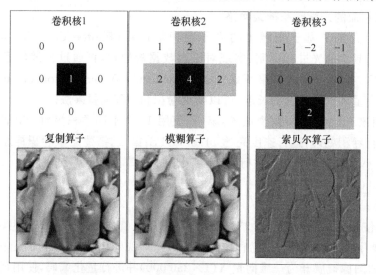

图 9.3.4　不同功能卷积核和对应的卷积处理结果[24]

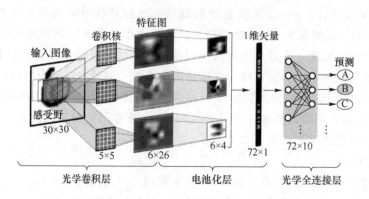

图 9.3.5　利用 PCA 构建的光子卷积神经网络[24]

② 测试结果

全连接层中的权重是通过计算机离线进行预训练的，采用反向传播算法进行权重的更新，测试的 50 张图片的识别准确率为 88%，在电子计算机上的数值结果为 90%，更多的 500 张图片测试结果也基本相同，理论为 89.6%，实验为 87.6%。该光学卷积神经网络的识别率接近理论精度，说明系统中光电噪声和光学失真对网络性能的影响较小，网络具有较好的稳健性。

2. 基于光散射单元的光学卷积神经网络

西湖大学 Qiu 等提出了一种基于光学散射单元（Optical Scattering Unit，OSU）的 ONN

集成框架[27]。OSU 是一个集成的纳米光子学计算单元,由一个具有纳米图案耦合区的多模干涉耦合器组成,如图 9.3.6(b)所示,纳米图案使光散射在一个小的耦合器区域并增加了自由度,该纳米图案可通过逆向设计方法进行优化,实现酉矩阵变换。

(a) 光学酉矩阵   (b) 相干OSU

图 9.3.6　相干 OSU 实现光学酉矩阵[27]

(1) OSU 并行卷积

通过将卷积核和输入图像展开为一维向量,再堆叠多个卷积核向量为一个核矩阵,可以通过 OSU 进行多个卷积核与输入数据的并行卷积计算,如图 9.3.7 所示。

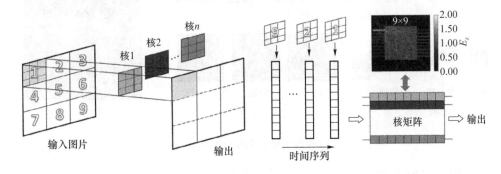

图 9.3.7　OSU 并行卷积原理[27]

(2) 基于 OSU 的光子卷积神经网络

为测试 OSU 用于卷积计算的性能,研究人员设计结构如图 9.3.8 所示的光子卷积神经网络。其使用了两个 OSU 卷积层,卷积核大小均为 3×3,每个卷积层后使用电域仿真进行池化,第二次池化后将特征展开成向量后再使用一个电域全连接层做分类。对于 5 000 张 MNIST 图像数据进行分类的任务,所提出的光子卷积神经网络可达到97.1%的准确率,与64位计算机的准确率相当(97.3%)。

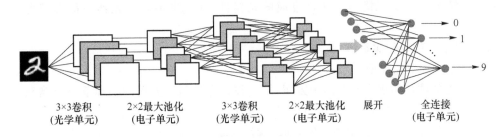

3×3卷积　　2×2最大池化　　3×3卷积　　2×2最大池化　　展开　　全连接
(光学单元)　(电子单元)　　(光学单元)　(电子单元)　　　　　　(电子单元)

图 9.3.8　基于 OSU 的光子卷积神经网络结构[27]

3. 基于 4f 系统的混合光电卷积神经网络

Chang 等提出一种使用“4f”系统在傅里叶空间进行卷积处理的混合光电卷积神经网络架构[21]。该光学卷积层具有一个可优化的相位掩模,该相位掩模利用线性的、空间不变的成像系统执行固有卷积。“4f”系统结构如图 9.3.9(a)所示,由两个凸透镜组成,每个凸透镜的焦距为 f,完成两个傅里叶变换的级联。由于输入和输出图像平面之间的距离为 4f,因此得名"4f"系统。这种系统的傅里叶平面可以在幅度和相位上进行调制,类似于信号处理中的带通滤波器,它可以改变系统的点扩散函数。在输入平面,数字微镜设备(Digital Micromirror Device,DMD)用于投影测试图像,多个卷积核没有像标准卷积层(如图9.3.9(b)所示)一样堆叠起来,而是在二维平面平铺,如图9.3.9(c)所示。卷积核被编码在相位掩模上,在傅里叶空间与输入图像进行卷积,卷积后的输出图像也会在二维平面上铺开,在输出平面被相机传感器接收。经过相位掩模的优化,对标准CIFAR-10数据集进行分类测试,可以达到70.1%的测试精度。

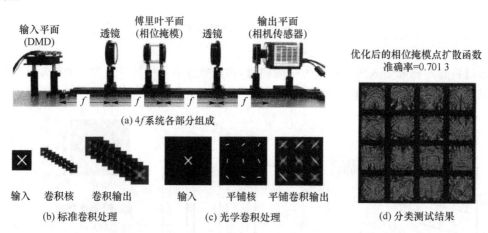

图9.3.9 4f系统光学卷积设计和分类测试结果[21]

9.3.3 储备池计算

在4.3.4节中对储备池的基本原理进行了介绍,储备池的核心思想是利用一个储备池替代传统神经网络的中间层,并且输入层到储备池的输入连接权和储备池的内部连接权均随机生成并保持不变,这样的方案同样适用于光学储备池。

光学储备池主要朝着更高速、更低功耗和更易于集成的方向发展。从更高速的角度来看,研究主要集中在如何使整个信息处理过程更多地在光域中进行;从更低功耗的角度来看,研究主要集中在如何找到更适合作为储备池计算非线性节点的无源器件;从更易于集成的角度来看,研究主要集中在如何找到更适合集成的光器件,其中半导体激光器是最有潜力的选项之一。

1. 光储备池的硬件实现方案

(1) 大量物理节点类型

光储备池的硬件实现主要有两种方案,第一种方案是利用大量的物理节点充当储备池中的节点。其中,构成物理节点的光学器件可以是有源的,也可以是无源的。

2011年,Kristof等[37]利用半导体光放大器(Semiconductor Optical Amplifier,SOA)搭建了一个81节点的旋流拓扑结构的光储备池,在相干光的条件下,测试带有噪声的孤立数字识别的平均误差率为4.5%(使用泄露神经元的传统储备池的错误率为7.5%),但是SOA属于有源器件,不利于储备池的集成。

2013年,Charis[38]等以谐振腔的非线性响应为基础,建模了25节点的无源储备池,可以实现高达8位的数字模式识别,处理速度可达160 Gbit/s。

2014年,Kristof等[39]利用MMI实现了硅光子无源储备池的集成,芯片大小为16 mm²,

其内部结构如图 9.3.10 所示。信号的分裂和耦合通过 MMI 来实现,每个 MMI 的耦合损耗为 5~6 dB,16 个 MMI 节点构成的旋流拓扑保证了储备池内部有足够多的反馈回路。MMI 通过螺旋线状的半径约为 40 μm 的浅刻蚀波导连接,每个螺旋线的损耗为 1.2 dB,总长度为 2 cm。因为储备池内部的 MMI 不是非线性器件,所以光探测器需要提供储备池所需要的非线性。该芯片可以实现任意布尔逻辑运算以及 5 位的表头识别,处理速度高达 12.5 Gbit/s。另外,可以通过降低螺旋线的长度进一步减小芯片的体积、提升处理速度,不过这需要更高速的探测器。

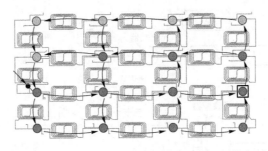

图 9.3.10　MMI 构建的储备池[39]

除此之外,2018 年 J. Bueno 等[40]利用空间光调制器(Spatial Light Modulator,SLM)和衍射光学单元(Diffractive Optical Element,DOE)等器件实现了类似储备池的循环神经网络,如图 9.3.11 所示。SLM 中有许多独立的单元,每一个单元都可以受电信号或光信号的控制,进而对照射在其上的光进行调制。SLM 的每一个单元可以看作储备池的一个节点,储备池的内部连接的权重通过 DOE 实现,这样构建的储备池的节点可达 2 025 个。

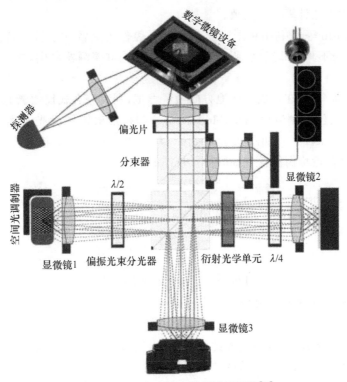

图 9.3.11　SLM 构建循环神经网络[40]

（2）延迟反馈类型

第二个方案是用单个非线性节点加延迟反馈环实现储备池。2012年，Francois 等[41]搭建了一种全光的储备池，如图 9.3.12 所示。任意波形发生器（Arbitrary Waveform Generator，AWG）产生的数据信号通过 MZM 加载到超辐射发光二极管（SLED）产生的非相干光上，信号的强度由光衰减器控制，储备池所需要的非线性由 SOA 提供，波分复用器用于选择接近SLED 最大发射和 SOA 最大增益的波长带。该方案的优势在于信息的处理在光域进行，可以进一步提高处理速度，但是仍然受到示波器采样速率的限制。

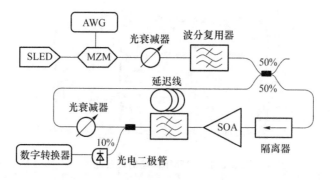

图 9.3.12　全光储备池[41]

类似的，2013 年，Daniel 等[42]利用半导体激光器作为非线性器件构建储备池，同时支持信息的电输入和光输入，处理速度可达 1 Gbit/s。

为了进一步减少系统的功耗，2014 年 Antoine 等[43]利用无源的半导体饱和吸收镜（Semiconductor Saturable Absorber Mirror，SESAM）作为非线性器件实现了全光储备池，这有利于超低功耗储备池计算机的实现。

2015 年，Quentin 等[44]利用相干光驱动的无源腔作为无源非线性器件搭建了全光储备池，由于无源腔本身不具有非线性，所以非线性还是由光电探测器提供，这一结构同样在功耗方面具有优势。

2018 年，Kosuk 等[45]在集成储备池方向做了尝试，利用分布式反馈激光器（DFB Laser）、半导体光放大器、相位调制器（Phase Modulator，PM）、反射镜构成光子集成单元（Photonic Integrated Component，PIC），如图 9.3.13 所示，然后以 PIC 为核心搭建光学储备池，在时间序列预测和非线性信道均衡任务中都取得了较好的效果。

图 9.3.13　光子集成单元[45]

2. 光储备池计算未来研究方向

光储备池可以利用各种非线性实现，但是仍有许多问题需要研究。例如：什么样的非线性适合处理什么样的任务还没有定论；光的传播模式和极化特性也可以增加储备池节点状态的多样性，例如，光在光子晶体、带缺陷的波导中传播时会有丰富的模式，如何利用这些模式提高储备池的性能还需要进一步的研究；如何改进预处理和后处理过程，实现可在线训练的光储备池计算也是未来的研究方向之一。

9.3.4　脉冲神经网络

脉冲神经网络模拟生物神经网络实现智能,其存算一体,具有低功耗、高稳健性、高效并行、自适应等特点,使用光子技术构造脉冲神经网络,功耗和处理速度可以进一步提升。本节将对基于 MRR 权重库的脉冲神经网络和基于 PCM 的全光脉冲神经网络进行介绍。

1. 基于 MRR 权重库的脉冲神经网络

Tait 等使用广播加权方法连接脉冲神经元进行相互通信,从而构建了一个与 CTRNN 同构的光子神经网络[19]。

(1) CTRNN 模型

CTRNN 模型可由一组通过权重矩阵耦合的常微分方程来描述:

$$\frac{\mathrm{d}s(t)}{\mathrm{d}t} = Wy(t) - \frac{s(t)}{t} + w_{\text{in}}u(t) \tag{9.3.5}$$

$$y(t) = \sigma[s(t)] \tag{9.3.6}$$

其中,$s(t)$ 是时间常数 τ 的状态变量,W 是循环权重矩阵,$y(t)$ 是神经元输出,w_{in} 是输入权重,$u(t)$ 是一个外部输入,σ 是与每个神经元相关的饱和传递函数。信号 u 和 y 在物理上表示为不同光载波波长的功率包络。W 和 w_{in} 的权重元素通过可重构 MRR 滤波器网络实现。神经元传递函数 σ 由 MZM 的正弦波电光传递函数实现。神经元状态 s 是施加在 MZM 上的电压,其时间常数 τ 由电子低通滤波器确定。

(2) 硅光子 CTRNN 的性能测试

① 振荡动力学

通过比较实验系统中诱导的动态跃迁(又称分岔)与 CTRNN 模型预测的分岔来实验证明该系统具有神经拟态功能。实验观察到一个 Cusp 分岔、稳定态和振荡态之间的 Hopf 分岔,如图 9.3.14 所示。虽然光电器件中的振荡动力学早已被研究,但这项工作依赖于配置一个模拟光子网络,该网络原则上可以扩展到更多的节点。这意味着 CTRNN 衡量指标、模拟器、算法和基准可以应用于更大规模的神经拟态硅光子系统。

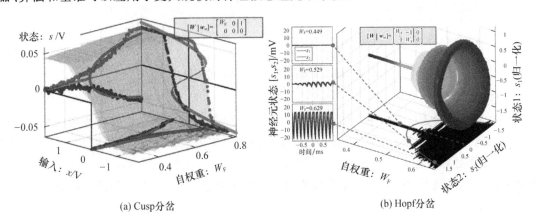

(a) Cusp 分岔　　　　　　　　　　　(b) Hopf 分岔

图 9.3.14　光子脉冲神经网络模拟振荡动力学[19]

② 微分方程求解

为了说明这一含义的意义,研究者模拟了 24 个调制器的硅光子 CTRNN 求解微分方程问题。该系统通过使用现有的神经编译器进行编程,并与解决同一问题的传统 CPU 进行基准测试,所选的基准问题是求解一个洛伦兹吸引子,它由没有外部输入的三个耦合常微分方程组成的系统来描述:

$$\begin{cases} \gamma \dot{x}_0 = v_* (x_1 - x_0) \\ \gamma \dot{x}_1 = -x_0 x_2 - x_1 \\ \gamma \dot{x}_2 = x_0 x_1 - \beta(x_2 + \rho) - \rho \end{cases} \tag{9.3.7}$$

其中,x 是仿真状态变量,γ 是时间缩放因子。当参数被设置为 $(v, \beta, \rho) = (6.5, 8/3, 28)$ 时,吸引子的解是混沌的。由于这两个模拟器的实现方式不同,因此无法基于等效的衡量指标对它们进行比较,然而时间比例因子将物理真实时间与虚拟仿真时间联系起来,在虚拟仿真时间中可以进行直接比较,结果显示,硅光子 CTRNN 比 CPU 快 294 倍。在硅光子芯片上实现这个网络需要 24 个波长、24 个调制器和 24 个 MRR 权重库,总共 576 个 MRR 权重。

2. 基于相变材料的全光脉冲神经网络

(1) 全光脉冲神经元的网络扩展

Fledmann 等在成功演示了单神经元神经突触系统的功能后,还开发了一种将这些人工神经元连接成更大网络的方法,实现了一种可单独寻址、光子层互连的体系架构[23],如图 9.3.15 所示。

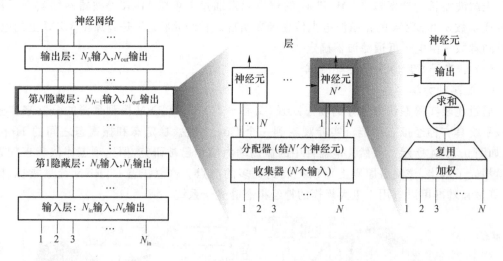

图 9.3.15 全光脉冲神经网络的扩展方式[23]

① 网络结构

整个网络由输入层和输出层组成,输入层和输出层通过 N 个隐藏层进行光学连接。每个隐藏层都将前一层的输出作为输入,并将其输出传递给下一层。输入层是通向现实世界的光接口,接收要处理的数据并将其分到网络中的下一层。网络的单层由一个收集器、一个分配器和它的神经突触元件组成。采集器收集前一层的所有输出,然后由分配器平均分配给该层中的 N 个神经元。

② 神经元工作方式

光子神经元自身的工作方式如下所述:一个相位变化突触对输入进行加权,一个波分复用器建立总和,然后传递给激活单元,由激活单元决定神经元输出脉冲是否被传输。在这种结构中,每一层都用它自己的波导进行光学寻址,以产生探测信号。因此,该层中的光功率不受来自前一层的发射光响应的限制。当使用上述方法时,不需要波导交叉来分配信号给神经元,从而防止串扰和损耗。因为输出脉冲是为每一层单独产生的,所以在随后的层上也没有累积误差和信号污染。

(2) 单层光子脉冲神经网络

① 实验装置

一个单层的完整光子脉冲神经网络结构如图 9.3.16(a)所示。网络由 4 个神经元组成,每个神经元有 15 个突触,整个装置由 140 多个光学元件组成,单个光子神经元的光学显微照片如图 9.3.16(b)所示。从图 9.3.16(a)中可以看出,该单层网络由分配器(上排环)、突触(环谐振腔之间每个神经元 15 个)、求和复用器(第二排环)和激活单元(大环型谐振腔)组成。

② 网络工作原理

所有的输入模式通过图 9.3.16(b)中"In"光栅耦合器发送,并通过分配器平均分配给四个神经元,在解复用和加权后,它们将使用多路复用器求和,并发送到由带有 PCM 的交叉处的大环形谐振腔组成的激活单元。神经元的状态可以通过端口"P1"和"O1"之间的传输测量来观察。为了设置权重,一个额外的端口被添加到每个神经元(神经元 1 为"W1"),该端口被定向耦合器连接到携带加权和的波导上。分配比例设置为 80:20,其中 80% 的输入发送到激活单元。通过此附加端口,可以分别选择相应的谐振波长来设置所有突触。

③ 模式分类测试

对该网络进行训练后,网络能够区分 4 个 15 像素的图像,这里代表 4 个字母 A、B、C 和 D。所有 4 个输出神经元只在对应的显示模式才被激活,如图 9.3.16(c)所示:神经元 1 只有在显示模式 A 时才会被激发,神经元 2 只对模式 B 作出反应,依此类推。

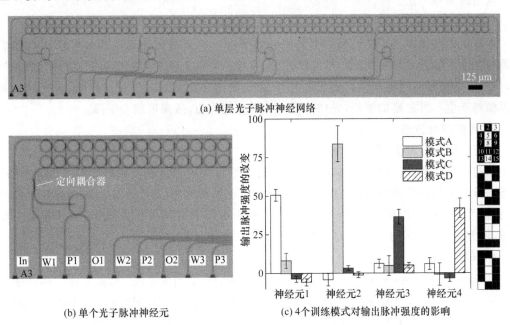

(a) 单层光子脉冲神经网络

(b) 单个光子脉冲神经元

(c) 4个训练模式对输出脉冲强度的影响

图 9.3.16 单层光子脉冲神经网络的结构及模式分类能力[23]

(3) 网络分析

① 耐久性

在这种结构的全光实现中,所有神经元的 PCM 单元都需要在每个脉冲事件后重新结晶。

因此,操作周期的数量最终受到 PCM 单元的耐久性的限制。虽然在耐久性实验中单个 PCM 器件已经显示出 10^{12} 个开关周期,但是对于高速和长期的开关操作,在材料设计和器件工程方面还需要进一步的改进。

② 学习能力与适应性

如上所述设计和实现的光子神经网络能够执行简单的模式识别任务,并且能够适应特定的模式。当使用波导反馈回路操作时,它们能够进行非监督学习,并且可以使用 PCM 以非易失性的方式进行学习。在物质的无定形和结晶状态之间,光吸收的巨大反差使得 PCM 实现突触加权机制成为可能。与只能模拟神经网络并行性的传统计算机相比,全光脉冲神经元本质上更适合模拟生物神经网络。

③ 扩展性

得益于光固有的高带宽和高速数据传输速率,Fledmann 等提出的神经网络比生物神经网络的运算速度快几个数量级,能够在短时间内处理大量数据。此外,使用分层结构,该网络可以扩展(铸造加工)成更复杂的系统。通过这种方式,芯片外组件也可以集成到一个完整的系统中。

9.3.5　光子神经网络训练

光子神经网络,特别是前馈网络的训练问题,是扩展光子神经网络应用的制约因素之一。由于光子无法像电子一样存储,无法直接对光子的状态进行记录,故而在电神经网络训练中应用广泛的反向传播算法难以直接移植于光子神经网络训练。本节主要介绍四种可应用于光子神经网络的训练方法。

1. 预训练方法

本章提到的很多光子神经网络都是先在电子计算机上进行仿真和训练[18,20-22,24],然后将训练好的参数和设置移植到光子神经网络上,在神经网络规模不大的情况下,这种方法仍然有效,但当光子神经网络的规模扩展到很大时,由于制造工艺和现实环境的影响,仿真结果和实际模型将产生不可忽略的误差,先仿真预训练再直接移植,效果可能会下降。

2. 有限差分方法

在传统的计算机上,参数训练采用反向传播和梯度下降法。然而,对于某些神经网络(包括递归神经网络和卷积神经网络),当参数的有效数目大大超过不同参数的数目时,使用反向传播进行训练是很低效率的。在 Shen 等提出的 ONN 架构中,得益于正向传播的超快速度和低功耗,可以直接使用前向传播和有限差分法来获得每个不同参数的梯度[18],这避免了反向传播,该方法可以应用于 ONN 的片上在线训练。

3. 伴随方法

Hughes 等在 2018 年提出了一种光子神经网络的片上训练算法[46],该方法使用伴随场和原位场传播的结果计算梯度。在 MZI 构型的光子神经网络[18]中,测量 OIU 层相对于该层(第 l 层)移相器介电常数梯度的方法如图 9.3.17 所示:①对 l 层输入原始场振幅 X_{l-1},测量并存储每个移相器的强度 e_{og}。②反向输入 δ_l 到 l 层,测量并存储每个移相器的强度 e_{aj}。③计算时间反转的伴随输入场振幅 X_{TR}^*。④同时输入原始和时间反转伴随场 $X_{l-1} + X_{TR}$,再次测量每个移相器处产生的强度 $e_{og} + e_{og}^*$。⑤从第①步和第②步中减去恒定强度项,然后乘以 k_0^2,可以恢复式(9.3.8)中的梯度。

$$\frac{\mathrm{d}L}{\mathrm{d}\varepsilon_l} = k_0^2 R \left\{ \sum_{r \in r_\phi} e_{\mathrm{aj}}(r) e_{\mathrm{og}}(r) \right\} \tag{9.3.8}$$

应用该算法,通过记录光场分布以及移相器的相位分布能够得到向收敛方向下降的梯度值,进而计算下一轮迭代中芯片移相器的相位配置,从而使得芯片整体性能逐步收敛到一个较好的结果。Hughes 等通过仿真的方法在片上训练了一个具有两层 OIU 的神经网络来实现异或逻辑,以验证算法有效性。

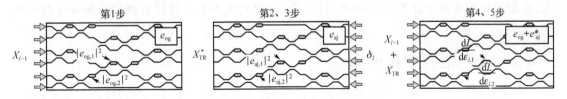

图 9.3.17 原位梯度测量的实现步骤[46]

4. 神经进化方法

Zhang 等于 2019 年提出了一种基于神经进化策略的有效训练算法[47],即分别使用遗传算法(Genetic Algorithm,GA)和粒子群优化算法(PSO)来训练光子神经网络中的超参数并优化连接权重,此类算法的原理在第 4 章有详细介绍。具体原理是,将光子神经网络中权重对应的物理参数用基因或粒子表示,通过 GA 或 PSO 的迭代优化让神经网络的输出逼近预期,从而达到训练的目的。因为损失函数只依赖于神经网络的输出,且权重调整只依赖于进化策略而不需要损失函数关于权重的梯度,因此每次迭代的速度就是光在网络中正向传播的速度,时间可以忽略不计,训练时间主要取决于权重对应的物理参数进行调整的快慢。

为了验证该算法的有效性,研究者通过仿真分别实现了 MZI 光子神经网络[18]在 Iris 数据集、Wine 数据集上的在线训练,还实现了此前通常利用电神经网络实现的通信信号调制格式的分类。训练后的计算结果显示,其准确率和稳定性足以与传统的学习算法相竞争。

9.4 光子神经网络展望

光子神经网络相比于电神经网络,具有计算速度快、带宽大、功耗低、时延小等优势,在未来对于替代电神经网络进行海量数据实时处理具有很大的潜力。目前虽然已经存在一些光子神经网络的实验演示,但是技术路线各不相同,且功能较为单一,不能像通用 CPU 或 GPU 那样部署不同类型的 AI 任务。同时,有的方案核心部分尽管已经被证明是可以集成的,但是仍需外围设备的辅助,如何将它们封装成一个系统也是未来需要解决的问题。

9.4.1 光电混合架构的提出

从功能上来说,神经网络是一种通过神经元连接和非线性激活处理信息的工具,根据连接方式、权重、非线性响应的不同,可以实现分类、预测、特征提取、记忆等功能。对于实际应用,神经网络只是系统中的一个部分,神经网络加速芯片(GPU、ASIC 和 FPGA)和神经拟态芯片(Loihi、Tianjic 等)主要用于在降低功耗的同时加速神经网络计算和推理,其应用仍离不开其他电子器件的配合。

由于光子不易存储和调控的特点,实现通用光子计算机仍是很遥远的。其高带宽、并行模拟计算的特性使其适合替代受限于时钟频率和"存储墙"的传统冯·诺依曼电子硬件,进行数值计算的加速,但是逻辑运算和系统控制仍然是使用电子器件比较容易。在没有突破低功率光学非线性、光存储、光调控等问题之前,不管是仿造人工神经网络的 ONN 还是仿造人脑的光子神经拟态计算,短暂的未来里仍然以光电混合的架构进行发展,构建出以光为计算核心、电为控制核心的光电混合 AI 处理器或光电混合神经拟态处理器。

这种混合系统将光计算的带宽和速度与电子计算的灵活性结合起来,可以在模拟和数字的、光/光电/电子系统中开发通用的节能技术。这种混合架构处理器应用于计算机视觉、机器人、显微镜和其他视觉计算任务中的 AI 推理,可以实现光子计算机长期以来所推崇的一些变革[16]。

9.4.2　光电混合架构前瞻

本章 9.2 节介绍了多种利用光子学技术进行光子学习或光子神经拟态计算的方案,这些方案各不相同,但是都向低功耗、可集成、可编程、易扩展方向发展。因此,新型微纳光子器件将在其集成化、小型化、低功耗方面发挥重要作用。

1. 通用可编程集成 PIC

利用集成光波导构成的 MZI 前向网格和循环网格都可以作为通用可编程 PIC 的核心[48]。通过引入光信号输入输出端口,以及专用的高性能模块如光源、高速调制器、检测器、光放大器、长延迟线和高质量滤波器,PIC 可以被编程以实现不同的光(电)功能。如图 9.4.1 所示,光信号在光电设备、软件控制下被重新分配,PIC 芯片可以通过沿不同路径干扰信号来实现各种线性功能。而且利用它们还可以实现可编程的滤波器,这些滤波器对于通信或传感器应用以及光学领域中微波信号的处理都是必不可少的组成部分。当聚焦这些连接波导的网格时,利用其中的干涉可以进行线性光学计算,如实时的矩阵向量乘法,这是神经拟态计算和人工智能中的基本操作。

2. 硅光子 AI 处理器

硅光子学为大规模光子集成提供了一个理想的平台,允许硅基 ONN 执行比其他平台更复杂的操作。例如,硅基 MZI 网格实现矩阵乘法操作和非线性激活的多层人工神经网络[18],以及基于硅基 MRR 和相变材料的脉冲神经网络[19,23],均可以作为硅基 AI 处理器的可编程 ONN 核心。

一种可编程硅基 AI 处理器的架构如图 9.4.2 所示[49],采用片上波分解复用器对具有一系列波长的光输入进行解复用。将特定波长 λ_i 的大部分光能(如 99%)输入 $1 \times N$ 分束器,然后输入 MZM。预处理后的输入向量(x_1, x_2, ···, x_N)通过高速调制器阵列对光信号的振幅进行编码。可编程 ONN 由执行矩阵乘法的 OIU 和实现非线性激活的 ONU 组成。OIU 可通过调节级联式 MZI 内的加热器进行编程。高速 PD 阵列将加权、累加和非线性的光信号转换为电输出。电子 I/O 接口可以很容易地连接到外设控制单元或计算机,增加了处理器的可移植性。

主流的硅光子平台提供了一个包括调制器、波导、检测器等的设备库,可以在一些神经拟态的架构中实现主要的信号通路。通过对标准制造工艺的修改,包括引入 PCM 和超导电子技术,可进一步扩展潜在的实现架构。在所有的架构中,都需要复杂的片上电子电路来校准和控制网络参数,并且需要在片上产生光,这种组件目前还没有在商用硅光子平台上广泛使用。Shastri 等提出了一种采用商用光子封装技术的集成神经拟态光子处理器概念[50],如图 9.4.3 所示,其中包含了集成光子学领域的一些新想法。在高层次上,协整、封装和 I/O 策略与可编

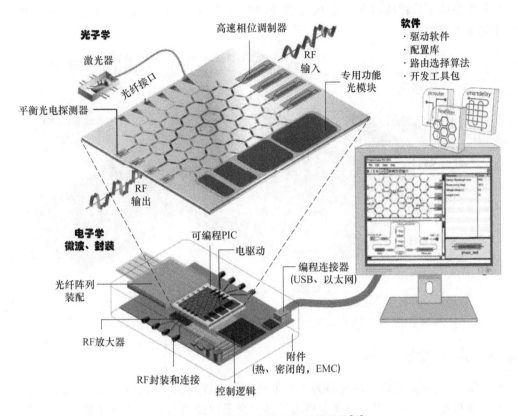

图 9.4.1 通用可编程 PIC 的技术栈[48]

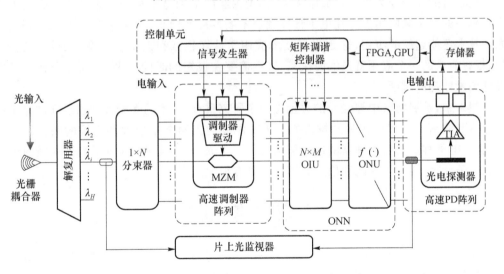

图 9.4.2 硅基光子 AI 处理器架构[49]

程光子学密切相关。根据所选应用的需求，封装级 I/O 可以是电或光学、数字或模拟。片上的光能量可通过片上 CW 激光或者片外光纤耦合产生，ONN 可能需要的频梳或者 WDM 输入也可以通过片上 CW 激光和微腔产生[24]。具有可配置光学元件的 ONN 驻留在硅 PIC 模具上，COMS ASIC 被倒装连接到 PIC 并产生电压来驱动电光元件（如内置波导的加热器），从而对 ONN 进行控制。数字编程接口由一个微控制器和共置的 RAM 组成，二者均为标准组件。非易失性的可编程模拟存储器单元（如 PCM）对于一些已经训练好无须再更新权重的推理应用是更加有效的。

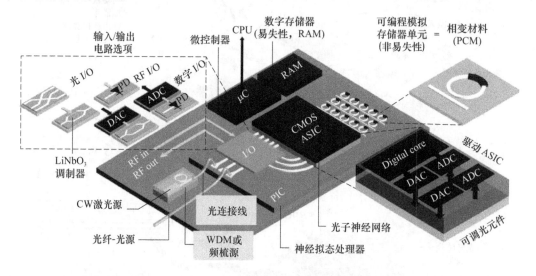

图 9.4.3　硅基神经拟态处理器架构[50]

9.4.3　未来发展方向

近些年，光子神经网络的研究得到了越来越多研究者的关注，包括神经元的构造方式、网络训练方法和拓扑架构实现。目前也提出了多种光子神经网络和光子神经拟态计算的方案，不过它们各自的功能较为单一。放眼未来，光子神经网络和光子神经拟态计算的研究不应该集中在单一的实现和应用上。在电子计算领域不断发展的前提下，未来需要不断地研究来确定光子技术还能超越的应用，这是光子技术应用于计算领域和人工智能领域的核心竞争力。例如，很有前景的一个应用就是实时决策，决策需要在极短的时间内做出，而光子技术可以显著降低信息处理的时延。

展望未来，扩展网络中神经元的数量是一个研究重点，权重的光子实现已经在硅光子集成平台上得到演示[18-20,23,24]，未来的技术挑战将是配套的控制电子器件和光源的联合封装。当前，社会对电子神经网络处理器的巨大需求也预示了光子 AI 处理器（包括光子神经网络和神经拟态光子计算）在人工智能和信息处理领域具有极大的潜力[50]。

本章参考文献

[1]　Goodfellow I, Bengio Y, Courville A. Deep learning[M]. Cambridge：MIT Press，2016.

[2]　McCulloch W S, Pitts W. A logical calculus of the ideas immanent in nervous activity[J]. The Bulletin of Mathematical Biophysics，1943，5(4)：115-133.

[3]　Hebb D O. The organization of behavior：a neuropsychological theory[M]. London：Psychology Press，2005.

[4]　Rosenblatt F. The perceptron：a probabilistic model for information storage and organization in the brain[J]. Psychological Review，1958，65(6)：386-408.

[5]　Minsky M, Papert S A. Perceptrons：an introduction to computational geometry[M].

Cambridge：MIT Press，2017.

［6］ Hopfield J J. Neural networks and physical systems with emergent collective computational abilities[J]. Proceedings of the national academy of sciences，1982，79(8)：2554-2558.

［7］ Ackley D H，Hinton G E，Sejnowski T J. A learning algorithm for Boltzmann machines[J]. Cognitive Science，1985，9(1)：147-169.

［8］ Rumelhart D E，Hinton G E，Williams R J. Learning representations by back-propagating errors[J]. Nature，1986，323(6088)：533-536.

［9］ Hinton G E，Osindero S，Teh Y W. A fast learning algorithm for deep belief nets[J]. Neural Computation，2006，18(7)：1527-1554.

［10］ 魏敬和，林军. 深度学习算法、硬件技术及其在未来军事上的应用[J]. 电子与封装，2019，19(12)：1-7.

［11］ 王宗巍，杨玉超，蔡一茂，等. 面向神经形态计算的智能芯片与器件技术[J]. 中国科学基金，2019(6)：656-662.

［12］ 施路平，裴京，赵蓉. 面向人工通用智能的类脑计算[J]. 人工智能，2020，14(01)：7-16.

［13］ 王睿，任全胜，赵建业. 光学神经拟态计算研究进展[J]. 激光与光电子学进展，2016，53(12)：29-39.

［14］ Farhat N H，Psaltis D，Prata A，et al. Optical implementation of the Hopfield model[J]. Applied Optics，1985，24(10)：1469-1475.

［15］ Psaltis D，Brady D，Gu X G，et al. Holography in artificial neural networks[J]. Landmark Papers On Photorefractive Nonlinear Optics，1995：541-546.

［16］ Wetzstein G，Ozcan A，Gigan S，et al. Inference in artificial intelligence with deep optics and photonics[J]. Nature，2020，588(7836)：39-47.

［17］ Miller D A B. Self-configuring universal linear optical component[J]. Photonics Research，2013，1(1)：1-15.

［18］ Shen Y C，Harris N C，Skirlo S，et al. Deep learning with coherent nanophotonic circuits[J]. Nature Photonics，2017，11(7)：441.

［19］ Tait A N，De Lima T F，Zhou E，et al. Neuromorphic photonic networks using silicon photonic weight banks[J]. Scientific Reports，2017，7(1)：1-10.

［20］ Lin X，Rivenson Y，Yardimci N T，et al. All-optical machine learning using diffractive deep neural networks[J]. Science，2018，361(6406)：1004-1008.

［21］ Chang J L，Sitzmann V，Dun X，et al. Hybrid optical-electronic convolutional neural networks with optimized diffractive optics for image classification［J］. Scientific Reports，2018，8(1)：1-10.

［22］ Yan T，Wu J M，Zhou T K，et al. Fourier-space diffractive deep neural network[J]. Physical Review Letters，2019，123(2)：023901.

［23］ Feldmann J，Youngblood N，Wright C D，et al. All-optical spiking neurosynaptic networks with self-learning capabilities[J]. Nature，2019，569(7755)：208-214.

［24］ Xu X Y，Tan M X，Corcoran B，et al. 11 TOPS photonic convolutional accelerator for optical neural networks[J]. Nature，2021，589(7840)：44-51.

[25] Zang Y B, Chen M H, Yang S G, et al. Electro-optical neural networks based on time-stretch method[J]. IEEE Journal of Selected Topics in Quantum Electronics, 2019, 26(1): 1-10.

[26] Zhou H L, Zhao Y H, Wang X, et al. Self-configuring and reconfigurable silicon photonic signal processor[J]. ACS Photonics, 2020, 7(3): 792-799.

[27] Qu Y R, Zhu H Z, Shen Y C, et al. Inverse design of an integrated-nanophotonics optical neural network[J]. Science Bulletin, 2020, 65(14): 1177-1183.

[28] Zuo Y, Li B H, Zhao Y J, et al. All-optical neural network with nonlinear activation functions[J]. Optica, 2019, 6(9): 1132-1137.

[29] Xiang S Y, Han Y N, Song Z W, et al. A review: photonics devices, architectures, and algorithms for optical neural computing[J]. Journal of Semiconductors, 2021, 42(2): 023105.

[30] 陈宏伟, 于振明, 张天, 等. 光子神经网络发展与挑战[J]. 中国激光, 2020, 47(5): 0500004.

[31] Tait A N, Nahmias M A, Shastri B J, et al. Broadcast and weight: an integrated network for scalable photonic spike processing[J]. Journal of Lightwave Technology, 2014, 32(21): 4029-4041.

[32] Williamson I A D, Hughes T W, Minkov M, et al. Reprogrammable electro-optic nonlinear activation functions for optical neural networks[J]. IEEE Journal of Selected Topics in Quantum Electronics, 2019, 26(1): 1-12.

[33] Selden A C. Pulse transmission through asaturable absorber[J]. British Journal of Applied Physics, 1967, 18(6): 743.

[34] Dejonckheere A, Duport F, Smerieri A, et al. All-optical reservoir computer based on saturation of absorption[J]. Optics Express, 2014, 22(9): 10868-10881.

[35] Peng H T, Nahmias M A, De Lima T F, et al. Neuromorphic photonic integrated circuits[J]. IEEE Journal of Selected Topics in Quantum Electronics, 2018, 24(6): 1-15.

[36] Shastri B J, Nahmias M A, Tait A N, et al. Spike processing with a graphene excitable laser[J]. Scientific Reports, 2016, 6(1): 1-12.

[37] Vandoorne K, Dambre J, Verstraeten D, et al. Parallel reservoir computing using optical amplififiers[J]. IEEE Transactions on Neural Networks, 2011, 22(9): 1469-1481.

[38] Mesaritakis C, Papataxiarhis V, Syvridis D. Micro ring resonators as building blocks for an all-optical high-speed reservoir-computing bit-pattern recognition system[J]. Journal of the Optical Society of America B, 2013, 30(11): 3048-3055.

[39] Vandoorne K, Mechet P, Vaerenbergh T V, et al. Experimental demonstration of reservoir computing on a silicon photonics chip[J]. Nature Communications, 2014, 5(1): 1-6.

[40] Bueno J, Maktoobi S, Froehly L, et al. Reinforcement learning in a large-scale photonic recurrent neural network[J]. Optica, 2018, 5(6): 756-760.

[41] Duport F, Schneider B, Smerieri A, et al. All-optical reservoir computing[J]. Optics

Express，2012，20(20)：22783-22795.

[42] Brunner D, Soriano M C, Mirasso C R, et al. Parallel photonic information processing at gigabyte per second data rates using transient states[J]. Nature Communications, 2013，4(1)：1-7.

[43] Dejonckheere A, Duport F, Smerieri A, et al. All-optical reservoir computer based on saturation of absorption[J]. Optics Express，2014，22(9)：10868-10881.

[44] Appeltant L, Van der Sande G, Danckaert J, et al. Constructing optimized binary masks for reservoir computing with delay systems[J]. Scientific Reports，2014，4(1)：1-5.

[45] Takano K, Sugano C, Inubushi M, et al. Compact reservoir computing with a photonic integrated circuit[J]. Optics Express，2018，26(22)：29424-29439.

[46] Hughes T W, Minkov M, Shi Y, et al. Training of photonic neural networks through in situ backpropagation and gradient measurement[J]. Optica，2018，5(7)：864-871.

[47] Zhang T, Wang J, Dan Y H, et al. Efficient training and design of photonic neural network through neuroevolution[J]. Optics Express，2019，27(26)：37150-37163.

[48] Bogaerts W, Pérez D, Capmany J, et al. Programmable photonic circuits[J]. Nature，2020，586(7828)：207-216.

[49] Bai B W, Shu H W, Wang X J, et al. Towards silicon photonic neural networks for artificial intelligence[J]. Science China Information Sciences，2020，63(6)：105-118.

[50] Shastri B J, Tait A N, de Lima T F, et al. Photonics for artificial intelligence and neuromorphic computing[J]. Nature Photonics，2021，15(2)：102-114.

第 10 章　微纳光子生物计算技术

神经形态计算利用可集成的电(光)子器件以模拟生物脑中的信息处理单元(即神经元)并构建相应的人工神经网络,有望实现高速、低耗的信息计算,成为后摩尔时代备受关注的新型技术。不过,相比于自然界的生物神经元,已有的人工神经元的信息处理仍面临着功能简单、集成度不高、难以大规模化等难题。生物计算直接利用自然界存在的生物神经网络的智能信息处理能力,是一种十分前沿、另辟蹊径的信息技术。当前,光电子学的发展,特别是微纳光子技术的发展,为生物计算的研究提供了前所未有的新视角与新方法。本章将首先介绍生物计算研究的重要意义及典型特点,其次介绍当前生物计算研究的概况,再次介绍光子技术特别是微纳光子技术在生物计算研究中的重要作用,最后进行总结和展望。

10.1　生物计算简介

10.1.1　生物计算的意义

在科学发展与社会变革的历史长河中,人类总是从自然界中寻找到强大的启示。例如,人类通过学习鸟的飞翔从而发明了各式空中飞翼;人类通过学习鱼的遨游从而发明了各种海底利器。脑是自然界中最精密、最复杂的生物器官;大脑被认为是当今能效比最高的信息处理系统与最为通用的智能体系。举例来说,线虫是一种初等生物,仅包含 302 个神经元和约 7 500 个突触,然而却可认为是一种通用智能体,可以和外界环境很好地交互,能够执行移动、动作控制和导航行为。而这恰是自动驾驶系统等应用所需掌握的核心能力。如图 10.1.1 所示,受线虫生物脑的启发,科学家开发出 NCP 算法,仅用 19 个人工神经元即可控制自动驾驶汽车,比之前减少了数万倍[1]。生物启发的人工智能网络可更高效地处理信息,比目前具有数百万参数的神经网络架构更加稳健、更易解释且训练速度更快。

另外一个突出的例子是,蜻蜓仅需 16 个神经元就可实现对空中飞行猎物的跟踪捕获[2]。蜻蜓神经网络如此高效,与蜻蜓具备类似于人的选择注意能力大有关系。即使一只猎物飞行在一群昆虫之中,蜻蜓也可以迅速地捕捉到它想要的特定的那只猎物。选择注意能力也称为"鸡尾酒会效应",或形象地说,是一种选择性去噪能力。在一场鸡尾酒会上,人的注意力可以集中在与某一个人的谈话之中而忽略背景中其他的对话或噪声。这种机制既帮助生物大脑很快地捕捉到外界环境的重要特征,也能让信号和噪声之间来回自由转换,使得系统具有很好的适应性和稳健性。选择注意力机制已被谷歌等用于提升人工智能系统的泛化学习能力,表现出了很好的应用前景[3]。

对脑神经网络进行深入研究,既有助于理解脑功能的基本机制,为疾病治疗、功能修复、智能开发提供重要思路,又有助于启发新的人工智能范式,将生物计算的独特优势融入未来新型计算架构中,为信息技术革命带来战略性启迪。离体培养的生物神经网络主要有三大优点:

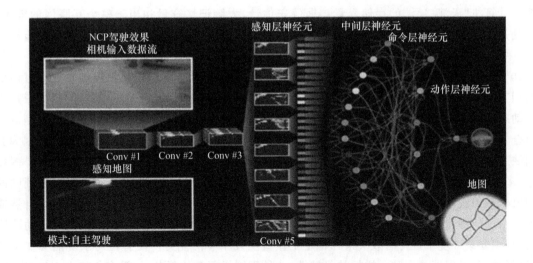

图 10.1.1　线虫神经网络启发自动驾驶

①离体培养的生物神经网络具有相对简单的结构和相对清晰的功能,为理解脑机制提供了一个很好的切入点。②网络模型从神经元节点到网络拓扑结构,具有可设计、易调控的特点,为应用脑智能提供了手段。③容易与光电元器件形成接口,配合精细的光电调控技术,有望构建可执行复杂任务的智能系统,进而开发超脑智能。因此,直接利用自然界本身就有的、经漫长历史进化演变而来的——生物神经网络强大的信息处理能力,再结合光电互联技术以突破生物脑已有的突触连接参数,有望制造出一个全新的混合处理架构和计算体系。这种架构既充分利用生物神经网络的多样性、特异性、智能性、规模性,又对它加以人工改造,突破已有生物脑的固定联结范式,有望给更为智能和复杂的信息科技应用,带来新的契机。

生活中使用的铁路网、4G 基站等网络被认为与脑内特定功能区(视觉、听觉等)的神经网络具有相似性。对脑神经网络作为能效比最高、容错性最好的通用智能平台的机理认知,以及对离体生物神经网络信息处理性能的有效调控,可极大推动其他网络的构建与优化,在促进社会经济发展与交叉科技创新方面大有裨益,极有可能产生重大科技成果,孕育颠覆性创新应用。

10.1.2　生物计算的特点

具备智能信息处理能力的生物神经网络,其智能性可以从单元节点和网络结构两个层次上理解。

1. 生物神经元的特点

首先,脑内的生物神经元具有高度的异质性,不同的生物神经元具有迥异的结构形态、信息处理机制与输入输出响应函数。生物神经元的响应函数具有复杂的非线性特征,同时其内部精细的树突棘、树突、轴突、胞体等结构保证了神经元处理信息时的层次性和时空性。已有研究表明,单个生物神经元的输入输出功能可等价于一个深度神经网络:大鼠的第五层皮质锥体细胞需要使用具有 7 个隐藏层、每个隐藏层有 128 个信道的深度神经网络模型才能实现高精度的拟合[4]。

2. 生物神经网络架构的特点

生物智能的第二个层次体现在其生物神经网络的架构上。生物大脑具有无与伦比的规模性、复杂性和整合性特点。①从规模性来看,人类大脑的神经元数量典型值为 860 亿,相当于超级计算机"天河二号"的存储容量。据保守估计,大脑记忆容量相当于整个互联网的容量。大脑是一个非常浓缩但又非常复杂的网络结构。目前人工模拟生物神经元的规模只能模拟207 种类型的神经元组成的 3 700 万个突触连接(接近果蝇的数量,仅是人脑的百万分之一,即$1/10^6$)[5]。②从复杂性来看,忠实地模拟人脑的功能可能需要设定几乎无限的参数。目前的模型有许多细节并未纳入其中,包括神经元间的相互作用以及诸如受体结合之类的分子尺度的动态改变[6]。③从整合性来看,为了对整个大脑网络进行建模,需将许多特定脑区模型进行组合,这对于掌握大脑如何实现快速、灵活性和效率至关重要,但这是一个极大的挑战,因为我们缺乏关于大脑如何运作的强大理论[6]。正是脑网络的这些特点使得生物脑可以获得多任务、多层次的连续学习整合能力,存算一体、分布式、联想式记忆能力,以及实现对世界规则的抽象模拟与逻辑推演。正如欧盟脑计划科学家 H. Markram 等指出的:没有任何一个自然或人工系统能够像人脑那样具有对新环境与新挑战的自适应能力、新信息与新技能的自动获取能力、在复杂环境下进行有效决策并稳定工作直至几十年的能力。没有任何系统能够在多处损伤的情况下保持像人脑一样好的稳健性,在处理同样复杂的任务时,没有任何人工系统能够媲美人脑的低能耗[7]。

总结而言,生物计算具有三大突出的特点:高能效、强智能、自进化。①"高能效"体现在可以通过较简单的网络结构和较少的神经元数量,完成复杂的任务,所需功耗极低。②"强智能"体现在生物体对新环境的适应性以及对新任务的泛化学习能力上,同时生物神经网络在部分损伤的情况下仍可稳健工作。③"自进化",不言而喻,是生命体相比传统电子信息技术截然不同的地方。生物神经网络具备自组织、自修复、可进化的能力。未来信息科技的发展趋势很可能从生物计算中汲取精华;对生物计算的深入研究可推动电子信息技术发展从基本的"制造"模式走向"智造"和"自造"模式。

10.1.3　生物计算的国内外研究现状

国际上,来自多国的科学家已经敏锐地意识到"生物计算"的巨大潜力和应用价值。美国硅谷 Koniku 公司成立于 2017 年,旨在利用离体生物神经元对特定气味的特异性响应,将生物神经元优异的智能感知能力应用于对爆炸物、人体疾病等领域的灵敏检测上[8]。多个公司对其产品表现出兴趣,如埃克森美孚、保洁、制药公司阿斯利康、全球化学品制造商巴斯夫等。其中,空中客车公司正在进行产品的测试,据公开报道,产品的尺寸小于手机、成本可控制在60 美元。此外,澳大利亚 Cortical Labs 公司成立于 2019 年。他们使用两种方法来获得生物神经元:或从胚胎中提取小鼠神经元,或将人类的皮肤细胞逆向转化为干细胞,然后诱导它发育成人类神经元。他们将生物神经元嵌入电子芯片中,通过对神经网络提供电输入、提取电输出,以塑造神经元行为,期望通过训练神经网络让其完成经典的乒乓球游戏 PONG。目前,他们已构建 $10^4 \sim 10^5$ 个生物神经元组成的网络,处理能力被认为接近蜻蜓的大脑[9]。"Neu-ChiP"项目近期由英国阿斯顿大学的研究人员发起,并与西班牙、法国、以色列、瑞士等多国的研究人员共同合作,提出通过向细胞发射不断变化的光束来刺激细胞,以此训练生物神经网络来解决数据问题。2021 年 1 月,该项目刚获得欧盟委员会"未来与新兴技术"项目资助(350 万欧元)[10],尚未有进一步的研究进展公开。

2013 年 10 月提出的历时 10 年的欧盟脑计划,核心研究内容之一是神经机器人。已有论文报道,将离体生物神经网络充当机器人的大脑,可控制小型移动机器人[11]、机器人手臂[12]、虚拟飞机[13]等。培养的生物神经元被训练成为机器人的大脑,从而取代计算机系统或与计算机系统协同工作。这种生物与机器组成的混合系统为生物神经网络的运作提供了独特的见解，具有直接的医学意义，在机器人科学方面也具有巨大潜力。

生物计算的迅猛发展离不开相应的硬件和软件支持，近些年来，随着电极技术的不断发展，各种各样的微电极阵列被应用于各类生物计算相关的实验中，并取得了显著的成效。另外，为了生物机器人系统的稳定性，大部分的实验都使用了闭环控制算法，使神经网络的学习效率更高。国内外的一些有关生物计算的实验也取得了突破性的进展，为后续的研究提供了更为广阔的思路。

1. 电极技术的发展

最初在研究神经科学时，细胞内技术被广泛使用，该技术使用位于靶细胞上的电极直接测量细胞膜上的电势变化。利用这种技术，可以测量和记录单神经元动作电位。然而，这类技术是耗时的，因为电极需要单独地定位在目标细胞上，在发育过程中，仅几个小时后细胞活力即会丧失。因此，有学者提出细胞外技术，细胞外技术允许对生长在电极附近的神经元群所表现出的活动进行长期记录，但获取的信号幅度较小。

20 世纪 70 年代，细胞外技术的优势和薄膜制造工艺的出现推动了微电极阵列（MicroElectrode Array，MEA）技术的发展。Thomas 等在 1972 年展示了第一个 MEA，这是一种在玻璃衬底中嵌入 30 个镀铂的金微电极并用光敏电阻钝化的器件，这种装置可以有效记录培养生物细胞活动时的场电位。1980 年，Payne 通过一个具有 32 个电极的 MEA 成功地记录了一个 3 周大神经网络的活动。这些标志性研究为使用 MEA 记录体外神经网络电活动奠定了基础。

MEA 可以同时记录和刺激神经元群，网络活动也可以随着时间的推移进行监控，这便于对体外神经元进行更为详细的研究。但直到 2000 年，在提高 MEA 空间分辨率方面几乎没有什么进步，主要是因为薄膜技术限制了基板集成电极位置的数量和密度。然而，在过去的十年中，神经科学家开始需要更高分辨率的系统来研究神经疾病中的受损现象（如来自轴突的信号传播、神经元网络连接）。

近些年，为了满足对神经网络活动高分辨率研究的需要，不断地对 MEA 进行改进，MEA 的电极数量越来越多。图 10.1.2(a)中的 MEA 电极数量为 60 个，而图 10.1.2(b)中的电极数量（由于采用了 CMOS 技术）达到了 11 011 个。电极数量的增多使得研究者可以用数千个电极同时监测神经元网络中的电生理活动，提供较高的灵敏度。

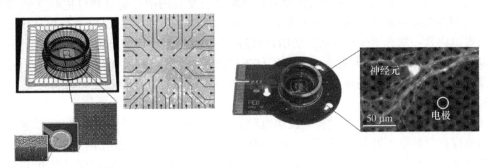

(a) 60通道数的MEA   (b) 11 011通道数的MEA

图 10.1.2 不同数量电极的 MEA[13,14]

随着生物培养技术和 MEA 等工具的逐步发展，自 2000 年以来，出现了大量生物计算方面的研究成果,如表10.1.1所示。

表 10.1.1　近年来生物计算研究成果

年份	作者	使用的神经元	用到的算法	机器人类型	实现的功能
2000	Reger 等[16]	七鳃鳗脑神经元	—	Khepera 机器人	机器人的正负趋光性移动
2001	DeMarse 等[14]	大鼠皮层神经元	聚类算法	计算机模拟动物	模拟动物在计算机模拟的房间中避障
2005	DeMarse 等[13]	大鼠皮层神经元	—	计算机模拟飞机	模拟飞机的俯仰、滚转和保持水平飞行
2007	Bokkum 等[12]	大鼠皮层神经元	闭环训练算法	机械臂	绘制几何图形
2010	Masumori 等[15]	大鼠皮层神经元	闭环控制系统	移动机器人	避障
2010	Warwick 等[16]	大鼠皮层神经元		移动机器人	避障
2016	郑雄飞 等[17]	大鼠皮层神经元	—	移动机器人	寻物
2017	Nichele 等[16]	—	储备池计算	计算机模拟动物	避障
2020	Masumori 等[18]	大鼠的大脑皮层	闭环和聚类算法	移动机器人	避障

2. 闭环等控制算法的应用

在对生物计算研究的过程中,生物神经元与机器人之间的训练算法越来越多地使用到闭环算法。在整个闭环系统内,数百或数千个生物神经元细胞在 MEA 中培养,对 MEA 特定位点刺激后神经网络会产生相应的动作电位,动作电位经过系统处理后传给机器人的驱动器或计算机相应的接口,机器人在执行命令的同时通过传感器从环境中收集信息,将收集的信息通过接口的一系列处理,再以电刺激的形式反馈回神经网络。这样的闭环算法使得生物机器人系统的性能更加稳定,神经网络的学习效率更高。2001 年,DeMarse 等使用闭环算法成功在计算机模拟的环境中用生物神经元控制一只虚拟老鼠避障[14](如图 10.1.3(a)所示),整个闭环系统由 MEA 中培养的神经元、CCD 相机、刺激系统和用来模拟动物小鼠的计算机组成。2007 年,Bakkum 等[12]创建了一个名为 Meart (Multi-Electrode Array aRT)的大鼠皮层神经元控制的机器人绘图机,并设计了闭环训练算法,分别放置在两个不同地域的生物神经元和机械臂通过 TCP/IP 协议进行通信以绘制一些几何形状(如图 10.1.3(b)所示)。2015 年,东京大学的 Masumori 等使用 CMOS 技术的高密度 MEA 培养生物神经元并通过闭环系统控制机器小车进行避障[15](如图 10.1.3(c)所示),整个闭环系统由记录系统、机器人和接口组成,机器人和 MEA 上的生物神经元通过接口相互通信,MEA 产生的动作电位经过接口的尖峰信号处理向机器人驱动发送命令,机器人传感器在环境中收集到的信息通过接口进行感觉-刺激处理再作用到 MEA 中的神经元。2020 年,Masumori 等又在此基础上提出了适应环境变化的神经动态响应这一概念[18],实验结果表明,神经网络表现出两种回避刺激的行为:①当输入刺激可以控制时,神经网络将通过学习一个动作来回避刺激;②当输入刺激不可控制时,来自该受刺激神经元的连接权重将被削弱,以避免这种不可控刺激对其他神经元的影响。

3. 实验进展

2005 年,DeMarse 等[13]在实验中成功地用大鼠皮层神经元控制模拟飞机飞行,通过调控飞机的俯仰和滚转来实时保持模拟飞机的平衡以水平飞行。活的神经元网络本质上"学会"充当自动驾驶仪,调整飞机的控制表面以保持直线和水平飞行。2016 年,中科院沈阳自动化所郑雄飞等[17]在以往培养的单层生物神经网络的基础上用特殊的工艺构建了一种分层生物神经网络(如图 10.1.4 所示),并且提出了一个新的机器人系统的架构,实验发现使用分层神经网络能够构建明显不同的神经回路来提高输入数据的水平,取得了显著的结果,充分利用分离神经网络的可塑性,提高了机器人的性能。

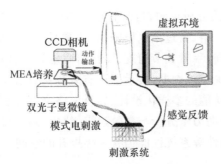

(a) 生物神经网络控制模拟动物

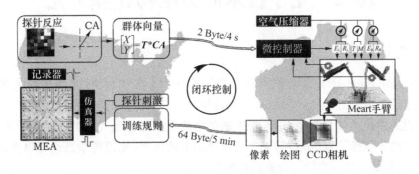

(b) Meart机械臂闭环控制系统

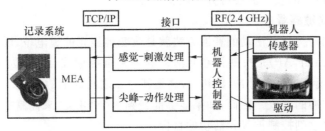

(c) 神经元与移动机器人的闭环系统

图 10.1.3　生物机器人闭环系统和硬件示意图[12,14,15]

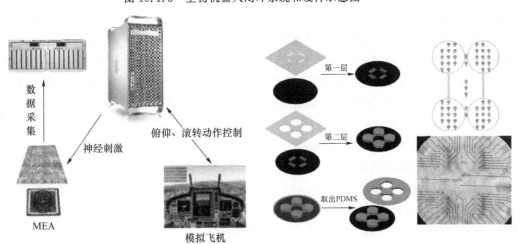

(a) 大鼠神经元控制模拟飞机　　　　　(b) 用特制的PDMS制造分层神经网络

图 10.1.4　生物计算实验进展[13,17]

通过对国内外研究现状的分析可知,当前的绝大部分生物计算研究都是使用体外的大鼠皮层神经元来构建离体神经网络,通过微电极阵列(通常是 64 个通道)进行电信号的编解码,控制参数包括机器人移动方向、手臂关节角度、飞行俯仰角等。这些研究将生物神经网络作为芯片回路中的智能处理器和决策控制器,展示了可有效提高计算能效、智能等指标的可能性。由于缺乏生物神经元结构和功能的多样化设计、异质网络交互界面与多通道精准调控技术的深入研究,以及缺乏神经网络动力学分析与高效建模、约化、调控与学习理论的系统研究,控制精度、学习速度、准确性、重复性等系统性能仍有大幅提升的空间。

10.2　光子技术助力生物计算研究

10.2.1　光遗传学

光遗传学(Optogenetics)是一种生物光子调控技术。在狭义上,光遗传学主要指的是一种用光控制经过基因改造的神经元的技术。具体而言,光遗传学是一种神经调节方法,它将光学和遗传学相关的技术结合起来,用光来控制基因改造后的神经元中的光敏离子通道,从而控制神经元的活动。值得注意的是,随着光遗传学的不断发展,光遗传学已经可以被用于调控一些非神经元细胞,如心肌细胞[19]、骨骼肌细胞等[20]。

简单来说,光遗传学的技术流程可分为四步[21]。

1. 寻找合适的光敏感蛋白

光遗传学用于调控神经元活动的普遍方法就是改变神经元的膜电位,因为在神经元中,动作电位(Action Potential,AP)是反映神经元活动的一种重要形式,膜电位的去极化产生动作电位,动作电位的表现形式是电脉冲(Spike),这是神经元之间通信的基础。相反,膜的超极化则会抑制神经元电脉冲的发放。因而,如果能够能找到一个"开关"来控制神经元的膜电位,人为地控制开关便能够达到控制神经元活动的目标。

光敏感蛋白就是这样的一个"开关"。用于光遗传学的光敏感蛋白可以分成两类:Ⅰ型视蛋白和Ⅱ型视蛋白。Ⅰ型视蛋白可以同时进行光感受和离子电导,当其感受到特定波长的光时,便可以通过控制离子通道来控制膜内外阳离子和阴离子的进出,从而实现神经元膜电位的去极化或超极化。目前用于光遗传学的Ⅰ型视蛋白主要有通道视红紫质(Channelrhodopsin,ChR)、细菌视红紫质(BR)、盐细菌视红紫质(Halorhodopsin,HR)这几类,它们均可以直接通过离子通道的方式来控制膜电位。Ⅱ型视蛋白主要是指一类可与 G 蛋白偶联发生作用的蛋白质——optoXRs,该类蛋白在吸收光子后必须要和 G 蛋白进行结合才能发挥光效应,与Ⅰ型视蛋白相比,使用 optoXRs 在效率上要低一些,但是它可以在时间上精确地控制细胞内部信号的传导。不同的光敏感蛋白的光谱和动力学信息会有所不同。

2. 导入用于编码光敏感蛋白的基因

编码这些光敏感蛋白的基因可以通过转染、病毒转导或创造转基因动物系的方式传递到靶细胞。可以使用特定的启动子或基于重组酶的条件系统,如 Cre 系统,将基因表达限制在所研究的细胞内。另外,使用病毒载体进行基因传递可以在没有特定启动子的情况下靶向特定的细胞,例如,根据神经元的拓扑连接来靶向神经元群体。

3. 控制用于刺激的光束

光学控制是光遗传学的一个最大特色,通过光遗传学对细胞活性的精确控制依赖于对光照的精确时间和空间控制。早期,光遗传学主要通过宽场照明的方式来实现对目标细胞的调控,主要通过光纤传输相应波长的激光(如图 10.2.2 所示)、LED 单色光源直接照明的方式来调控[21],这样所有在光路中表达光敏感蛋白的细胞都将受到刺激。

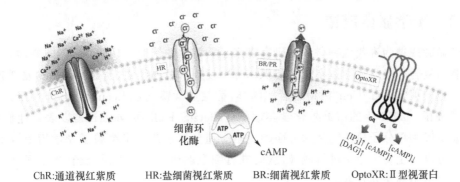

ChR:通道视红紫质　　　HR:盐细菌视红紫质　　　BR:细菌视红紫质　　　OptoXR:Ⅱ型视蛋白

图 10.2.1　光遗传学的光敏感蛋白:Ⅰ型视蛋白和Ⅱ型视蛋白

近些年,采用模式化光场来选择性地照明细胞集群引起了科学家们的兴趣。一种方法是使用基于数字微镜的设备(Digital Micromirror Device,DMD),将用户控制的动态光模式反射到特定的细胞或某个区域中的所有细胞[22]。另一种方法同样能进行空间光调制——液晶空间光调制器(Liquid Crystal on Silicon Spatial Light Modulator,LCoS SLM)也经常被用于构建不同照明模式的光场[23]。此外,一些微型的 LED 阵列也能够实现模式光场照明[24]。双光子扫描显微镜可用于具有高时间控制的靶向激活单个表达 ChR2 的细胞,最近它与时间聚焦相结合,可选择性地激活细胞的小片段、整个细胞或一组细胞,并且也可以选择单独或同时激活相应的细胞[25]。此外,一些集成化的光控系统也被开发出来用于实现微型的光刺激[26]。

图 10.2.2　使用光纤进行光遗传刺激

4. 获取调控后神经元的活动信息

通常情况下,在使用光遗传学调控神经元的同时需要对神经元的活动进行记录,以验证整个光控系统是否达到研究人员的预期。最直接的方式就是测量神经元的膜电位,原因是神经元的膜电位信息直接反映了神经元的活动状况,目前最常用的便是使用微型电极探针或者微型电极阵列来直接对神经元集群进行电活动记录。

使用电记录的方式虽然能够直接测量神经元的电信号,但是用于刺激的照明光很容易引入电伪影,对电记录造成干扰,另外电记录中的电极对活体组织的侵入性较大,容易对组织和细胞造成额外的伤害。使用光记录的方式能够避免电伪影、侵入性较大等问题。从光记录的角度而言,钙离子荧光成像是一个非常好的选择,其中一个原因是神经元膜内外的钙离子浓度差能够准确地反映神经元的活动状况,钙离子浓度的不同会引起荧光亮度的变化,从而能够较为准确地反映神经元的活动信息。

10.2.2　光学显微成像

光学显微成像为现代生物科学的研究带来了非常大的帮助。1665 年,英国科学家 Hooke 使用自制的复合式光学显微镜在软木组织切片中发现了植物细胞,他成为细胞的发现者,同时他也是细胞的英文名称"Cell"的命名者。同样,荷兰显微镜学家 Leeuwenhoek 使用光学显微镜发现了细菌。2014 年的诺贝尔化学奖颁给了 Betzig、Hell 和 Moerner,以表彰他们在超分辨荧光显微镜和单分子显微镜技术方面的贡献。超分辨显微技术突破了光学衍射极限,使得科学家们可以对生物大分子进行成像,从而进行细致的研究。可以说,没有光学显微技术,就没有现代生物学的蓬勃发展。

1. 传统的显微成像技术

传统的光学显微成像技术主要包括相差显微镜(Phase Contrast Microscopy,PCM)和差分干涉相衬(Differential Interference Contrast,DIC)显微成像技术等,以下将对它们的结构和成像原理进行简要的介绍。

（1）相差显微镜技术

相差显微镜技术最早由荷兰物理学家 Zernike 提出,该技术显著提高了成像的对比度,特别适用于对透明样本如离体培养的活细胞、微生物、薄生物组织等的成像。图 10.2.3(a)展示了相差显微镜的结构示意图,相差显微镜通常会包括光源、环形光圈、聚光器、样本台、物镜和 90°相移环等。

如图 10.2.3(a)所示,照明光在经过样本时会分成背景光与散射光,背景光主要是照明光直接透射样本所成的光,而散射光则是由样本对照明光进行散射而成,此时背景光的光强要高于散射光的光强,同时散射光相对于背景光而言会形成 $-\pi/4$ 的相位差。之后背景光穿过相位环,在负相衬情况下,其与原来相比将会形成 $-\pi/4$ 的相位差,这样就消除了背景光与散射光之间的固有相差,由于样本的厚度和里面的折射率分布往往都是不均匀的,因而背景光和散射光之间的相位差也会随着样本的厚度和折射率发生相应的改变,然后背景光与散射光会在成像平面上叠加成像,因此样本的厚度和内部的折射率通过成像面的光强分布反映出来。

图 10.2.3(b)展示的是使用传统的明场显微镜与相差显微镜对纤毛虫所成的像,可以看出相差显微镜的对比度更高,且对细胞里面的一些结构有着更为清晰的像。

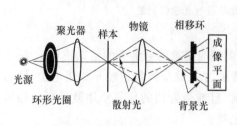

(a) 相差显微镜的结构示意图

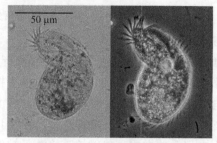

(b) 纤毛虫在明场显微镜下的成像
(左边)和在相差显微镜下的实际成像照片

图 10.2.3　相差显微镜的结构及成像效果图

（2）差分干涉相衬显微成像技术

差分干涉相衬显微成像技术是另外一种干涉成像技术，该技术由波兰物理学家 Nomarski 在 1952 年开发。典型的差分干涉显微镜的结构如图 10.2.4 所示，主要包括 45°起偏器和 135° 的检偏器、两组沃拉斯顿棱镜（Wollaston Prism）、聚光镜、物镜以及样本台。

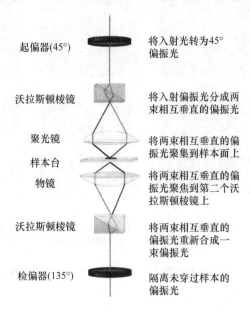

图 10.2.4　差分干涉显微镜的结构示意图

照明光经过起偏器后会形成偏振角为 45°的线偏振光，在经过沃拉斯顿棱镜后，由于双折射效应，原来的线偏振光将会在空间上分开成两束线偏振光，这两束偏振光之间的相位差为 90°，之后它们通过聚光镜照在样本上，注意此时两束光照在样本上的位置离得会非常近但是不会重合，两束光在经过样本后会由于样本的厚度不同而带来相应的相位差，此后利用沃拉斯顿棱镜将这两束光合成为一束光，然后再使用一个 135°的检偏器，从而隔绝掉未经过样本的光束。

图 10.2.5 展示的是不同物体在差分干涉显微镜和相差显微镜下所成的图像。以图 10.2.5（a）和图 10.2.5（b）为例来说明这两种显微镜在成像方面的特点。图 10.2.5（a）展示的是人类颊黏膜上皮（颊）细胞，其上表面显示了细胞核、胞质内含物和许多细菌，并通过差分干涉相差成像。图 10.2.5（b）则是人类颊黏膜上皮（颊）细胞在相差显微镜下所成的图像。对比这两幅图像可以发现，使用差分显微镜对物体成像通常会呈现出一种类似"浮雕"的三维效果，但实际上差分干涉显微镜只能进行二维成像。对于相差显微镜，可以发现细胞膜和细胞核的外围呈现出一种光晕效果，这是因为在细胞和细胞的边界处的相位变化比较大，从而导致出现较大的光晕，而差分显微镜在成像时就没有这种特点。同样的，在对肾小管的部分细胞进行差分干涉显微成像（图 10.2.5（c））和相差显微成像（图 10.2.5（d））时也能看到这种区别，对 Obelia 息肉环状茎成像也看到这种区别。

2. 超分辨显微成像技术

超分辨显微成像是显微成像技术的一场革命，目前的超分辨显微成像技术主要包括受激发射损耗（Stimulated Emission Depletion，STED）显微镜[27]、光激活定位显微镜（Photoactivated Localization Microscopy，PALM）[28]、随机光学重建显微镜（Stochastic

Optical Reconstruction Microscopy，STORM)[29] 和结构光照明显微镜（Structured Illumination Microscopy，SIM)[30]等。

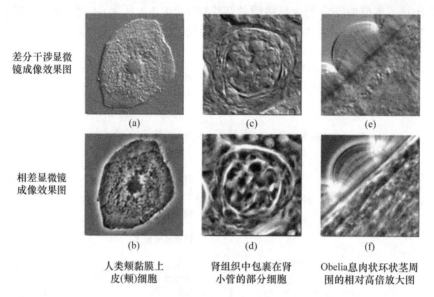

差分干涉显微镜成像效果图

相差显微镜成像效果图

(a) (c) (e)

(b) (d) (f)

人类颊黏膜上皮(颊)细胞　　肾组织中包裹在肾小管的部分细胞　　Obelia息肉状环状茎周围的相对高倍放大图

图 10.2.5　差分干涉显微镜与相差显微镜的成像对比图

（1）受激发射损耗显微镜

STED 显微镜的概念最早是在 1994 年由 Hell 等提出的[27]，并在随后通过实验进行了证明[31]。简而言之，它使用第二个激光器(STED 激光器)抑制位于激发中心之外的荧光团发出的荧光。这种抑制是通过受激发射来实现的：当激发态荧光团遇到与激发态和基态之间的能量差相匹配的光子时，可以在发生自发荧光发射之前通过受激辐射使其回到基态。该过程有效地耗尽了能够发出荧光的激发态荧光团。受激发射损耗的相关过程如图 10.2.6(a)所示。图 10.2.6(b)所示为 STED 显微镜的构造。

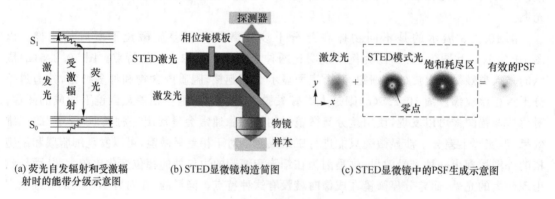

(a) 荧光自发辐射和受激辐射时的能带分级示意图　　(b) STED显微镜构造简图　　(c) STED显微镜中的PSF生成示意图

图 10.2.6　STED 显微镜及其工作原理

为了使用 STED 激发更加尖锐的点扩展函数（Point Spread Function，PSF)，STED 激光器需要产生一个特殊的模式，该模式在激光焦点的中心强度为零，在模式外围强度非零[32]。但是，该空间模式也会受到光衍射的限制。因此，仅 STED 的效果不足以实现亚衍射极限成像。达到超分辨率的关键是，当激光强度接近饱和损耗水平时，荧光的耗尽程度对 STED 激光强度具有非线性依赖性：如果 STED 激光的局部强度高于一定水平，则基本上所有自发荧光发射被抑制。通过提高 STED 激光功率，可以在不强烈影响焦点荧光发射的情况下扩展饱和耗尽区，因为 STED 激光强度在焦点处仍然几乎为零。因此，只能在焦点附近的一小部分区域观察到荧光信号，从而减小了 PSF 的有效宽度（图 10.2.6(c)）。该区域的大小受 STED 激光器的实际功率水平而不是光的衍射的限制。然后，通过扫描此小的有效 PSF 即可获得超分辨率图像。

除了 STED 显微镜，使用能够在荧光状态和暗状态之间切换的荧光探针，通过在时域中分离原本在空间上重叠的荧光图像也可以克服光学衍射极限。通过这种方法，可以在不同的时间点激活衍射受限区域内的分子，以便分别对其进行成像、定位和随后的漂白（图 10.2.7(a)）。通过宽视场成像可以实现大规模并行定位，因此可以映射许多荧光团的坐标并随后重建超分辨率图像。这个概念是由三个实验室独立构思和实施的，分别被命名为 STORM[29]、PALM[28] 和荧光激活定位显微镜（FPALM）[33]，PALM 与 FPALM 的示意如图 10.2.7(b) 和图 10.2.7(c) 所示。

（2）光激活定位显微镜

光激活定位显微镜首先由 Betzig 等于 2006 年首次提出，利用蛋白质工程，将一种可用外界光激活的荧光蛋白（Photoactivatable Fluorescent Protein，PA-FP）导入相应的细胞或者大分子内，荧光蛋白分子最初处于暗（弱）荧光状态，可以被一个波长为 405 nm 的激光可逆或不可逆地激活，然后可以通过另一个波长为 561 nm 的激光激发出荧光[28]。钙离子成像在初始时通常会使用波长为 561 nm 的激光来进行大范围的照明，虽然这种波长的激光可以激发已被激活的荧光蛋白并使之发出荧光，但是在初始阶段，所有的荧光蛋白都处于未被激活的状态，所以需要波长为 405 nm 的光对照明区域内的荧光蛋白进行小范围的激活，当激活的区域内产生稀疏的标记后，根据荧光蛋白发光的点扩散函数，可以较为准确地定位被激活的荧光蛋白。此后可以对已经定位的荧光蛋白进行光漂白，这样做的目的是保证已经成像的荧光蛋白分子在之后不会再次被激活。改变照明区域和激发区域的位置，重复以上"光激发-漂白"的过程，直到大部分荧光蛋白分子都被漂白。图 10.2.7(d) 展示了同一样本在全内反射荧光显微镜和 PALM 下的成像，可以明显看出 PALM 的成像分辨率更高。由于荧光激活定位显微镜的工作原理与光激活定位显微镜高度相似，因此在这里不再赘述。

（3）随机光学重建显微镜

同样在 2006 年，Zhuang 的实验室提出了基于荧光探针定位的显微镜技术——随机光学重建显微镜[29]。在这项工作中，该研究团队报告了一种新的高分辨率成像技术，即 STORM，其中荧光图像是通过使用不同颜色的光打开和关闭的单个荧光分子的高精度定位而构建的。STORM 成像过程由一系列成像周期组成，在每个周期中，仅打开视场中一部分荧光团，以便每个活性荧光团都可以从其余部分（即图像）中以光学方式分辨不重叠。这允许高精度地确定这些荧光团的位置。重复该过程多个周期，每个周期都会导致荧光团的随机不同子集打开，从而可以确定许多荧光团的位置，将每一次获得的图像进行合成，即可重建整个图像。

Zhuang 的团队发现有一种花青染料 Cy5 可以通过不同波长的光以控制其在荧光状态和暗状态之间切换，并且这两种状态是可逆的。从 Cy5 发出荧光的红色激光也可以将染料切换到稳定的暗态。暴露于绿色激光会使 Cy5 转换回荧光状态，但转换率取决于第二种染料 Cy3 的紧密接近度[29]。由于花青染料的这种特性，可以将 Cy3-Cy5 染料对作为"荧光开关"，交替使用红色与绿色的激光，就可以实现荧光团的开与关，这样就可以对荧光团进行稀疏的激发、定位与成像。

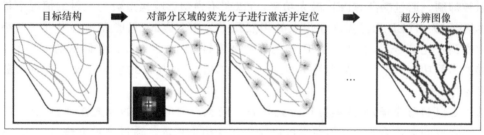

(a) STORM、PALM和FPALM的基本原理

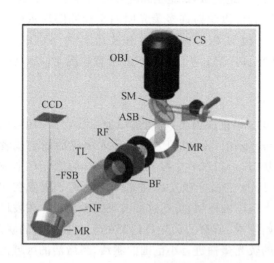

(b) PALM显微镜示意图　　　　　　(c) FPLAM显微镜示意图

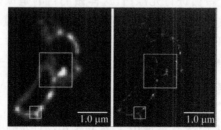

(d) 在全内反射荧光显微镜和PALM下
观察到的样本的不同图像

图 10.2.7　超分辨显微镜的工作原理示意图、结构图以及成像效果对比图

（4）结构光照明显微镜

结构光照明显微镜在经典分辨率极限指定了可以通过显微镜观察到的最大空间频率 k_0。对于光学显微镜，$k_0 = 2\,NA/\lambda_{em}$，其中 λ_{em} 是观察波长，NA 是物镜的数值孔径。如果样本的频域只在二维频率空间中进行描述，则最大空间频率 k_0 限制定义了频域中的"可观察区域"（原点周围半径为 k_0 的圆）。在传统显微镜下，基本上看不到该区域之外的信息。分辨率扩展的目的是使某些信息可以观察到，即扩大可观察区域。

结构光照明显微镜通过将信息以莫尔条纹的形式从频率空间中的其他位置移动到可观察区域，从而将分辨率扩展到了边界之外。每当两个信号叠加时，就会通过混频产生莫尔条纹

（图 10.2.8）。在这种情况下，荧光的产生遵循一种"叠加"规则：观察到的发射强度是荧光染料（即样品）的局部密度与激发光的局部强度的乘积。

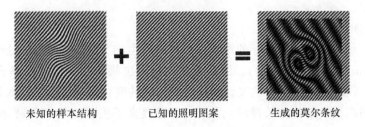

未知的样本结构　　　　已知的照明图案　　　　生成的莫尔条纹

图 10.2.8　产生莫尔条纹的示意图

　　这就意味着，若照明光的空间频率为 k_1，那么对于空间频率为 k 的样本，得到的莫尔条纹便会有一个不同的空间频率 $k-k_1$，如果这个空间频率满足 $|k-k_1| < k_0$，代表莫尔条纹的频域在"可观察区域内"，则此时的莫尔条纹便可以被显微镜观察到。这就意味着，如果知道照明光的空间频率分布和莫尔条纹信息，便可以推断出样本的空间频率分布，再经过傅里叶反变换，就可以知道样本的实际空间强度分布信息。图 10.2.9 便简要地从空间频率的角度描述了结构光照明的机理。图 10.2.9(a)表明常规显微镜可以观察到的一组样品空间频率在频率空间中定义了一个半径为 k_0 的圆形可观察区域，图 10.2.9(b)表明如果激发光包含空间频率 k_1，则会以莫尔条纹（阴影线）的形式出现一组新的频域信息，该区域的形状与正常可观察区域相同，但以 k_1 为中心。那么在 k_1 方向上可以检测到的最大空间频率为 k_1+k_0。

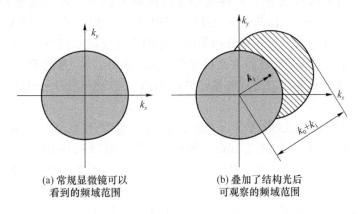

(a) 常规显微镜可以　　　　　(b) 叠加了结构光后
看到的频域范围　　　　　　可观察的频域范围

图 10.2.9　结构照明增大频域范围

10.2.3　钙离子成像

　　钙离子参与多种细胞内信号的产生，这些信号实际上决定了生物体中每种细胞类型的多种功能，包括控制心肌细胞的收缩，以及调节从细胞增殖到细胞死亡的整个细胞周期的一些重要过程。在神经系统中，神经元中的钙离子可能会参与更加多样的细胞活动。例如，当神经元产生动作电位时，在突触前端钙离子内流，从而触发含有神经递质的突触囊泡的胞外分泌。突触后端树突棘中钙离子水平的短暂升高对于突触可塑性的诱导是必不可少的。细胞核内钙信号可以调节基因转录。因此，细胞内钙信号在很宽的时间范围内都能进行调节，神经递质的释放在微秒量级，而基因的转录可能会持续数分钟至数小时。钙离子广泛参与了细胞中的关键过程，因此，对钙离子进行成像有助于研究生物细胞乃至组织的一些功能。

钙离子成像的发展过程包含着两个并行的子过程:钙离子指示剂的发展与合适的成像仪器开发。在这期间,研究人员也开发了一些使用微纳器件来将钙指示剂导入细胞,下面将对这些内容进行介绍。

1. 钙指示剂的发展过程

最早用于检测细胞钙信号传导的钙指示剂是一类生物发光的钙结合光蛋白,例如水母发光蛋白(Aequorin)(图 10.2.10(a))。随后发展出的一类钙指示剂的代表是合成化合物偶氮肿Ⅲ,这是一种吸收型染料,其吸收光谱随结合钙浓度的变化而改变。虽然水母发光蛋白和偶氮肿Ⅲ对研究钙离子参与的相关神经元活动的调控提供了重要的早期帮助,但它们的实施和使用通常很烦琐,这主要是因为染料输送的问题。Tsien 及他的同事们发展出了一类更加敏感和易用的荧光钙指示剂,这些指示剂是高度钙选择性螯合剂与荧光发色团杂化后所得的产物(图 10.2.10(b))。第一代荧光钙指示剂可以分为 quin-2、fura-2、indo-1 和 fluo-3。quin-2 被紫外光(339 nm)激发,是该组中第一种用于生物学实验的染料。然而,quin-2 并不是特别亮,之后发展出的另一种染料——fura-2 在许多方面都优于 quin-2,并在神经科学家中非常流行。fura-2 通常在 350 nm 或 380 nm 处激发,并显示出对钙浓度很敏感的荧光变化,该变化明显大于 quin-2 产生的变化。经过多年的发展,已经有更多种类的钙指示剂被开发出来,它们具有更加广泛的激发光谱,对钙离子也有着更强的亲和力。其中包括 Oregon Green BAPTA 和 fluo-4 染料系列。这些染料在神经科学中被广泛使用,因为它们相对容易获得并且可以提供大的信噪比。

1997 年,Tsien 实验室报告了一种基于蛋白质的基因编辑型钙指示剂(Protein-based Genetically Encoded Calcium Indicator,GECI),这是钙指示剂的另一个重大突破。虽然早期的一些 GECI 由于其响应慢和低信噪比的原因而未能大规模应用,但近些年来,GECI 有着飞跃式的发展,在激发光谱和信噪比等方面也有着很大的提升,特别是随着光遗传学的发展,由于 GECI 可以针对特定的生物细胞进行基因编辑,GECI 被广泛应用于光遗传学中神经信号的表征。

目前 GECI 主要可以分成基于 Förster 共振能量转移(Förster Resonance Energy Transfer,FRET)的 GECI(图 10.2.10(c))和基于单荧光团(Single-fluorophore)的 GECI(图 10.2.10(d))。FRET 指的是一种从供体荧光团到受体荧光团之间的能量转移形式,YC3.60(Yellow Cameleon 3.60)是一种 GECI,它包含着供体荧光蛋白 ECFP(Enhanced Cyan Fluorescent Protein)与受体荧光蛋白 Venus 这两种荧光蛋白,在没有钙离子的情况下,发射的荧光波长以蓝色 ECFP 荧光(480 nm)为主,当与钙离子结合后,分子内构象变化导致两种荧光蛋白之间的空间距离减小。因此,Venus 蛋白由于发生 FRET 而被激发,并发射波长约 530 nm 的光子。

GCaMP 系列的钙指示剂是基于单荧光团的 GECI 的典型代表,GCaMP 由环状排列的增强型绿色荧光蛋白(Enhanced Green Fluorescent Protein,EGFP)组成,其一侧为钙结合蛋白钙调蛋白,另一侧为钙调蛋白结合肽 M13,在钙离子存在的情况下,钙调蛋白-M13 相互作用在荧光团环境中引起构象变化,导致发射的荧光强度增加。

2. 导入钙指示剂的方法

对钙离子进行成像之前,首先要将钙指示剂导入细胞中,由此也诞生了一系列导入钙指示剂的方法。在早期的钙成像实验中,研究人员通常使用尖锐的微电极导入化学钙染料。近年来,通过全细胞膜片钳微量移液器传递染料已成为单细胞染料加载的标准程序,另外一种可用于单细胞染料注入的方法就是使用电穿孔的方式(图 10.2.11(a))。此外,由于很多研究问题需要使用大规模神经元集群,目前主要有三种针对大规模神经元集群进行钙离子染料注入的方法,分别是 AM(AcetoxyMethyl)染料注入法、DC(Dextran-Conjugated)化学钙指示剂注入法、电穿孔注入法(图 10.2.11(b))。AM 染料注入法的应用场景包括使用气压脉冲向脑组织注射 AM 钙染料,从而形成直径 300~500 mm 的染色区域,将 AM 钙染料注入细胞、神经元、神经元胶质等。值得注意的是,AM 染料注入法同样可在具有特定细胞类型荧光标记的转基因小鼠品系或病毒转导的动物中使用。DC 化学钙指示剂注入法主要向轴突注入 DC 化学钙指示剂,随后钙指示剂将被转运至轴突末端和细胞体。这种方法特别适合于神经元集群的标记,并已成功地用于记录来自小鼠小脑和嗅球中轴突末端的钙信号以及脊髓神经元的钙信号。电穿孔注入法是通过将含有盐形式或 DC 的微量移液器插入大脑或脊髓区域并施加一系列电流脉冲来实现的,染料会被附近的细胞体或神经元上的树突等吸收。

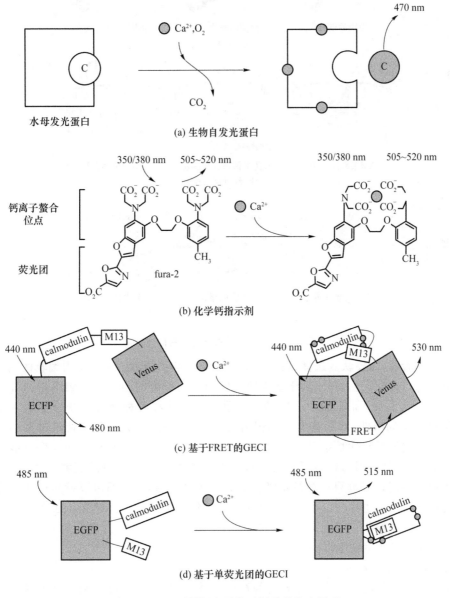

(a) 生物自发光蛋白

(b) 化学钙指示剂

(c) 基于FRET的GECI

(d) 基于单荧光团的GECI

图 10.2.10　不同钙离子指示剂及其发光原理

273

通常使用病毒转导的方式来实现 GECI 的表达,含有 GECI 的病毒构建体可以通过立体定位注射靶向特定的大脑区域。特别的,通过使用细胞类型特异性启动子或将转基因细胞类型特异性 Cre 重组酶驱动小鼠和大鼠品系与重组酶依赖性病毒载体结合使用,可以获得特异性的细胞群标记。除了病毒转导的方式,还可以使用子宫电穿孔的方式,导入编码 GECI 的 DNA 质粒,同样可以实现 GECI 的表达,与病毒转导的方式相比,这种方式可以实现相对稀疏的标记。此外,生成表达 GECI 的转基因小鼠是一个挑战,最初的尝试失败了(图 10.2.11(c))。这些失败的确切原因尚不完全清楚,但一个问题似乎是当在转基因小鼠品系中表达时,很大一部分指示剂蛋白没有功能。尽管如此,表达 GECI 的小鼠仍将极大地促进许多实验,同时可获得一些转基因品系。

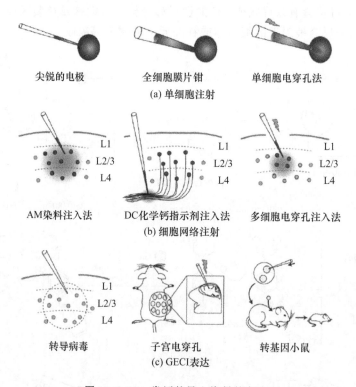

图 10.2.11　常用的导入染料的方法

在设计实验时,需要认真选择钙指示剂,无论是化学钙指示剂还是基因编辑的钙指示剂都有其相应的优点和缺点。另外,用于将染料靶向加载到单个细胞或一组细胞中的方法已经很成熟了(图 10.2.11(a)和图 10.2.11(b)),并且这些方法在各种哺乳动物中都有着相似的应用。但是有一个局限性,即很难专门标记由基因定义的神经元类别,如特定类型的中间神经元。另一个严重的局限性是难以在几天内进行慢性记录。GECI 在很大的程度上能够解决无法长时间记录的问题,因为神经元中的 GECI 在很长的一段时间内都能够发挥相应的功能。与化学指示剂不同,GECI 可以和特定细胞的启动子进行结合,进而可以特异性的结合特定细胞类型的钙离子。但也存在以下三点不足:①基于病毒转导或子宫电穿孔法有时也会产生异质细胞标记或组织损伤。②大多数 GECI 的动力学缓慢,这是因为它们的开关速度相当慢。③一些 GECI 可能产生细胞毒性。

3. 钙离子成像设备

用于钙离子成像的设备主要为普通的宽场显微镜、共聚焦显微镜和双光子显微镜。在早期,宽场显微镜通常使用光电二极管阵列来成像(图10.2.12(a)),随着CCD和CMOS探测器技术的发展,宽场显微镜逐渐使用CCD或CMOS相机来成像(图10.2.12(b)),光源采用汞灯或者氙灯即可,由于激发钙指示剂所使用的光的波长与钙指示剂所激发出来的荧光波长不同,所以通常使用二向色镜来将这两种波长的光分开。通常通过使用共聚焦(图10.2.12(c))或双光子显微镜(图10.2.12(d))对大脑或脊髓较深位置的神经元中的钙成像。激光扫描显微镜通过在样品上扫描激光束来生成图像,然后根据为每个像素获取的荧光值创建图像。共聚焦显微镜通常涉及单光子激发,因此标本在焦平面的上方和下方被照亮,这可能会对样本在非成像区域造成光损伤。共聚焦显微镜可以通过对样本进行纵向扫描来形成三维的图像,在纵向扫描的每一个位置会形成一个光学切片,它是通过在共焦孔、针孔或狭缝中实现的图像共轭平面,使用共焦孔或针孔可以阻止离焦荧光进入检测器。因此,只有在焦平面中生成的光子才能到达光电倍增管(Photomultiplier Tube,PMT)。虽然共聚焦避免了焦平面之外的光对成像质量的影响,但是它同时也阻挡了实际上在焦平面中产生但在返回通过光路的途中被散射的光子。当在组织内更深处成像时散射增加,被浪费的光子会越来越多,导致图像质量严重下降。为了补偿由于散射所造成弹道光子的损失,可以首先增加激发光的功率,但这是以增加组织光损伤(聚焦和失焦)为代价的,这就限制了共聚焦显微镜在体内钙离子成像上面的应用。因此,需要寻求一种更加合适的深度成像方法,在这种情况下,双光子显微镜应运而生。

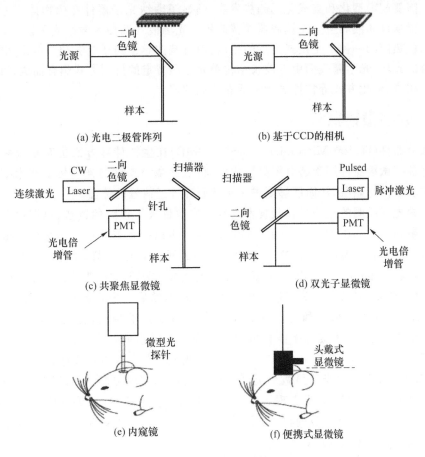

图 10.2.12　用于钙离子成像的设备

在双光子显微镜下,两个低能量近红外光子将会同时被钙指示剂吸收,在荧光分子中产生从基态到激发态的跃迁,然后荧光分子进行自发辐射,产生相应波长的荧光。这种双光子效应必须在飞秒量级内发生。重要的是,双光子吸收过程是非线性的,因此其速率取决于光强度的二次方,这样的结果就是,荧光团几乎完全在衍射极限焦距内激发,大大减少了离焦激发和漂白。从成像效果上来看,由于激发必定仅发生在焦点上,因此在给定时间点被显微镜捕获并传输到检测 PMT 的所有弹道或散射的荧光光子都可以用于生成图像。另一个优点是通常的激发波长在近红外光谱范围内,与单光子显微镜中使用的可见光相比,组织穿透性更好。因此双光子显微镜在体内也有着不错的成像效果。

钙离子成像在神经科学有着广泛的应用。无论是在体外研究突触前端或突触后端的功能,还是在体内研究树突或者树突棘的钙信号,又或者是在不同的动物模型的体内进行神经回路分析,这些都可以用到钙离子成像。此外,钙离子成像还可以研究动物的脑回路与相关行为之间的关系,为此,研究人员开发了一系列微型显微镜技术,如微型内窥镜(图 10.2.12(e))及头戴显微镜(图 10.2.12(f)),以便研究动物的脑回路与相关行为之间的关系。

10.3　微纳光子技术用于生物计算研究

正如之前所提到的那样,光子技术在生物计算中有着很广的应用前景,这其中当然离不开一些微纳光子器件对光场的调控。特别是在一些研究活体动物行为的实验中,用于光控或成像的器件需要朝微型化和集成化的趋势发展,凸显了微纳光子器件在生物计算方面的重要性。数字微镜器件和液晶空间光调制器是普遍用于光场模式调控的微纳光子器件;微型 LED 是近些年比较热门的一种产生模式光场的手段;而硅基波导也同样能够调节传输光的模式,从而产生适合的光场;光学超表面由亚波长结构单元按照特定的排列方式组合而成,可对光场的偏振、振幅、相位、极化方式等特性进行灵活有效的调控。

10.3.1　数字微镜器件

数字微镜器件(Digital Micromirror Device,DMD)在生物计算方面也有着很多重要的应用,例如,将数字微镜器件用于超分辨显微成像,将数字微镜器件与光遗传学技术结合起来能够产生更加多样的光刺激,从而能够更进一步地研究神经信号的传播。

基于结构光场照明的超分辨显微技术给生物成像带来了很大的进步,早期主要使用光栅产生结构光束,随着 DMD 的广泛应用,使用 DMD 产生结构光束并用于结构光显微的方法也被开发出来。Dan 等人通过使用 DMD 和用于照明的低相干 LED 灯,提出一种结构化照明显微镜(Structured Illumintated Microscopy,SIM)的新颖方法[34],实现了 90 nm 的横向分辨率和 120 nm 的光学层析深度。在光学层析模式下,3D 成像的最大采集速度为 1.631 07 像素/秒,这主要受 CCD 相机的灵敏度和速度限制。与其他 SIM 技术相比,基于 DMD 的 LED 照明 SIM 具有高成本效益,易于实现多波长可切换且无斑点噪声的特点。此外,还可以轻松切换 2D 超分辨率和 3D 光学层析模式,并将其应用于荧光或非荧光样本的成像。

最近,基于 DMD 的双光子显微系统也被开发出来,该系统克服了传统双光子显微镜在速度和扫描方法上的局限性,主要实现了三个新的功能:①具有 3D 可编程成像平面的多层成像;②基于 DMD 的无传感器波前校正;③多焦点光学刺激。该系统将在与神经科学和生物光子学相关的应用中发挥重要的作用。

光遗传学方法通过光来控制时空中的神经元活动模式,但是,早期的大多数技术无法在不同位置同时独立控制神经元活动。2012 年,Zhu 等提出了一种基于 DMD 的单光子模式光刺激的方法,使用 DMD 设计了相关的实验光路,发展出了对神经元进行单光子图案化光学刺激的方法[35]。这种方法可以创建时空分辨率分别在亚毫秒和微米范围内的光刺激模式(图 10.3.1)。

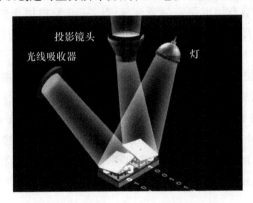

(a) 数字微镜调节光场

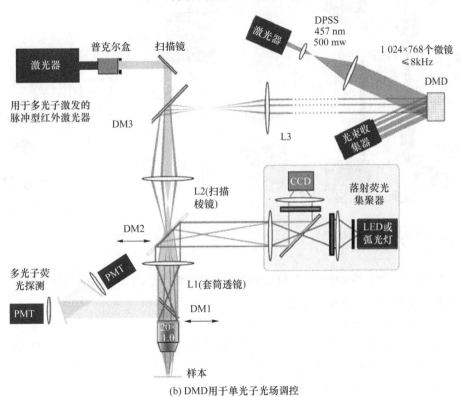

(b) DMD用于单光子光场调控

图 10.3.1 数字微镜示意及使用 DMD 产生模式光场

10.3.2 空间光调制器

空间光调制器(Spatial Light Modulator,SLM)能够对光进行精细的控制,从而允许用户创建可控制特征的二维模式光场。它由一个像素阵列组成,每个像素可以单独控制通过它透射或反射出来的光的相位或幅度。这些器件在光子学中有非常广的用途,例如,在成像中,SLM 可用于展平波前,以校正像差。SLM 还可以将激光束分解成可单独寻址的点,从而使每个点集中在三维空间中的不同点上。SLM 还可以在光纤通信中对信号进行编码,从而增加传输光的数据带宽[36]。

将 SLM 应用到光遗传学中,可以实现高时空分辨率的光学刺激。目前已经有研究人员将 SLM 与光遗传学技术相结合用以研究视觉恢复[23]、三维无扫描光遗传学刺激[37]以及神经网络与相关行为的关系[38],图 10.3.2(a)便描述了使用液晶空间光调制器构建不同照明模式的光场进行光遗传刺激的方法。在光遗传学技术中,通常使用 SLM 构建计算全息图的方式来构建模式光场,由于纯相位型 SLM 能够在很大程度上减小光强的损耗,所以被广泛地应用于生成计算全息图的相关研究中。纯相位型的 SLM 只改变入射光的相位,根据傅里叶光学的基本知识,改变入射光的相位分布最终会影响出射光的光强分布,因而使用纯相位型的 SLM 也能够产生相应光强分布的光场。确定 SLM 的相位分布的方法有很多种,应用最广泛的便是 Gerchberg Saxton(GS)算法(图 10.3.2(b)),假设入射光初始相位为 0,则入射光的电场分布可以表示为 $E_1 = A_1(x, y)$,这里的 x、y 表示空间坐标,其算法流程如下。

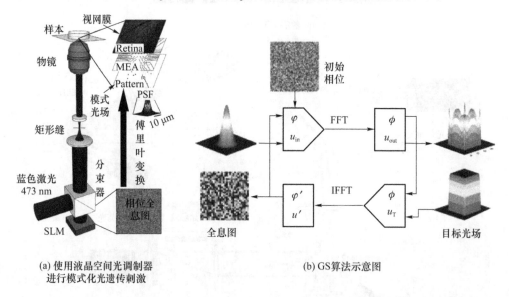

(a) 使用液晶空间光调制器　　　　　　(b) GS算法示意图
进行模式化光遗传刺激

图 10.3.2　产生模式化光场及使用液晶空间光调制器产生全息图的 GS 算法的示意图

① 随机初始化 SLM 的相位分布 $\Phi_1(x, y)$。

② 将初始的相位分布叠加到入射光中得到新的电场分布 $A_1(x, y)\exp[j\Phi_1(x, y)]$。

③ 对该电场分布进行傅里叶变换,从而得到傅里叶平面上的光场分布为 $E_2 = \mathrm{FFT}[A_1(x, y)\exp[j\Phi_1(x, y)]] = A_2(\xi, \eta)\exp[j\Phi_2(\xi, \eta)]$,$\xi$、$\eta$ 表示空间频率坐标。

④ 用目标光场振幅分布 $A_\mathrm{T}(\xi, \eta)$ 替换掉 $A_2(\xi, \eta)$,$E_3 = A_\mathrm{T}(\xi, \eta)\exp[j\Phi_2(\xi, \eta)]$。

⑤ 再对 E_3 进行傅里叶反变换 $\mathrm{IFFT}[A_\mathrm{T}(\xi, \eta)\exp[j\Phi_2(\xi, \eta)]] = A_{10}(x, y)\exp[j\Phi_{10}(x, y)]$。

⑥ 设定 SLM 的相位分布为 $\Phi_{10}(x, y)$,以代替 $\Phi_1(x, y)$,重复步骤②至⑤,直到 $A_2(\xi, \eta)$ 与 $A_\mathrm{T}(\xi, \eta)$ 之间的误差小于某个设定的值 ε。此时所得的 $\Phi_{10}(x, y)$ 便是 SLM 最终应该设置的相位分布。

10.3.3　微型 LED

在理想情况下,精确的光遗传学控制是对低密度细胞群中的单个细胞的精确控制,这对于理解细胞网络的特征至关重要。微型 LED 设备将在各种实验设置中推进细胞水平的光遗传学研究。

在很长一段时间内,由于缺少合适的光学设备,对光敏神经元进行复杂时空控制受到了很大的限制。然而,微型 LED 设备可以提供足够辐照度的二维刺激,这就为解决这一限制提供了一条有利的途径。Grossman 等人提出了一个简单而强大的解决方案,该解决方案基于一组高功率微发光二极管(micro-LED),可以在神经元样本上以微米和毫秒的分辨率生成任意的光激发图案[24](图 10.3.3)。然后,研究人员们证明了它在表达 ChR2 的培养和切片神经元中引起精确的电生理反应的能力。

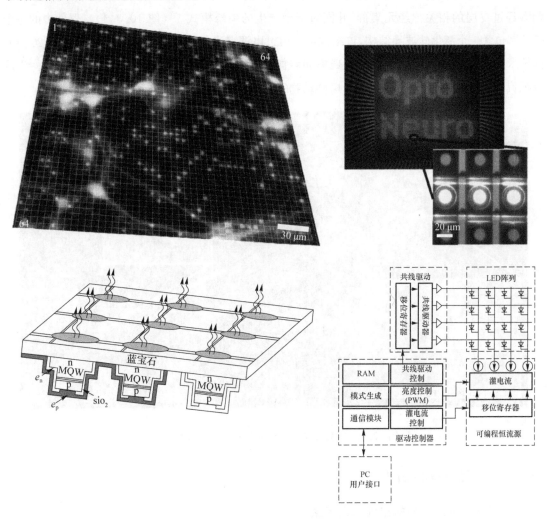

图 10.3.3　使用微型 LED 阵列产生模式光场

Mao 等使用 16 μm 间距微发光二极管(LED)阵列实现了在单个细胞水平上对细胞内 Ca^{2+} 动力学的光遗传学控制,该阵列具有高亮度、小光斑尺寸、快速响应和低电压操作的特点[39]。经过测试,单个 LED 像素能够可靠地改变细胞内的 Ca^{2+} 浓度,该 LED 阵列可以对密集培养的细胞群中相距 10 μm 以下的单个细胞进行光刺激。这些结果表明,micro-LED 阵列有可能被用于制造单细胞光遗传学的芯片,并对各种细胞网络进行药物筛选和基础研究提供了帮助。

10.3.4　硅基波导

除了使用 DMD、SLM 和微型 LED,采用集成化硅基波导也能够产生模式化光场。采用

279

集成化波导的一个好处是,集成化的设备更利于对活体动物进行光刺激。由于神经元的大小通常处于微米尺度,因此需要使用微纳加工技术来对相应的光波导器件进行加工。相对于前面提到的 DMD、SLM 和微型 LED 的技术,快速和精确地重新配置光束以在体内对神经元进行光刺激的用途仍然难以捉摸。

Mohanty 等报告了可植入硅基探针的设计和制造,该探针可以切换和路由多个光束,以刺激经过皮层的相关神经元集群,并同时记录产生的尖峰模式[40](图 10.3.4)。器件中的每个开关都包含一个氮化硅波导结构,该结构可以通过电调谐光的相位而快速地重新配置($<20\ \mu s$)。该技术具有可扩展性,可以进行光束聚焦和转向,并可以通过光束整形进行结构化照明。该设备的高带宽光刺激能力可能有助于探测动物行为背后的神经编码方式。

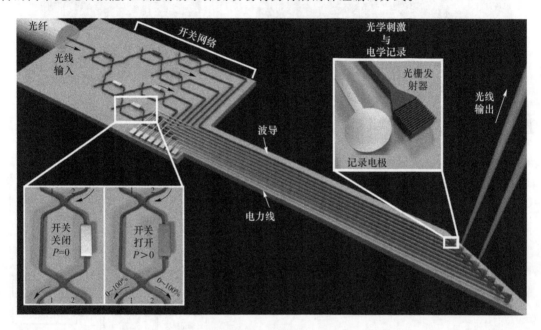

图 10.3.4　使用硅基波导进行光遗传刺激与记录

10.3.5　光学超表面

1. 基于光学超表面的结构光束产生

涡旋光束是一种携带轨道角动量(Orbital Angular Momentum，OAM)且具有螺旋形波前的结构光束。由于光束中心存在一个相位奇点,其界面光强呈环形分布。该光束具有一个以 $\exp(-il\phi)$ 为特征相位函数的复数场,其中 l 称为拓扑电荷数,描述了光束沿其横截面相位变化的周期,ϕ 表示围绕光轴的方位角。涡旋光束的每个光子携带 $l\hbar$ 的轨道角动量,其中 $\hbar$ 是普朗克常数,拓扑电荷数越大,对应强度分布的中心暗斑范围就越大。

由于携带 OAM 的涡旋光束在光通信、量子信息处理和高分辨率显微成像等领域的广泛应用,涡旋光束的产生方法及其应用的研究引起了科学家们的浓厚兴趣。传统上,OAM 的光束是由诸如螺旋相位板、双折射元件以及空间光调制器等光学器件产生的,通常这些系统体积庞大且不利于光学集成。由于超表面具有体积小、使用灵活、可集成化的优点,可以将器件的小型集成化提升到一个新的高度,利用超表面来产生涡旋光束的方法成为近年来光场调控的研究热点。

2011 年,哈佛大学 Capasso 课题组[41]首次提出了利用超表面实现生成涡旋光束的方案。通过将八组不同尺寸的 V 形纳米天线如图 10.3.5(a)所示的方式排列对光场相位进行调控,调整每组纳米天线的形状和方位角依次获得 $\pi/4$ 的相位梯度增量,由于入射光束经过超表面后携带了 2π 的相位延迟,最终获得拓扑荷数 $l=1$ 的涡旋光束。图 10.3.5(a)显示生成的涡旋光束具有环形的强度分布,通过与高斯光束干涉后可产生螺旋形的干涉图样。

此后,各种利用超表面生成涡旋光束的方法层出不穷,包括利用几何相位调控机理、利用自旋-轨道角动量在各种值下自由转换生成任意拓扑荷数的涡旋光束等生成方法。然而,这些基于超表面生成各种涡旋光束的方法都是在激光腔外实现的,由于腔外生成的涡旋光束通常具有效率低、纯度差的特点,涡旋光束的传输也不稳定,常伴有奇点分裂、塌陷等现象。为了获得更高质量的 OAM 光束,近年来,科学家们尝试了许多方法在腔内直接产生涡旋光束,其完美的螺旋形相位保证了传输的稳定性,不过所产生光束的拓扑荷数比较低($l<10$)。

2020 年,南非金山大学 Andrew Forbes 等[42]提出了世界上第一台可产生"超手性光"的超表面激光器。如图 10.3.5(b)所示,它打破了自旋和轨道耦合的对称性,利用腔内的超表面能够产生任意理想的手性光状态,在 532 nm 波长处输出的超高纯度 OAM 光束的拓扑荷数最高可达到 100,该技术所产生具有高拓扑荷数的涡旋光有望打开在精密测量、生物细胞的超高分辨率显微镜等方向的应用,例如,STED 显微镜借助涡旋光束实现对活细胞的超分辨显微成像,这也是超表面实用化的一大突破性进展。

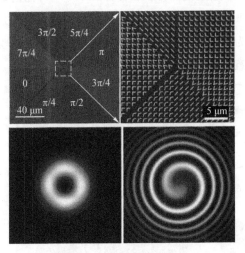
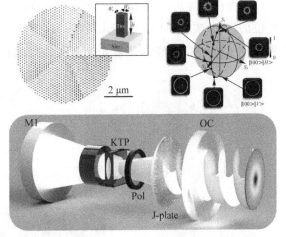

(a) 超表面结构示意图、生成涡旋光束的强度及与高斯光束的干涉图

(b) 超表面J-plate结构示意图、激光器产生的各种OAM状态在广义OAM球体上的表示及激光器示意图

图 10.3.5　基于光学超表面的结构光束产生[41,42]

2. 基于光学超表面的大数值孔径透镜

近年来,随着超表面独特的亚波长结构及其在紧凑结构中同时控制光场的振幅、相位和偏振的能力,基于光学超表面的超透镜的出现为研制平板透镜等光学器件提供了全新的设计思路,这也大大降低了光学透镜的厚度和重量,有望克服传统光学透镜加工难度大、多透镜系统体积大等缺点。

数值孔径(NA)是衡量光学透镜性能的重要参量,描述镜头能够接收到的光的锥角大小,衡量光学系统的集光能力和空间分辨率。透镜的数值孔径越大,成像的光斑就越小,细节越清晰。

由于传统透镜受限于光学器件本身的材料以及传播介质,目前市场上可用的光学物镜的最大 NA 通常限制在 $0.9\sim0.95$,对应于收集角度 $\theta<72°$。基于光学超表面的大数值孔径透镜则利用二氧化钛(TiO_2)、氮化镓(GaN)和氮化硅(Si_3N_4)等介电材料在可见波长的高透明性,在亚波长尺寸实现了高的聚焦效率和高的 NA。然而,超高数值孔径(NA>1)只能通过浸泡在高折射率液体中来实现。超透镜的数值孔径由式(10.3.1)计算得到:

$$NA = n \times \sin \alpha \tag{10.3.1}$$

其中,α 和 n 分别代表超透镜边缘的最大衍射角和其周围浸没材料的折射率,$\tan \alpha$ 由超透镜的半径 r 与其焦距 f 的比值定义。

2016 年,哈佛大学 Capasso 课题组[43]革命性地提出了一种高效、超薄且具有超高分辨率的超透镜,如图 10.3.6(a)所示,他们使用高纵横比的 TiO_2 纳米柱组成超透镜阵列,得到了数值孔径高达 0.8 的透镜,在可见波段的工作效率高达 86%,并且能够将光聚焦到衍射极限的斑点中,可将图像放大 170 倍,且图像质量还和当前世界上最先进的光学成像系统相当。

2018 年,中山大学周建英教授课题组[44]打破了超透镜数值孔径记录,提出了一种在松柏油($n=1.512$)浸没下数值孔径为 1.48 的晶体硅(c-Si)超透镜。如图 10.3.6(b)所示,他们通过采用混合优化算法(Hybrid Optimization Algorithm,HOA)确定纳米柱的排列方式,利用几何相位的原理,实现了相位的精确控制。这使其成为用于光学光刻、超分辨率显微镜和光谱学的理想设备,对水下成像及生物光子成像具有重要意义。

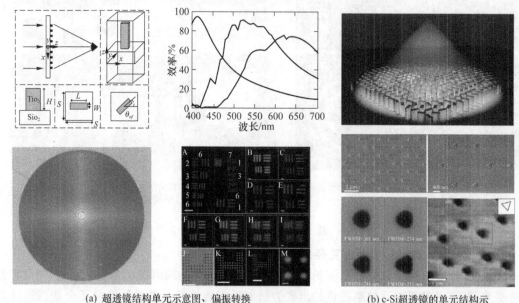

(a) 超透镜结构单元示意图、偏振转换效率、光学图像及成像结果

(b) c-Si超透镜的单元结构示意图、样品细节及成像结果

图 10.3.6　基于光学超表面的大数值孔径透镜[43,44]

3. 基于光学超表面的消色差透镜

在光学器件中,由于光学材料的色散以及不同波长光场的相位累积的不同,各波长的光无法汇聚到同一焦点,这导致了光学器件的色差现象。对于诸如彩色成像和显示应用的问题,色差会严重影响在宽带中工作的光学系统的精确性和效果。传统的光学设计通过将具有不同色散特性和弯曲形状的多个透镜黏合在一起,实现针对多个波长的消色差效果,从而获得良好的光学成像性能。然而,受光学衍射极限、成像条件的限制,传统光学器件具有结构厚重和设计复杂的特点,器件的紧凑性和稳定性等方面还存在很大的不足。近年来,基于光学超表面的消色差透镜的设计正加速实现对自身成像能力的完善和对传统透镜的挑战。

超透镜的光场调控的基本理论与传统光学相似,都是基于惠更斯原理,通过在器件上构造一定程度的相位差,使得出射光波波前沿着法线积分后收敛于某一点,其相位延迟的典型分布如下:

$$\varphi = -\frac{2\pi}{\lambda}(\sqrt{R^2 + f^2} - f) \tag{10.3.2}$$

其中,$R = \sqrt{x^2 + y^2}$ 是超透镜上任一位置 (x,y) 到其中心的距离,f 是超透镜的焦距。然而,这种新的设计原理在实际应用中仍然面临着重要的挑战,由于超表面中的结构单元存在共振响应,会引入额外的共振色散,导致很强的色差效应。此外,超表面材料的光学特性随波长变化而改变,如何抑制结构单元共振和材料色散引起的色差效应,真正实现基于光学超表面的宽带消色差透镜是值得思考的问题。

2017 年,南京大学李涛教授等[45]提出了一种在近红外波段(1 200～1 650 nm)实现了宽带连续的消色差超透镜,如图 10.3.7 所示,他们将宽带聚焦镜的相位拆分成与波长无关的基础相位和与波长有关的补偿相位。对于工作波长 $\lambda \in (\lambda_{\min}, \lambda_{\max})$,式(10.3.2)中的相位表达式可改写为

$$\varphi_{\text{Lens}}(R,\lambda) = \varphi(R,\lambda_{\max}) + \Delta\varphi(R,\lambda) \tag{10.3.3}$$

其中

$$\Delta\varphi(R,\lambda) = -[2\pi(\sqrt{R^2 + f^2} - f)]\left(\frac{1}{\lambda} - \frac{1}{\lambda_{\max}}\right) \tag{10.3.4}$$

式(10.3.3)前半部分与波长无关的聚焦相位 $\varphi(R,\lambda_{\max})$ 利用几何相位的原理,实现超透镜的聚焦;后半部分的色散相位 $\Delta\varphi(R,\lambda)$ 是工作波长的函数,与 $1/\lambda$ 呈线性关系,可以通过适当地设计超透镜每个单元的相位响应来补偿不同波长带来的相位色散。他们提出集成共振的方案并与几何相位结合,实现了工作带宽达到 450 nm 的消色差超透镜,在超表面器件的实用化方面迈出了重要一步。

4. 基于光学超表面的消球差超透镜

由于消色差超透镜的相位补偿范围有限,其尺寸和数值孔径往往受到限制。2019 年,南京大学李涛教授等[46]提出利用超透镜色差大的特点进行波长调控的光学变焦,同时引入消球差设计来提高景深分辨率,在可见光波段实现了对生物细胞的高分辨显微立体层析成像(图10.3.8),展示了超透镜在高集成、高稳定的成像系统方面巨大的应用潜力。

综上所述,基于光学超表面的大数值孔径透镜、宽带消色/球差透镜在生物显微成像系统中都存在光明的应用前景,在生物计算的研究中,我们需要借助高分辨率显微镜系统来观察神经元的活动。相信随着更多关于超透镜的原理和设计优化策略的提出,超透镜的成像性能将不断完善,更好地助力生物计算和生物光子学领域的发展。

(a) 结构和聚焦示意图

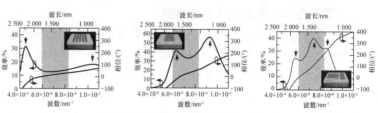

(b) 超透镜所需的不同斜率线性相位补偿

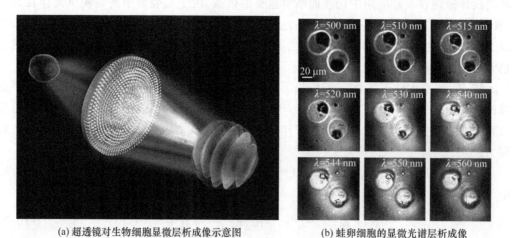

(c) 实验测量的消色差聚焦效果图

图 10.3.7　基于光学超表面的消色差超透镜[45]

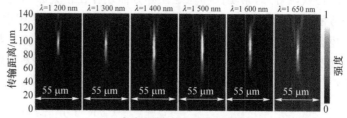

(a) 超透镜对生物细胞显微层析成像示意图　　(b) 蛙卵细胞的显微光谱层析成像

图 10.3.8　基于光学超表面的消球差超透镜[46]

10.4　总结与展望

相比神经形态计算，生物计算是更直接地利用生物脑的智能，对未来信息技术发展势必带来颠覆性的意义。人工智能技术的进一步发展急需从生物计算中汲取更多的精华，对离体生物神经网络的信息处理机制及光电调控研究将孕育新的智能计算体系。生物计算是一个非常前沿和交叉的研究方向，需要生命科学、系统科学、光电子学等多学科的密切深入合作。目前，尽管已经具有一些初步的研究成果，但是生物计算整体还处于摸索和萌芽的阶段，国内的相关研究更是屈指可数。

未来需重点发展的研究课题包括以下方面。

（1）对不同结构和功能的生物神经元的体外培养、参数调控与性能维持。生物神经元作为网络中的基本信息处理单元，其输入输出动力学响应的丰富性和异质性是智能网络的基础。

当前的主流方法是培养大鼠皮层神经元,种类较单一。此外,如何实现对神经元的长期体外培养及其动作电位响应的稳定维持,也是实验上的一大挑战。

(2) 对大规模离体神经网络拓扑结构的灵活设计。生物计算之所以具备强智能的优势,非常重要的因素是其网络结构的先进性。因此,为实现具有优异信息处理能力的生物基芯片,需要发展控制网络结构参数的有效方法,如生物网络的层次性结构,生物神经元的种类、数量,神经元之间的连接概率、连接权重等。微流控技术在设计神经网络结构上的应用和探索,有望为大规模离体生物网络智能计算的实现带来机遇。

(3) 生物神经网络与光电子器件的高密度交互技术。随着神经网络的规模不断扩大,高通量、小型化、高密度地实现生物系统与光电子系统的信息交互成为其中的关键技术。更高密度和更高空间分辨率的微电极阵列技术和柔性电极技术的发展是其中的一个关键。与此同时,随着微纳光子学的研究热潮,发展对光场的高并行、多像素、高分辨、可重构的灵活操控技术,也是未来的一大趋势。当前已有关于数字微镜阵列、空间光调制器等微米尺度光子器件在生物神经回路上的应用研究报道;随着光学超表面的发展,未来有望构建更高空间分辨率、更加集成小型化的神经光子学系统。

(4) 对复杂生物神经网络动力学的分析与高效调控策略。包括对海量神经信息的数据分析、对网络连接状态的有效估计、对网络进行高效调控与实时训练的理论方法。人工智能算法与系统科学领域数学方法的发展,很可能是解锁生物复杂网络的密钥。

应当指出,生物计算是充满机遇与挑战的研究方向。信息智能化的时代步伐必定有赖于生物计算的发展,而信息智能化的迫切需求又必然推动对生物计算的研究。微纳光子学的蓬勃生机会为生物计算研究提供生生不息的动力与源泉。

本章参考文献

[1] Lechner M, HasaniR, Amini A, et al. Neural circuit policies enabling auditable autonomy[J]. Nature Machine Intelligence, 2020, 2(10): 642-652.

[2] Gonzalez-Bellido P T, Peng H, Yang J, et al. Eight pairs of descending visual neurons in the dragonfly give wing motor centers accurate population vector of prey direction [J]. Proceedings of the National Academy of Sciences, 2013, 110(2): 696-701.

[3] Tang Y, Nguyen D, Ha D. Neuroevolution of self-interpretable agents[C]//Proceedings of the 2020 Genetic and Evolutionary Computation Conference. 2020: 414-424.

[4] Beniaguev D, Segev I, London M. Single cortical neurons as deep artificial neural networks[J]. bioRxiv, 2020, 61(3): 593-604.

[5] Markram H, Muller E, Ramaswamy S, et al. Reconstruction and simulation of neocortical microcircuitry[J]. Cell, 2015, 163(2): 456-492.

[6] Makin, S. The four biggest challenges in brain simulation[J]. Nature, 2019, 34(9): 571-582.

[7] Markram H, Meier K, Ailamaki A, et al. The human brain project: A report to the European Commission[J]. The HBP-PS Consortium, 2012, 45(19): 499-510.

[8] Agabi O E. Cell Culture Transport and Investigation[J]. US Patent Application, 2016, 211 (15): 557-564.

[9] Corbical labs[EB/OL]. https://corticallabs.com.

[10] Eure Alert[EB/OL]. https://eurekalert.org/pub_releases/2021-01/au-sca012621.php.

[11] Tessadori J, Bisio M, Martinoia S, et al. Modular neuronal assemblies embodied in a closed-loop environment: toward future integration of brains and machines[J]. Frontiers in Neural Circuits, 2012, 6(99): 1-16.

[12] Bakkum D, Gamblen P, Ben-Ary G, et al. Embodying cultured networks with a robotic drawing arm[J]. IEEE Engineering in Medicine and Biology Society Annual Conference, 2007, 6(2): 19-24.

[13] Demarse T B, Dockendorf K P. Adaptive flight control with living neuronal networks on microelectrode arrays[C]//Biomedical Engineering. Florida: University of Florida. 2005: 1548-1551.

[14] Demarse T B, Wagenaar D A, Blau W A, et al. The neurally controlled animat: biological brains acting with simulated bodies[J]. Autonomous Robots, 2001, 11(3): 344-340.

[15] Masumori A, Maruyama N, Sinapayen L, et al. Emergence of sense-making behavior by the stimulus avoidance principle: experiments on a robot behavior controlled by cultured neuronal cells[C]//ECAL 2015: the 13th European Conference on Artificial Life. Cambridge: MIT Press, 2015: 373-380.

[16] Chiappalone M, Pasquale V, Frega M. In vitro neuronal networks from culturing methods to neurotechnological applications[M]. Genova: Springer, 2019.

[17] Li Y, Sun R, Wang Y, et al. A novel robot system integrating biological and mechanical intelligence based on dissociated neural network-controlled closed-loop environment[J]. PLoS One, 2016, 11(11): 165-172.

[18] Masumori A, Sinapayen L, Maruyama N, et al. Neural autopoiesis: organizing self-boundaries by stimulus avoidance in biological and artificial neural networks[J]. Artificial Life, 2020, 26(1): 130-151.

[19] Bruegmann T, Malan D, Hesse M, et al. Optogenetic control of heart muscle in vitro and in vivo[J]. Nature Methods, 2010, 7(11): 897-900.

[20] Ganji E, Chan C S, Ward C W, et al. Optogenetic activation of muscle contraction in vivo[J]. Connective Tissue Research, 2021, 62(1): 15-23.

[21] Pastrana E. Optogenetics: controlling cell function with light[J]. Nature Methods, 2011, 8(1): 24-25.

[22] Sakai S, Ueno K, Ishizuka T, et al. Parallel and patterned optogenetic manipulation of neurons in the brain slice using a DMD-based projector[J]. Neuroscience Research, 2013, 75(1): 59-64.

[23] Reutsky-Gefen I, Golan L, Farah N, et al. Holographic optogenetic stimulation of patterned neuronal activity for vision restoration[J]. Nature Communications, 2013, 4: 1-9.

[24] Grossman N, Poher V, Grubb M S, et al. Multi-site optical excitation using ChR2 and micro-LED array[J]. Journal of Neural Engineering, 2010, 7(1): 016004.

[25] Papagiakoumou E, Ronzitti E, Emiliani V. Scanless two-photon excitation with temporal focusing[J]. Nature Methods, 2020, 17(6): 571-581.

[26] Welkenhuysen M, Hoffman L, Luo Z, et al. An integrated multi-electrode-optrode array for in vitro optogenetics[J]. Scientific Reports, 2016, 6(1): 20353.

[27] Hell S W, Wichmann J. Breaking the diffraction resolution limit by stimulated emission: stimulated-emission-depletion fluorescence microscopy [J]. Optics Letters, 1994, 19 (11): 780.

[28] Betzig E, Patterson G H, Sougrat R, et al. Imaging intracellular fluorescent proteins at nanometer resolution[J]. Science, 2006, 313(5793): 1642-1645.

[29] Rust M J, Bates M, Zhuang X. Sub-diffraction-limit imaging by stochastic optical reconstruction microscopy (STORM)[J]. Nature Methods, 2006, 3(10): 793-795.

[30] Gustafsson M G L. Nonlinear structured-illumination microscopy: wide-field fluorescence imaging with theoretically unlimited resolution[J]. Proceedings of the National Academy of Sciences of the United States of America, 2005, 102(37): 13081-13086.

[31] Klar T A, Hell S W. Subdiffraction resolution in far-field fluorescence microscopy [J]. Optics Letters, 1999, 24(14): 954.

[32] Huang B, Bates M, Zhuang X. Super-resolution fluorescence microscopy[J]. Annual Review of Biochemistry, 2009, 78: 993-1016.

[33] Hess S T, Girirajan T P K, Mason M D. Ultra-high resolution imaging by fluorescence photoactivation localization microscopy[J]. Biophysical Journal, 2006, 91(11): 4258-4272.

[34] Dan D, Lei M, Yao B, et al. DMD-based LED-illumination super-resolution and optical sectioning microscopy[J]. Scientific Reports, 2013, 3: 1-7.

[35] Zhu P, Fajardo O, Shum J, et al. High-resolution optical control of spatiotemporal neuronal activity patterns in zebrafish using a digital micromirror device[J]. Nature Protocols, 2012, 7(7): 1410-1425.

[36] Savage N. Digital spatial light modulators[J]. Nature Photonics, 2009, 3(3): 170-172.

[37] Pégard N C, Mardinly A R, Oldenburg I A, et al. Three-dimensional scanless holographic optogenetics with temporal focusing (3D-SHOT)[J]. Nature Communications, 2017, 8(1): 1-14.

[38] Dal Maschio M, Donovan J C, Helmbrecht T O, et al. Linking neurons to network function and behavior by two-photon holographic optogenetics and volumetric Imaging [J]. Neuron, 2017, 94(4): 774-789.

[39] Mao D, Li N, Xiong Z, et al. Single-cell optogenetic control of calcium signaling with a high-density micro-LED array[J]. iScience, 2019, 21: 403-412.

[40] Mohanty A, Li Q, Tadayon M A, et al. Reconfigurable nanophotonic silicon probes for sub-millisecond deep-brain optical stimulation[J]. Nature Biomedical Engineering, 2020, 4(2): 223-231.

[41] Yu N, Genevet P, Kats M A, et al. Light propagation with phase discontinuities: generalized laws of reflection and refraction[J]. Science, 2011, 334(6054): 333-337.

[42] Sroor H, Huang Y W, Sephton B, et al. High-purity orbital angular momentum

states from a visible metasurface laser[J]. Nature Photonics, 2020, 14(8): 498-503.

[43] Khorasaninejad M, Chen W T, Devlin R C, et al. Metalenses at visible wavelengths: diffraction-limited focusing and subwavelength resolution imaging[J]. Science, 2016, 352(6290): 1190-1194.

[44] Liang H, Lin Q, Xie X, et al. Ultrahigh numerical aperture metalens at visible wavelengths [J]. Nano Letters, 2018, 18(7): 4460-4466.

[45] Wang S, Wu P C, Su V C, et al. Broadband achromatic opticalmetasurface devices [J]. Nature Communications, 2017, 8(1): 1-9.

[46] Chen C, Song W, Chen J W, et al. Spectral tomographic imaging with aplanaticmetalens[J]. Light: Science & Applications, 2019, 8(1): 1-8.

附录 A　微腔克尔光频梳理论模型

克尔非线性过程可以将能量从泵浦转移到不同的谐振腔模式,在基于微腔的光学频率梳研究领域,目前主流的描述光场动态演化的理论模型有两种[1]:一种是从频域的角度描述谐振腔内各个模式间耦合关系的耦合模方程(Coupled Mode Equation);另一种是从时域角度描述光场演化的 Lugiato-Lefever 方程(LLE)。

耦合模态理论旨在建立一组常微分方程,用于跟踪每个克尔光频梳的时间动力学[2]。克尔光频梳的产生过程需要考虑腔内的色散效应以及各个模式之间的线性以及非线性耦合。耦合模方程考虑了梳齿之间的能量交换和相位演化,通常用各梳齿的复模振幅来进行描述。

定义第 μ 个模式的振幅 $A_\mu(t)$,其中 μ 为相对于泵浦的模式数,$|A_\mu|^2$ 则为第 μ 个模式的光子数,考虑色散时,模态的频率可以用泰勒展开式近似为

$$\omega_\mu = \omega_0 + D_1\mu + \frac{D_2}{2!}\mu^2 + \sum_{j>2}\frac{D_j}{j!}\mu^j \tag{A.1}$$

引入非线性耦合系数 $g = \hbar\omega_0 cn_2/n_0^2 V_{\text{eff}}$ 和克罗内克符号 δ_{μ_0},运动学方程变为

$$\frac{\mathrm{d}A_\mu}{\mathrm{d}T} = -\left(\mathrm{i}\omega_\mu + \frac{\kappa}{2}\right)A_\mu + \mathrm{i}g\sum_{k,l,n}A_kA_lA_n^* + \delta_{\mu,0}\sqrt{\frac{\kappa_{\text{ext}}P_{\text{in}}}{\hbar\omega_0}}\mathrm{e}^{-\mathrm{i}\omega_{\text{p}}T} \tag{A.2}$$

其中,κ 是总腔耗散率,κ_{ext} 是外部耦合速率,P_{in} 是泵浦激光功率,ω_{p} 是泵浦激光频率。

为了消除式(A.1)中的时间量并简化公式,引入 $a_\mu = A_\mu\mathrm{e}^{-\mathrm{i}(\omega_{\text{p}}+\mu D_1)T}$ 后,第 μ 个梳齿的频率 $\zeta_\mu = \omega_{\text{p}} + \mu D_1$,再令

$$f = \sqrt{\kappa_{\text{ext}}P_{\text{in}}/\hbar\omega_0}$$

式(A.1)则为

$$\frac{\mathrm{d}a_\mu}{\mathrm{d}T} = -\left(\mathrm{i}\omega_\mu - \mathrm{i}\zeta_\mu + \frac{\kappa}{2}\right)a_\mu + \mathrm{i}g\sum_{k,l,n}a_ka_la_n^*\mathrm{e}^{-\mathrm{i}D_1(k+l-n-\mu)T} + \delta_{\mu,0}f \tag{A.3}$$

为了代入四波混频的非线性过程,求和需要满足 $\omega_k + \omega_n = \omega_l + \omega_\mu$,耦合模方程可以表示为

$$\frac{\mathrm{d}a_\mu}{\mathrm{d}T} = -\left(\mathrm{i}\omega_\mu - \mathrm{i}\zeta_\mu + \frac{\kappa}{2}\right)a_\mu + \mathrm{i}g\sum_{k,l}a_ka_la_{k+l-\mu}^* + \delta_{\mu,0}f \tag{A.4}$$

非线性 LLE 模型是用描述光场在波导内电场包络演化的非线性薛定谔方程,结合腔内连续往返的光场和输入的泵浦光场之间的联系,考虑周期性边界条件的方程模型。该方程可以完整描述微腔光频梳的演化过程,包括主梳、MI 频梳、呼吸孤子和孤子频梳等状态的光频梳,其中考虑到了微腔中衰减、驱动和泵浦失谐等因素,成为目前研究微腔光频梳最常用的方程。

在 LLE 方程中,不再考虑微腔内的模式数,而是着重于整体的振幅 $A(\phi,t)$ 和方位角 ϕ,这两项可以通过傅里叶变换 $A(\phi,T) = \sum a_\mu(T)\mathrm{e}^{\mathrm{i}\mu\phi}$ 建立联系。因此,根据耦合模方程的傅里叶变换推导 LLE 方程:

$$\sum_\mu\frac{\mathrm{d}a_\mu\mathrm{e}^{\mathrm{i}\mu\phi}}{\mathrm{d}T} = -\frac{\kappa}{2}\sum_\mu a_\mu\mathrm{e}^{\mathrm{i}\mu\phi} + f - \mathrm{i}\sum_\mu(\omega_\mu - \zeta_\mu)A_\mu\mathrm{e}^{\mathrm{i}\mu\phi} + \mathrm{i}g\sum_\mu\sum_{k,l}a_ka_la_{k+l-\mu}^*\mathrm{e}^{\mathrm{i}\mu\phi} \tag{A.5}$$

引入

$$\omega_\mu - \zeta_\mu = \delta_\omega + \sum_{j>1} \frac{D_j \mu^j}{j!}$$

$$\frac{\partial^j A(\phi,t)}{\partial \phi^j} = \mathrm{i}^j \mu^j A_\mu \mathrm{e}^{\mathrm{i}\mu\phi}$$

仅考虑到二阶色散时，对式（A.5）简化后可以得到 LLE 方程：

$$\frac{\mathrm{d}A(\phi,t)}{\mathrm{d}T} = \mathrm{i}\frac{D_2}{2}\frac{\partial^2 A}{\partial \phi^2} + \mathrm{i}g\,|A|^2 A - \mathrm{i}\delta_\omega A - \frac{\kappa}{2}A + f \tag{A.6}$$

从物理层面上看，两者描述的现象相同且两个方程可互相转换。但从数值计算量的角度看，当光频梳的谱线模式数较多时，采用耦合模方程需要联立多个方程组进行求解，而采用 LLE 方程可以将计算量减少数个量级，因此 LLE 方程大大提高了计算效率，在光频梳动力学中得到广泛应用。

参 考 文 献

[1] Savchenkov A A, Matsko A B, Strekalov D, et al. Low threshold optical oscillations in a whispering gallery mode CaF$_2$ resonator[J]. Physical Review Letters, 2004, 93 (24): 243905.

[2] Chembo Y K, Yu N. Modal expansion approach to optical-frequency-comb generation with monolithic whispering-gallery-mode resonators[J]. Physical Review A, 2010, 82 (3): 033801.

附录 B　微腔中的光折变效应

1. 光折变效应

光折变效应是指电光材料在光照下发生光感生折射率变化的非线性光学现象,发生过程与物理机制可概括为:当电光晶体受到光照时,其内部存在的缺陷、空位和杂质作为电荷的受主或施主,将被电离产生光生载流子(空穴或电子),载流子会在外加电场、浓度扩散或光生伏打等效应作用下产生漂移,漂移的载流子被陷阱俘获,然后经过再激发、再迁移,最终被处于暗区的深能级陷阱俘获,形成稳态。稳态下,空间分离的正负电荷在晶体内部形成对应的稳定电荷场,在晶体电光效应作用下导致折射率发生对应改变,如附图 B.1 所示。

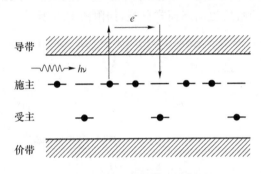

附图 B.1　光折变模型示意图

目前已经在一系列铁电氧化物晶体、半导体材料和有机材料中观察到光折变现象。光感生空间电场很大,可达 10^5 V/m 量级,可引起 10^{-3} 量级的折射率改变,而且即使是弱光,只要照射时间足够长也可产生明显的光折变效应。光折变效应开拓了一个弱光下非线性光学的研究领域,具有潜在的研究和应用价值。

对于具有电光效应的晶体,当入射光强呈周期性分布时,晶体的折射率也会出现类似光栅的周期性分布,称为光折变相位光栅。光折变效应不是即时的,因此折射率光栅从产生到稳态形成需要一定时间。若光照消失后对晶体进行紫外曝光等操作,会使形成的光栅消失;若对晶体采取升、降温等操作,所形成的折射率光栅可近乎永久地固定在晶体内。目前,利用光折变效应制作的长周期波导光栅和布拉格光栅都已经成为非常重要的光学器件。

2. 微腔受激光折变散射

光折变晶体在一束单频光照下,部分后向散射光与入射光将形成稳定的光强分布,该分布周期恰好对应光在该晶体内波长的一半,光强分布通过晶体的电光效应与光折变效应激发光折变光栅,微弱的光栅会进一步引发更多后向散射,最终将形成稳定的布拉格光栅与大量的后向散射光。这种单束光激发的后向散射增强被称为受激光折变散射效应。

与晶体类似,理论上光折变效应在微腔中同样可以激发光栅,北京邮电大学与澳大利亚阿德莱德大学共同合作,Liu 等首次观察到高 Q 值铌酸锂晶体微腔中受激光折变散射现象,并给出了完整的理论解释[1]。如附图 B.2 所示，微腔后向瑞利散射形成的驻波光场通过受激光折变散射效应产生超窄、长寿命的布拉格光栅，该受激散射效应满足自相位匹配且能够激发微腔内强烈的模式耦合效应，实现了可逆的动态模式分裂。

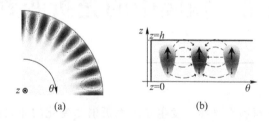

(a)　　　　　　(b)

附图 B.2　微腔光折变光栅形成示意图

实验采用波长 1 560 nm 的激光泵浦直径 9.5 mm、品质因数高达 3.4×10^8 的 z 切非掺杂铌酸锂微谐振腔，通过棱镜耦合激发回音壁模式。利用环形器两个端口分别使用探测器观察透射光和后向散射光，通过偏频 PDH 锁定技术将激光频率锁定在腔模的蓝移侧。这一模式最初只表现出很小程度的后向散射，一旦激光锁定，该模式处后向散射在 10 s 内迅速激增至与前向光强相等量级，并开始发生动态模式分裂，如附图 B.3 所示。

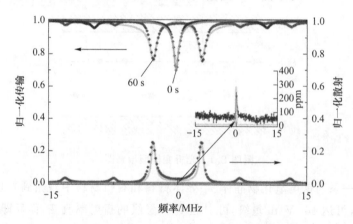

附图 B.3　谐振腔传输（上）和后向散射（下）的实验测量（点）和模拟（实线）

保持激光锁定，微腔模式分裂的频率间隔随时间而增加，并在一定时间后保持稳定；随后失锁激光，分裂的模式逐渐恢复为该模式最初的状态，如附图 B.4 所示。以微腔耦合模理论[2]为基础，可以将微腔受激光折变散射被激发的过程中表现出的模式耦合特性表述为

$$\frac{\mathrm{d}}{\mathrm{d}t}\beta_+ = (\mathrm{i}2\pi\Delta f - \gamma_\mathrm{R}/2)\beta_+ + \mathrm{i}\delta_\mathrm{G}\beta_-/2 + \mathrm{i}\sqrt{\gamma_\mathrm{E}}\beta_\mathrm{I}$$

$$\frac{\mathrm{d}}{\mathrm{d}t}\beta_- = (\mathrm{i}2\pi\Delta f - \gamma_\mathrm{R}/2)\beta_- + \mathrm{i}\delta_\mathrm{G}\beta_+/2$$

其中：β_+ 和 β_- 为前向传输波与后向散射波的振幅；Δf 为激光相对微腔模式中心的失谐频率；β_I 为入射光波振幅；γ_E 为入射光通过棱镜耦合进入微腔的比例系数，反映了外部耦合对微腔有载 Q 值的影响。微腔中的光子寿命为 $\gamma_\mathrm{R} = \gamma_\mathrm{E} + \gamma_0$，$\gamma_0$ 为微腔的无载光子寿命，反映了微腔的本征 Q 值。

微腔前后两个模式的耦合系数 δ_G 将影响后向散射的量或模式分裂的距离，通常模式耦合是由腔内的缺陷引发的瑞利散射、表面的散射点或多腔相互作用引发的，在该系统中，受激光折变激发的光栅同样也可以引发微腔前后模式的耦合,而且该模式耦合是一个时变过程。根据光折变效应的时变特性,引入动态耦合系数:

$$\delta_G(t) = \delta_0 + \xi(1 - e^{-t/\tau_p})|\beta_+^* \beta_-|$$

其中,δ_0 为初始状态下由微腔内缺陷引发的微小模式耦合,光折变光栅以 τ_p 的时间常数来激发模式耦合,系数 $\xi \propto |\beta_+^* \beta_-|$ 表示光折变光栅所引发的最大模式耦合与入射光的光强近似成正比关系。

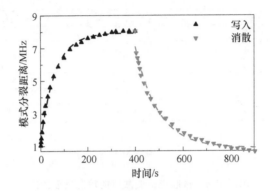

附图 B.4 微腔动态模式分裂过程

将实验测试得到的数据进行拟合,可以得到对应的时间常数 τ_p 与耦合强度 ξ,激发过程时间常数约为 60 s,消散过程约为 90 s,这两个参数均由微腔特性决定,为固定参数。改变入射光强,得到不同的受激光折变激发模式分裂的动态曲线,利用拟合得到的 τ_p 与 ξ 值结合实验对应的 β_1,可得到与实验匹配的曲线,如附图 B.5 所示。

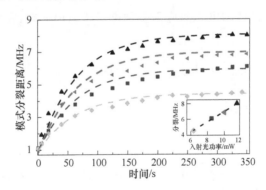

附图 B.5 不同入射光功率下的模式动态模式分裂

微腔受激光折变效应的另一个特点是空间与频域的选模特性。激光的频率不仅影响了微腔模式的方位角量子数,也代表了微腔中该频率激光纵模分布的空间特性,如果某频率处腔模无空间重叠,则该模式家族与其他空间模式家族表现为物理隔绝。因此,当特定频率激光激发了受激光折变光栅之后,微腔的极高 Q 值和非线性散射的相位匹配特性使得该光栅对不同方位角量子数的模式不会产生耦合影响;同时,该光栅仅存在于微腔内部特定的模式区域,其他空间模式家族将不受影响。该过程可用附图 B.6 的动态色散特性来概述,当受激光折变散射被激发之后,同时扫描微腔内第 n 个 FSR 与 $n+1$ 个 FSR 的模式随时间变化的特性,可见同一个 FSR 内,仅锁定模式出现了频移和分裂,其他不同空间区域的模式随时间变化保持不变;不同 FSR 内,同纵模区域的模式出现频移而无分裂,其他模式保持不变。其中,频移为光折变效应对折射率改变的直流特性,模式分裂则是受激光折变散射的独特动态模式耦合特性,模式分裂与频移的时间常数一致,证明腔内光折变散射与光折变效应的同源性。

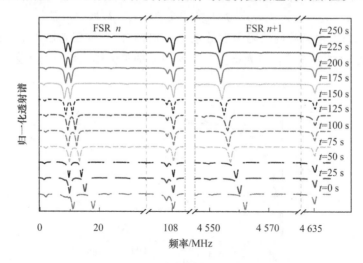

附图 B.6 微腔光折变散射的动态色散特性

以上分析是基于微腔受激光折变散射的动态特性进行的,为解释微腔受激光折变散射仅在腔模的蓝移频偏处激发,需对微腔的非线性耦合特性进行稳态求解。腔内电磁场强的运动方程:

$$\partial_t^2 \underline{E}_{\text{OSC}}(\boldsymbol{r},t) = c^2 \underline{\varepsilon}(\boldsymbol{r},t) \nabla^2 \underline{E}_{\text{OSC}}(\boldsymbol{r},t) - \gamma \partial_t \underline{E}_{\text{OSC}}(\boldsymbol{r},t) + \underline{E}_{\text{X}}(\boldsymbol{r}) e^{i\omega_d t}$$

其中,$\underline{E}_{\text{OSC}}$ 为光场振幅,∇^2 为拉普拉斯算符,γ 为腔损耗率,E_{X} 为频率 ω_{d} 的外场。$\underline{\varepsilon}$ 为晶体的光折射率椭球,其分量通过晶体的电光效应而受到电场 $\underline{E}_{\text{ss}}(\boldsymbol{r})$ 影响,在铌酸锂晶体坐标系 $\{\hat{x}_1, \hat{x}_2, \hat{x}_3\}$ 中,其张量表示为

$$\underline{\varepsilon} = \begin{pmatrix} \dfrac{1}{n_o^2} + r_{13}E_{\text{ss},3} - r_{22}E_{\text{ss},2} & -r_{22}E_{\text{ss},1} & 0 \\[3mm] -r_{22}E_{\text{ss},1} & \dfrac{1}{n_o^2} + r_{13}E_{\text{ss},3} + r_{22}E_{\text{ss},2} & 0 \\[3mm] 0 & 0 & \dfrac{1}{n_e^2} + r_{33}E_{\text{ss},3} \end{pmatrix}$$

可以将折射率椭球分解为 $\underline{\varepsilon} = \mathscr{H} + \mathscr{I}$,其中 $\mathscr{H} = \text{diag}\{1/n_o^2, 1/n_o^2, 1/n_e^2\}$ 与电场强无关,n_o 与 n_e 为晶体双折射主折射率。$\mathscr{I}$ 包含了所有正比于 r_{ij} 的电光项。

用 $\beta_{\pm}$ 表示微腔前后向波振幅,将微腔两个本征模式

$$\pm k_0 \equiv \{\pm k_0, \rho = 1, l = 1\}$$

的解进行展开:

$$\begin{aligned} \underline{E}_{\text{OSC}}(\boldsymbol{r},t) &= e^{i\omega_d t}(\beta_+ \underline{E}_{+k_0}(\boldsymbol{r}) + \beta_- \underline{E}_{-k_0}(\boldsymbol{r})) \\ &= e^{i\omega_d t}(\beta_+ E_{+k_0}(\boldsymbol{r}) + \beta_- E_{-k_0}(\boldsymbol{r})) \end{aligned}$$

其耦合模方程为

$$\Delta_0 \beta - n_o^2 \omega_{0,k_0}^2 [\underline{\mathscr{I}}] \beta = \beta_{\text{X}}$$

其中 $\Delta_0 = \omega_{0,k_0}^2 - \omega_{\text{d}}^2 + i\gamma \omega_{\text{d}}$,$\boldsymbol{\beta} = (\beta_+, \beta_-)^{\text{T}}$,$\beta_{\text{X},\pm} = \langle \underline{E}_{\pm k_0} | E_{\text{X}} \rangle$,并且有

$$[\underline{\mathscr{I}}] = \begin{pmatrix} \mathscr{I}_{++} & \mathscr{I}_{+-} \\ \mathscr{I}_{-+} & \mathscr{I}_{--} \end{pmatrix}$$

上式为由空间变化 $\underline{\mathscr{I}}(\boldsymbol{r})$ 而得的耦合矩阵,其元素表示为

$$\mathscr{I}_{\pm\pm} = \langle \underline{E}_{\pm k_0} \mid \underline{\mathscr{I}} \mid \underline{E}_{\pm k_0} \rangle = \int \mathrm{d}^3 \boldsymbol{r} \underline{E}_{\pm k_0}^* (\boldsymbol{r}) \cdot \underline{\mathscr{I}}(\boldsymbol{r}) \cdot \underline{E}_{\pm k_0}(\boldsymbol{r})$$

耦合系数矩阵对光强分布有空间依赖性,将导致 $I(\boldsymbol{r}) = |\underline{E}_{\mathrm{OSC}}(\boldsymbol{r}, t)|^2$ 为 $\beta_{\pm}$ 的四次方关系,进而耦合模方程为 $\beta_{\pm}$ 的立方关系,因此该耦合系统需要满足自洽才能实现稳定存在。

以下求解存在电荷分布的稳态场强解,假设导带电荷和价带电荷的运输受扩散-迁移-电离-弛豫耦合方程控制:

$$\mathscr{D}_{\mathrm{c}} \left(\nabla^2 n_{\mathrm{c}} - \frac{q_{\mathrm{e}}}{k_{\mathrm{B}} T} \nabla \cdot (n_{\mathrm{c}} \underline{E}_{\mathrm{ss}}(\boldsymbol{r})) \right) - n_{\mathrm{c}}/\tau + \alpha I(\boldsymbol{r}) n_{\mathrm{v}} = 0$$

$$\mathscr{D}_{\mathrm{v}} \left(\nabla^2 n_{\mathrm{v}} - \frac{q_{\mathrm{e}}}{k_{\mathrm{B}} T} \nabla \cdot (n_{\mathrm{v}} \underline{E}_{\mathrm{ss}}(\boldsymbol{r})) \right) + n_{\mathrm{c}}/\tau - \alpha I(\boldsymbol{r}) n_{\mathrm{v}} = 0$$

其中,α 是单位强度的电离率,τ 是对价弛豫率的传导。净电荷密度是

$$n(\boldsymbol{r}) = q_{\mathrm{e}}(n_{\mathrm{L}} - n_{\mathrm{c}}(\boldsymbol{r}) - n_{\mathrm{v}}(\boldsymbol{r}))$$

且静电场满足高斯定理:

$$\varepsilon \nabla \cdot \underline{E}_{\mathrm{ss}}(\boldsymbol{r}) = n(\boldsymbol{r})$$

进而变换至泊松方程:

$$\varepsilon \nabla^2 \varphi(\boldsymbol{r}) = n(\boldsymbol{r}) = \alpha q_{\mathrm{e}}(n_{\mathrm{c}}^{(1)}(\boldsymbol{r}) + n_{\mathrm{v}}^{(1)}(\boldsymbol{r}))$$

在 α 为线性项的情况下可解得

$$\underline{E}_{\mathrm{ss}}(\boldsymbol{r}) = \nabla \varphi(\boldsymbol{r}) = \sum_k \mathrm{i}\{k/R_0, \pi\rho/w, \pi l/h\} \varphi_k m_k(\boldsymbol{r})$$

其中,模式的稳态振幅为

$$\underline{E}_{\mathrm{ss},k} = \mathrm{i}\{k/R_0, \pi\rho/w, \pi l/h\} \varphi_k$$

在 z 切铌酸锂晶体中,其折射率分布将由光折变效应与电光效应共同作用,微腔的非线性耦合模方程将变为 $(\Delta_0 \mathbb{I} + [A])\beta = \beta_{\mathrm{X}}$,其中

$$[A] \equiv -n_{\mathrm{o}}^2 \omega_{0,k_0}^2 [\underline{\mathscr{I}}] = - \begin{pmatrix} \xi_{\mathrm{d}} |\beta|^2 & \xi_{\times} \beta_+ \beta_-^* \\ \xi_{\times} \beta_+^* \beta_- & \xi_{\mathrm{d}} |\beta|^2 \end{pmatrix}$$

由铌酸锂的特性,$\xi_{\mathrm{d},\times} = n_{\mathrm{o}}^2 \omega_{0,k_0}^2 r_{13} \alpha \zeta \nu_{\mathrm{d},\times}$ 与 $\Delta_0 = \omega_{0,k_0}^2 - \omega_{\mathrm{d}}^2 + \mathrm{i}\gamma\omega_{\mathrm{d}}$ 将原本的线性耦合模问题转变为非线性模式耦合问题,也即耦合模方程中的模式耦合系数矩阵的元素受到了耦合模方程解的影响,也即光场的影响,因此需满足特征向量与矩阵元素的自洽性。取

$$\beta \equiv \begin{pmatrix} \beta_+ \\ \beta_- \end{pmatrix} = \beta \begin{pmatrix} \cos(\vartheta) \mathrm{e}^{\mathrm{i}\phi} \\ \sin(\vartheta) \end{pmatrix}$$

进而可得

$$[A] = -\beta^2 \begin{pmatrix} \xi_{\mathrm{d}} & \frac{1}{2} \xi_{\times} \sin(2\vartheta) \mathrm{e}^{\mathrm{i}\phi} \\ \frac{1}{2} \xi_{\times} \sin(2\vartheta) \mathrm{e}^{-\mathrm{i}\phi} & \xi_{\mathrm{d}} \end{pmatrix}$$

求上述方程的频率解,得到

$$\lambda_1 = -\beta_1^2 (\xi_{\mathrm{d}} + \xi_{\times} \sin(2\vartheta_1)/2)$$

$$\lambda_2 = -\beta_2^2 (\xi_{\mathrm{d}} - \xi_{\times} \sin(2\vartheta_2)/2)$$

当 $\vartheta_{1,2} \neq 0$ 时,应有两组振幅解 $\beta_{1,2}$,选择自洽的 $\vartheta_{1,2}$ 与 $\phi_{1,2}$,有

$$\lambda_1 = -\beta_1^2 (\xi_{\mathrm{d}} + \xi_{\times} \sin(2\vartheta_1)/2) = -\beta_1^2 (\xi_{\mathrm{d}} + \xi_{\times}/2)$$

$$\lambda_2 = -\beta_2^2(\xi_d - \xi_\times \sin(2\vartheta_2)/2) = -\beta_2^2(\xi_d + \xi_\times/2)$$

由于微腔中两个模式的光强是由边界条件确定的,因此有 $\beta_1^2 = \beta_2^2 \equiv \beta$,所以最终两个稳态自洽解满足 $\lambda_1 = \lambda_2 = \lambda$。

以上的非线性耦合模方程在满足自洽的情况下仅得到频率相等的稳态解,意味着微腔受激光折变散射激发的模式分裂,虽然看上去是两个模式,但仅有一个模式为稳态解,另外一个则是系统的不稳定点。这与实验观察一致,即微腔内的受激光折变散射仅可以通过将激光锁定在模式的蓝移部分激活,且激光仅锁定于蓝移处分裂模式才能继续激发或者保持光栅存在,其他位置均无法保持光栅的稳定存在。

受激散射过程是非线性光学的重要组成部分。光学微腔体积小、光子寿命长、光场密度高,使得受激散射过程可以在相对低的功率下进行,从而在传感、量子系统和光子学等领域产生了突破性的创新应用。微腔中的受激布里渊散射(Stimulated Brillouin Scattering,SBS)和受激拉曼散射(Stimulated Raman Scattering,SRS)等效应已经被用于精密陀螺仪、慢光效应、窄线宽激光器和微波光子技术。与微腔中的其他受激散射相比,这项工作中提出的受激光折变散射在微腔的任意 FSR 内均可激发,无须额外满足微腔内的腔模式相位匹配条件,且拥有高达 60 s 的时间常数,远超其他非线性效应的寿命。该现象将扩充微腔受激散射大类的研究方向,为微腔在微波光子领域的非线性应用和精细调控提供更多可能;若利用升降温等技术将光折变光栅永久固定于微腔中,则可以实现对特定频率模式的耦合特性的改写,实现全光谱单频滤波或打破微腔的模式对称,在今后高性能微腔光子器件的研究与开发中有重要的潜在价值。

参 考 文 献

[1] Liu J L, Thomass, Dai J, et al. Resonant Stimulated Photorefractive Scattering[J]. Physical Review Letters,2021,127(3):033902.

[2] Kippenberg T J, Spillane S M, Vahala K J. Modal coupling in traveling-wave resonators[J]. Optics Letters, 2002, 27(19):1669-1671.